应用型本科系列规划教

建筑电气控制与PLC应用

主　编　杨亚萍　李　洁
副主编　赵　霞　陈北莉

西北工業大學出版社
西　安

【内容简介】 本书主要根据建筑行业电气控制的实际需要，结合典型继电器-接触器控制及可编程序控制器(Programmable Logic Controller，PLC)的原理和使用，兼顾实际工程应用，系统地介绍了常用低压电器、基本电气控制线路及设计、制冷与空调系统的电气控制、建筑给排水系统的电气控制、锅炉设备的电气控制、PLC概述及编程基础、PLC常用典型编程环节、PLC控制系统的设计与应用实例等内容。本书注意精选内容，力求结合建筑行业实际，突出应用。

本书既可作为高等学校土木工程类、能源与动力类、建筑类等相关专业教材，也可供成人高等教育及高职高专教育的学生以及相关工程技术人员学习参考。

图书在版编目(CIP)数据

建筑电气控制与PLC应用 / 杨亚萍，李洁主编. — 西安 ：西北工业大学出版社，2023.5

ISBN 978-7-5612-8647-0

Ⅰ.①建… Ⅱ.①杨… ②李… Ⅲ.①PLC技术-应用-房屋建筑设备-电气控制 Ⅳ.①TU85

中国国家版本馆CIP数据核字(2023)第097179号

JIANZHU DIANQI KONGZHI YU PLC YINGYONG

建 筑 电 气 控 制 与 PLC 应 用

杨亚萍 李洁 主编

责任编辑：刘 婧 **策划编辑**：蒋民昌

责任校对：朱晓娟 **装帧设计**：董晓伟

出版发行：西北工业大学出版社

通信地址：西安市友谊西路127号 邮编：710072

电 话：(029)88491757，88493844

网 址：www.nwpup.com

印 刷 者：兴平市博闻印务有限公司

开 本：787 mm×1 092 mm 1/16

印 张：19

字 数：499千字

版 次：2023年5月第1版 2023年5月第1次印刷

书 号：ISBN 978-7-5612-8647-0

定 价：65.00元

前　言

为进一步提高应用型本科高等教育教师教学的水平，推动应用型人才培养工作的开展，提升学生的实践能力和创新能力，提高应用型本科教材的建设和管理水平，西安航空学院与国内众多高校、科研院所、企业进行深入探讨和研究，编写了“应用型本科系列规划教材”用书，包括《建筑电气控制与 PLC 应用》共计 30 种。本系列教材的出版，将对基于生产实际并符合市场人才培养工作起到积极的促进作用。

随着科学技术的不断发展，传统的电气控制技术内容发生了很大的变化，基于继电器-接触器控制系统原理设计的可编程序控制器(Programmable Logic Controller，PLC)在电气自动化领域中得到越来越广泛的应用。为适应建筑行业电气控制现状的实际需要，使得相关专业的学生能够尽快地学习和掌握电气控制系统和应用，为此，笔者依据积累多年的电气控制与 PLC 技术的教学和实践经验，编写了本书。

本书的编写，既要适应建筑行业电气控制的实际需要，又应反映电气控制新技术的发展。本书注意精选内容，力求结合生产实际，突出应用，着重于建筑生产机械或设备控制电路的工作原理和分析方法，力求做到通俗易懂，便于学生领会。

本书内容除绪论外，分为 9 章。第 1 章常用低压电器，主要介绍常用低压电器的基本结构、工作原理、电气图形符号及应用；第 2 章基本电气控制线路，主要介绍电气控制系统的典型环节；第 3 章电气控制线路设计基础，主要介绍电气控制系统设计的原则和方法；第 4 章制冷与空调系统的电气控制，主要介绍空调系统的分类与组成及电气控制实例；第 5 章建筑给排水系统及锅炉设备的电气控制，主要介绍建筑给水、排水、消防水泵、锅炉等电气控制线路；第 6 章 PLC 概述，主要介绍可编程序控制器 PLC 的组成、基本指令及应用；第 7 章 PLC 编程基础，主要介绍 PLC 编程语言、三菱 FX3U、S7 - 200 SMART 系列 PLC 及指令系统；第 8 章 PLC 常用典型编程环节；第 9 章 PLC 控制系统的设计与应用实例。

本书由西安航空学院杨亚萍、李洁任主编，赵霞、陈北莉任副主编。其中，绪论、第 1～3 章由杨亚萍编写，第 4、6～9 章由李洁编写，第 5 章由赵霞编写，附录由陈北莉编写。

在编写本书的过程中，笔者参阅了相关文献资料，在此谨表示感谢。

由于笔者水平有限，书中难免存在不妥之处，敬请读者批评指正。

编　者

2022 年 12 月

目　录

绪　论

0.1　电气控制技术

0.1.1　基本概念

"电气"是一个宏观的概念，其所涵盖的内容涉及电能的生产、传输、分配、使用和控制技术与设备等相关的工程领域，所涉及的相关学科知识主要有数学、电磁场理论、电力电子、电力系统可靠性分析方法、电力系统及其自动化、电力系统安全及其监测装置、计算机应用技术基础等。"电气"是对电气系统工程的统称。

"电器"相对于"电气"来说是一个微观的概念，其所涵盖的内容涉及电气工程中所应用到的电力装置、设备或器件总成。电器按其工作电压等级可分为高压电器和低压电器。

电气控制技术是以各类电动机作为牵引动力的传动装置和与其相对应的电气控制系统为对象，实现生产过程自动化的控制技术。

电气控制系统是由各种控制电器、连接导线组成，以实现对生产机械设备进行电气控制的体系；是电气控制技术具体体现的主干部分；是实现工业生产自动化的重要技术手段。

0.1.2　电气控制技术的发展概况

1. 继电器-接触器控制系统

继电器-接触器控制系统是利用继电器、接触器等控制电器，通过对电动机的启动、停止、正转、反转及调速等自动控制的电气控制系统，实现生产机械各种生产工艺的要求。继电器-接触器控制系统产生于20世纪20年代，是自动控制的开端，至今仍是许多生产机械设备广泛采用的基本电气控制形式，也是学习更先进电气控制系统的基础。

它主要由接触器、继电器、按钮、行程开关等组成，一般是为实现某一专门控制要求而设计的，通过电器元件之间的固定连线构成的控制电路。这种控制系统具有控制简单、方便实用、价格低廉、易于维护、抗干扰强等优点，适用于动作比较简单、控制规模较小的场合。但这种控制系统也存在接线方式固定，灵活性差，难以适应复杂和可变的控制对象的缺点。

2. 可编程序控制器(PLC)

可编程序控制器产生于1969年，是计算机技术和继电接触器控制技术相结合的产物，具有逻辑控制、定时、计数等功能，是在工业环境条件下能可靠运行的一种实时控制器。

可编程序控制器采用了计算机存储程序和顺序执行的原理，能用专用或高级语言编程，一般采用直观的类似继电接触器控制电路图的梯形图语言，便于电气工作人员容易地学习和使用。同时，控制程序可以通过改变存储器中的应用软件方便更改，其通用性和灵活性较强。一般以顺序或程序控制等逻辑判断和开关量控制为主，高档的可编程序控制器亦能进行较复杂的直接数字控制。

目前，可编程序控制器的配置越来越完善，功能也越来越强：既能控制开关量，又能控制模拟量；既可以进行单机控制，又可以在同级和上级个人计算机（PC）之间通信联网，实现规模较大的集散控制。特别是，如果在建筑设备中应用可编程序控制器进行控制，就能使楼宇设备的智能化管理成为现实。

3. 分布式控制系统

分布式控制系统（Distributed Control System，DCS），是对生产过程进行集中管理和分散控制的计算机控制系统，是随着现代大型工业生产自动化水平的不断提高和过程控制要求日益复杂应运而生的综合控制系统。它融合了计算机技术、网络技术、通信技术和自动控制技术，是一种把危险分散、控制集中优化的新型控制系统。系统采用分散控制和集中管理的设计思想、分而自治和综合协调的设计原则，具有层次化的体系结构。

在大型计算机控制系统中，通常采用分布式多级系统而形成工厂自动化网络系统。它是根据对数据处理量实时性要求不同，将计算机控制系统分为多级，下级接受上级的指令和控制，各级相对独立地完成不同性质的任务。多级分布控制系统的最低级目前通常由可编程序控制器及其他现场控制设备构成，接受上级计算机或人工设定值，对生产机械或生产过程的某些参数直接进行控制。

分布式控制系统以其先进、可靠、灵活和操控简便以及合理的价格而得到广大工业用户的青睐，它是当前工厂自动化大规模控制系统的主要形式，已在石油、化工、电力、冶金以及智能建筑等现代自动化控制系统中得到了广泛应用。

0.2 建筑电气控制技术

建筑设备是建筑物的重要组成部分，包括给水、排水、采暖、通风、空调、电气、电梯、通信及楼宇智能化等设施设备。由于有了这些设备，从而保证了健康舒适的室内环境。为了给人们创造一个安全、方便、舒适和清洁的环境，建筑物中会装设各种各样的设备，一般包括建筑电气设备、建筑给排水和暖通设备、建筑智能化设备等。

建筑电气控制系统是采用计算机技术、自动控制技术和通信技术组成的高度自动化的建筑物设备综合管理系统，主要负责对建筑物内许多分散的建筑设备进行监视、管理和控制，其监控的范围很大、涉及的面也很宽，常见的如建筑设备运行监控系统、交通运输系统、智能防火系统、安全防范系统、广播系统等。

随着全球对生态环保问题的关注与重视，现代建筑电气控制技术的发展也积极响应我国“可持续发展”战略，呈现出明显的绿色化趋势。近年来，我国政府采取政策支持产业结构调整措施，提出鼓励发展节能型建筑理念，制定了节地、节能、节水、节材等标准，为全国各地实现绿色规模化的建筑电气控制技术奠定了基础。

0.3 本书涉及课程的性质和任务

1. 课程性质

现代电气控制技术包含了传统的继电器-接触器控制系统和可编程序控制器应用技术。电气控制技术涉及面很广，各种电器设备种类繁多、功能各异，但就其控制原理、基本线路、设计基础语言是类似的。本课程的内容既有传统的继电器-接触器控制部分，又有现代的可编程序控制器部分，既有基本的控制环节部分，又有建筑设备中的各种电气设备的电气控制系统实例分析。而动力设备是建筑设备的三大支柱之一，是水、暖、机、电多学科的结合点，也是建筑设备管理最核心的部分。因此，本书涉及课程是在电气控制技术的基础上，结合建筑设备的电气控制，培养学生对建筑设备电气控制系统的分析和设计能力。

2. 课程任务

本书涉及课程的任务，是使学生熟悉掌握常用低压电器的工作原理、用途，达到正确选用和使用的目的。本书通过介绍继电器-接触器电气控制线路的基本环节，使学生掌握电气控制系统的设计方法与步骤，培养学生独立分析和设计电气控制线路的能力。另外，本书通过对PLC工作原理、基本组成、系统配置、基本指令及应用实例的介绍，使学生掌握PLC工作原理、基本指令及简单应用，将现代电气控制技术所包含的知识运用到现代建筑领域中，以适应社会发展的需求，增强学生面向工程实际的适应能力。

本书在学习中应特别注意理论联系实际，在实验或实习中，应特别加强设计、编程、调试和故障判断能力的培养，尤其是结合专业应用，以达到巩固和加深对课堂教学及教材内容的理解，增强学生的学习兴趣。

第 1 章　常用低压电器

随着科学技术的快速发展和自动化程度的不断提高，电器的应用范围日益扩大，品种不断增加。本章主要介绍常用低压电器的结构原理、技术指标、选用原则，为正确选择低压电器在建筑电气控制系统中的合理应用奠定基础。

1.1　低压电器的基本知识

根据外界信号和要求，自动或手动接通或断开电路，断续或连续地改变电路参数，以实现对电路或非电路的切换、控制、保护、检测、变换和调节的电气装置均可称为电器。我国现行标准将工作在交流 50 Hz、额定电压 1 200 V 及以下和直流额定电压 1 500 V 及以下电路中起通断、保护、控制或调节作用的电器称为低压电器。低压电器是建筑电气控制系统中应用得极为广泛的重要设备。

1.1.1　低压电器的分类

低压电器的品种、规格很多，其作用、构造及工作原理也各不相同，因而有多种分类方法。

1. 按用途分类

(1)配电电器：主要用于供、配电系统中进行电能输送和分配。常用的低压配电电器有刀开关、转换开关、熔断器和自动开关等。

(2)控制电器：主要用于各种控制电路和控制系统。常用的低压控制电器有接触器、继电器、控制器等。

(3)主令电器：主要用于发送控制指令。常用的低压主令电器有控制按钮、主令开关、行程开关和万能开关等。

(4)保护电器：主要用于对电路和电气设备进行安全保护。常用的低压保护电器有熔断器、热继电器、电压继电器、电流继电器和避雷器等。

(5)执行电器：主要用于执行某种动作和传动功能。常用的低压执行电器有电磁铁、电磁离合器等。

随着电子技术和计算机技术的进步，近几年又出现了利用集成电路或电子元件构成的电器与 PLC 控制的电子式电器，利用单片机构成的智能化电器，以及可直接与现场总线连接的具有通信功能的电器。

2. 按操作方式分类

(1)自动电器：依靠本身参数变化或外来信号(如电、磁、光、热等)的作用，自动完成动作指令的电器，如接触器、各种类型的继电器、电磁阀等。

(2)手动电器：通过人的操作发出动作指令的电器，如刀开关、控制按钮、转换开关等。

3. 按工作原理分类

(1)电磁式电器：依据电磁感应原理进行工作的电器，如交直流接触器、电磁式继电器等。

(2)非电量控制器：依靠外力或某种非电物理量的变化而动作的电器，如刀开关、控制按钮、行程开关、热继电器、速度继电器等。

1.1.2　低压电器的作用

低压电器能够根据操作信号或外界现场信号的要求，自动或手动地改变系统的状态和参数，实现对电路或被控对象的控制、保护、测量、指示和调节。它可以将一些电量信号或非电信号转变为非通即断的开关信号或随信号变化的模拟量信号，实现对被控对象的控制。常用低压电器的作用见表1-1。

表1-1　常见低压电器的主要作用

编　号	类　别	作　用
1	接触器	远距离频繁控制负载，切断带负荷的电路
2	继电器	控制电路，将被控量转换成控制电路所需电量或开关信号
3	熔断器	电路短路保护，也用于电路的过载保护
4	控制器	切换控制电路
5	启动器	电动机的启动
6	刀开关	电路的隔离和分断电路
7	转换开关	切换电源，也可用于负荷通断或电路切断
8	主令电器	发布控制命令，改变控制系统的工作状态
9	电磁铁	起重、牵引、制动等

1.1.3　电磁式低压电器的工作原理

电磁式低压电器在电气控制电路中使用得最多，常用的接触器和继电器大多数为电磁式低压电器。各类电磁式低压电器在工作原理和构造上基本相同，从结构上看，一般都具有两个基本组成部分，即感测部分与执行部分。

电磁机构是电磁式低压电器的感测部分，主要接收外界输入的信号，并通过转换、放大与判断做出有规律的反应，使执行部分动作，或者输出相应的指令，实现控制的目的；触点系统是电磁式低压电器的执行部分，起开关作用。

1. 电磁机构

电磁机构的主要作用是将电磁能量转换成为机械能量，带动触点动作，从而实现接通或断开电路的功能。

电磁机构通常采用电磁铁的形式，由吸引线圈、铁芯(亦称静铁芯)和衔铁(也称动铁芯)三部分组成。吸引线圈是用于通电产生电磁能量的电路部分；铁芯是固定用的磁路部分；衔铁是可动的磁路部分，触点是由衔铁带动其动作而实现接通或断开电路的电路部分。

(1)常见的磁路结构。电磁结构按衔铁相对铁芯的动作方式分为直动式和拍合式两种，如图 1－1、图 1－2 所示。直动式电磁机构多用于交流接触器、继电器中。拍合式电磁机构又分为衔铁绕棱角转动和衔铁绕轴转动两种，而衔铁绕棱角转动的拍合式电磁机构则广泛应用于直流电器中。

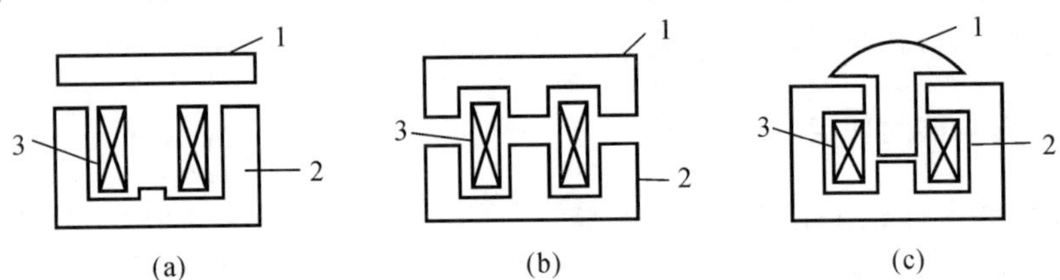

图 1－1 直动式电磁结构

(a)U 型直动式电磁系统； (b)E 型直动式电磁系统； (c)螺管式电磁系统

1—衔铁； 2—铁芯； 3—吸引线圈

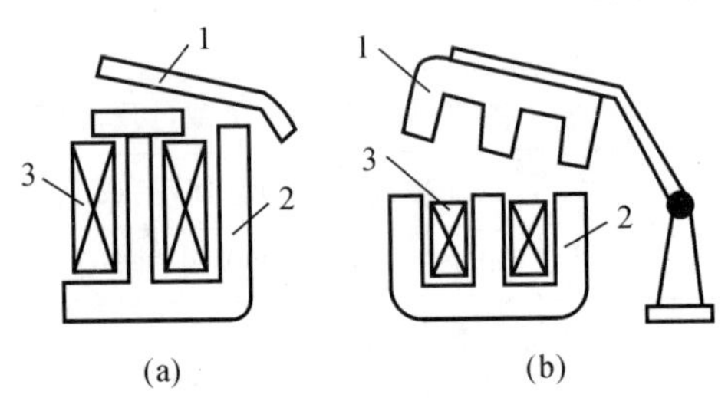

图 1－2 拍合式电磁结构

(a)衔铁绕棱角转动拍合式； (b)衔铁绕轴转动拍合式

1—衔铁； 2—铁芯； 3—吸引线圈

(2)吸引线圈。吸引线圈的作用是将电能转换为磁能，即产生磁通，衔铁在电磁吸力作用下产生机械位移使铁芯吸合。吸引线圈按通入电流种类不同可分为直流型线圈和交流型线圈。

1)直流型线圈。通入直流电流的线圈称为直流型线圈。直流型线圈一般做成无骨架、高而薄的瘦高型，使线圈与铁芯直接接触，易于散热。

2)交流型线圈。通入交流电流的线圈称为交流型线圈。对于交流型线圈，除线圈发热外，由于铁芯中有磁滞损耗和涡流损耗，铁芯也会发热。为了改善线圈和铁芯的散热情况，在铁芯与线圈之间留有散热间隙，铁芯用硅钢片叠压而成，以减小铁损，并将线圈制成短粗型，由线圈骨架把线圈和铁芯隔开，以免铁芯的热量传递给线圈使其过热而烧坏。

线圈根据在电路中的连接方式可分为串联线圈(即电流线圈)和并联线圈(即电压线圈)。串联(电流)线圈串接在主电路中，当主电路电流超过其动作值时电磁铁吸合，通过线圈的电流值由电路负载的大小决定。由于其主电路的电流一般较大，因此线圈导线粗、匝数少、阻抗小，通常用紫铜条或粗的紫铜线绕制。并联(电压)线圈并联在线路中，其电流值由电路电压和线圈本身的电阻或阻抗所决定，因此线圈的导线细、匝数多、阻抗大，一般用绝缘性能好的漆包线绕制。

(3)电磁机构的特性。电磁式电器是根据电磁铁的基本原理而设计的，电磁吸力是影响其可靠工作的一个重要参数。电磁吸力由电磁机构产生，衔铁在吸合时，电磁吸力必须始终大于反力；衔铁复位时，要求反力大于电磁吸力。

当电磁机构的气隙宽度 δ(m) 较小，磁通分布比较均匀时，电磁机构的吸力 F_X 可近似地以下式求得：

$$F_X=\frac{1}{2\mu_0}B^2S \tag{1-1}$$

式中：μ_0—— 真空磁导率，$\mu_0=4\pi\times10^{-7}$ H/m；

B—— 磁感应强度(T)；

S—— 气隙截面积(m^2)；

F_X—— 电磁吸力(N)。

当 S 为常数时，F_X 与 B^2 成正比。

1) 直流电磁机构的电磁吸力特性。对于具有电压线圈的直流电磁机构，因为外加电压和线圈电阻不变，流过线圈的电流为常数，与电路的气隙大小无关。根据麦克斯韦电磁吸力公式，得

$$F_X=\frac{\mu_0 S}{2\delta^2}(IN)^2 \tag{1-2}$$

从式(1-2)可以看出，对于固定线圈通以恒定的直流电流时，其电磁吸力仅与 δ^2 成反比，故电磁吸力特性为二次曲线，如图1-3所示的曲线1。衔铁吸合前、后吸力很大，气隙越小、吸力越大，但衔铁吸合前、后吸引线圈的励磁电流不变，故直流电磁机构适用于运动频繁的场合且衔铁吸合后电磁吸力大，工作可靠。

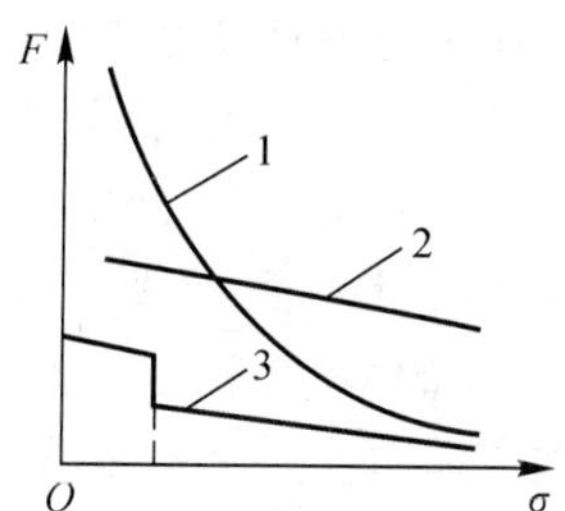

图1-3　电磁机构的电磁吸力特性

1— 直流电磁机构；　2— 交流电磁机构；　3— 反力特性

直流电磁机构在吸合时，气隙较小、吸力较大，因此对于依靠弹簧复位的电磁铁来说，在线圈断电时，由于剩磁产生的吸力，复位比较困难，会造成一些保护用继电器的性能不能满足要求。如在吸力较小的直流电压型电器中，衔铁一般都装有一片 0.1 mm 厚的非磁性磷铜片，增加在吸合时的空气间隙；在吸力较大的直流电压型电器中，如直流接触器，其铁芯的端面上加有极靴，减小在闭合状态下的吸力，使衔铁复位自如。

2) 交流电磁机构的电磁吸力特性。与直流电磁机构相比，交流电磁机构的吸力特性有较大的不同。交流电磁机构多与回路并联使用，当外加电压 U 及频率 f 为常数时，忽略线圈电阻压降，则

$$U\approx E=4.44f\Phi N \tag{1-3}$$

式中：U—— 线圈电压(V)；

E—— 线圈感应电动势(V)；

f—— 线圈电压频率(Hz)；

N—— 线圈匝数(匝);

Φ—— 气隙磁通(Wb)。

当外加电压U、频率f和线圈匝数N为常数时,气隙磁通Φ也为常数,由式(1-1)可知,电磁吸力$F_X=B^2S$也为常数,即交流电磁机构的吸力与气隙无关。实际上,考虑衔铁吸合前、后漏磁的变化时,F_X随δ的减小而略有增大,如图 1-3 所示的曲线 2。

对于交流并联电磁机构,在线圈通电而衔铁尚未吸合瞬间,吸合电流随δ的变化成正比变化,是衔铁吸合后的额定电流的很多倍:U 形电磁机构可达 5 ~ 6 倍,E 形电磁机构可达 10 ~ 15 倍。若衔铁卡住不能吸合或衔铁频繁动作,交流励磁线圈很可能因电流过大而烧毁。因此,在要求可靠性较高或频繁动作的控制系统中,一般采用直流电磁机构而不采用交流电磁机构。

3) 电磁吸力特性与反力特性的配合。电磁铁中的衔铁除受电磁吸力作用外,同时还受到与电磁力方向相反的作用力。这些反作用力包括弹簧力、衔铁自身重力、摩擦阻力等。电磁系统的反作用力与气隙的关系曲线称为反力特性曲线,如图 1-3 所示的曲线 3。

为使电磁铁能正常工作,在整个吸合过程中,电磁吸力必须始终大于反力,即电磁吸力特性曲线始终处于反力特性曲线的上方,如图1-3所示。但电磁吸力不能过大或过小,电磁吸力过大,动、静触点接触时以及衔铁与铁芯接触时的冲击力也大,会使触点和衔铁发生弹跳,导致触点熔焊或烧毁,影响电器的机械寿命。电磁吸力过小,会使衔铁运动速度降低,难以满足高操作频率的要求。因此,电磁吸力特性与反力特性必须配合得当。在实际应用中,可调整反力弹簧或触点初压力以改变反力特性,使之与电磁吸力特性有良好的配合。

4) 交流电磁铁的短路环。由于交流电磁铁的磁通是交变的,因而线圈磁场对衔铁的吸引力也是交变的。当交流电流为零时,线圈磁通为零,对衔铁的吸引力也为零,衔铁在复位弹簧作用下将产生释放运动,这就使得铁芯、衔铁之间的吸引力随着交流电的变化而变化,从而产生振动和噪声,加速铁芯、衔铁接触面间的磨损,引起结合不良,严重时还会使触点烧蚀。为避免衔铁振动,通常在交流电磁铁的铁芯端面开一个小槽,在槽内安装一个铜制的短路环(也称分磁环),其结构如图 1-4 所示。

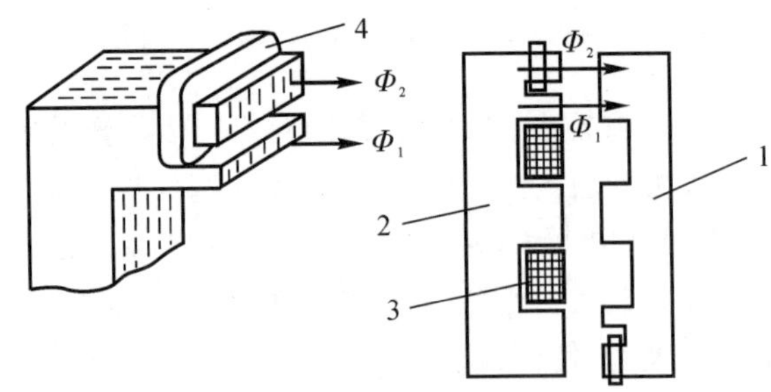

图 1-4 交流电磁铁的短路环

1— 衔铁; 2— 铁芯; 3— 线圈; 4— 短路环

在铁芯端面装设短路环后,当励磁线圈通入交流电时,在短路环中就有感应电流产生,该感应电流又会产生一个磁通。短路环把铁芯中的磁通分为两部分,即不穿过短路环的Φ_1和穿过短路环的Φ_2,由于短路环的作用,使Φ_1和Φ_2产生相移,即不同时为零,使合成吸力始终大于反作用力,从而消除了振动和噪声。

2. 触点系统

触点是电磁式电器的执行部分,起接通或分断电路的作用。因此,要求触点具有良好的接触性能和导电性能。触点通常用铜制成,但铜的表面容易氧化而生成一层氧化铜,将增大触点的接触电阻,使触点的损耗增大,温度上升。因此有些控制电器,如继电器和小容量的控制电器,其触点通常采用银质材料,这不仅在于其导电和导热性能均优于铜质触点,更重要的是其氧化膜电阻率与纯银相似,可以避免触点表面氧化膜电阻率增加而造成接触不良。

触点的结构形式很多,按其所控制的电路可分为主触点和辅助触点。主触点用于接通或断开主电路,允许通过较大的电流;辅助触点用于接通或断开控制电路,允许通过的电流较小。

电磁式电器的触点在线圈未通电状态下有常开(动合)和常闭(动断)两种状态,分别称为常开(动合)触点和常闭(动断)触点。当电磁线圈中有电流流过,电磁机构动作时,触点改变原来的状态:常开触点闭合,使其与相连的电路接通;常闭触点断开,使其与相连的电路断开。

常见触点的形式有桥式和指形两种,如图1-5所示。

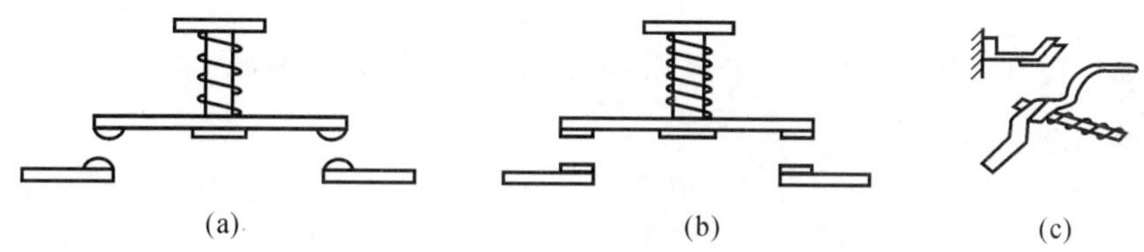

图1-5　触点的结构形式

(a) 点接触桥式触点; (b) 面接触桥式触点; (c) 指形触点

(1) 桥式触点。桥式触点分为点接触式和面接触式两种。图1-5(a) 为两点接触的桥式触点,点接触式适用于电流不大并且触点压力小的场合。图1-5(b) 是两个面接触的桥式触点,面接触式适用于大电流的场合。桥式触点的两个触点串联于同一条电路中,电路的接通与断开由两个触点共同完成。

(2) 指形触点。图1-5(c) 为指形触点,指形触点在接通与分断时产生滚动摩擦,可以去掉氧化膜,适合于触点接电次数多、电流大的场合。这种结构的触点,常采用铜质系数要求较大的材料组成。

为了使触点接触更加紧密,以减小触点的接触电阻,并消除开始接触时产生的振动,在触点上装有接触弹簧,使得在刚刚接触时产生初始压力,并且随着触点闭合而增大触点的相互压力。

3. 灭弧系统

在大气中断开电路,如果被断开电路的电流超过某一数值,断开后加在触点间隙(或称缝隙) 两端的电压超过某一数值时,触点间隙中就会产生电弧。电弧实际上是触点间气体在强电场作用下产生的放电现象,是一种带电质子(电子或离子) 的急流,内部有很高的温度。电弧的高温能将触点烧损,缩短电器的使用寿命,又延长了电路的分断时间,严重时会引起火灾或其他事故。因此,应采取适当措施迅速熄灭电弧。常用的灭弧方法有以下几种:

(1) 电动力灭弧。如图1-6所示,当触点断开时,断口处有电弧产生,电弧电流在触点之间产生磁场,根据左手定则,电弧电流要受到一个指向外侧的电动力 F 的作用,使之向外运动并拉长及迅速穿越冷却介质而加快冷却熄灭。这种灭弧方法多用于小容量交流接触器中。

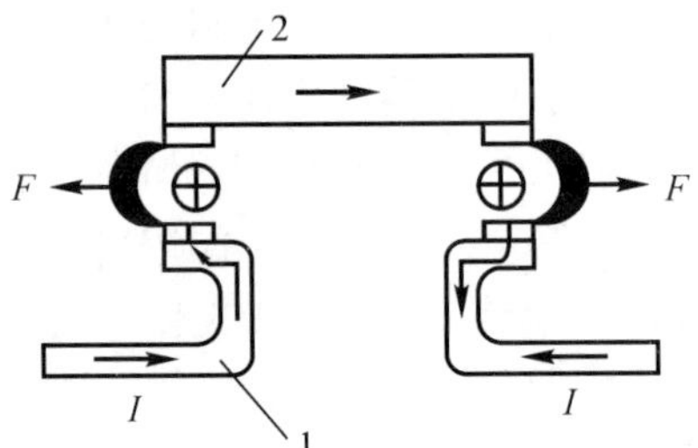

图 1-6 电动力灭弧示意图

1— 静触点； 2— 动触点

(2) 磁吹灭弧。如图 1-7 所示，磁吹灭弧是在触点电路中串入磁吹线圈，该线圈产生的磁场 6 由导磁夹板引向触点周围，并与电弧电流产生的磁场 7 相互叠加，这两个磁场在电弧下方方向相同，在电弧上方方向相反，所以电弧下方的磁场强于上方的磁场。在下方磁场作用下，电弧受力方向为 F 所指的方向。在 F 的作用下，电弧被吹离触点，经引弧角进入灭弧罩，在被拉长的同时加速冷却，从而熄灭。这种灭弧方法常用于直流灭弧装置中。

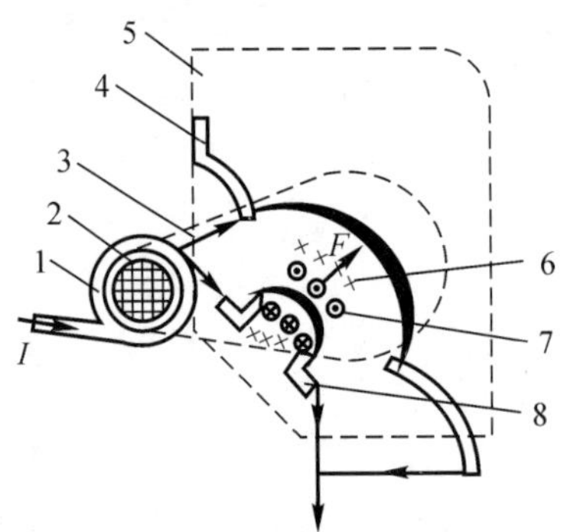

图 1-7 磁吹灭弧示意图

1— 磁吹线圈； 2— 铁芯绝缘套； 3— 导磁夹板； 4— 引弧角；
5— 灭弧罩； 6— 磁吹线圈磁场； 7— 电弧电流磁场； 8— 动触点

(3) 金属栅片灭弧。如图 1-8 所示，灭弧室内部装有许多间距 2～3 mm 钢板冲成的金属栅片。栅片外表面镀铜，以增大传热能力和防止生锈，每个栅片上冲有三角形的缺口。当产生电弧时，电弧周围产生磁场，由于导磁钢片的磁阻比空气小的多，所以在栅片下部磁场较强，磁场将电弧吹进栅片，使电弧被栅片分割成一段段串联的短弧。当交流电流过零时，电弧自然熄灭。只有两栅片间电压达到 150～200 V，电弧才能重燃。由于所加电压不足和栅片的散热冷却作用，电弧自然熄灭后将不会重燃。由于栅片灭弧效应在交流时要比直流强得多，所以交流电器常常采用金属栅片灭弧。

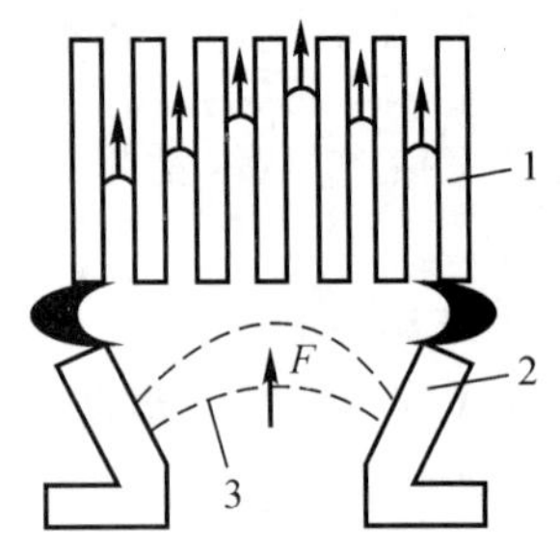

图 1-8 栅片灭弧示意图

1— 金属栅片； 2— 触点； 3— 电弧

(4)灭弧罩灭弧。灭弧罩通常由耐弧陶土、石棉水泥或耐弧塑料制成，其作用是分隔电路电弧，防止发生短路。由于电弧与灭弧罩接触，故能使电弧迅速冷却而熄灭。灭弧罩灭弧常用于交流接触器中。

（5）窄缝灭弧。窄缝灭弧是利用灭弧罩的窄缝来实现的。灭弧罩内有一个或多个窄缝，缝的下部宽、上部窄，如图1－9所示。当触点断开时，电弧在磁场电动力的作用下，可使电弧拉长并进入灭弧罩的窄（纵）缝中，窄缝将电弧分成若干小的电弧，同时可将电弧直径压缩，使电弧同窄缝紧密接触，加强冷却作用，电弧便迅速熄灭。窄缝灭弧罩通常用耐弧陶土、石棉水泥或耐弧塑料制成。这种结构多用于交流接触器中。

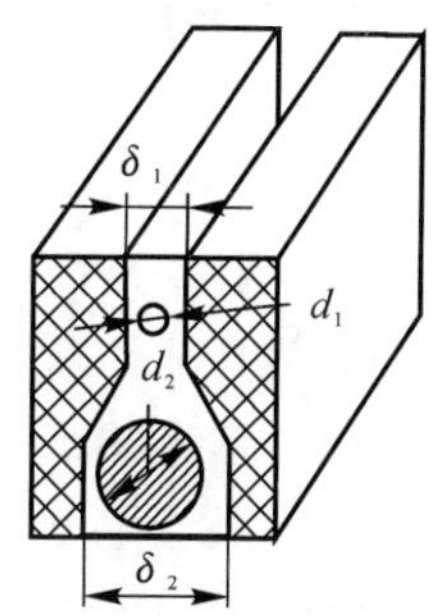

图1－9　窄缝灭弧罩的断面

4. 电气保护

常用的电气保护有以下几种：短路保护、过载保护、过流保护、欠流保护、欠压和失压保护。

（1）短路保护。当电动机绕组和导线的绝缘部分损坏或控制电器及线路发生故障时，电气线路将出现短路现象，产生很大的短路电流，导致电动机、导线等电气设备严重损坏。因此，在发生短路故障时，保护电器必须立即动作，迅速切断电源。常用的短路保护电器有熔断器、低压断路器等。

（2）过载保护。当电动机负载过大、启动操作频繁或缺相运行时，会使电动机的工作电流长时间超过其额定电流，电动机绕组过热，温升超过其允许值，严重时会使电动机损坏。因此，当电动机过载时，保护电器应立即动作，切断电源，使电动机停转。常用的过载保护电器有热继电器等。

（3）过流保护。过电流运行是指电动机或电器元件在超过其额定电流的状态下运行。过电流一般比短路电流小。特别是在电动机频繁启动和频繁正反转时，电气线路中容易发生过电流。在过电流情况下，若能在达到最大允许温升之前使电流值恢复正常，电器元件就能正常工作，但过电流容易造成冲击电流损坏电动机，因此要及时切断电源。常用的过流保护器件有电流继电器等。

（4）欠流保护。直流电动机的启动电流和转速与磁场成反比，当磁场减弱时电动机的转速增大，所以直流电动机的励磁电流必须人于某一数值。当励磁电流小于这一数值时称为欠励（磁）或欠电流。欠电流时，电动机的启动电流很大，电动机的转速会超过电动机的额定转速，造成飞车事故。常用的欠电流保护电器有欠电流继电器等。

（5）欠压和失压保护。当电网电压降低时，电动机便在欠压下运行，由于电动机负载没有改变，所以欠压下的电动机转速下降。因为电流增大的幅度不足以使熔断器和热继电器动作，所以这两种电器起不到保护作用。如不采取保护措施，时间一长，电流将会使电动机过热损坏，欠压也会引起电路中的一些电器释放，也可能导致事故。因此，当电源电压低于一定数值或下降到零时，保护电器应立即动作，切断电源，使电动机和控制电器停止工作。常用的欠压保护电器有接触器、继电器等。

1.2 低压配电电器

低压配电电器主要用于保护交直流电网内的电器设备，使之免受过电流、欠电流、短路、欠电压及漏电等不正常情况的危害，同时也可用于不频繁启动电动机及操作或转换电路。常用的低压配电电器有刀开关、低压断路器和熔断器等。

1.2.1 刀开关

刀开关又称闸刀开关，是低压配电电器中结构最简单、应用最广泛的电器。刀开关主要用在配电设备和供电线路中，通常用于不频繁接通或切断容量不大的低压供电线路，也可作为电源隔离开关。根据不同的工作原理、使用条件和结构形式，刀开关可分为胶盖刀开关、铁壳开关、组合开关等。各种类型的刀开关又可以按其额定电流、刀的极数（单极、双极或三极）、有无灭弧罩以及操作方式来区分。除在电力系统等特殊场合中的大电流刀开关采用电动操作外，一般都是采用手动操作方式。

1. 胶盖刀开关

胶盖刀开关是一种结构简单、应用广泛的手动电器，主要用作电路的电源开关和小容量电动机不频繁启动的操作开关。

（1）胶盖刀开关的结构。胶盖刀开关主要由瓷手柄、静触点、动触点、进/出线座和瓷底座组成，如图1－10所示。此种刀开关装有熔丝，可起短路保护作用。常用的有HK1、HK2系列。

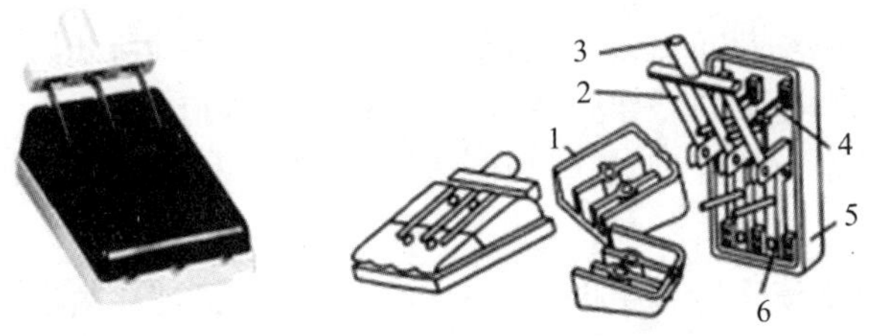

图1－10 胶盖刀开关外形与结构示意图

1—胶盖； 2—动触点； 3—瓷手柄； 4—静触点； 5—瓷底座； 6—出线座

胶盖刀开关的电气图形符号和文字符号如图1－11所示。

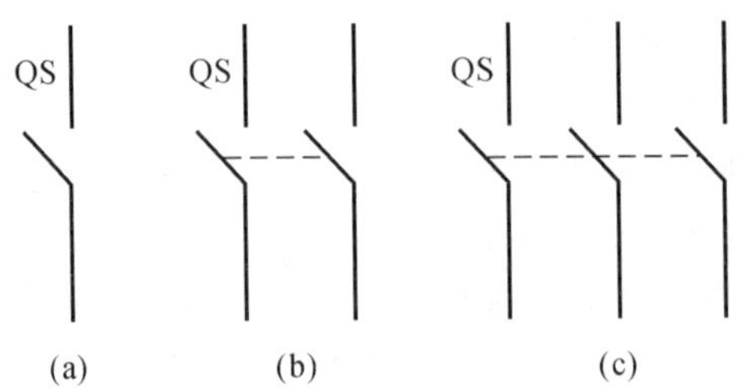

图1－11 胶盖刀开关的图形符号和文字符号

（a）单极； （b）双极； （c）三极

(2)胶盖刀开关的型号及含义如图 1－12 所示。

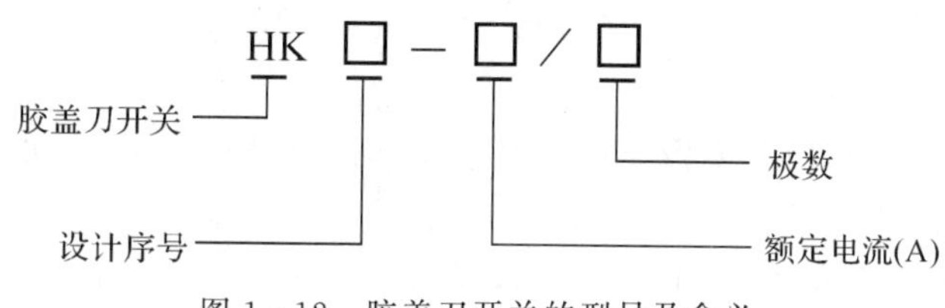

图 1－12　胶盖刀开关的型号及含义

(3)胶盖刀开关的使用注意事项及选用原则。

1)使用注意事项。胶盖刀开关安装时,手柄要向上,不得倒装或平装。倒装时,手柄可能因自动下滑而引起误合闸,造成人身和设备安全事故。接线时,应将电源线接在上端,负载接在熔丝下面。这样,拉闸后刀开关与电源隔离,便于更换熔丝。

2)选用原则。用于照明和电热负载时,选用额定电压 220 V 或 250 V,额定电流不小于电路所有负载的额定电流之和的两极开关。

用于控制电动机的直接启动和停止时,选用额定电压 380 V 或 500 V,额定电流不小于电动机额定电流 3 倍的三极开关。

2. 铁壳开关

铁壳开关主要用于配电电路,用作电源开关、隔离开关和应急开关。其适用于额定电压为 380 V、额定电流为 400 A、频率为 50 Hz 的交流电路,用于手动不频繁接通、分断有负载的电路,并有过载和短路保护作用。常用的型号为 HH3、HH4 系列,其外形及图形符号如图 1－13 所示。铁壳开关的 3 个动触点装在与手柄相连的转动杆上,熔断器为磁插式或有填料封闭管式,操作机构上装有速断弹簧和机械联锁装置。

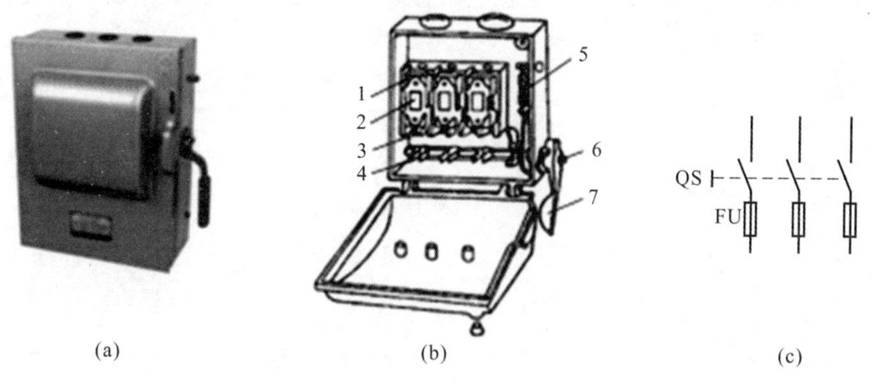

图 1－13　铁壳开关的外形、结构及图形符号

(a)外形；(b)结构；(c)图形符号和文字符号

1—灭弧机构；2—熔断器；3—静触点；4—动触点；5—速断弹簧；6—操作机构；7—手柄

3. 组合开关

组合开关也是一种刀开关,不过它的刀片(动触片)是转动式的,比胶盖刀开关轻巧而且组合性强,能组成各种不同线路。

组合开关由若干分别装在数层绝缘件内的双断点桥式动触片、静触片(它与盒外的接线相联)组成。动触片装在附加有手柄的绝缘方轴上,方轴随手柄而旋转,于是动触片也随方轴转动并变更其与静触片分、合位置。因此，组合开关实际上是一个多触点、多位置式可以控制多个回路的开关电器，亦称转换开关。组合开关是一种闸刀开关，用于主电路的控制，但没有灭弧装置，使用时应加以注意。

组合开关分为单极、双极和多极三类。其主要参数有额定电压、额定电流、允许操作频率、极数、可控制电动机最大功率等。其中，额定电流具有 10 A、20 A、40 A 和 60 A 等几个等级。全国统一设计的新型组合开关有 HZ15 系列，其他常用的组合开关有 HZ10、HZ5 和 HZ2 型。HZ10 型组合开关的外形和图形符号如图 1－14 所示。

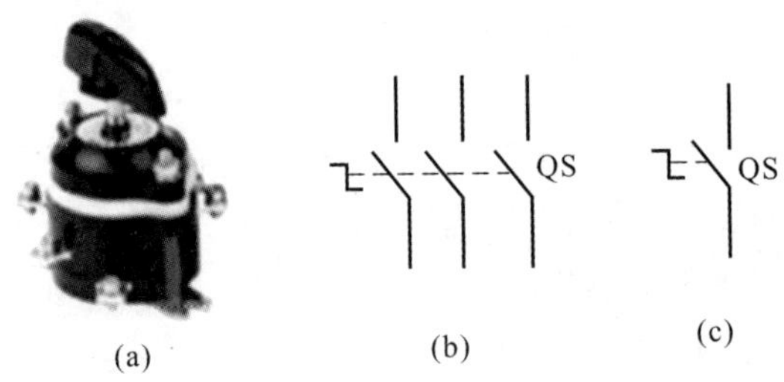

图 1－14　HZ10 型组合开关的外形、图形符号

(a)外形；　(b)三极；　(c)单极

组合开关根据接线方法不同可组成以下几种类型：同时通断（各极同时接通或同时分断）、交替通断（一个操作位置上，只有总极数中的一部分接通，而另一部分断开）、两位转换（类似双投开关）、三位转换、四位转换等，以满足不同电路的控制要求。

组合开关在电气原理图中的画法，如图 1－15 所示。图中虚线表示操作位置，而不同操作位置的各对触点通断状态示于触点下方或右侧，规定用与虚线相交位置上的涂黑圆点表示接通，没有涂黑圆点表示断开。另一种是用触点状态来表示，见表 1－2，表中以"＋"（或"×"）表示触点闭合，"－"（或无记号）表示分断。

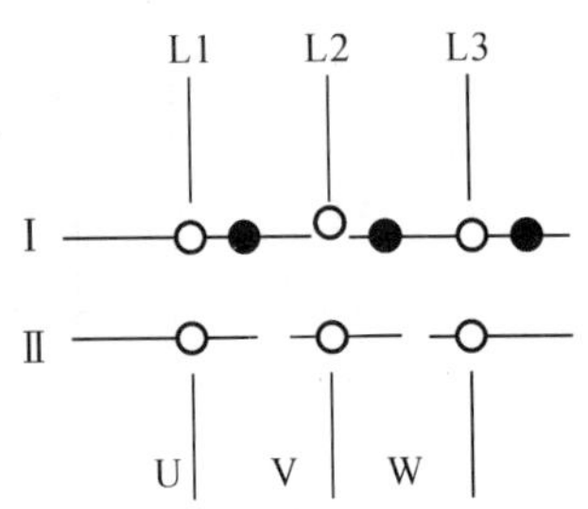

图 1－15　组合开关的电气符号

表 1－2　触点状态表

端子	开关位置	
	Ⅰ	Ⅱ
L1－U	＋	－
L2－V	＋	－
L3－W	＋	－

组合开关的型号及含义如图 1－16 所示。

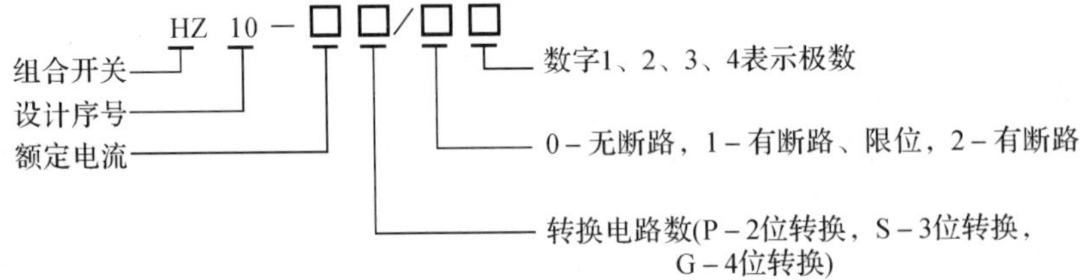

图 1－16　组合开关的型号及含义

1.2.2　低压断路器

低压断路器有两种形式：一种是不带漏电保护的，即普通低压断路器；另一种是带漏电保护的，通常称为漏电保护器。

1. 普通低压断路器

普通低压断路器也称为自动空气开关，可用来接通和分断负载电路，也可用来控制不频繁启动的电动机。当线路发生严重过载、短路或欠压等多种故障时，它能自动切断电源。它的功能相当于刀开关、过电流继电器、失电压继电器、热继电器等电器部分或全部的功能，是低压配电网中一种重要的保护电器。其外形如图 1－17 所示。

图 1－17　普通低压断路器的外形

普通低压断路器具有多种保护功能（过载、短路、欠电压保护等）、动作值可调、分断能力高、操作方便、安全等优点，所以目前被广泛应用于低压配电系统，各种机械设备的电源控制和用电终端的控制和保护。

(1)结构。普通低压断路器主要由触点、操作机构、脱扣器和灭弧装置等组成。结构示意图如图 1－18 所示。操作机构分为直接手柄操作、杠杆操作、电磁铁操作和电动机驱动 4 种。脱扣器有电磁脱扣器、热脱扣器、复式脱扣器、欠压脱扣器、分励脱扣器等类型。

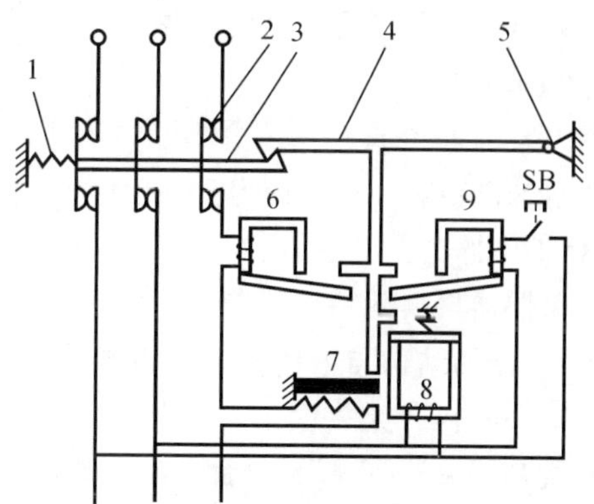

图 1－18　普通低压断路器结构示意图

1—分闸弹簧；　2—主触点；　3—传动杆；　4—锁扣；　5—轴；
6—过电流脱扣器；　7—热脱扣器；　8—欠压失压脱扣器；　9—分励脱扣器

(2)工作原理。普通低压断路器的主触点是靠手动操作或电动合闸的。主触点闭合后,自由脱扣机构将主触点锁在合闸位置上。过电流脱扣器的线圈和热脱扣器的热元件与主电路串联,欠电压脱扣器的线圈和电源并联。当电路发生短路或严重过载时,过电流脱扣器的衔铁吸合,使自由脱扣机构动作,主触点断开主电路。当电路过载时,热脱扣器的热元件发热使双金属片向上弯曲,推动自由脱扣机构动作。当电路欠电压时,欠电压脱扣器的衔铁释放,也使自由脱扣机构动作。分励脱扣器则作为远距离控制用,在正常工作时,其线圈是断电的,在需要远距离控制时,按下启动按钮,使线圈通电,衔铁带动自由脱扣机构动作,使主触点断开。

(3)型号及含义。普通低压断路器型号及含义如图1-19所示。

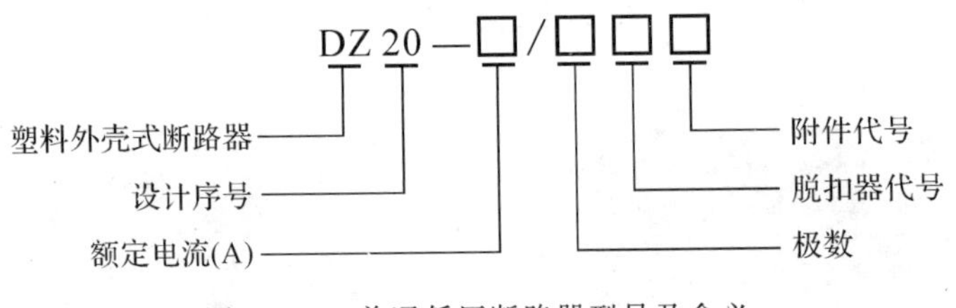

图1-19 普通低压断路器型号及含义

(4)电气图形符号。普通低压断路器的电气图形符号和文字符号如图1-20所示。

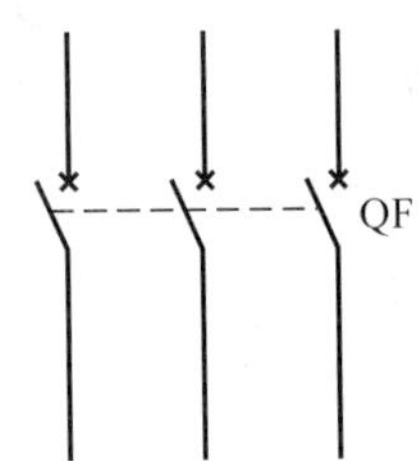

图1-20 普通低压断路器的图形和文字符号

2. 漏电保护器

漏电保护器是最常用的一种漏电保护电器。当低压电网发生人身触电或设备漏电时,漏电保护器能迅速自动切断电源,从而避免造成事故。

漏电保护器按其检测故障信号的不同可分为电压型和电流型。电压型由于可靠性差已被淘汰。下面仅介绍电流型漏电保护器。

漏电保护器一般由3个主要部件组成。一是检测漏电流大小的零序电流互感器;二是能将检测到的漏电流与一个预定基准值相比较,从而断定是否动作的漏电脱扣器;三是受漏电脱扣器控制的能接通、分断被保护电路的开关装置。

目前常用的电流型漏电保护器根据其结构不同分为电磁式和电子式两种。

(1)电磁式电流型漏电保护器的结构与工作原理。电磁式电流型漏电保护器的特点是把漏电电流直接通过漏电脱扣器来操作开关装置。

电磁式电流型漏电保护器由开关装置、试验回路、电磁式漏电脱扣器和零序电流互感器组成。其工作原理图如图1-21所示。

当电网正常运行时,不论三相负载是否平衡,通过零序电流互感器主电路的三相电流的相量和等于零,因此,其二次绕组无感应电动势,漏电保护器也工作于闭合状态。一旦电网中发生漏电或触电事故，上述三相电流的相量和不再等于零，因为有漏电或触电电流通过人体和大地而返回变压器中性点。于是，互感器二次绕组中便产生感应电压加到漏电脱扣器上。当达到额定漏电动作电流时，漏电脱扣器就动作，推动开关装置的锁扣，使开关打开，分断主电路。

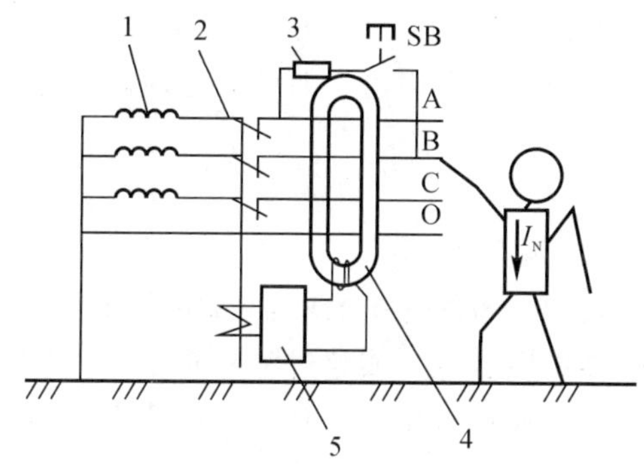

图 1－21　电磁式电流型漏电保护器工作原理图

1—电源变压器；　2—主开关；　3—试验回路；　4—零序电流互感器；　5—电磁式漏电脱扣器

(2)电子式电流型漏电保护器的结构与工作原理。电子式电流型漏电保护器的特点是把漏电电流经过电子放大线路放大后才能使漏电脱扣器动作，从而操作开关装置。

电子式电流型漏电保护器由开关装置、试验回路、零序电流互感器、电子放大器和漏电脱扣器组成，其工作原理图如图 1－22 所示。

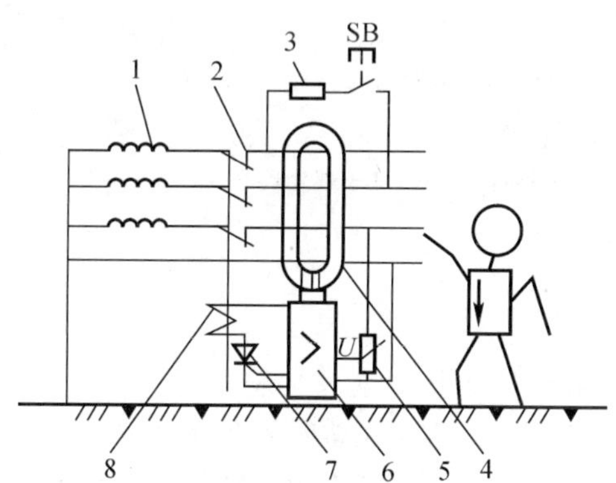

图 1－22　电子式电流型漏电保护器工作原理图

1—电源变压器；　2—主开关；　3—试验回路；　4—零序电流互感器；

5—压敏电阻；　6—电子放大器；　7—晶闸管；　8—脱扣器

电子式漏电保护器的工作原理与电磁式的大致相同。只是当漏电电流超过基准值时，立即被放大并输出具有一定驱动功率的信号使漏电脱扣器动作。

3. 低压断路器的选用原则

(1)应根据对线路保护的要求确定断路器的类型和保护形式。

(2)断路器的额定电压应大于或等于被保护线路的额定电压。

(3)断路器的额定电流应大于或等于被保护线路的额定电流。

(4)断路器的极限分断能力应大于线路的最大短路电流的有效值。

(5)断路器欠电压脱扣器的额定电压应等于被保护线路的额定电压。

(6)断路器的热脱扣器的整定电流应等于所控制的电动机或其他负载的额定电流。

(7)断路器的电磁脱扣器的瞬时动作整定电流应大于负载电路正常工作时可能出现的峰值电流。

(8)配电线路中的上、下级断路器的保护特性应协调配合,下级的保护特性应位于上级保护特性的下方,并且不相交。

(9)选用断路器时,要考虑断路器的用途。如要考虑断路器是保护电动机用、配电用还是照明生活用。

1.2.3 熔断器

熔断器是低压电路中主要用作短路保护的电器。使用时串联在被保护的电路中,当电路发生短路故障使得通过熔断器的电流达到或超过某一规定值时,以其自身产生的热量使熔断体熔断,从而自动分断电路,起到保护作用。它具有结构简单、价格低廉、动作可靠、使用维护方便等优点,因此得到广泛应用。

常用熔断器型号含义如图 1-23 所示。其图形符号和文字符号如图 1-24 所示。

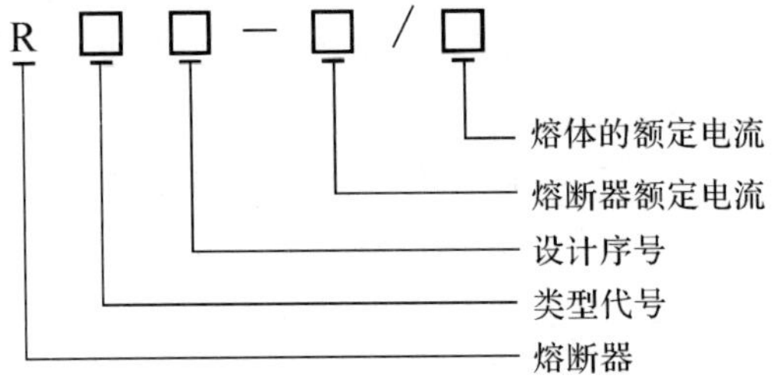

图 1-23 熔断器的型号

类型代号:C—插入式; M—无填料封闭管式; L—螺旋式; T—有填料封闭管式; S—快速式; Z—自复式

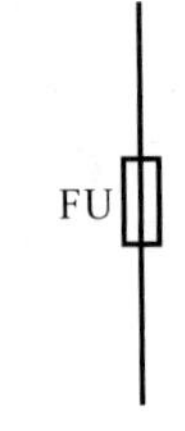

图 1-24 熔断器图形符号和文字符号

1. 熔断器的分类

熔断器的种类很多,常见的有以下几种。

(1)插入式熔断器(无填料式)。插入式熔断器如图 1-25 所示。常用的插入式熔断器有RCIA 系列,主要用于交流 50 Hz、额定电压为 380 V 及以下的电路末端,作为供配电系统导线及电气设备的短路保护,也可用于民用照明电路的短路保护。

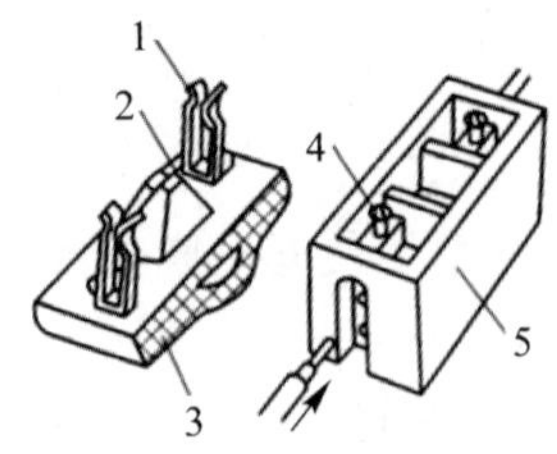

图 1-25 插入式熔断器

1—动触点; 2—熔丝; 3—瓷盖; 4—静触点; 5—瓷底

RCIA 系列由磁盖、底座、触点、熔丝等组成,结构简单、价格低廉、熔体更换方便,但分断能力差。

(2)螺旋式熔断器。螺旋式熔断器如图 1－26 所示。常用的螺旋式熔断器有 RL1、RL2、RL6、RL7 等系列,其中 RL6、RL7 系列熔断器分别取代了 RL1、RL2 系列,常用于配电线路及机床控制电路中作短路保护。

螺旋式熔断器由瓷底座、熔管、瓷套等组成。熔管内装有熔体,并装满石英砂,将熔管置入底座内,旋紧瓷帽,电路即接通。瓷帽顶部有玻璃圆孔,其内部有熔断指示器,当熔体熔断时,指示器跳出。螺旋式熔断器具有较高的分析能力,限流性好,有明显的熔断指示,可不用工具就能安全更换熔体。

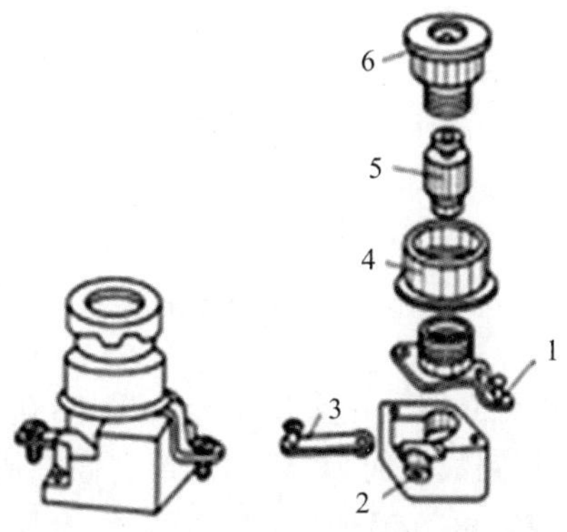

图 1－26　螺旋式熔断器

1—上接线柱;　2—瓷底;　3—下接线柱;　4—瓷套;　5—熔芯;　6—瓷帽

(3)封闭式熔断器。封闭式熔断器是指熔体封闭在熔管的熔断器,分为有填料封闭式熔断器和无填料封闭式熔断器。

有填料封闭熔断器一般用方形瓷管制成,其结构图如图 1－27 所示。内装石英砂及熔体,其分断能力强,常用于电压等级在 500 V 以下、电流等级在 1 kA 以下的电路。常见的有填料封闭管式熔断器有 RT0、RT12、RT14、RT15 等系列,引进产品有德国 AGE 公司的 NT 系列。

无填料封闭式熔断器结构图如图 1－28 所示。它将熔体装入封闭式圆瓷筒中,分断能力稍小,常用于电压等级在 500 V 以下、电流等级在 600 A 以下的电力网或配电设备。常见的无填料封闭管式熔断器有 RM1、RM10 等系列,主要用作低压配电线路的过载和短路保护。

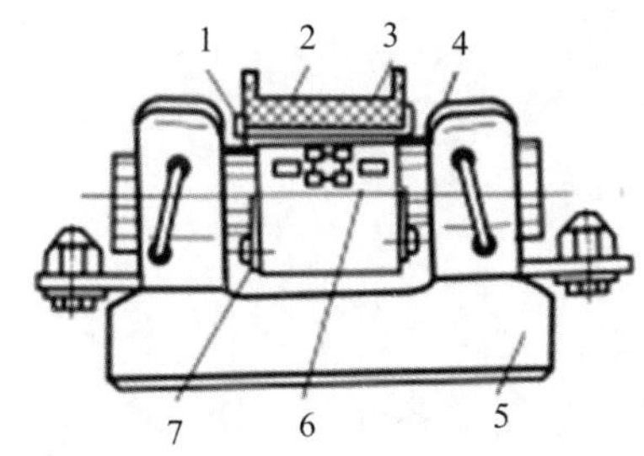

图 1－27　有填料封闭管式熔断器

1—熔断指示器;　2—石英砂填料;　3—熔丝;　4—插刀;　5—底座;　6—熔体;　7—熔管

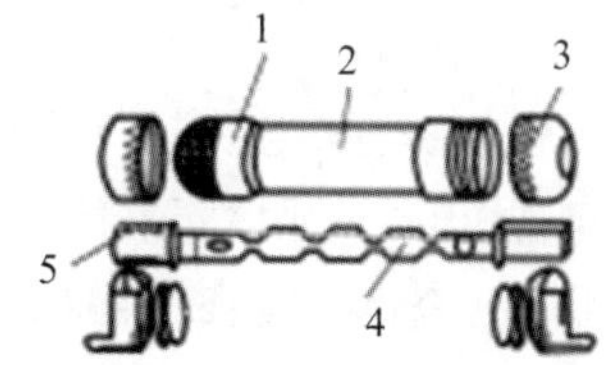

图 1－28　无填料封闭管式熔断器

1—钢圈;　2—熔断管;　3—管帽;　4—熔体;　5—熔片

(4)快速熔断器。快速熔断器主要用于半导体整流元件或整流装置的短路保护,其外形如

图 1－29 所示。由于半导体元件的过载能力很低，只能在极短时间内承受较大的过载电流，因此要求短路保护具有快速熔断的能力。快速熔断器的结构和有填料封闭式熔断器基本相同，但熔体材料和形状不同，它是以银片冲压制作的有 V 形深槽的变截面熔体，常见的为 RS0 系列。

图 1－29　快速熔断器

(5)自复式熔断器。自复式熔断器采用金属钠作为熔体，在常温下具有高电导率。其外形如图 1－30 所示。当电路发生短路故障时，短路电流产生高温使钠迅速汽化，汽态钠呈现高阻态，从而限制了短路电流。在短路电流消失后，温度下降，金属钠恢复原来的良好导电性能。自复式熔断器是一种限流元件，它本身不能分断电路，而是与电压断路器串联使用，以提高分断能力。

自复式熔断器只能限制短路电流，其优点是不必更换熔体，能重复使用，常见的为 RZ1 系列。

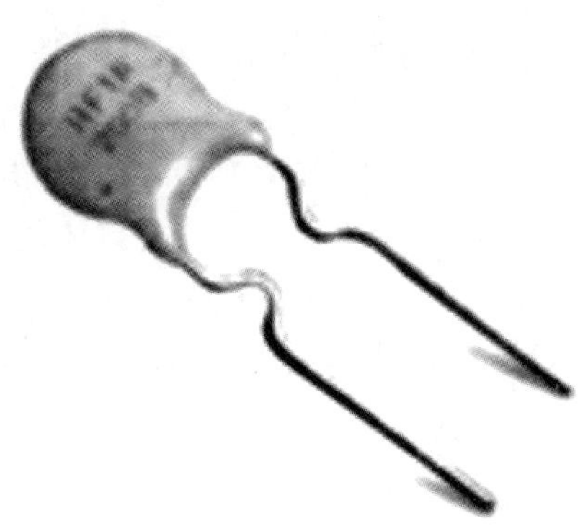

图 1－30　自复式熔断器

2. 熔断器主要性能参数

(1)额定电压：保证熔断器能长期正常工作的电压。

(2)额定电流：保证熔断器能长期工作的电流，是由熔断器各部分长期工作时的允许温升决定的。它与熔体的额定电流是两个不同的概念。熔体的额定电流是指在规定的工作条件下，长时间通过熔体而熔体不熔断的最大电流值。通常一个额定电流等级的熔断器可以配用若干个额定电流等级的熔体，但熔体的额定电流不能大于熔断器的额定电流值。

(3)极限分断电流：熔断器在额定电压下所能断开的最大短路电流。熔断器的极限分断能力必须大于线路中可能出现的最大短路电流。

(4)时间-电流特性:在规定工作条件下,表征流过熔体的电流与熔体熔断时间关系的函数曲线,也称保护特性或熔断特性。

3. 熔断器的选用原则

(1)根据使用条件确定熔断器的类型。

(2)选择熔断器的规格时,应先选定熔体的规格,再根据熔体去选择熔断器的规格。

(3)熔断器的保护性应与被保护对象的过载特性有良好的配合。

(4)在配电系统中,各级熔断器应相互匹配,一般上一级熔体的额定电流要比下一级熔体的额定电流大 2～3 倍。

(5)对于保护电动机的熔断器,应注意电动机启动电流的影响。熔断器一般只作为电动机的短路保护,过载保护应采用热继电器。

(6)熔断器的额定电流应不小于熔体的额定电流,额定分断能力应大于电路中可能出现的最大短路电流。

4. 熔断器类型的选择

在选择熔断器时,主要根据负载的情况和短路电流的大小来选择其类型。例如:对于容量较小的照明电路或电动机的保护,宜采用 RCIA 系列插入式熔断器或 RM10 系列无填料密封管式熔断器;对于短路电流较大的电路或易燃气体的场合,宜采用具有高分断能力的 RL 系列螺旋式熔断器或 RT(包括 NT)系列有填料密封管式熔断器;对于保护硅整流器件及晶闸管的场合,应采用快速熔断器。

此外,也要考虑熔断器的使用环境。例如:管式熔断器常用于大型设备及容量较大的变电场合;插入式熔断器常用于无振动的场合;螺旋式熔断器多用于机床配电;电子设备一般采用熔丝座。

(1)熔断器额定电压的选择。熔断器的额定电压应大于或等于所接电路的额定电压。

(2)熔体额定电流的选择。熔体额定电流大小与负载大小、负载性质有关。对于负载平稳无冲击电流的照明电路,电热电路等可按负载电流大小来确定熔体的额定电流;对于有冲击电流的电动机负载电路,为起到短路保护作用,又同时保证电动机的正常启动,其熔断器熔体电流的选择又分为以下三种情况:

1)对于单台长期工作的电动机,有

$$I_{NP}=(1.5\sim 2.5)I_{NM} \tag{1-5}$$

式中:I_{NP}—— 熔体额定电流(A);

I_{NM}—— 电动机额定电流(A)。

2) 对于单台频繁启动的电动机,有

$$I_{NP}=(3\sim 3.5)I_{NM} \tag{1-6}$$

3) 对于多台电动机共用一熔断器保护时,有

$$I_{NP}=(1.5\sim 2.5)I_{NMmax}+\sum I_{NM} \tag{1-7}$$

式中:I_{NMmax}—— 多台电动机中容量最大一台电动机的额定电流(A);

$\sum I_{NM}$—— 其余各台电动机额定电流之和(A)。

(3)熔断器额定电流的选择。在熔体额定电流确定后,根据熔断器额定电流大于或等于熔体额定电流来确定熔断器额定电流。每一种电流等级的熔断器可以选配多种不同电流的熔体。

1.3 低压主令电器

在电气控制系统中，主令电器是用于闭合或断开控制电路，以发出指令或作为程序控制的开关器件。它可以直接作用于控制电路，也可以通过电磁式电器的转换对电路实现控制。主令电器应用广泛，种类繁多，按其作用可分为控制按钮、行程开关、接近开关、万能转换开关等。

1.3.1 控制按钮

控制按钮是一种结构简单、应用广泛、短时接通或切断小电流的手动电器。它不直接通断主电路，而是在控制回路中，用于手动发布控制指令，是一种应用广泛的主令电器。

如图1-31所示，控制按钮由按钮帽、复位弹簧、桥式触点和外壳等组成。按用途和结构不同，又分为启动按钮、停止按钮和复合按钮。通常情况下，控制按钮做成具有常闭触点和常开触点的复合按钮，即具有常开触点和常闭触点。按下按钮时，常闭触点先断开、常开触点后接通；按钮释放后，在复位弹簧作用下，按钮又恢复到操作前的状态。

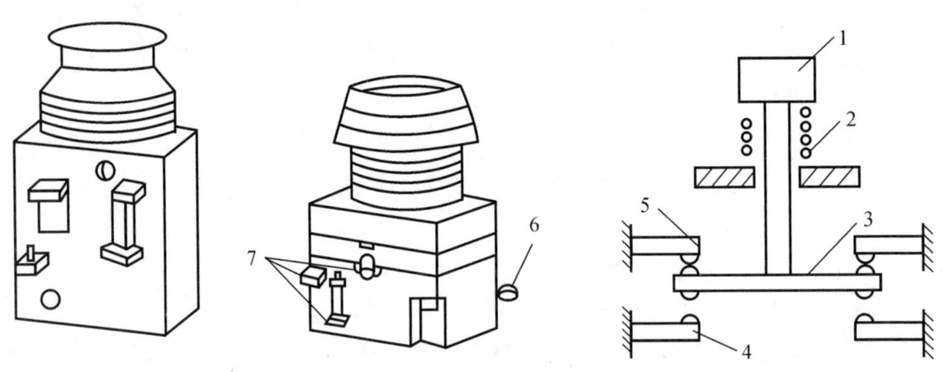

图1-31 控制按钮的结构示意图

1—按钮帽； 2—复位弹簧； 3—动触点； 4—常闭静触点； 5—常开静触点； 6、7—触点接线柱

在电气控制电路中，启动按钮常用来启动电动机；停止按钮常用于控制电动机停车；复合按钮用于联锁控制电路中。为了便于识别各个按钮的作用，通常按钮帽有不同的颜色，一般红色表示停车按钮，绿色或黑色表示启动按钮。

控制按钮的种类很多，在结构上有揿钮式、紧急式、钥匙式、旋钮式、带灯式和打碎玻璃按钮。其中打碎玻璃按钮用于控制消防水泵或报警系统，有紧急情况时，可用敲击打碎按钮玻璃，使按钮内触点状态翻转复位，发出启动或报警信号。

常用的控制按钮有LA2、LA18、LA19、LA20、LAY1和SFAN-1型系列按钮。其中SFAN-1型为消防打碎玻璃按钮。

LA19、LA20系列有带指示灯和不带指示灯两种，前者按钮帽用透明塑料制成，兼做指示灯罩。

控制按钮的电气图形符号和文字符号如图1-32所示。选择控制按钮的主要依据是使用场所、所需要的触点场所、种类及颜色。

图 1－32　控制按钮的电气图形符号和文字符号

控制按钮型号及含义如图 1－33 所示。

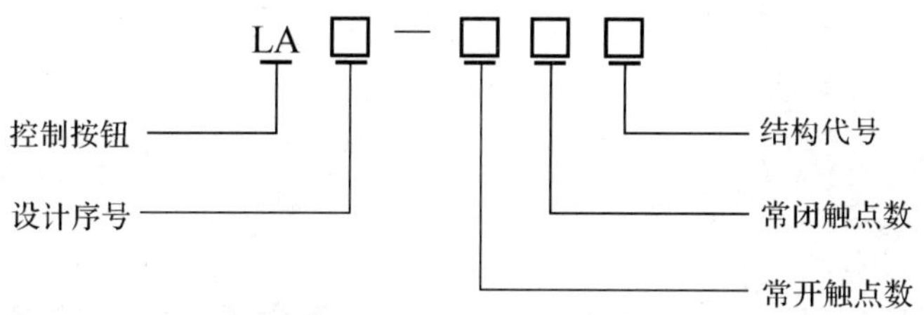

图 1－33　控制按钮型号及含义

1.3.2　行程开关

行程开关又称限位开关，用于控制机械设备的行程及限位保护。在实际生产中，将行程开关安装在预先安排的位置，当装于生产机械运动部件上模块撞击行程开关时，行程开关的触点动作，实现电路的切换。因此，行程开关是一种根据运动部件的行程位置而切换电路的电器，它的作用与控制按钮类似。行程开关广泛用于各类机床和起重机械，用以控制其行程、进行终端限位保护。在电梯的控制电路中，还利用行程开关来控制开关轿门的速度、自动开关门的限位和轿厢的上、下限位保护。它的种类很多，按结构可分为直动式、滚动式和微动式；按接触点性质可分为有触点式和无触点式。

直动式行程开关的结构原理如图 1－34 所示，其动作原理与控制按钮相同，但其触点的分合速度取决于生产机械的运行速度，不宜用于速度低于 0.4 m/min 的场所。

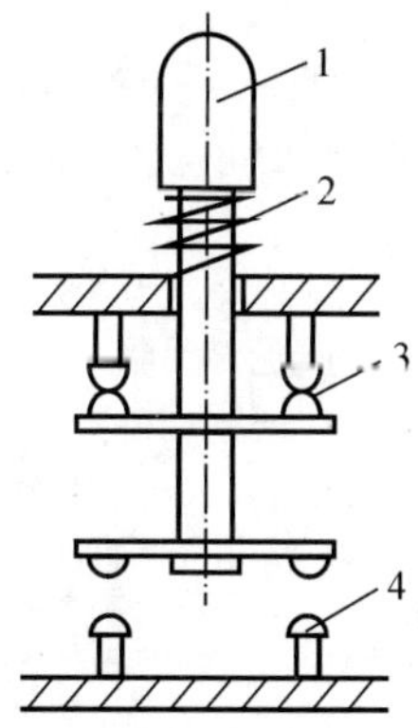

图 1－34　直动式行程开关的结构示意图

1—推杆；　2—弹簧；　3—动断触点；　4—动合触点

滚轮式行程开关的结构原理如图 1-35 所示。当被控制机械的撞块撞击带有滚轮的撞杆时，撞杆转向右边，带动凸轮转动，顶下推杆，是微动开关中的触点迅速动作。当运动机械返回时，在复位弹簧的作用下，各部分动作部件复位。滚动式行程开关又分为单滚轮自动复位和双滚轮（羊角式）非自动复位式，如图 1-36 所示。由于双滚轮行程开关具有两个稳态位置，有“记忆”作用，在某些情况下可以简化电路。

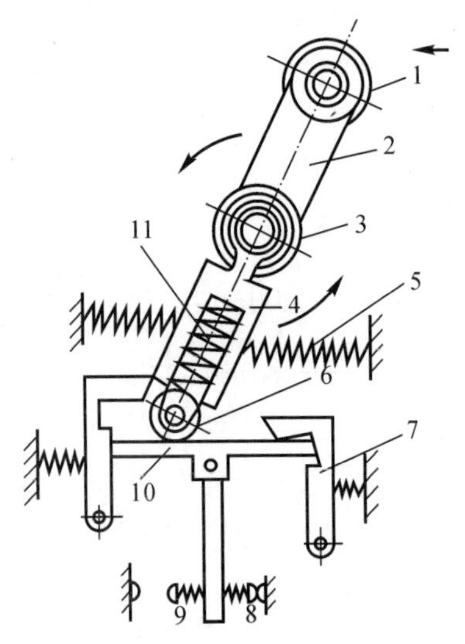

图 1-35 滚动式行程开关的结构示意图

1—滚轮； 2—上转臂； 3、5、11—弹簧； 4—套架；
6—滑轮； 7—压板； 8、9—触点； 10—横板

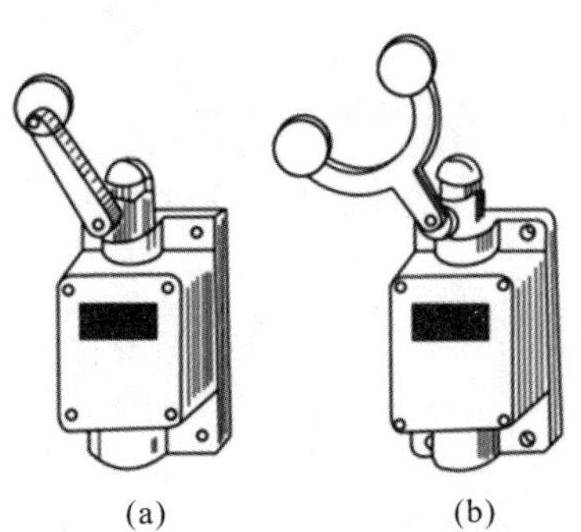

图 1-36 常见滚动式行程开关

(a)单轮旋转式； (b)双轮旋转式

全国统一设计的行程开关有 LX32、LX33 和 LX31 系列，其他常用的还有 LX19、LXW-11、JLXK1、LW2、LX5、LX10 等系列。

行程开关的电气图形符号和文字符号如图 1-37 所示。

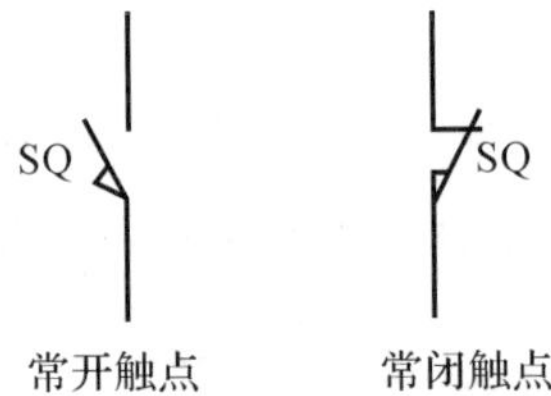

图 1-37 行程开关的电气图形符号和文字符号

行程开关的型号及含义如图 1-38 所示。

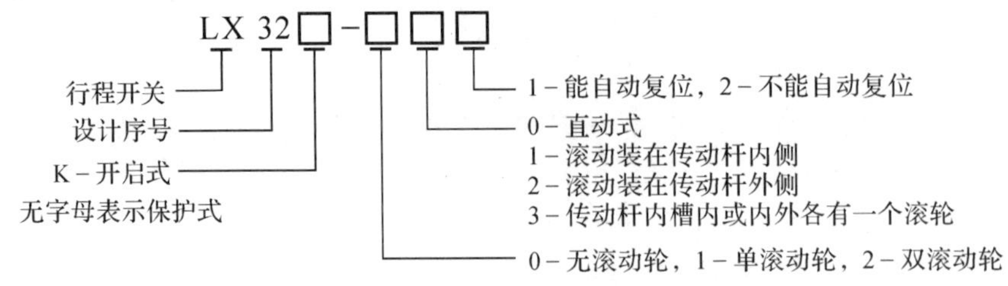

图 1-38 行程开关的型号及含义

1.3.3　接近开关

接近开关是一种无须与运动部件进行机械直接接触而可以操作的位置开关，又称无触点行程开关，其外形如图 1－39 所示。

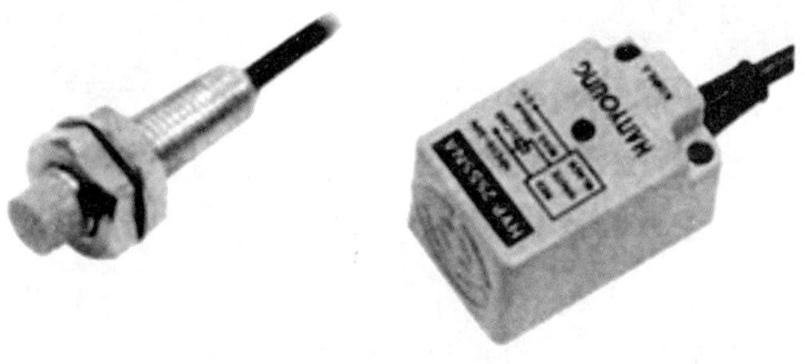

图 1－39　接近开关的外形

接近开关既有行程开关、微动开关的特性，同时具有传感性能，且动作可靠，性能稳定，频率响应快，应用寿命长，抗干扰能力强等，并具有防水、防震、耐腐蚀等特点，常见的有电感式、电容式、霍尔式等。在自动控制系统中可作为限位、计数、定位控制和自动保护环节等。

常用的电感式接近开关型号有 LJ1 和 LJ2 等系列，电容式接近开关型号有 LXJ15 和 TC 等系列。

接近开关的电气图形符号和文字符号如图 1－40 所示。

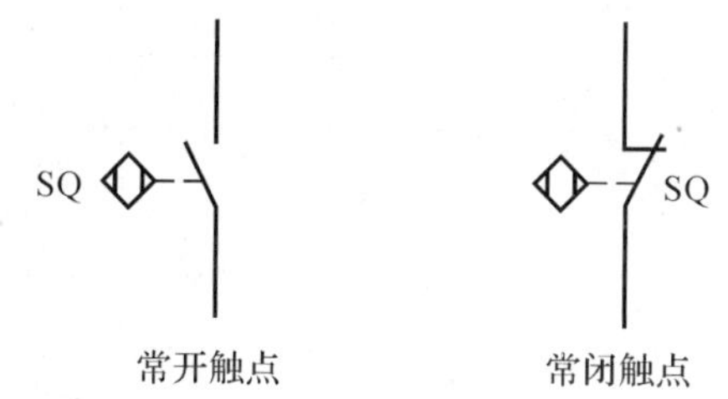

图 1－40　接近开关的电气图形符号和文字符号

1.3.4　万能转换开关

万能转换开关，是一种多挡位、多段式、控制多回路的主令电器，当操作手柄转动时，带动开关内部的凸轮转动，从而使触点按规定顺序闭合或断开。它主要用于各种控制电路的转换、电压表、电流表的换相测量控制、配电装置电路的转换和遥控。万能转换开关还可以用于控制小容量电动机的启动、调速和换向。因其控制线路多、用途广泛，故称为万能转换开关。

1．万能转换开关的结构及工作原理

万能转换开关的结构和组合开关的结构相似，其外形如图 1－41 所示。有多组相同结构的触点组件叠装而成。其中每层底座均可装三对触点，并由触点底座中的凸轮(套在转轴上)来控制这三对触点的接通和断开。操作时，手柄带动转轴和凸轮一起旋转，凸轮推动触点接通或断开。由于各层凸轮的形状不同，因此，当手柄处在不同位置时，触点的分合情况不同，从而达到转换电路目的。万能转换开关的单层结构示意图如图 1－42 所示。万能转换开关的手柄操作位置是用手柄转换的角度表示的，有 90°、60°、45°、30°四种。

图 1-41　万能转换开关的外形

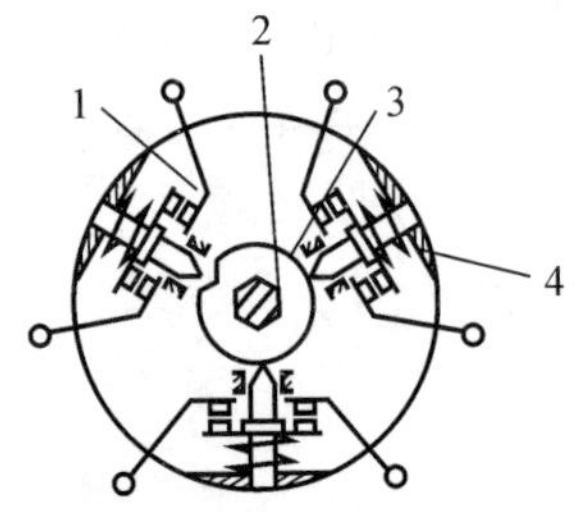

图 1-42　万能转换开关的单层结构示意图

1—触点；　2—转轴；　3—凸轮；　4—触点弹簧

万能转换开关常用型号有 LW2、LW5、LW6 系列，其中 LW2 系列用于高压断路器操作回路的控制，LW5、LW6 系列多用于电力拖动系统中对线路或电动机实行控制。表 1-3 为 LW6 系列万能转换开关定位特征代号表。

表 1-3　LW6 系列万能转换开关定位特征代号

定位代号	手柄定位角度/(°)											
A						0	30					
B					30	0	30					
C					30	0	30	60				
D				60	30	0	30	60				
E				60	30	0	30	60	90			
F			90	60	30	0	30	60	90			
G			90	60	30	0	30	60	90	120		
H		120	90	60	30	0	30	60	90	120		
I		120	90	60	30	0	30	60	90	120	150	
J	150	120	90	60	30	0	30	60	90	120	150	
K	210	120	90	60	30	0	30	60	90	120	150	180

万能转换开关主要用于电气控制电路的转换。在操作不太频繁的情况下，也可用于小容量电动机的启动、停止或反向的控制。

2．万能转换开关的型号及含义

万能转换开关的型号及含义如图 1-43 所示。

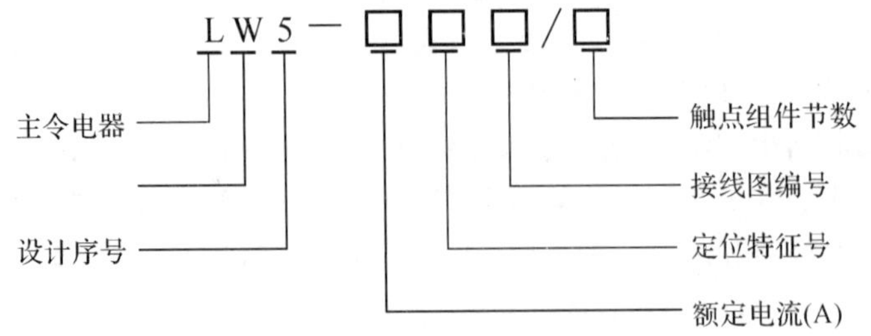

图 1-43　万能转换开关的型号及含义

3. 万能转换开关的电气符号

万能转换开关的电气符号如图 1-44 所示，通断表见表 1-4。

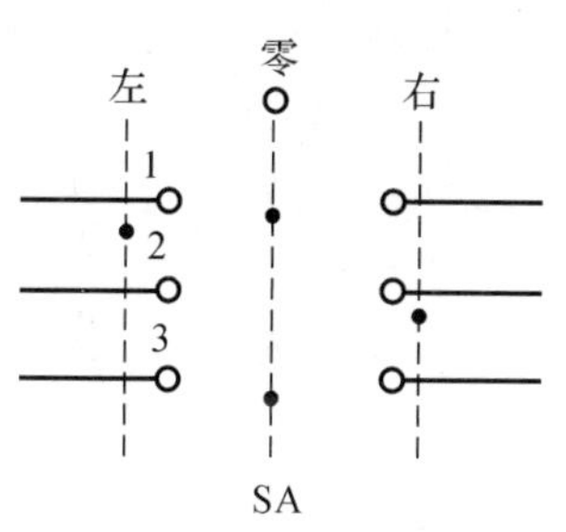

表 1-4　万能转换开关触点状态表

触点	位置		
	1	2	3
左	+	−	−
零	+	−	+
右	−	+	−

图 1-44　万能转换开关的电气符号及触点状态表

4. 万能转换开关的选择

(1)按额定电压和工作电流选用合适的万能转换开关系列。

(2)按操作需要选定手柄形式和定位特征。

(3)按控制要求参照转换开关样本确定触点数量和接线图编号。

(4)选择面板形式及标志。

5. 万能转换开关的使用注意事项

(1)万能转换开的安装位置应与其他电器元件或机床的金属部件有一定的间隙。

(2)万能转换开关一般应水平安装在平板上。

(3)万能转换开关的通断能力不高，用来控制电动机，只能控制小容量的电动机；用于控制电动机的正反转时，则只能在电动机停止后才能反向启动。

(4)万能转换开关本身不带保护，必须与其他电器配合使用。

(5)当万能转换开关有故障时，应切断电路检查相关部件。

1.3.5　凸轮控制器与主令控制器

凸轮控制器和主令控制器也属于主令电器，它们主要应用于起重机的控制。

1. 凸轮控制器

凸轮控制器是一种大型手动控制电器，用以直接操作与控制电动机的正反转、调速、启动和停止。其结构主要由手柄、转轴、凸轮和触点组成，其结构如图 1-45 所示。

转动手柄时，转轴带动凸轮一起转动，转动到某一位置时，凸轮顶动滚子，克服弹簧压力使动触点顺时针方向转动，脱离静触点而分断电路。在转轴上叠装不同形状的凸轮，可以使若干个触点组按规定的顺序接通或分断。

凸轮控制器的电气图形和文字符号如图 1-46 所示。

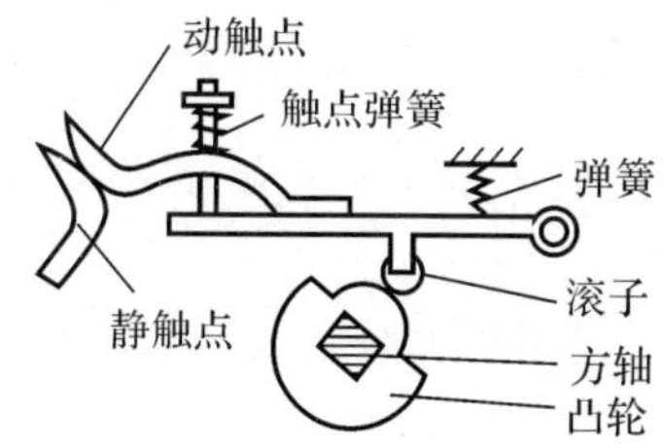

图 1-45　凸轮控制器的结构

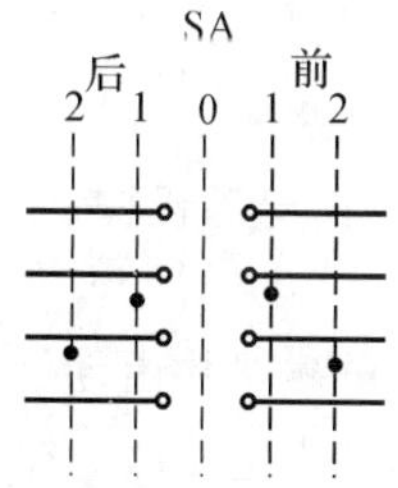

图 1-46　凸轮控制器的电气图形符号和文字符号

2. 主令控制器

当电动机容量较大、工作繁重、操作频繁、调速性能要求较高时，往往采用主令控制器。用主令控制器的触点来控制接触器，再由接触器来控制电动机，从而使触点容量大大减小，操作更为轻便。

主令控制器是按照预定程序转换控制电路的主令电器，其结构和凸轮控制器相似，只是触点的额定电流较小。

主令控制器是用以频繁切换复杂的多回路控制电路的主令电器，主要用作起重机、轧钢机及其他生产机械磁力控制盘的主令电器。

1.3.6 软启动器和变频器

1. 软启动器

软启动器是一种集电动机软启动、软停车、轻载时能和多种保护功能于一体的新颖电机控制装置。软启动器装置有电子式、液态式和磁控式等类型，常用的为电子式。电子式软启动器装置是采用三对反并联晶闸管作为调压器，将其串入电源和电动机定子之间，它由电子控制电路调节加到晶闸管上的触发脉冲角度，以此来控制加到电动机定子绕组上的电压，使电压能按某一规律逐渐上升到全电压。通过适当地设置控制参数，电动机在启动过程中的启动转矩、启动电流与负载要求可以得到较好的匹配。

2. 变频器

变频器是把工频电源(50 Hz)变换成各种频率的交流电源，以实现电机的变速运行的设备。其中，控制电路完成对主电路的控制，整流电路将交流电变换成直流电，直流中间电路对整流电路的输出进行平滑滤波，逆变电流将直流电再变换成交流电。

变频器已在电梯控制、恒压泵等设备中得到广泛的应用，同时也将代替软启动器用于三相交流电动机的降压变频启动。

1.4 接　触　器

接触器是自动控制系统中应用最为广泛的一种低压自动控制电器，是一种适用于远距离频繁接通和断开交直流主电路和大容量控制电路的自动电器。其主要控制对象是电动机，也可用于其他电力负载，如电炉、电焊机、电热设备等。接触器具有欠电压保护、零电压保护、控制容量大、工作可靠、使用寿命长等优点。接触器按主触点通过电流的种类，可分为交流接触器和直流接触器。

1.4.1 交流接触器

1. 交流接触器的结构

交流接触器主要由电磁机构、触点系统和灭弧装置及其他辅助部件等组成，其结构示意图如图 1-47 所示。

(1)电磁机构。电磁机构由动铁芯(衔铁)、静铁芯和吸引线圈三部分组成，其作用是将电磁能转换成机械能，产生电磁吸力带动触点动作。

(2)触点系统。交流接触器的触点系统包括主触点和辅助触点。主触点用于接通或断开主电路或大电流电路，通常为三对常开触点；辅助触点用于接通或断开控制电路，起控制其他元件接通或断开及电气联锁作用，其结构上通常为常开、常闭触点各两对。既有常开触点，也有常闭触点。

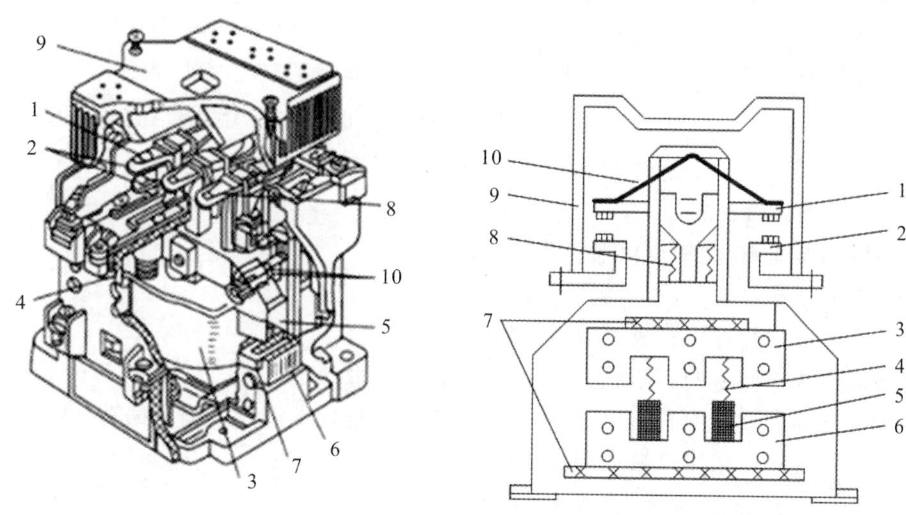

图 1－47　交流接触器结构示意图

1—动触点；　2—静触点；　3—衔铁；　4—弹簧；　5—线圈；　6—铁芯；
7—垫毡；　8—触点弹簧；　9—灭弧罩；　10—触点压力弹簧

(3)灭弧装置。容量在 10 A 以上的交流接触器灭弧装置，对于小容量的接触器，常采用电动力灭弧、灭弧罩灭弧。对于大容量的交流接触器，常采用金属栅片灭弧或纵缝灭弧罩。

(4)其他部件。其他部件包括反作用弹簧、缓冲弹簧、触点压力弹簧、传动机构及外壳等。

2. 交流接触器的工作原理

电磁式交流接触器的工作原理如下：吸引线圈通电后，在铁芯中产生磁通及电磁吸力。此电磁吸力克服弹簧反作用力使得衔铁吸合，带动触点系统动作，常闭触点断开，常开触点闭合，互锁或接通电路。线圈失电或线圈两端电压显著降低时，电磁吸力小于弹簧反作用力，衔铁释放，触点系统复位，断开电路或解除互锁。

接触器的电气图形符号和文字符号如图 1－48 所示。

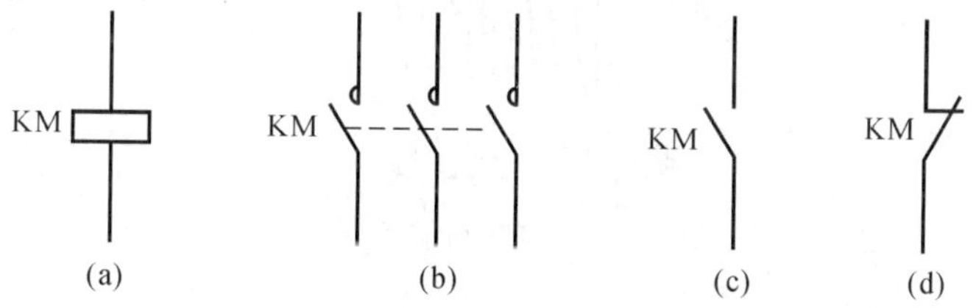

图 1－48　交流接触器电气图形符号

(a)线圈；　(b)主触点；　(c)辅助常开触点；　(d)辅助常闭触点

3. 交流接触器的型号

交流接触器常用于远距离接通和断开电压至 660 V、电流至 660 A 的交流电路，以及频繁启动和控制交流电动机的场合。目前我国常用的交流接触器有 CJ20、CJX1、CJX2、CJ12、CJ10

等系列。

CJ20系列交流接触器的型号及含义如图1-49所示。

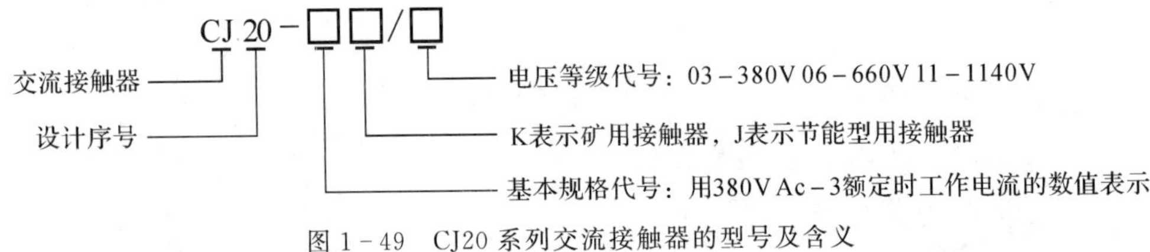

图1-49 CJ20系列交流接触器的型号及含义

4. 交流接触器的特点

(1)线圈通交流电，主触点接通、切断交流主电路。

(2)交变磁通穿过铁芯，产生涡流和磁滞损耗，使铁芯发热。

(3)铁芯用硅钢片冲压而成以减少铁损。

(4)线圈做成短而粗的圆筒状绕在骨架上，以便于散热。

(5)铁芯端面上安装铜质的短路环，以防止交变磁通使衔铁产生强烈振动和噪声。

(6)灭弧装置通常采用灭弧罩和灭弧栅。

1.4.2 直流接触器

1. 直流接触器的结构和工作原理

直流接触器的结构和原理与交流接触器基本相同，如图1-50所示。在结构上也是由电磁机构、触点系统、灭弧装置等部分组成。直流接触器的触点一般做成单极或双极，多采用滚动接触的指形触点。电磁系统线圈通过直流电，铁芯中不会产生涡流，没有铁损耗，铁芯不发热，所以铁芯可用整块铸铁或铸钢制成。铁芯不需装短路环。大容量的直流接触器一般采用磁吹灭弧装置灭弧。

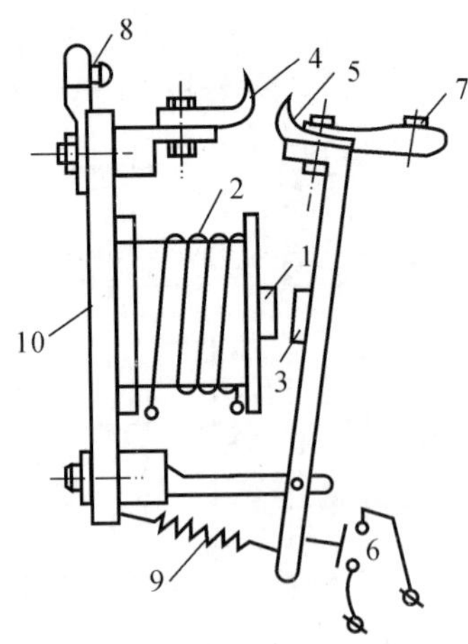

图1-50 直流接触器结构示意图

1—铁芯； 2—线圈； 3—衔铁； 4—静触点弹簧； 5—动触点； 6—辅助触点；
7,8—接线柱； 9—反力弹簧； 10—底板

2. 直流接触器的型号

直流接触器常用于远距离接通和断开直流电压至440 V、直流电流至1 600 A的电力系

统，并适用于直流电动机的频繁启动、停止、反转与反接制动。目前我国常用的直流接触器有CZ0、CZ18、CZ22系列。

CZ0系列直流接触器的型号及含义如图1-51所示。

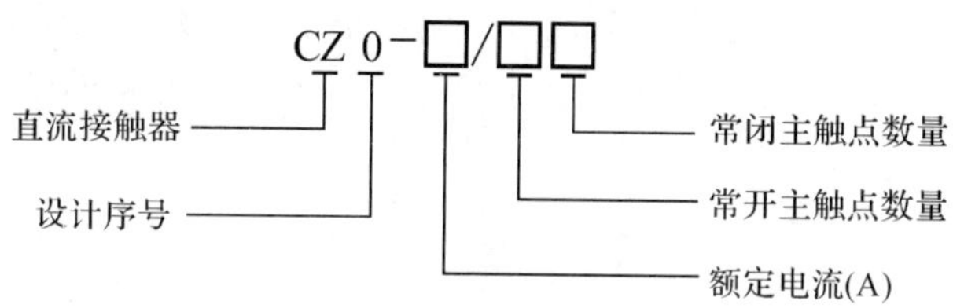

图1-51　CZ0系列直流接触器的型号及含义

3．直流接触器的特点

(1)线圈通直流电，主触点接通、切断直流主电路。

(2)不产生涡流和磁滞损耗，铁芯不发热。

(3)铁芯用整块钢制成。

(4)线圈制成长而薄的圆筒状。

(5)250 A以上直流接触器采用串联双绕组线圈。

(6)灭弧装置通常采用灭弧能力较强的磁吹灭弧装置。

1.4.3　接触器的主要技术参数和选用原则

1．接触器的主要技术参数

(1)额定电压：指主触点的额定工作电压，见表1-5。

(2)额定电流：指主触点的额定工作电流，即允许长时间工作通过的最大电流，见表1-5。

(3)线圈的额定电压：见表1-6。

(4)额定操作频率：指每小时允许操作的次数。交流接触器最高为600次/h，直流接触器最高为1200次/h。

(5)接通与分断能力：指主触点在规定条件下，能可靠地接通和分断电流值。在此电流之下，接通时主触点不应发生熔焊；分断时主触点不应发生长时间燃弧。

表1-5　接触器额定电压和额定电流等级

	直流接触器	交流接触器
额定电压/V	110,220,440,660	220,380,500,660
额定电流/A	5,10,20,40,60,100,150,250,400,600	5,10,20,40,60,100,150,250,400,600,1140

表1-6　接触器线圈额定电压等级

直流线圈/V	交流线圈/V
24 V,48 V,110 V,220 V,440 V	36 V,110 V,220 V,380 V

2．接触器的选用原则

(1)接触器的类型。根据所控制的电动机及负载电流的类型选择接触器的类型，即交流负载应选用交流接触器,直流负载应选用直流接触器。如果控制系统中主要是交流电动机,而直流电动机或直流负载的容量比较小,也可全用交流接触器进行控制,但是触点的额定电流应适当选择大一些。

(2)主触点的额定电压。主触点的额定电压应不小于主电路的工作电压。

(3)主触点的额定电流。主触点的额定电流应不小于被控电路的额定电流。对于电动机负载,接触器主触点的额定电流为

$$I_N=\frac{P_N\times10^3}{\sqrt{3}U_N\eta\cos\varphi} \tag{1-8}$$

式中:P_N—— 电动机的额定功率(kW);

U_N—— 电动机的额定电压(V);

η —— 电动机的效率;

$\cos\varphi$ —— 电动机的功率因数。

在选用接触器时,其额定电流应大于计算值。在实际应用研究中,接触器主触点的额定电流可根据以下经验公式进行计算

$$I_N=\frac{P_N\times10^3}{KU_N} \tag{1-9}$$

式中:K—— 经验系数,一般取 1 ～ 1.4。

(4)吸引线圈的额定电压。吸引线圈的额定电压一般直接选用与控制回路相一致的电源电压。

应当注意,不能把交流接触器的交流线圈误接到直流电源上,否则由于交流接触器励磁线圈的直流电阻很小,将流过较大的直流电流,导致交流接触器的励磁线圈烧毁。

1.5 继 电 器

继电器是一种根据电量(如电压、电流等)或非电量(如热、时间、压力、转速等)的变化接通或断开小电流控制单路,以实现自动控制和保护电力拖动装置的控制电器。继电器由感测机构、中间机构和执行机构三个基本部分组成。感测机构把感测到的信息(电量或非电量)传递给中间机构,中间机构将这一信息与预定值(整定值)进行比较,当达到整定值时,中间机构发出指令使执行机构动作,以实现对电路的通断控制。

继电器种类很多,按输入信号的性质可分为电压继电器、电流继电器、时间继电器、速度继电器、压力继电器等;按工作原理可分为电磁式继电器、感应式继电器、电动式继电器、热继电器、电子式继电器等;按输出形式可分为有触点继电器、无触点继电器;按用途可分为控制作用继电器、保护作用继电器。

本节主要介绍常用的电磁式继电器、时间继电器、热继电器、速度继电器、压力继电器、干簧继电器和液位继电器等。

1.5.1 电磁式继电器

1. 电磁式继电器的结构

电磁式继电器以电磁力为驱动力的继电器,是控制电路中用得最多的继电器。电磁式继

电器的结构与接触器基本相似，也由电磁机构、触点系统和调节装置组成，如图 1－52 所示。电磁机构由线圈、铁芯、衔铁、反力弹簧构成，一对常开、常闭触点构成触点系统，而磁性垫片和调节螺钉构成调节装置。电磁式继电器按吸引线圈通入的电流不同，可分为交流电磁式继电器和直流电磁式继电器；按继电器反映参数的不同可分为电流继电器、电压继电器和中间继电器。

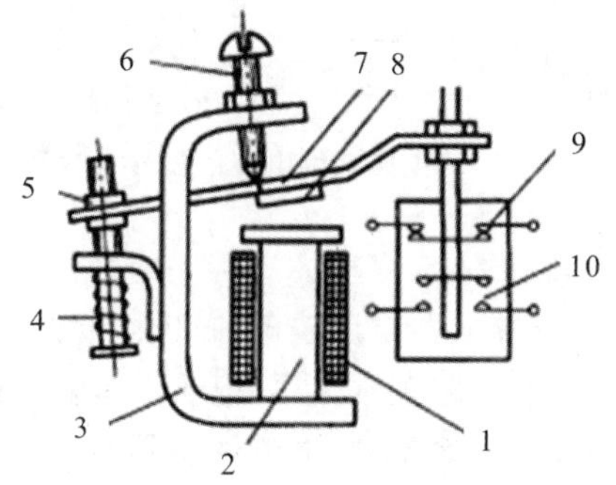

图 1－52　电磁式继电器结构示意图

1—线圈；　2—铁芯；　3—磁轭；　4—弹簧；　5—调节螺母；　6—调节螺钉；
7—衔铁；　8—非磁性垫片；　9—常闭触点；　10—常开触点

电磁式继电器具有结构简单、价格低廉、使用维护方便、触点容量小（一般在 2A 以下）、触点数量多且无主辅之分、无灭弧装置、体积小、动作迅速准确、控制灵敏可靠等特点。常用的电磁式继电器有电流继电器、电压继电器、中间继电器以及各种小型通用继电器等。

尽管电磁式继电器与接触器都是用来自动接通和断开电路的，但也有不同之处。继电器可对多种输入量的变化做出反应，而接触器只有在一定的电压信号下动作；继电器用于切换小电流的控制电路和保护电路，而接触器用于来控制大电流的主电路；继电器没有灭弧装置也无主辅触点之分。

2．电磁式继电器的特性及型号

(1)特性曲线。继电器的主要特性是输入-输出特性，又称继电特性，如图 1－53 所示。

在继电器输入量 x 由 0 增至 x_2 以前，继电器输出量 y 为 0。当输入量增加到 x_2 时，继电器吸合，输出量为 y_1，若 x 再增大，y_1 值保持不变。当 x 减小到 x_1 时，继电器释放，输出量由 y_1 降到零，x 再减小，y 值均为零。

在图 1－53 中，x_2 称为继电器的吸合值，欲使继电器吸合，输入量必须等于或大于 x_2；x_1 称为继电器的释放值，欲使继电器释放，输入量必须等于或小于 x_1。

令 $k=x_1/x_2$，k 称为继电器的返回系数，它是继电器的重要参数之一，可通过调节释放弹簧的松紧程度或调整铁芯与衔铁间非磁性垫片的厚度来实现。

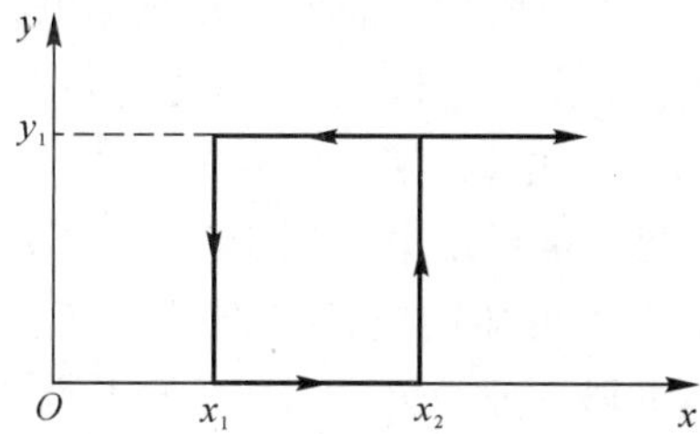

图 1－53　电磁式继电器的特性曲线

(2)型号。电磁式继电器的型号及含义如图1-54所示。

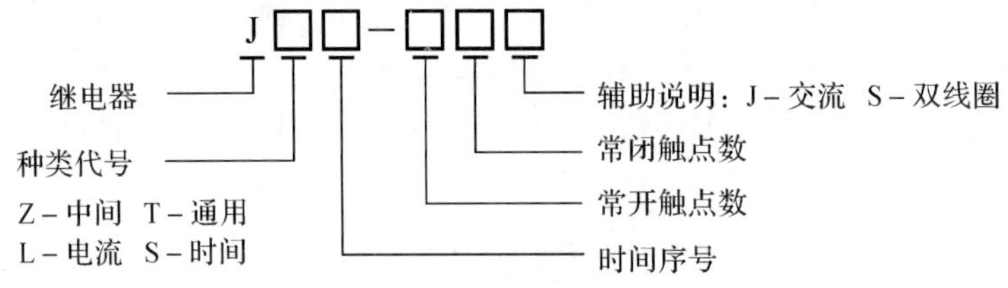

图1-54 电磁式继电器的型号及含义

3. 电磁式继电器的工作原理

(1)电磁式电流继电器。电流继电器是反映电流变化，用于电路电流保护的继电器，使用时线圈串联在电路中。为了不影响电路正常工作，电流继电器线圈的导线粗、匝数少、阻抗小，能通过较大电流。根据使用场合和用途不同，电流继电器分为过电流继电器和欠(零)电流继电器。其电气图形符号如图1-55所示。

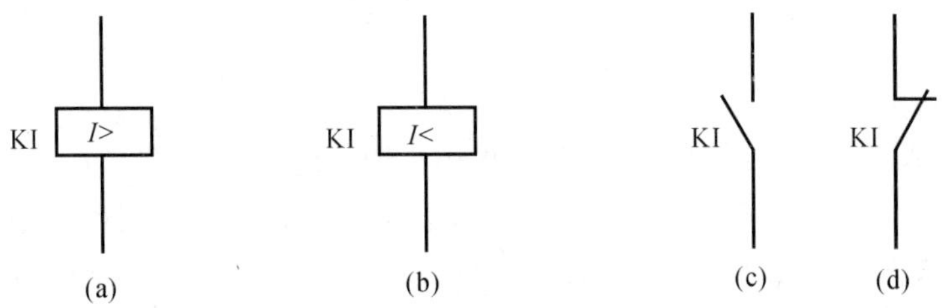

图1-55 电磁式电流继电器电气图形符号

(a)过电流继电器线圈；(b)欠电流继电器线圈；(c)常开触点；(d)常闭触点

1)过电流继电器：用于电路的过电流保护。在电路正常工作时，继电器衔铁处于不吸合状态；当电流超过某一整定值时衔铁吸合(动作)，其常闭触点断开，从而切断接触器线圈电源，使接触器的常开触点断开主电路，设备脱离电源，起到保护作用。同时，过电流继电器的常开触点闭合进行自锁或接通指示灯，指示出现了过电流。过电流继电器动作值的整定范围为1.1～3.5倍额定电流。有的过电流继电器，在发生过电流动作以后需手动复位，以避免重复过电流事故的发生。

2)欠(零)电流继电器。用于电流的欠电流保护。当继电器工作在额定参数时，继电器衔铁吸合；当被保护电路电流低于继电器的释放整定值时，继电器的衔铁释放，触点机构复位，利用其常开触点切断控制电路，起到欠电流保护的作用。欠(零)电流继电器，当吸引线圈电流达到线圈额定电流的30%～65%及以上时，衔铁吸合；当释放电流降到线圈额定电流的10%～20%及以下时，衔铁释放。这种继电器常用于直流电动机和电磁吸盘的失磁保护。

欠(零)电流继电器属于长期工作的电器，故需考虑它的振动噪声，应在铁芯中安装短路环。而过电流继电器属于短时工作的电器，不需安装短路环。

(2)电磁式电压继电器。电磁式电压继电器用于反映线路中电压变化的继电器。在应用时，电压线圈并联在电路中。电压继电器的电压线圈导线细、匝数多、电阻大，以降低分流作用。根据应用场所不同，电压继电器可分为欠(失)电压继电器和过电压继电器。其电气图形符号如图1-56所示。

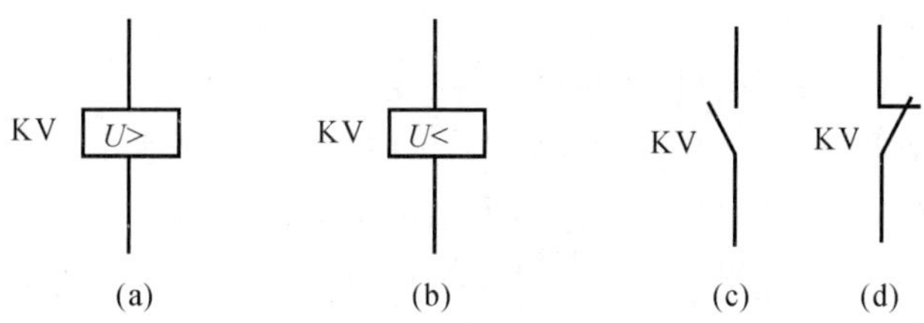

图1-56 电磁式电压继电器电气图形符号

(a)过电压继电器线圈； (b)欠电压继电器线圈； (c)常开触点； (d)常闭触点

1)欠(失)电压继电器。在正常电压时，欠(失)电压继电器铁芯处于吸合状态，而当电压过低或消失时，触点复位，继电器动作。欠电压继电器一般当电压为额定电压的40%～70%时动作，对电路实行欠压保护；失电压继电器是当电压降为5%～25%额定电压时动作，进行失压保护。

2)过电压继电器。在正常电压下，过电压继电器不动作；在线圈两端电压超过其整定值后，触点动作，以实现过电压保护。过电压继电器的动作电压为额定电压的105%～120%，具体动作电压值可根据需要进行调整。

同样，欠(失)电压继电器属于长期励磁的电器，需要装设短路环；而过电压继电器属于短时励磁的电器，不需要装设短路环。

(3)电磁式中间继电器。电磁式中间继电器实质上是一种电压继电器，没有调节装置，通常用来传递信号和同时控制多个电路，也可用来控制小容量电动机或其他电气执行元件。中间继电器的基本结构及工作原理与接触器完全相同，但中间继电器的触点对数多，并没有主辅之分，各对触点允许通过的电流大小相同。当电压或电流继电器触点容量不够时，可用中间继电器做执行元件；当其他继电器的触点数量不够时，也可用中间继电器来扩大它们的触点数。其电气图形符号如图1-57所示。

目前，国内常用的中间继电器又JZ7、JZ8(交流)、JZ14、JZ15、JZ17(交、直流)等系列。引进产品有德国西门子公司的3TH系列和BBC公司的K系列等。

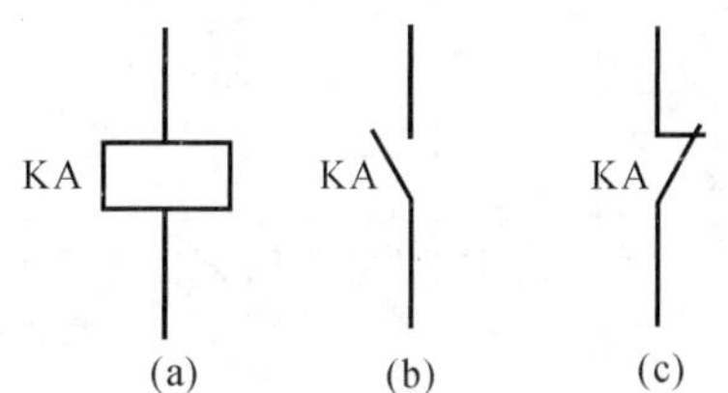

图1-57 电磁式中间继电器电气图形符号

(a)线圈； (b)常开触点； (c)常闭触点

1.5.2 时间继电器

时间继电器是电路中控制动作时间的设备，它是利用电磁感应原理或机械动作原理实现触点的延时接通或断开。其感测机构接受输入信号以后，需经过一定的时间，执行系统才会动作并输出信号，进而操纵控制电路。因此时间继电器具有延时功能，它被广泛用于控制生产过程中按时间原则制定的工艺程序，如鼠笼式异步电动机的几种降压启动均可由时间继电器发出自动转换信号。

常用的时间继电器主要有电磁式、电动式、空气阻尼式、晶体管式等。其中，电磁式时间继电器的结构简单，价格低廉，但体积和质量较大，延时较短，且只能用于直流断电延时；电动式时间继电器的延时精度高，延时可调范围大，但结构复杂，价格贵。目前在电力拖动系统中，应用较多的是空气阻尼式时间继电器。近年来，晶体管式时间继电器的应用日益广泛。

1. 空气阻尼式时间继电器

(1)结构。空气阻尼式时间继电器由电磁机构、延时结构和触点系统3部分组成，如图1-58所示。

(2)工作原理。空气阻尼式时间继电器是利用空气阻尼的原理制成的。延时方式有通电延时和断电延时型两种。下面以JS7-A系列时间继电器通电延时型为例来分析其工作原理。

在线圈1通电后，衔铁3吸合，活塞杆6在塔型弹簧7作用下带动活塞13及橡皮膜9向上移动，橡皮膜下方空气室空气变得稀薄，形成负压，活塞杆通过杠杆15压动微动开关14，使其触点动作，起到通电延时作用。

在线圈断电后，衔铁释放，橡皮膜下方空气室的空气通过活塞肩部所形成的单向阀迅速排出，使活塞杆、杠杆、微动开关迅速复位。由线圈通电至触点动作的一段时间即为时间继电器的延时时间，延时长短可通过调节螺钉11来调节进气孔气隙大小来改变。

微动开关16在线圈通电或断电时，在推板5的作用下都能瞬时动作，其触点为时间继电器的瞬时触点。

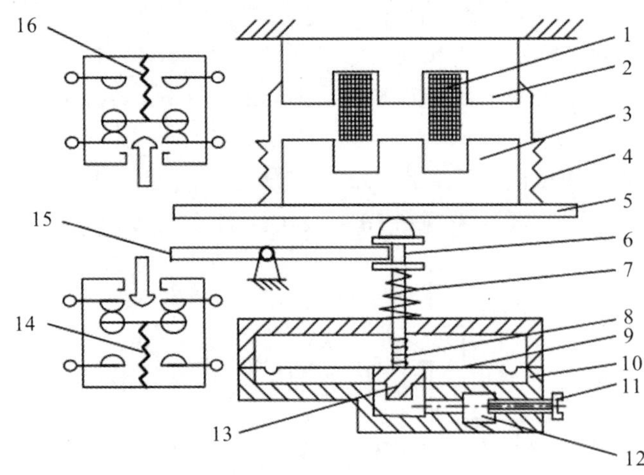

图1-58 JS7-A系列空气阻尼式通电延时型时间继电器结构示意图

1—线圈； 2—铁芯； 3—衔铁； 4—反力弹簧； 5—推板； 6—活塞杆； 7—塔型弹簧； 8—弱弹簧； 9—橡皮膜； 10—空气室壁； 11—调节螺钉； 12—进气孔； 13—活塞； 14,16—微动开关； 15—杠杆

将通电延时型时间继电器的电磁机构翻转180°安装，可得到断电延时型时间继电器。它的工作原理与通电延时型继电器相似，微动开关是在吸引线圈断电后延时动作。

由于空气阻尼式时间继电器结构简单、易构成通电延时型和断电延时型、调整简便、价格较低，还附有不延时的触点，所以使用较为广泛，但延时精度较低，一般使用在延时精度要求不高的场合。

(3)型号。目前全国统一设计的空气式时间继电器有JS23系列,用于取代JS7、JS16系列。JS23型号及含义如图1-59所示。

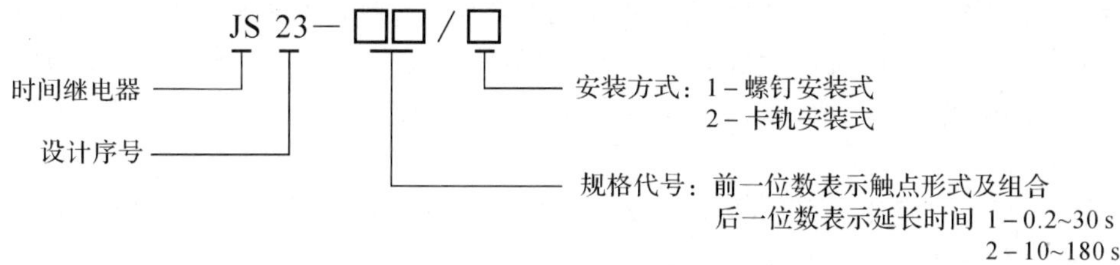

图1-59　JS23型号及含义

(4)电气图形符号和文字符号。时间继电器的电气图形符号如图1-60所示。

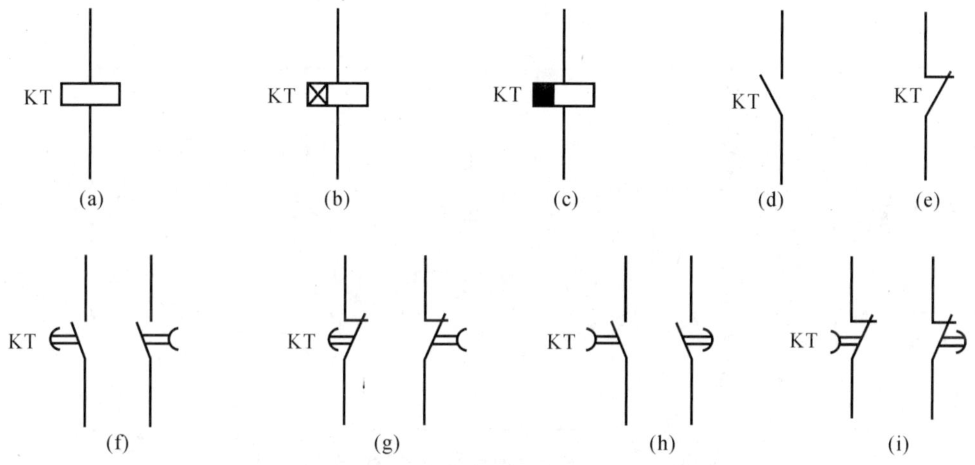

图1-60　时间继电器电气图形符号和文字符号

(a)线圈；(b)通电延时线圈；(c)断电延时线圈；(d)瞬时常开触点；(e)瞬时常闭触点；(f)延时闭合常开触点；(g)延时断开常闭触点；(h)延时断开常开触点；(i)延时闭合常闭触点

2. 直流电磁式时间继电器

直流电磁式时间继电器是利用电磁阻尼原理,一般应用在直流电气控制电路中。在直流电磁式电压继电器的铁芯上增加一个铜制或铝制的阻尼套,就可构成直流电磁式时间继电器。在线圈通电后,通过铁芯的磁通要迅速减少,由于电磁感应,在阻尼套管中产生感应电流,感应电流产生的磁场阻碍原磁场的减弱,使衔铁释放推迟0.3～5.5 s。继电器通电时,由于衔铁处于释放位置,气隙大,磁阻大,磁通小,阻尼套管的阻尼作用相对较小,因此铁芯吸合时的延时可以忽略不计。而当继电器断电时,磁通变化量大,阻尼套阻尼作用也大,使衔铁延时释放而起到延时作用。因此,这种继电器仅用作断电延时。

常用的直流电磁式时间继电器有JT3、JT18系列。

3. 电动式时间继电器

电动式时间继电器是由微型同步电动机拖动减速机构,经机械机构获得触点延时动作的时间继电器。电动式时间继电器由微型同步电动机、电磁离合器、减速齿轮、触点系统、脱扣机构和延时调整机构等组成。电动式时间继电器有通电延时和断电延时两种。延时的长短可通过改变整定装置中定位指针的位置实现,但定位指针的调整对于通电延时型时间继电器应在电磁离合器线圈断电的情况下进行，对于断电延时型时间继电器应在电磁离合器线圈通电的情况下进行。

电动式时间继电器具备延时精度高、不受电源电压波动和环境温度变化的影响、延时误差小、延时范围大、延时时间有指针指示等优点。其缺点是结构复杂、价格高、不适于频繁操作、寿命短、延时误差受电源频率的影响。常用的有 JS11、JS17 系列等。

4. 电子式时间继电器

电子式时间继电器主要采用晶体管或集成电路和电子元件等构成，JSJ 型电子式时间继电器电气原理如图 1-61 所示。其具有延时长、精度高、体积小、延时调节方便、延时误差小、触点容量较大等优点，得到广泛应用。

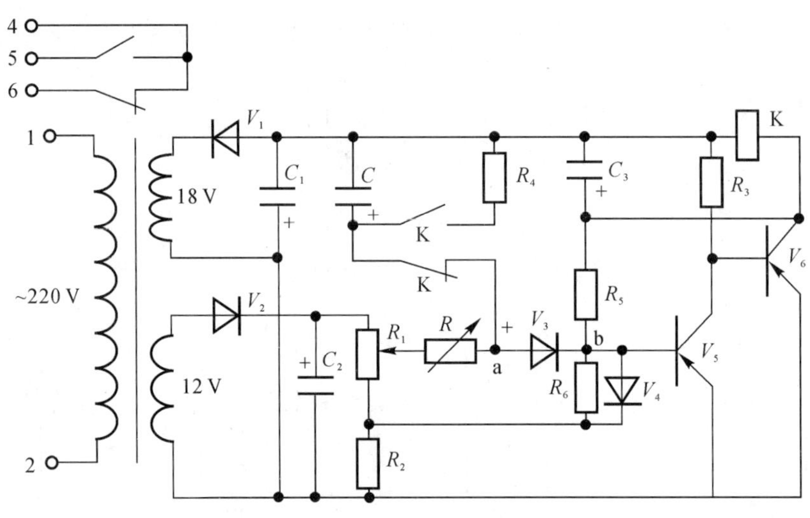

图 1-61　电子式时间继电器电气原理图

电子式时间继电器大多利用电容充放电原理来达到延时目的。改变 RC 充电电路的时间常数(改变电阻值)，即可整定延时时间。继电器的输出形式有两种：有触点式和无触点式，前者采用晶体管驱动小型电磁式继电器实现延时输出，后者采用晶体管或晶闸管输出的。

常用电子式时间继电器有 JSJ、JSB、JS14、JS20 等系列，国外引进生产的产品有 ST、HH、AR 等系列。

5. 时间继电器的选用原则

时间继电器的选用，遵循以下基本原则：

(1)延时方式的选择。时间继电器有通电延时或断电延时两种，应根据控制电路的要求选用。动作后复位时间要比固有动作时间长，以免产生误动作，甚至不延时，这在反复延时电路和操作频繁的场合，尤其重要。

(2)类型选择。对延时精度要求不高的场合，一般采用价格较低的电磁式或空气阻尼式时间继电器；反之，对延时精度要求较高的场合，可采用电子式时间继电器。

(3)线圈电压选择。根据控制电路电压选择时间继电器吸引线圈的电压。

(4)电源参数变化的选择。在电源电压波动大的场合，采用空气阻尼式或电动式时间继电器比采用晶体管式好，而在电源频率波动大的场合，不宜采用电动式时间继电器，在温度变化较大处，则不宜采用空气阻尼式时间继电器。

总之，选用时除了考虑延时范围、精度等条件外，还要考虑控制系统对可靠性、经济性、工艺安装尺寸等要求。

1.5.3　热继电器

热继电器是利用电流流过热元件时产生的热量，使双金属片发生弯曲而推动执行机构动作的一种保护电器。它主要用于交流电动机的过载保护、断相及电流不平衡运动的保护及其他电器设备发热状态的控制。

电动机在运行中，随负载的不同，常遇到过载情况，而电机本身有一定的过载能力，若过载不大，电机绕组不超过允许的温升，这种过载是允许的。但是过载时间过长，绕组温升超过了允许值，将会加剧绕组绝缘的老化，降低电动机的使用寿命，严重时会使电动机的绕组烧毁。为了充分发挥电动机的过载能力，保证电动机的正常启动及运转，在电动机发生较长时间过载时能自动切断电路，防止电动机因过热而烧毁，为此采用了这种能随过载程度而改变动作时间的热保护装置即热继电器。

热继电器常采用热元件为双金属片式，它的结构简单、体积小、成本低。

1. 双金属片热继电器

(1)结构。双金属片热继电器主要由热元件、主双金属片、触点系统、动作机构、复位按钮、电流整定装置和温度补偿元件等部分组成，如图1-62所示。

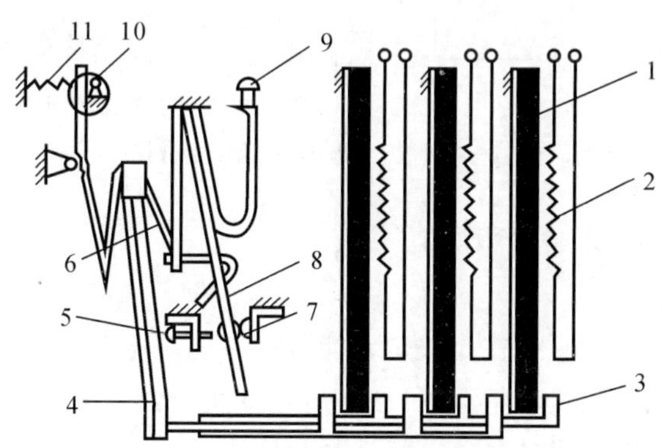

图1-62　双金属片热继电器结构图

1—主双金属片；2—电阻丝；3—导板；4—补偿双金属片；5—螺钉；6—推杆；7—静触点；8—动触点；9—复位按钮；10—调节凸轮；11—弹簧

(2)工作原理。双金属片是热继电器的感测元件，它是由两种线膨胀系数不同的金属片以机械碾压的方式使其形成一体，线膨胀系数大的称为主动片，线膨胀系数小的称为被动片。绕在其上面的电阻丝串接在电动机定子电路中，流过电动机定子线电流，反映电动机过载情况。由于电流的热效应，使双金属片变热产生线膨胀，于是双金属片向被动片一侧弯曲，当电动机长期过载时，过载电流流过热元件，使双金属片弯曲，经一定时间后，双金属片弯曲到推动导板3，并通过补偿双金属片4与推杆6将触点7与8分开，此常闭触点串接于接触器线圈电路中，触点分开后，接触器线圈断电，接触器主触点断开电动机定子电源，实现电动机的过载保护。调节凸轮10用来改变补偿双金属片与导板间的距离，达到到调节整定动作电流的目的。此外，调节复位螺钉5来改变常开触点的位置，使继电器工作在手动复位或自动复位两种工作状态。调试手动复位时，在故障排除后需按下复位按钮9才能使常闭触点闭合。

2. 热继电器的电气图形符号

热继电器的电气图形符号和文字符号如图1-63所示。

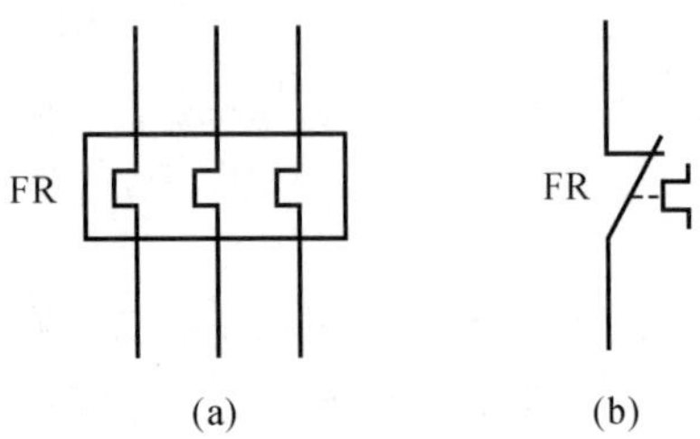

图1-63 热继电器的图形和文字符号

(a)热元件；(b)常闭触点

注意：热继电器在使用的时候，热元件要串联在主电路中，常闭触点串联在控制电路中。

3. 热继电器的型号

热继电器的型号及含义如图1-64所示。

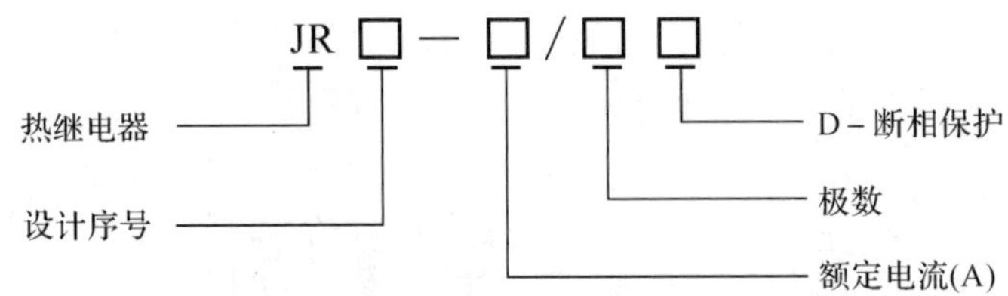

图1-64 热继电器的型号及含义

型号中不带“D”的表示不带断相保护。

4. 热继电器的选择

热继电器选择得是否得当，往往是决定它能否可靠地对电动机进行过载保护的关键因素，应从电动机的工作环境要求、启动情况、负载性质等方面综合考虑。

(1)原则上按被保护电动机的额定电流选择热继电器。一般应使热继电器的额定电流接近或略大于电动机的额定电流，即热继电器的额定电流为电动机额定电流的0.95～1.05倍。

(2)在非频繁启动的场合，必须保证热继电器在电动机启动过程中不致误动作。通常，在电动机启动电流为其额定电流6倍，启动时间不超过6 s的情况下，只要很少连续启动，就可按电动机的额定电流来选择热继电器。

(3)断相保护的热继电器在选用时，星形接法的电动机一般采用两相结构的热继电器。而三角形接法的电动机，若热继电器的热元件接于电动机的每相绕组中，则选用三相结构的热继电器。若发热元件接于三角形接线电动机的电源进线中，则应选择带断相保护装置的三相结构热继电器。

1.5.4 速度继电器

速度继电器主要用于鼠笼式异步电动机的反接制动控制，故又称为反接制动继电器。速度继电器的结构如图1-65所示。它主要由转子、定子和触点三部分组成。转子是一个圆形永久磁铁，定子是一个鼠笼式空心圆杯，由硅钢片叠加而成，并装有鼠笼式绕组。

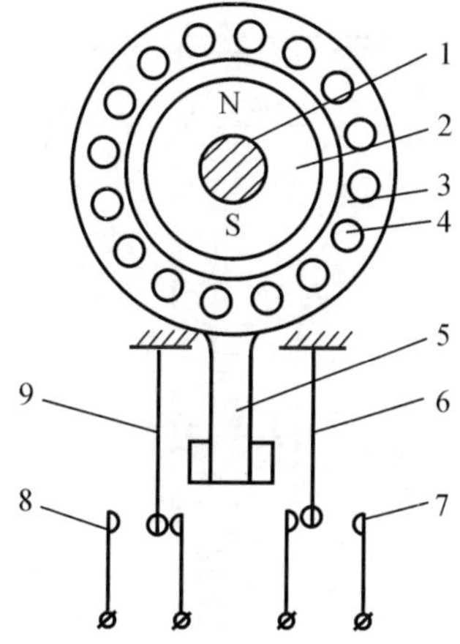

图 1-65　速度继电器的结构示意图

1—转轴；2—转子；3—定子；4—定子绕组；5—摆锤；6,9—簧片；7,8—静触点

速度继电器的轴与被控电动机的轴相连，转子固定在轴上，定子与轴同心。当电动机转动时，速度继电器的转子随之转动，在空间上产生旋转磁场，切割定子绕组并产生感应电流。当达到一定转速时，定子在感应电流和力矩的作用下跟随转动，转到一定角度时，装在定子轴上的摆锤推动簧片动作，使常闭触点断开、常开触点闭合。当电动机转速低于某一数值时，定子产生的转矩减小，所以触点在簧片作用下复位。

速度继电器的电气图形符号如图 1-66 所示。

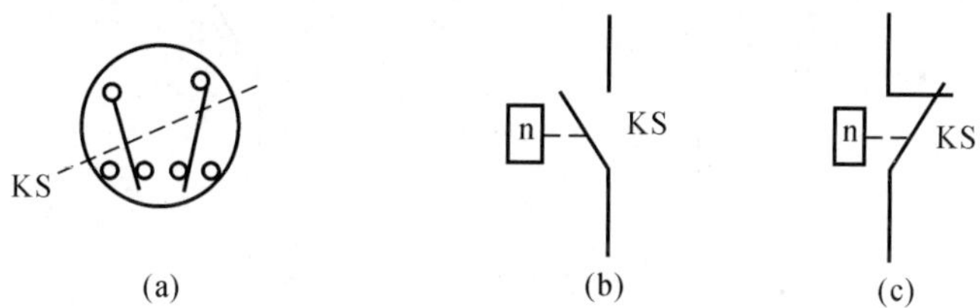

图 1-66　速度继电器的电气符号图

(a)转子；(b)常开触点；(c)常闭触点

常用的速度继电器有 JY1 型和 JFZO 型两种。速度继电器的动作转速为 120 r/min，触点的复位转速为 100 r/min 以下。速度继电器的选择要根据被控电动机的控制要求、额定转速等进行合理选择。

1.5.5　压力继电器

压力继电器是经常用在气压给水设备、消防系统或用于机床的气压、水压和油压等系统中的保护元件。压力继电器主要用于对液体或气体压力的高低进行检测并发出开关量信号，以控制电磁阀、液压泵等设备对压力高低的控制。压力继电器的结构如图 1-67 所示。

当进油口 P 处油压达到压力继电器的调定压力时，作用柱塞 1 上的压力通过顶杆 2 合上微动开关 4 并发出电信号。调节夹紧螺母 3 可以改变弹簧的压缩量，从而改变其压力的调定值。

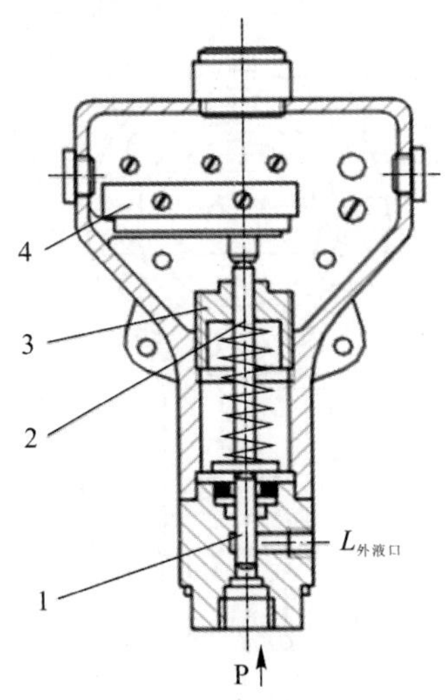

图 1-67　压力继电器的结构示意图

1—柱塞；　2—滑杆；　3—调压螺母；　4—微动开关

在管路中压力等于或低于整定值后，顶杆脱离微动开关，使触点复位。压力继电器调整方便，只须放松或拧紧调整螺母即可改变控制压力。

压力继电器的电气图形符号如图 1-68 所示。

图 1-68　压力继电器的电气图形符号

(a)常开触点；　(b)常闭触点

常用的压力继电器有 YJ 系列、TE52 系列和 YT-1226 系列等。

1.5.6　干簧继电器

干簧继电器由于其结构小巧、动作迅速、工作稳定、灵敏度高等优点，近年来得到广泛的应用。

干簧继电器主要由干式舌簧片与励磁线圈组成。其结构如图 1-69 所示。干式舌簧片(触点)是密封的，由铁镍合金做成，舌片的接触部分通常镀有贵重金属(如金、铑、钯等)，接触良好，具有优良的导电性能。触点密封在充有氮气等惰性气体的玻璃管中，因而有效地防止了尘埃的污染，减少了触点的腐蚀，提高了工作可靠性。在线圈通电后，管中两舌簧片的自由端分别被磁化成 N 极和 S 极而相互吸引，因而接通被控电路。线圈断电后，干簧片在本身的弹力作用下分开，将线路切断。

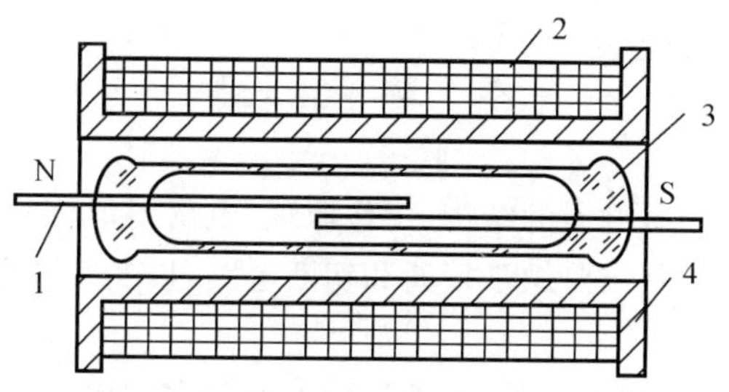

图 1－69　干簧继电器结构原理图

1—舌簧片；　2—线圈；　3—玻璃管；　4—骨架

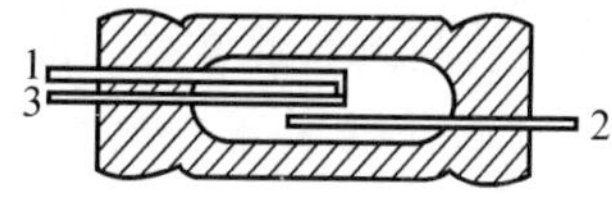

图 1－70　转换式触点

干簧继电器的触点形式取决于所用的干簧管。干簧管有常开(H)、常闭(D)与转换(Z)三种形式。常开式干簧管的舌簧片分别固定在玻璃管的两端，它们在线圈(磁铁)的作用下，一端产生的磁性恰好跟另一端相反，因此两接触点依靠磁的“异性相吸”克服弹片的弹力而闭合；常闭式干簧杆的舌簧片则固定在玻璃管的同一端，在外磁场的作用下两者所产生的磁性相同，因此两触点依靠“同性相斥”克服舌簧片的弹力而断开；在常闭式舌簧片的基础上再加一常开的舌簧片，就构成了转换式的触点，如图 1－70 所示。

干簧继电器的特点如下：

(1)接触点与空气隔离，可有效地防止老化和污染，也不会因触点产生火花而引起附近易燃物的燃烧。

(2)触点采用金、钯的合金镀层，接触电阻稳定，寿命长，为 100 万次～1 000 万次。

(3)动作速度快，为 1～3 ms，比一般继电器快 5～10 倍。

(4)与永久磁铁配合使用方便、灵活，可与晶体管配套使用。

(5)承受电压低，通常不超过 250 V。

1.5.7　液位继电器

有些锅炉和水柜需根据液位的高低变化来控制水泵电动机的启停，这一控制可由液位继电器来完成。

图 1－71 为液位继电器的结构示意图。浮筒置于液体内，浮筒的另一端为一根磁钢，靠近磁钢的液体外壁装有一对触点，动触点一端也有一根磁钢，它与浮筒一端的磁钢相对应。当水位降低到极限值时，浮筒下落使磁钢端绕支点 A 上翘。由于磁钢同性相斥的作用，使动触点的磁钢端下落，通过支点 B 使触点 1－1 接通，2－2 断开。反之，水位升高到上限位置时，浮筒上浮使触点 2－2 接通，1－1 断开。显然，液位继电器的安装位置决定了被控的液位。

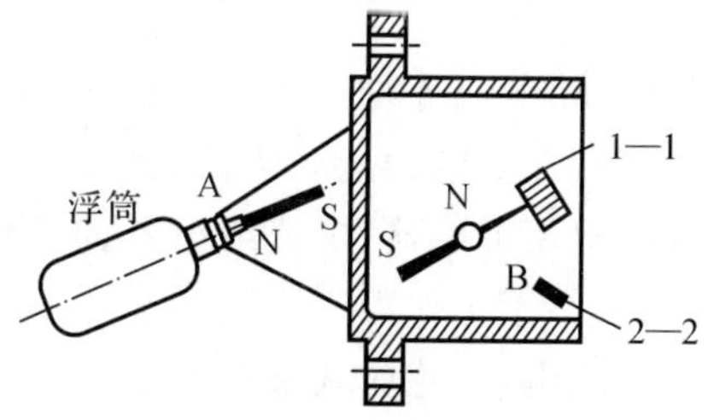

图 1－71　液位继电器

本 章 小 结

本章主要介绍了常用低压电器的结构、工作原理、电气图形符号、技术参数及各自的特点、用途和选择原则等。低压电器主要用于接通和切断电路,以实现各种控制要求。

1. 低压配电电器

(1)刀开关。刀开关又称闸刀开关,是低压配电电器中结构最简单、应用最广泛的电器,常见的有胶盖刀开关、铁壳开关、组合开关。

(2)断路器。低压断路器有两种形式:一种是不带漏电保护的,即普通低压断路器;另一种是带漏电保护的,通常称为漏电保护器。

普通低压断路器也称为自动空气开关,可用来接通和分断负载电路,也可用来控制不频繁启动的电动机。

漏电保护器是当低压电网发生人身触电或设备漏电时,漏电保护器能迅速自动切断电源,从而避免造成事故。

(3)熔断器。当电路发生短路故障使得通过熔断器的电流达到或超过某一规定值时,以其自身产生的热量使熔断体熔断,从而自动分断电路,起到保护作用,常用的有插入式熔断器、无填料封闭式式熔断器、螺旋式式熔断器、有填料封闭管式式熔断器、快速式式熔断器、自复式式熔断器。

2. 低压主令电器

(1)控制按钮。一种结构简单、应用广泛、短时接通或切断小电流的手动电器,常用的有启动按钮、停止按钮和复合按钮。

(2)行程开关。行程开关又称限位开关,用于控制机械设备的行程及限位保护,分为直动式行程开关和滚轮式行程开关。

(3)接近开关。接近开关是一种无需与运动部件进行机械直接接触而可以操作的位置开关,又称无触点行程开关。

(4)万能转换开关。一种多挡位、多段式、控制多回路的主令电器,当操作手柄转动时,带动开关内部的凸轮转动,从而使触点按规定顺序闭合或断开。

(5)凸轮控制器和主令控制器。凸轮控制器是一种大型手动控制电器,用以直接操作与控制电动机的正反转、调速、启动和停止。主令控制器是按照预定程序转换控制电路的主令电器,其结构和凸轮控制器相似,只是触点的额定电流较小。

3. 接触器

接触器是一种适用于远距离频繁接通和断开交直流主电路和大容量控制电路的自动电器。根据线圈通入电流可将它分为直流接触器和交流接触器。

4. 继电器

继电器是一种根据电量(如电压、电流等)或非电量(如热、时间、压力、转速等)的变化接通或断开控制单路,以实现自动控制和保护电力拖动装置的电器。

(1)按输入信号的性质可分为电压继电器、电流继电器、时间继电器、速度继电器、压力继电器等。

(2)按工作原理可分为电磁式继电器、感应式继电器、电动式继电器、热继电器、电子式继电器等。

(3)按输出形式可分为有触点继电器、无触点继电器。

(4)按用途可分为控制作用继电器、保护作用继电器。

习题与思考题

一、选择题

1. 下列电器中不能实现短路保护的是(　　)。

A. 熔断器　　B. 热继电器　　C. 空气断路开关　　D. 过电流继电器

2. 按下复合按钮时(　　)。

A. 动断点先断开　　B. 动合点先闭合　　C. 动断动合点同时动作

3. 热继电器过载时双金属片弯曲是由于双金属片的(　　)。

A. 机械强度不同　　B. 热膨胀系数不同　　C. 温差效应

4. 常用低压保护器为(　　)。

A. 刀开关　　B. 熔断器　　C. 接触器　　D. 热继电器

5. 速度继电器的作用是(　　)。

A. 限制运行速度　　B. 测量运行速度　　C. 电动机反接制动

6. 对交流接触器而言,若操作频率过高会(　　)。

A. 铁芯过热　　B. 线圈过热　　C. 主触点过热　　D. 辅助触点过热

7. 低压断路器具有(　　)。

A. 过载保护和漏电保护　　B. 短路保护和限位保护

C. 过载保护和短路保护　　D. 失压保护和断相保护

8. 交流接触器短路环的作用是(　　)。

A. 短路保护　　B. 消除铁芯振动　　C. 增大铁芯磁通　　D. 减小铁芯磁通

9. 当负荷电流达到熔断器熔体的额定电流时,熔体将(　　)。

A. 立即熔断　　B. 长延时后熔断　　C. 短延时后熔断　　D. 不会熔断

10. 行程开关属于(　　)电器。

A. 主令　　B. 开关　　C. 保护　　D. 控制

二、简答题

1. 什么是低压电器? 常用的低压电器有哪几类?

2. 电弧时怎样产生的? 灭弧的主要途径有哪些?

3. 熔断器在电路中的作用是什么?

4. 行程开关、万能转换开关和主令控制器在电路中各起什么作用?

5. 什么是主令电器? 常见的主令电器有哪些?

6. 什么是接触器? 接触器由哪几部分组成? 每部分的作用是什么?

7. 交流接触器频繁启动后,线圈为什么会过热?

8. 在交流接触器的端面上为什么要安装铜制的短路环?

9. 时间继电器和中间继电器在电路中各起什么作用?

10. 已知交流接触器吸引线圈的额定电压为 220 V,如果给线圈通以 380 V 的交流电行吗? 为什么? 如果使线圈通以 127 V 交流电又如何?

11. 热继电器和过电流继电器有何区别？各有什么用途？

12. 交流电磁线圈误接入直流电源，直流电磁线圈误接入交流电源，会发生什么问题？为什么？

13. 线圈电压为 220 V 的交流接触器，误接入 380 V 交流电源上会发生什么问题？为什么？

14. 简述中间继电器和接触器的相同与不同之处。在什么条件下可以用中间继电器来代替接触器启动电动机？

15. 简述电磁式电器的工作原理。

16. 为什么热继电器只能作电动机的过载保护而不能作短路保护？

17. 空气阻尼式时间继电器的延时原理是什么？

18. 画出下列电器元件的图形符号，并标出其文字符号。

(1)熔断器。

(2)热继电器的常闭触点。

(3)复合按钮。

(4)时间继电器的通电延时闭合触点。

(5)时间继电器的断电延时断开触点。

(6)接触器的主触点。

(7)中间继电器的常开触点。

(8)速度继电器的常闭触点。

第 2 章　基本电气控制线路

由按钮、继电器、接触器、熔断器、行程开关、保护元件等常用低压控制器件组成的电气控制线路，通常称为继电器一接触器控制系统。继电器一接触器控制系统以其电路简单、维修方便、便于掌握、价格低廉等优点，在各种生产机械的电气控制领域中获得广泛的应用。

随着技术发展，建筑行业对建筑电气设备控制提出了越来越高的要求，为满足生产机械的要求，采用了许多新的控制元件，如电子器件、可控硅器件等，但继电器-接触器控制系统仍是控制系统中最基本、应用最广泛的控制方法。

本章主要介绍继电器-接触器控制系统的基本控制环节。通过本章内容的学习，为后续分析复杂的建筑电气设备的电气控制线路打下基础，并掌握分析与设计线路的基本方法。

2.1　电气控制线路图的绘制

电气控制系统是由许多电气元件和电气设备按照一定的控制要求连接而成的。为了说明生产机械电气控制系统的组成、结构、工作原理，方便电气控制设备安装、调试、维修、维护等技术要求，需采用电气图表示出来。常用的电气图有电气原理图、电气接线图、电气元件位置图三种。电气图应根据国家电气制图标准，用规定的图形和文字符号及规定的画法绘制。

2.1.1　电气制图与识图的相关国家标准

电气制图与识图必须按照相关国家标准，常用电气制图与识图标准如下。

(1)GB/T 4728.2～4728.5－2005、GB/T 4728.6～4728.13－2008《电气简图用图形符号》系列标准。该标准规定了各类电气产品所对应的图形符号，标准中规定的图形符号基本与国际电气技术委员会(IEC)发布的有关标准相同。

(2)GB/T 5465.2－2008《电气设备用图形符号 第 2 部分：图形符号》。该标准规定了电气设备用图形符号及其应用范围、字母代码等内容。

(3)GB/T 14689－2008、GB/T 14690－1993、GB/T 14691－1993《技术制图》系列标准。该标准规定了电气制图的幅面、标题栏、字体、比例、尺寸标注等。

(4)GJBT－532(00DX001)《建筑电气工程设计常用图形和文字符号》。

2.1.2　电气图的图形和文字符号

1. 图形符号

电气图的图形符号应遵循 GB 4728.1～GB 4728.13《电气简图用图形符号》。该标准的图形符号规定了符号要素、限定符号、一般符号和常用其他符号等。有些符号规定了几种形式，在绘图时根据要求选用，在规定的规则下作某些变化，使电气图看上去清晰。另外，在建筑电气控制线路设计中同样要遵循《建筑电气工程设计常用图形和文字符号》相关规定。

2. 文字符号

电气图的文字符号应遵循 GB7159－87《电气技术中的文字符号制定通则》。文字符号用来标明电气图上的电气设备、装置和元器件的名称、功能、状态和特征。标示在电气设备、元器件图形的旁边。文字符号分为基本文字符号和辅助文字符号。

基本文字符号有单字母符号和双字母符号。单字母符号一般用来表示电气设备、电气元件的类别。例如开关类用 Q 表示。如果当用单字母符号不能满足该类电气元件的要求，需要将该类别电器进一步划分时，才采用双字母符号。如位置开关用 SQ 表示。

辅助文字是用来进一步表示电气设备、电气元件的功能、特征和状态。

表 2－1、2－2 中列出了部分常用的电气图形符号和基本文字符号，实际使用时如需要更详细的资料，请查阅有关国家标准。

表 2－1　常用电气图形、文字符号

名称		图形符号	文字符号
一般三相电源开关			QS
低压断路器			QF
熔断器			FU
控制按钮	启动按钮		SB
	停止按钮		
	复合按钮		

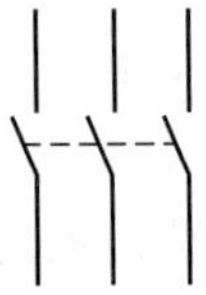

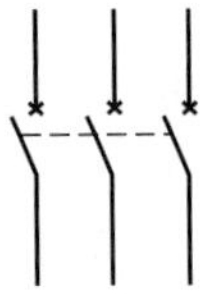

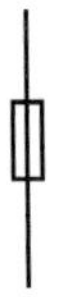

续 表

<table>
<tr><th colspan="2">名称</th><th>图形符号</th><th>文字符号</th></tr>
<tr><td rowspan="4">接触器</td><td>线圈</td><td> 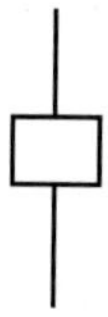</td><td rowspan="4">KM</td></tr>
<tr><td>主触点</td><td></td></tr>
<tr><td>常开辅助触点</td><td></td></tr>
<tr><td>常闭辅助触点</td><td></td></tr>
<tr><td rowspan="5">时间继电器</td><td>线圈</td><td> 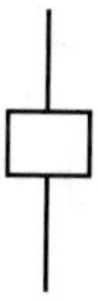</td><td rowspan="5">KT</td></tr>
<tr><td>常开延时闭合触点</td><td></td></tr>
<tr><td>常闭延时断开触点</td><td></td></tr>
<tr><td>常闭延时闭合触点</td><td></td></tr>
<tr><td>常开延时断开触点</td><td></td></tr>
</table>

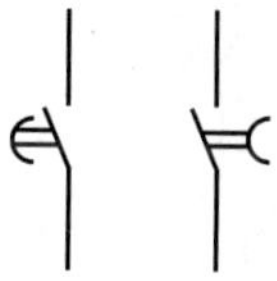

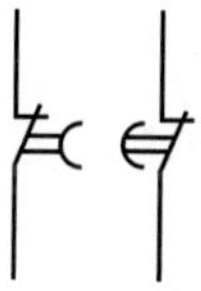

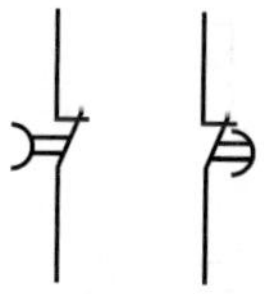

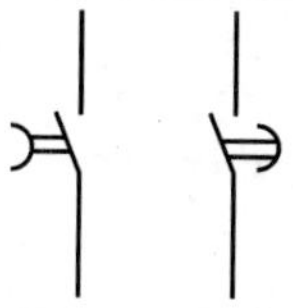

续 表

名称		图形符号	文字符号
热继电器	热元件		FR
	常闭触点		
继电器	中间继电器线圈		KA
	电压继电器线圈	U> U<	KV
	电流继电器线圈	I> I<	KI
	常开触点		对应相应的继电器
	常闭触点		
电磁离合器			YC
电位器			RP
桥式整流装置			VC

续 表

<table>
<tr><th>名称</th><th>图形符号</th><th>文字符号</th></tr>
<tr><td>照明灯</td><td></td><td>EL</td></tr>
<tr><td>指示灯</td><td></td><td>HL</td></tr>
<tr><td>电阻器</td><td>或</td><td>R</td></tr>
<tr><td>接插器</td><td></td><td>X</td></tr>
<tr><td>电磁铁</td><td></td><td>YA</td></tr>
<tr><td>电磁吸盘</td><td></td><td>YH</td></tr>
<tr><td>直流电动机</td><td>M</td><td rowspan="2">M</td></tr>
<tr><td>交流电动机</td><td>M ~</td></tr>
</table>

表 2－2　电气中常用基本文字符号

<table>
<tr><th colspan="2">基本文字符号</th><th rowspan="2">项目种类</th><th rowspan="2">设备、装置
元器件举例</th></tr>
<tr><th>单字母</th><th>双字母</th></tr>
<tr><td>A</td><td>AT</td><td>组件部件</td><td>抽屉柜</td></tr>
<tr><td rowspan="4">B</td><td>BP</td><td rowspan="4">非电量到电量变换器或
电量到非电量变换器</td><td>压力变换器</td></tr>
<tr><td>BQ</td><td>位置变换器</td></tr>
<tr><td>BT</td><td>温度变换器</td></tr>
<tr><td>BV</td><td>速度变换器</td></tr>
<tr><td rowspan="2">F</td><td>FU</td><td rowspan="2">保护电器</td><td>熔断器</td></tr>
<tr><td>FV</td><td>限压保护器</td></tr>
</table>

续 表

基本文字符号		项目种类	设备、装置 元器件举例
单字母	双字母		
H	HA	信号器件	声响指示器
	HL		指示灯
K	KM	接触器、继电器	接触器
	KA		中间继电器
	KP		极化继电器
	KR		簧片继电器
	KT		时间继电器
P	PA	测量设备 试验设备	电流表
	PJ		电度表
	PS		记录仪器
	PV		电压表
	PT		时钟、操作时间表
Q	QF	开关器件	断路器
	QM		电动机保护开关
	QS		隔离开关
R	RP	电阻器	电位器
	RT		热敏电阻
	RV		压敏电阻
S	SA	开关器件	控制开关
	SB		控制按钮
	SP		压力传感器
	SQ		位置传感器
	ST		温度传感器

3. 电气原理图中的图线

在电气制图中，一般只使用4种形式的图线：实线、虚线、点画线和双点画线。其图线的形式及一般应用见表2-3。

表2-3　电气图中图线的形式及应用

名称	形式	应用
实线	————————————	基本线，简图主要内容用线、可见轮廓线、可见导线
虚线	------------------------------------	辅助线、屏蔽线、机械连线、不可见轮廓线、不可见导线

续 表

名称	形式	应用
点画线	-·-·-·-·-·-	分界线、结构图框线、功能图框线、分组图框线
双点画线	-··-··-··-	辅助图框线

2.1.3　电气原理图

电气原理图是指根据生产机械的运动形式对电气控制系统的要求，采用国家统一规定的电气图符号和文字符号，按照电气设备和电器的工作顺序，详细表示电路、设备或成套装置的全部组成和连接关系，而不考虑其实际位置的一种简图，如图 2－1 所示。电气原理图为了解电路的作用、编制接线文件、测试、查找故障、安装和维修提供了必要的信息。

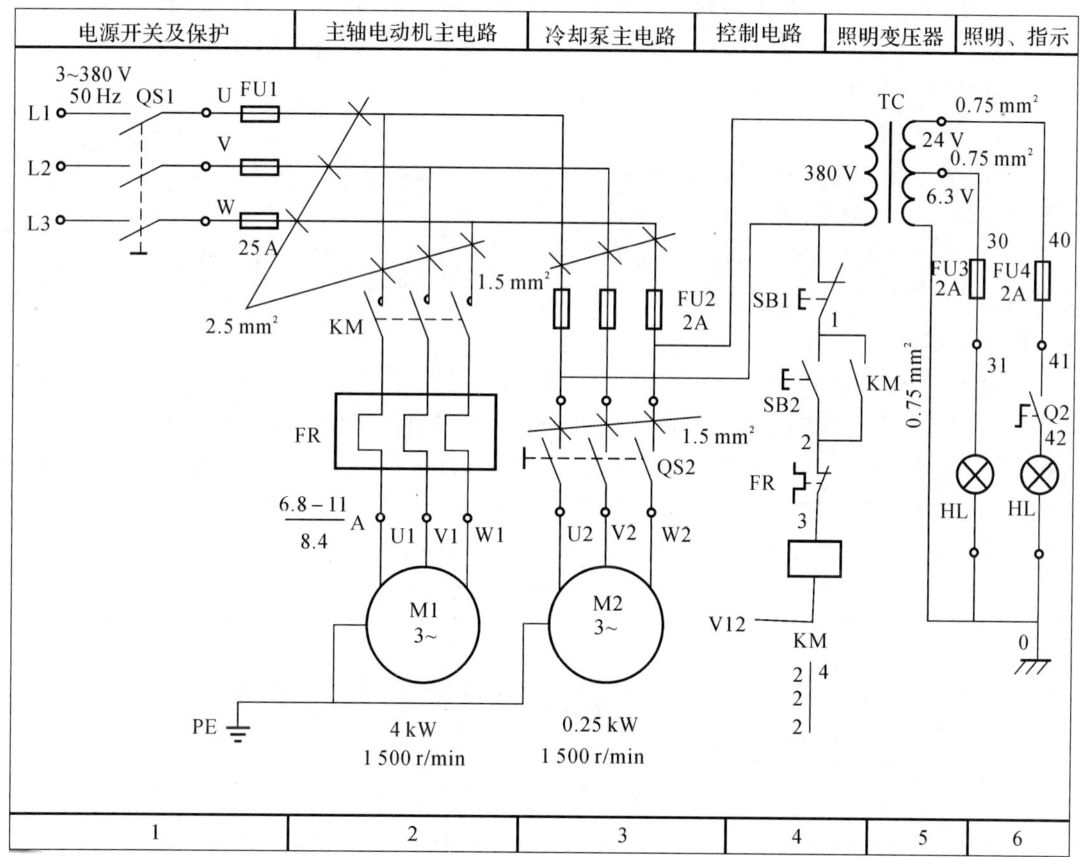

图 2－1　某车床电路原理图

电气原理图结构简单、层析分明、关系明确，适用于分析研究电路的工作原理，并且作为其他电气图的依据，在设计部门和生产现场获得了广泛的应用。

电气原理图一般分为主电路和辅助电路两部分。主电路就是从电源到电动机大电流通过的路径；辅助电路包括控制电路、照明电路、信号电路及保护电路等，由继电器和接触器的线圈、继电器的触点、接触器的辅助触点、控制按钮、照明灯、信号灯、控制变压器等电器元件组成。控制系统内的全部电动机、电器和其他器械的带电部件，都应在原理图中表示出来。

依据图 2－1，电气原理图在绘制时应遵循以下原则：

(1)电气原理图应按国家标准规定的图形符号和文字符号绘制。如果采用国标之外的图形符号时，必须加以说明。

(2)主电路、控制电路、信号电路等应分别绘出。通常主电路用粗实线绘制在图的左边，其中电源电路用水平线绘制，电动机及其保护电器支路垂直于电源电路画出。控制电路用细实线绘制在图的右边，一般垂直于电源电路绘制。

(3)电器元件的布局，应根据便于阅读的原则安排，无论主电路还是控制电路，各电器元件一般按动作顺序从上到下、从左到右依次排列。同一电器元件的各部分可以不画在一起，但须用同一文字符号标出。若有多个同一种类的电器元件，可在文字符号后加上数字序号，如 KM1、KM2 等。

(4)所有触点都按初始状态画出。接触器或继电器的初始状态是指未通电时的状态，按钮、行程开关的初始状态则是指未受外力作用时的状态，主令控制电器、万能转换开关按手柄处于零位时的状态画。当电器触点的图形符号垂直放置时，以“左开右闭”绘制，水平放置时，以“下开上闭”绘制。

(5)应尽可能减少线条和避免交叉线。对“T”形连接点，在导线交叉点处可以画黑圆点，也可以不画；对“＋”形连接点，必须画黑圆点。

(6)为了便于读图和检索，将电气原理图按功能划分成若干图区，通常是一条回路或一条支路划分为一个图区，并在图区的上方标明该区电路的功能，在下方用阿拉伯数字从左到右标注在图区栏中。

(7)由于同一电器的不同部件分别画在不同图区，为了便于阅读，可以在字母符号的下方标出同一元件的触点或线圈所在的图区。对继电器和接触器可以在原理图控制电路的下面，标出“符号位置索引”，索引代号用面域号表示。例如，接触器触点位置索引的左栏为主触点所处图区号、中栏为常开触点所处图区号、右栏为常闭触点所在的图区号，见表 2－4；继电器触点位置索引的左栏为常开触点所处图区号、右栏为常闭触点所处的图区号，见表 2－5。

表 2－4　接触器触点在电路原理图中位置的标记

栏目	左栏	中栏	右栏
触点类型	主触点所处的图区号	辅助常开触点所处的图区号	辅助常闭触点所处的图区号
KM 2 7 X 2 X X 2	表示三对主触点都在图区 2	表示一对辅助常开触点在图区 7，另一对辅助常开触点未用	表示两对辅助常闭触点未用

表 2－5　继电器触点在电路原理图中位置的标记

栏目	左栏	右栏
触点类型	常开触点所处的图区号	常闭触点所处的图区号
KA 2 2 2	表示三对常开触点都在图区 2	表示常闭触点未用

(8)电气原理图上各电气连接点应编排线号,以便检查和接线。

(9)有机械联系的元器件用虚线连接。

电气原理图中各电器的接线端子用规定的字母、数字符号标记。三相交流电源的引入线用 L1、L2、L3 标记,接地用 PE 标记;三相动力电压的引出线分别按 U、V、W 顺序标记。

2.1.4 电气元件布置图

电器元件布置图主要用来标明电气系统中所有电器元件的实际位置,为生产机械电气控制设备的制造、安装提供必要的资料。一般情况下,电器元件布置图是与电器安装接线图组合在一起使用的,既起到电器安装接线图的作用,又能清晰表示所使用的电器的实际安装位置,如图 2-2 所示。

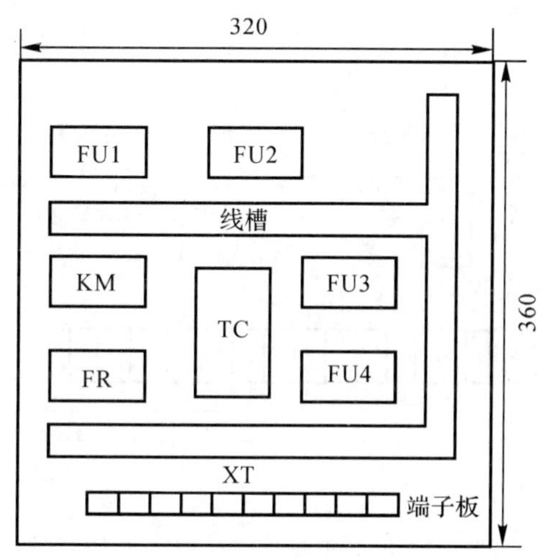

图 2-2 某车床电气元件布置图

2.1.5 电气安装接线图

电气安装接线图是按照电气元件的实际位置和实际接线绘制的,根据电气元件布置最合理、连接导线最经济等原则来安排,主要用于电器的安装接线、线路检查和故障处理。接线图的各个项目(如元件、器件、组件、成套设备等)采用简化外形(如正方形、矩形、圆形等)表示,简化外形旁应标注项目代号,并应与电器原理图中的标注一致。

绘制安装接线图应遵循以下原则:

(1)各电气元件均按实际安装位置绘出,元器件所占图面按实际尺寸以统一比例绘制。

(2)同一电气元件各部件必须画在一起,并用点画线框起来。

(3)各电气元件用规定的图形、文字符号绘制,并符合国家标准。

(4)不在同一控制柜或配电屏上的电气元件的电气连接必须通过端子板进行。各电气元件的文字符号及端子板的编号应与原理图一致,并按原理图的接线进行。

(5)绘制安装接线图时,走向相同的多根导线可用单线表示。

(6)画连接线时,应标明导线的规格、型号、根数和穿线管的尺寸。

图 2-3 表示为笼形电动机正、反转控制的安装接线图,图 2-4 为某车床的电气接线图。

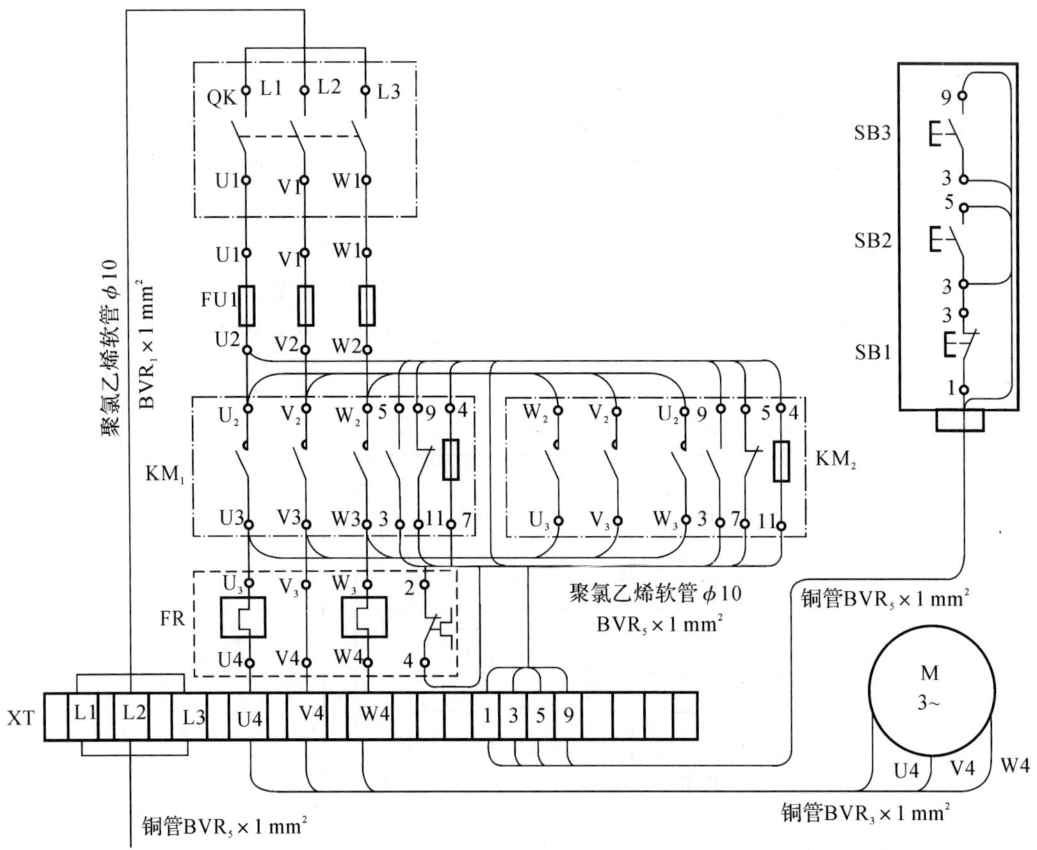

图 2-3　笼形电动机正、反转控制安装接线图

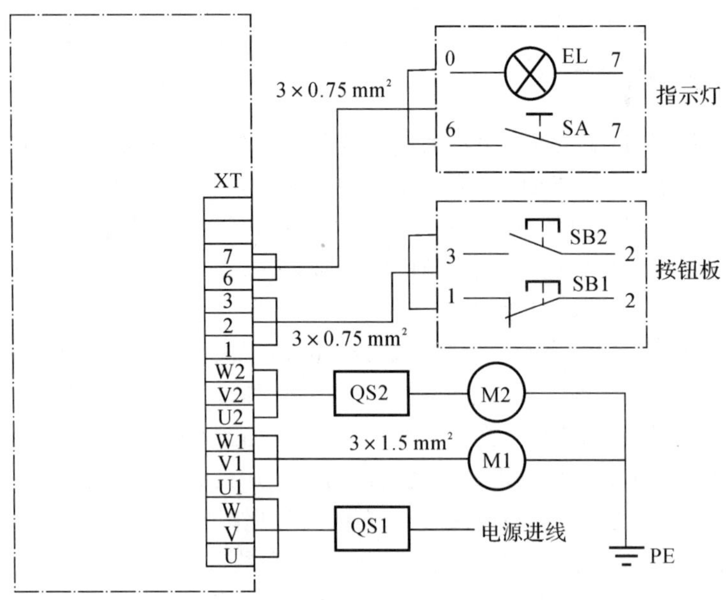

图 2-4　某车床的电气接线图

2.2 电气控制基本环节

在继电器-接触器控制系统中，任何复杂的电气控制线路都是由最基本的控制环节组成的，熟悉这些基本控制环节，把握其基本规律，掌握其分析方法，对后续知识的学习是十分重要的。本节以三相异步电动机几种典型的控制线路为例，介绍其基本功能和分析方法。

2.2.1 电动机单向运行控制线路

1. 点动控制

在生产实际中，有的生产机械需要点动控制，如加紧机构在加紧过程中机床的对刀调整、快速进给等。有的生产机械进行运动位置调整时，也需要点动控制。

点动控制是一种“一按就动，一松就停”的控制电路，一般是用控制按钮、接触器来控制电动机的最简单的控制线路。其电气原理图如图2-5所示。

图2-5分为主电路和控制电路两部分。主电路由刀开关QS、熔断器FU1、接触器KM的主触点、热继电器FR和三相异步电动机M组成，其中QS用作隔离开关，FU1用作对电动机的短路保护，KM的主触点充当负荷开关，FR用作过载保护，它们和电动机M组成通过大电流的电路，其作用是将三相交流电送给电动机使其转动。控制电路由熔断器FU2、按钮SB、接触器KM的线圈和热继电器FR的常闭触点组成，流过的电流小，其作用是通过按下或松开按钮SB控制接触器KM线圈通电或断电，使主电路中的接触器KM的主触点闭合或断开，达到控制电动机通电或断电的目的。

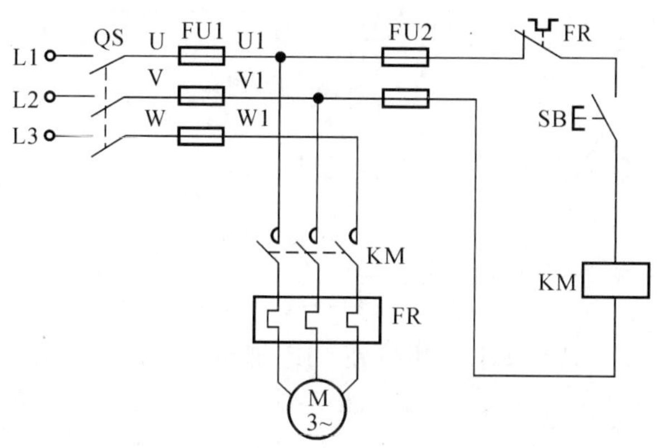

图2-5 点动控制环节

点动控制的工作过程：合上刀开关QS，接触器KM线圈不通电，KM主触点呈断开状态，电动机M不转。按下点动按钮SB，接触器KM线圈通电，产生的电磁吸力大于弹簧的反作用力使衔铁吸合，带动KM三对主触点闭合，电动机M接通电源，电动机启动。松开点动按钮SB，接触器KM线圈断电，衔铁释放，KM主触点断开，电动机停转。

为了分析方便，有时可用符号和箭头配以少量的文字说明来表示电路的工作原理。这种表示方法也称为控制流程图。点动控制的控制流程图可描述如下：

合上刀开关 QS：

按下 SB→KM 线圈得电→KM 主触点闭合→电机 M 运转　　启动

松开 SB→KM 线圈失电→KM 主触点断开→电机 M 停转　　停止

2. 启保停控制

三相异步电动机单向连续运行的电气原理图如图 2-6 所示。SB1 为停止按钮，SB2 为启动按钮。电路的工作过程如下：

启动时，合上 QS，按下按钮 SB2，则 KM 线圈通电，接触器 KM 衔铁吸合，其主触点闭合，电动机接通电源启动运转；同时与 SB2 并联的接触器 KM 的辅助常开触点也闭合，使 KM 线圈经两条线路通电。一条线路是经 SB1 和 SB2，另一条线路是经 SB1 和接触器 KM 已经闭合的辅助常开触点。当松开按钮 SB2 时，KM 线圈通过接触器 KM 的辅助常开触点，照样通电处于吸合状态，从而保证电动机的连续运转。这种依靠接触器自身的辅助触点而使其线圈保持通电的现象称为自锁或自保持，起自锁作用的辅助触点称为自锁触点。

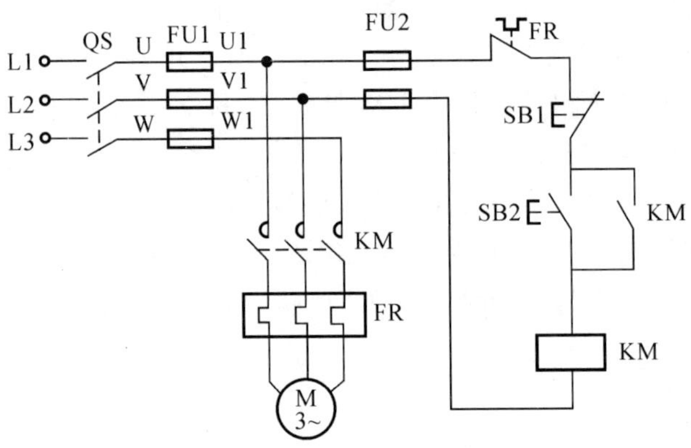

图 2-6　启-保-停控制环节

上述启动过程的控制流程图可描述如下：合上 QS

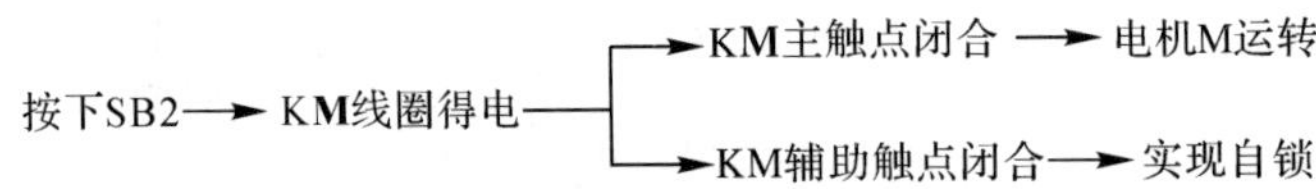

要使电动机停止运转，只要按下停止按钮 SB1 即可。这时接触器 KM 线圈失电，KM 的主触点断开主电源，电动机停止运转，同时 KM 的辅助常开触点也断开，控制回路解除自锁。即使松开停止按钮 SB1，控制回路也不能再自行启动。

上述停止过程的控制流程图可描述如下：

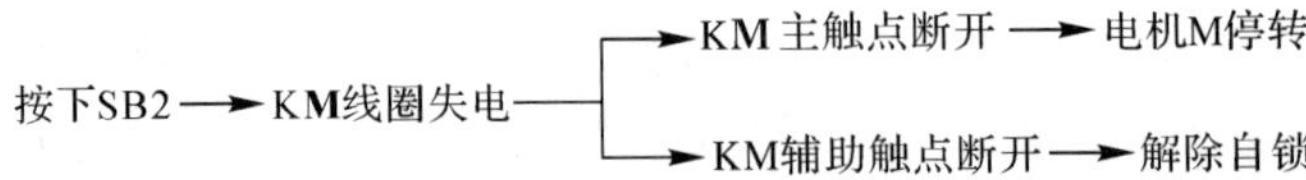

图 2-6 电路设有以下几种保护：

(1)短路保护：熔断器 FU1 是作为主电路短路保护用的。熔断器的规格根据电动机的启动电流大小作适当选择。

(2)过载保护：热继电器 FR 是作为过载保护用的。由于热继电器热惯性很大，即使热元件流过几倍的额定电流，热继电器也不会立即动作，因此在电动机启动时间不长的情况下，热继电器是不会动作的。只有过载时间比较长时，热继电器动作使其常闭触点断开，接触器 KM 失电，主触点断开主电路，电动机停止运转，实现电动机的过载保护。

（3）欠电压保护和失电压保护：依靠接触器本身自锁触点实现。当电源电压低到一定程度或失电压（停电）时，接触器 KM 就会释放，主触点把主电源断开，电动机停转。如果电源恢复，由于控制电路失去自保，电动机不会自行启动。只有操作人员再次按下启动按钮 SB2，电动机才会重新启动，这又叫零电压保护。

欠电压保护可以避免电动机在低压下运行时被损坏。零电压保护一方面可以避免电动机同时启动而造成电源电压严重下降，另一方面防止电动机自行再启动运转可能造成的设备和人身事故。

3. 连续运行与点动联锁控制

在生产实际中，经常需要控制线路既能点动运行又能连续运行。图 2-7 电路为既能点动操作又能连续运行的三相异步电动机的控制线路，主电路同于图 2-6 主电路。图中 SB1 为停止按钮，SB2 为连续运行启动按钮，SB3 为复合按钮。

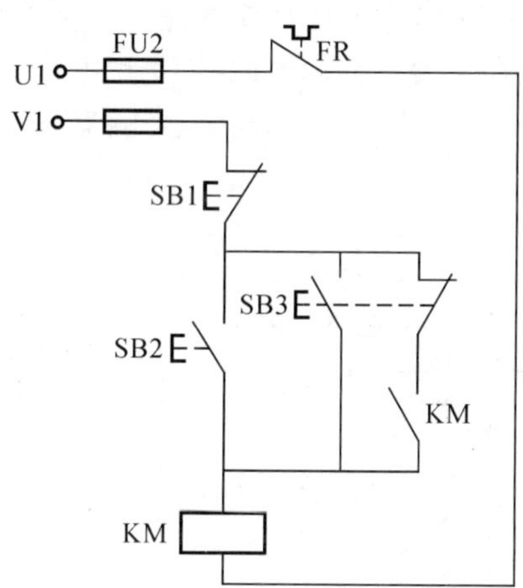

图 2-7　连续运行与点动联锁环节

图中采用复合按钮 SB3 实现点动的控制线路，即将 SB3 的常闭触点作为联锁触点串联在接触器 KM 的自锁触点支路中。

需要注意的是，按下 SB3 的过程中，SB3 的常闭触点先断开，切断接触器的自锁支路，然后 SB3 的常开触点才闭合，接触器 KM 得电，KM 主触点闭合，电动机运转；松开 SB3 时，SB3 的常开触点先断开，使接触器 KM 失电，电动机停转，而后 SB3 的常闭触点才复位闭合，由于此时 KM 已失电，自锁触点已断开，所以 SB3 的常闭触点闭合时，电动机不会得电，从而实现了点动控制。

2.2.2　电动机双向运行控制线路

在生产加工过程中，各种生产机械常常要求具有上下、左右、前后、往返等相反方向的运动。如电梯的上下运行、起重机吊钩的升降、机床工作台的前进与后退及主轴的正转和反转等，这就要求电动机能够实现正反方向运行。由交流电动机工作原理可知，若将接至电动机的三相电源进线中的任意两相对调，即可使电动机反向运转。因此需要对单向运行的控制电路作相应的补充，即在主电路中设置两组接触器主触点，来实现电源相序的转换；在控制电路中对相应的两个接触器线圈进行控制，这种同时控制电动机正转或反转的控制线路也称为可逆控制线路。

1. 无互锁的正反向控制

图 2－8 是三相异步电动机的无互锁的正反向控制电路。主电路中接触器 KM1 和 KM2 所控制的电源相序相反，因此可使电动机反向运行。控制电路中，要使电动机正转，可按下正转启动按钮 SB2，KM1 线圈得电，其主触点 KM1 闭合，电机正转，同时其辅助常开触点构成的自锁环节可保证电动机连续运行；按下停止按钮 SB1，可使 KM1 线圈失电，主触点断开，电动机停止运行。要实现电动机反转，可按下反转启动按钮 SB3，KM2 线圈得电，主触点 KM2 闭合，电动机反转，同时其辅助常开触点构成的自锁环节可保证电动机连续运行；按下停止按钮 SB1，可使 KM2 线圈失电，主触点断开，电动机停转。

需要注意的是，如果 M 电机正转，此时，若直接按下反转启动按钮 SB3，则接触器 KM2 得电，KM2 主触点闭合，电流从 V1 经 KM1 常开触点、KM2 常开触点都至 U1，从而造成 U1 和 V1 的相间短路，这是控制电路所不允许的。因此，要实现电机反转，首先要按下停止按钮 SB1 让电动机 M 断电；然后再按下反转启动按钮 SB3，接触器 KM2 得电，电动机 M 才能反向启动。

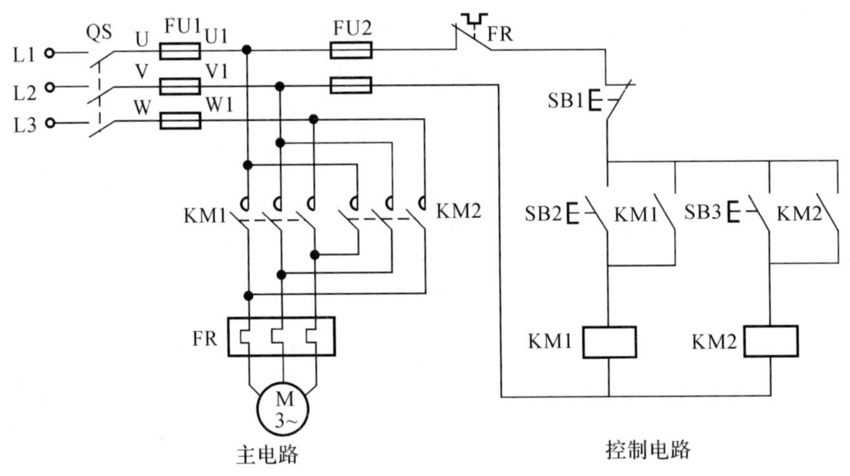

图 2－8 无互锁的正反向控制环节

2. 电气互锁

在图 2－9 所示的电动机控制电路中，接触器 KM1 和 KM2 线圈各自的支路中串联了对方的一个辅助常闭触点，以保证接触器 KM1 和 KM2 不会同时得电。利用两个接触器的辅助常闭触点 KM1、KM2 分别串接在对方的工作线圈支路中，构成相互制约关系，以保证电路安全可靠地工作，这种相互制约的关系称为“联锁”，又称为“互锁”，实现互锁的辅助常闭触点称为互锁(联锁)触点。这样，在一个接触器通电吸合后，其常闭触点断开，使另一个接触器不可能通电吸合，这种关系称为电气互锁。

当按下正转启动按钮 SB2 时，正转接触器 KM1 得电，在主触点闭合前，KM1 的辅助常闭触点先断开，从而切断反转接触器 KM2 线圈的得电路径，然后 KM1 的辅助常开触点闭合，形成自锁，电动机正转。此时，即使按下反转启动按钮 SB3，也不会使反转接触器 KM2 线圈得电工作。同理，在反转接触器 KM2 动作后，也保证了正转接触器 KM1 的线圈回路不能再工作。

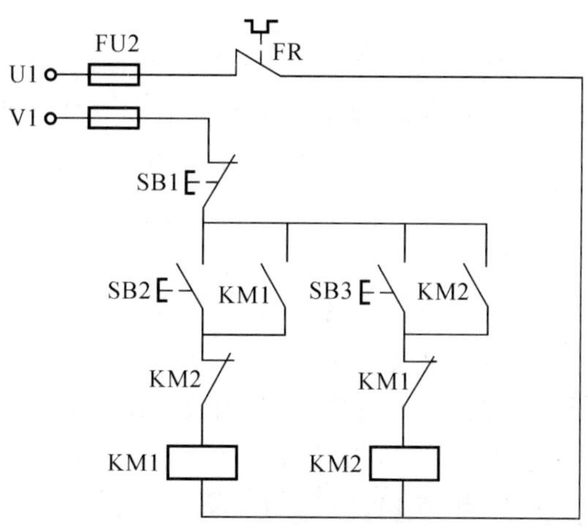

图 2-9　带电气互锁的可逆控制环节

3. 机械互锁

图 2-10 采用复合按钮来控制电动机的正、反转。在该控制电路中，正转启动按钮 SB2 的常开触点串接于正转接触器 KM1 的线圈回路，用于接通 KM1 的线圈，而 SB2 的常闭触点则串接于反转接触器 KM2 线圈回路中，工作时首先断开 KM2 的线圈，以保证 KM2 不得电，同时 KM1 得电。反转启动按钮 SB3 的接法与 SB2 类似，常开触点串接于 KM2 的线圈回路，常闭触点串接于 KM1 的线圈回路中，从而保证按下 SB3 使 KM1 不得电，KM2 能可靠得电，实现电动机的反转。使用复合按钮 SB2 和 SB3 的常闭触点的互锁称为“机械互锁”。

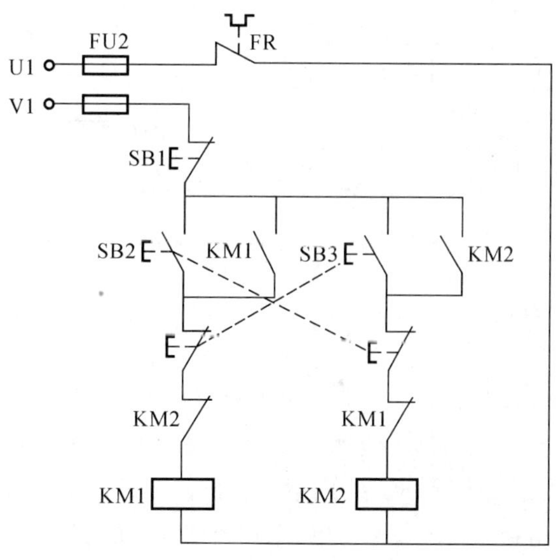

图 2-10　带机械互锁的可逆控制环节

带机械互锁的正、反转控制线路可以实现不按停止按钮，直接按反向启动按钮就能使电动机从正转变为反转，保证了电路可靠地工作，所以该线路又称为“正反”控制线路，常用在电力拖动控制系统中。

2.2.3 电动机的顺序控制

在多机拖动系统中，各电动机所起的作用不同，有时需按一定的顺序启动，才能保证操作过程的合理性和工作的安全可靠。例如，磨床上要求先启动油泵电机，再启动主轴电动机。顺序启停控制电路有顺序启动、同时停止的控制电路和顺序启动、顺序停止的控制电路两种类型。

1. 用按钮控制的顺序控制

图 2－11 所示为两台电动机顺序启动控制电路。电机 M1 由接触器 KM1 控制，SB1、SB2 为 M1 的停止、启动按钮；电机 M2 由接触器 KM2 控制，SB3 为 M2 的启动按钮。由图可见，KM1 的辅助常开触点串入 KM2 的线圈支路中，只有在 KM1 线圈得电，其辅助常开触点闭合后，才允许 KM2 线圈得电，即电动机 M1 先启动后才允许 M2 启动。工作原理如下：

按下按钮 SB2，KM1 得电并自锁，电动机 M1 运转，同时串在 KM2 控制支路中的 KM1 辅助常开触点也闭合。此时再按下 SB3，KM2 得电并自锁，则电动机 M2 启动。如果先按下 SB3，因 KM1 常开触点断开，电动机 M2 不能先启动，达到了按顺序启动的要求。

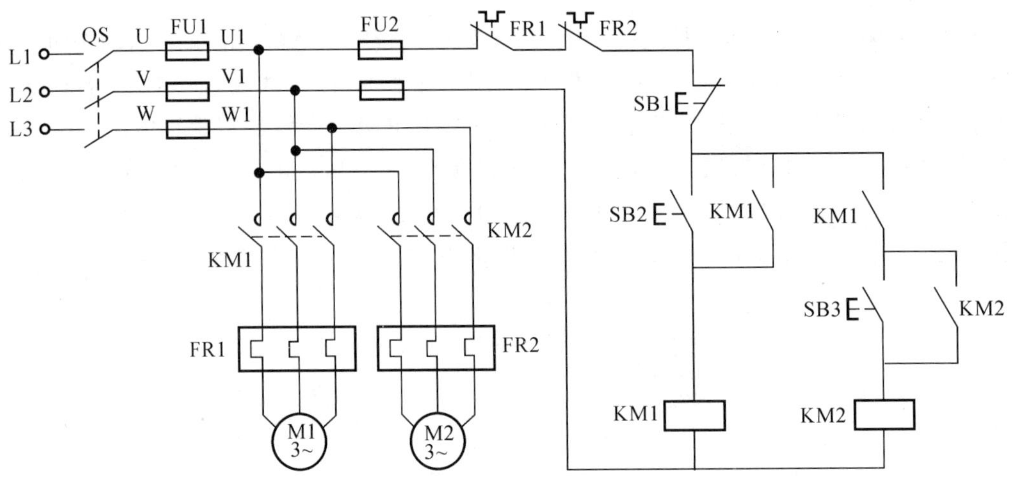

图 2－11　两台电机顺序控制环节

2. 用时间继电器控制的顺序控制

图 2－12 为用时间继电器控制的两台电动机的顺序启动控制电路，主电路同于图 2－11。时间继电器选用的是通电延时时间继电器。工作原理如下：

按下启动按钮 SB2，接触器 KM1 线圈和通电延时时间继电器 KT 线圈同时得电。KM1 得电，电动机 M1 启动并连续运行；KT 线圈得电，经过一段时间的延时，与 KM2 线圈串联的通电延时常开触点 KT 闭合，KM2 线圈得电，电动机 M2 才能启动。

如果按下停止按钮 SB3，则电动机 M2 停车；如果直接按下停止按钮 SB1，则电动机 M1、

M2 同时停车。因此,该电路可实现顺序启动、逆序停止的联锁控制。

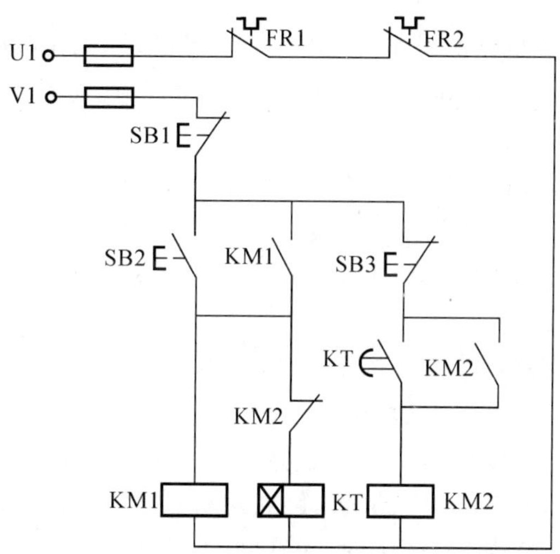

图 2-12　时间继电器控制的两台电机顺序控制环节

2.2.4　电动机多地控制

在一些大型生产机械和设备上,要求操作人员能在不同方位进行操作与控制,即实现多地控制。在某些机械设备上,为保证操作安全,需要满足多个条件,设备才能开始工作,这样的控制称为多条件控制。为了达到从多个地点同时控制一台电动机的目的,必须在每个地点都设置启动按钮和停止按钮。

图 2-13 所示为两地控制的控制线路,它可以分别在甲、乙两地控制接触器 KM 的通断,其中甲地的启动、停止为 SB1、SB2 控制按钮,乙地的启动、停止为 SB3、SB4 控制按钮。控制电路中,各启动按钮是并联的,即在任一处按下启动按钮,接触器 KM 线圈都能得电并自锁;各停止按钮是串联的,即在任一处按下停止按钮,都能使 KM 接触器线圈失电,电动机停车。

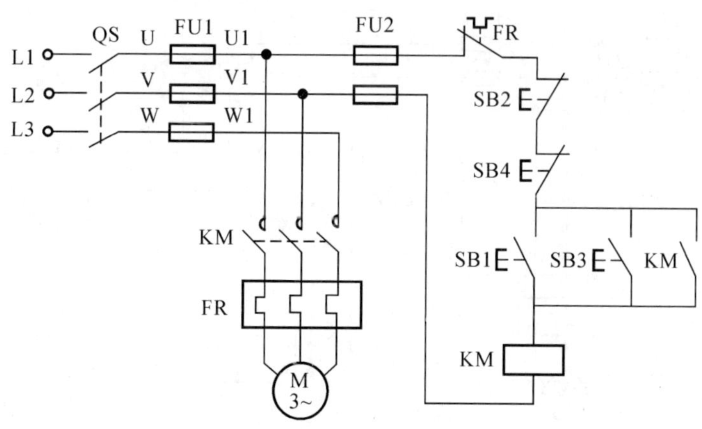

图 2-13　两地控制环节

2.2.5 自动循环控制

在生产实际中，有很多机床的工作台需要自动往复运动，如龙门刨床、导轨磨床等。

在工作台的自动往返运动通常是通过行程开关来检测往返运动的相对位置，从而控制电动机的正、反转运行来实现的。

图 2-14 为机床工作台自动往返运动示意图，行程开关 SQ1、SQ2 固定安装在机床上，反映工作台的起点与终点。行程开关 SQ3、SQ4 起正反向极限保护作用，挡铁 A、B 固定的工作台上，运动部件由电动机拖动进行运动。图 2-15 所示为自动往返控制电路，工作原理分析如下：

(1)启动控制：合上开关 QS，按下按钮 SB2，使 KM1 线圈得电并自锁，其常闭触点断开，切断 KM2 线圈的回路，实现互锁，电动机 M 通电正转，工作台向前运动；当挡铁 B 压下 SQ2 时，SQ2 的常闭触点切断 KM1 线圈回路，电动机停止正转，同时其常开触点闭合，接通 KM2 线圈回路并使 KM2 自锁，同时 KM2 的常闭触点切断 KM1 回路，实现互锁，电动机开始反转，工作台向后运动；当挡铁 A 压下 SQ1 时，SQ1 的常闭触点切断 KM2 线圈回路，同时接通 KM1 回路并使其自锁，电动机又开始正转进入下一个循环。

(2)停机控制：按下 SB1，接触器 KM1、KM2 线圈失电，电动机 M 断电停机，工作台停止运动。若工作中因行程开关失灵而无法实现换向，则由极限行程开关 SQ3、SQ4 实现极限保护，避免运动部件因超出极限位置而发生事故。

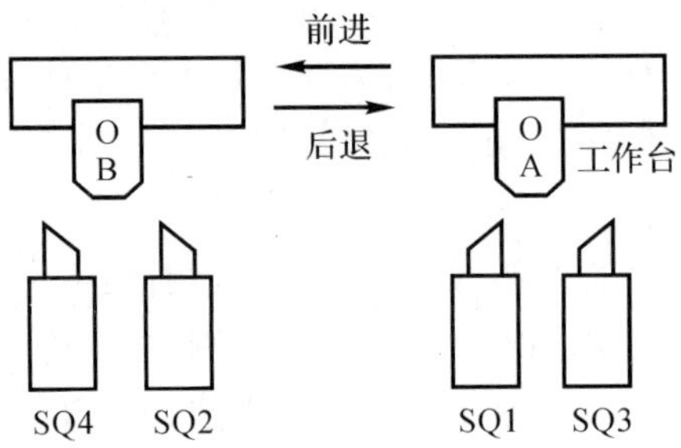

图 2-14 工作台自动循环示意图

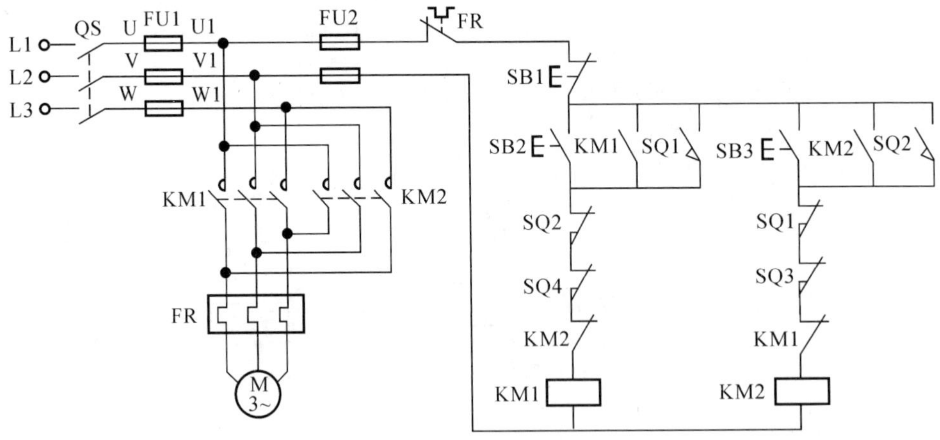

图 2-15 工作台自动往返控制环节

2.2.6　液位控制

图 2-16 所示为建筑物生活水箱水位自动控制电路。通过水位控制器实现水泵的启停控制。工作原理分析如下：

合上 QS，接通电源，转换开关 SA 置于“自动”位。当水箱水位降至最低水位时，水位控制器触点 SL1 闭合，使中间继电器 KA 通电吸合，KA 常开触点闭合使接触器 KM 通电吸合，KM 主触点闭合，电动机 M 通电，水泵运行。当水位上升至最高水位时，水位控制器触点 SL2 断开，KA 断电释放，KA 常开触点断开使 KM 断电释放，KM 主触点断开，M 断电，水泵停止运行。

当 SA 置于“手动”位置时，通过按钮 SB1 和 SB2 实现水泵启停控制。

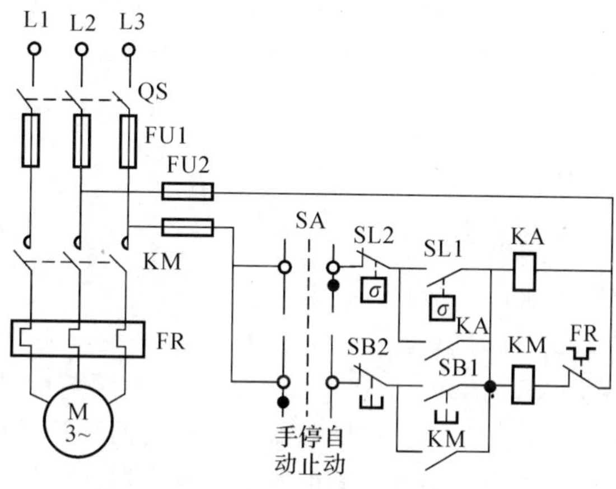

图 2-16　液位控制环节

2.2.7　压力控制

图 2-17 所示为建筑物消防喷淋系统中恒压泵的压力控制电路。利用压力继电器实现对泵的自动启停。工作原理分析如下：

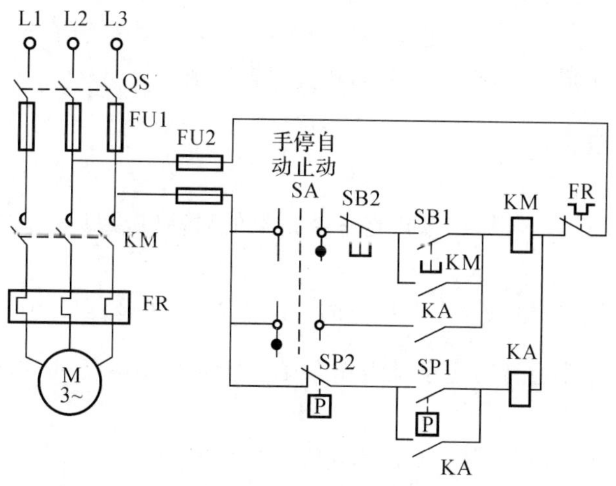

图 2-17　压力控制环节

合上 QS,转换开关 SA 置于“自动”位置。发生火灾时,喷淋头喷水灭火,使管网水压力下降,启动消防加压泵,当管网中的水由于渗漏压力降低至某一数值(约为额定压力的 90%)时,压力开关触点 SP1 闭合,使中间继电器 KA 通电吸合并自锁,KA 的另一常开触点闭合使接触器 KM 通电吸合,KM 主触点闭合,电动机 M 通电,启动恒压泵。当水压达到额定水压时,压力开关触点 SP2 断开,KA 断电释放,其常开触点断开使 KM 断电释放,KM 主触点断开,M 断电,恒压泵停止运行。

2.3 三相异步电动机的启动控制电路

三相笼形异步电动机的直接全压(额定电压)启动是一种简便、经济的启动方法。但直接启动时的启动电流较大,一般为额定电流的 4～7 倍。在小于 7.5kW 以下的容量可采取直接启动。若有大些容量的电动机还需要直接启动,就要看所处电源变压器视在功率的大小了,必须满足以下的经验公式:

$$K_{\mathrm{I}}=\frac{I_{\mathrm{st}}}{I_{\mathrm{N}}}\leqslant\frac{1}{4}\left[3+\frac{S_{\mathrm{N}}}{P_{\mathrm{N}}}\right] \tag{2-1}$$

式中:I_{st}—— 电动机全压启动电流;

I_{N}—— 电动机额定电流;

S_{N}—— 电源变压器容量(kVA);

P_{N}—— 电动机容量(kW)。

全压启动的方式有刀开关直接启动和接触器直接启动两种。对小型冷却泵、台钻、砂轮机、风扇等,可用胶壳闸刀开关、铁壳开关、按钮、接触器等电器直接启动或停止;对中小型普通机床的主轴电机通常采用接触器直接启动或停止。

在电源变压器容量不够大,而电动机功率较大的情况下,直接启动将导致电源变压器输出电压下降,不仅会减少电动机本身的启动转矩,而且会影响同一供电线路中其他电气设备的正常工作。因此,凡不满足上述直接启动条件的,较大容量的电动机启动时,需要采用降压启动的方法(降压启动是指利用启动设备将加到电机定子绕组上的电压适当降低,待电动机启动后,再使电动机电压恢复到额定电压正常运转)。

降压启动的方法有定子电路串电阻、星形(Y)-三角形(△)换接、自耦变压器和使用软启动等。常用的方法是星形-三角形降压启动和使用软启动。

2.3.1 Y-△降压启动控制线路

电动机启动时接成 Y 形,加在每相定子绕组上的启动电压只有△形接法的$\frac{1}{\sqrt{3}}$,启动电流为△形接法的$\frac{1}{3}$,启动转矩也只有△形接法的$\frac{1}{3}$。所以,这种降压启动的方法只适用于轻载或空载下启动。凡是在正常运行时定子绕组作△形连接的异步电动机,均可以采用这种降压启动的方法。

如图 2-18 所示为采用时间继电器自动控制的 Y-△降压启动控制线路。该线路由三个接触器、一个热继电器、一个时间继电器和两个按钮组成。接触器 KM 作引入电源用,接触器

KMY 和 KM△分别控制 Y 形降压启动和△形运行，时间继电器 KT 用作控制 Y 形降压启动时间和完成 Y -△自动切换，SB1 是停止按钮，SB2 是启动按钮，FU1 作主电路的短路保护，FU2 作控制电路的短路保护，FR 作过载保护。

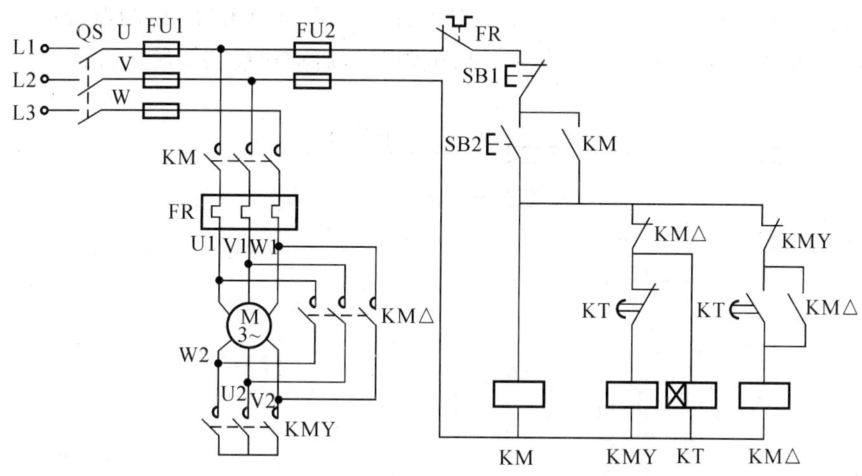

图 2 - 18　Y -△降压启动控制电路

先合上 QS，线路的工作流程如下：

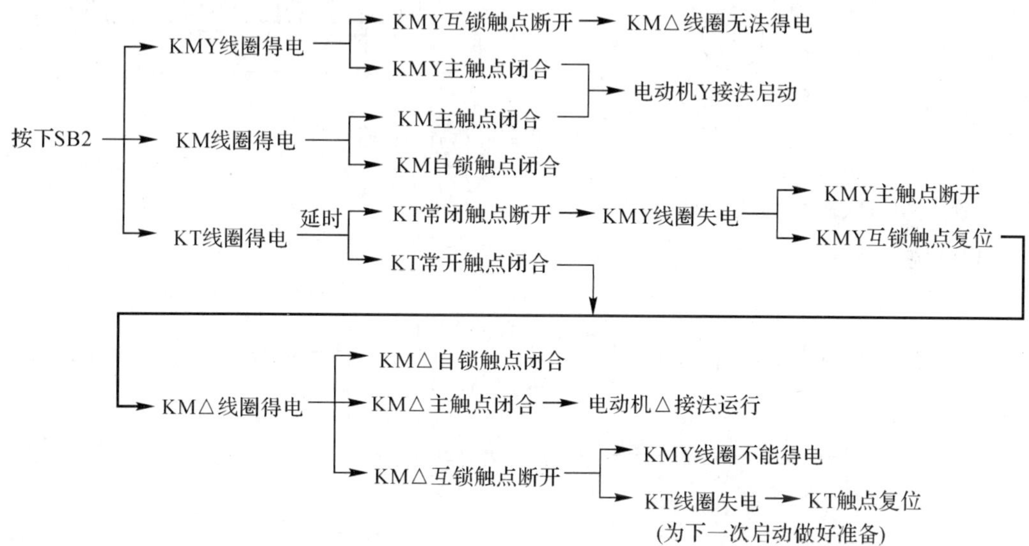

(1)启动。KMY 和 KM△的主触点不能同时闭合，否则主电路会发生短路，故电路中用 KMY 和 KM△常闭触点进行电气互锁。

(2)停止。按下停止按钮 SB1 就可实现停车。

三相异步电动机 Y -△降压启动适用于电动机工作时定子绕组必须为△形接法，轻载启动。启动的时间取决于电动机带负载的大小。

2.3.2　定子串电阻的降压启动控制线路

定子串电阻的降压启动是指启动时三相定子绕组串接电阻 R，降低定子绕组电压，以减小启动电流。启动结束后应将电阻短接。

电路如图 2-19 所示,是用时间继电器自动控制定子绕组串联电阻降压启动的电路图。在这个线路中用 KM1 的主触点来串入降压电阻 R,用时间继电器 KT 延时后,待电动机串联电阻启动的转速上升到一定值时,用 KT 的延时闭合触点接通 KM2 接触器线圈,让 KM2 主触点切除电阻 R,从而自动控制电动机从串联电阻降压启动切换到全压运行。

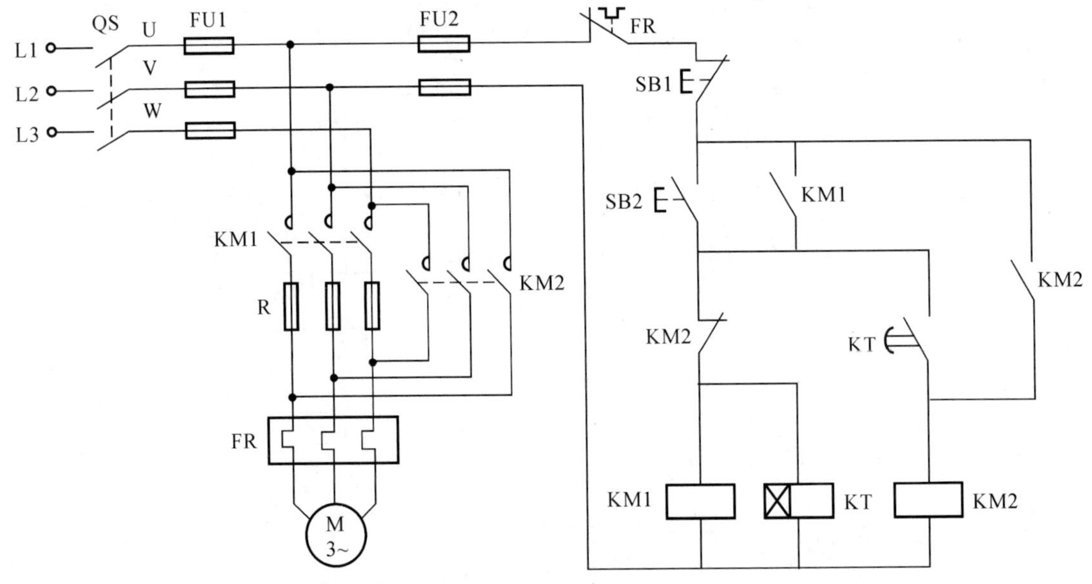

图 2-19 定子串电阻降压启动控制电路

先合上 QS,线路工作流程如下:

(1)启动。

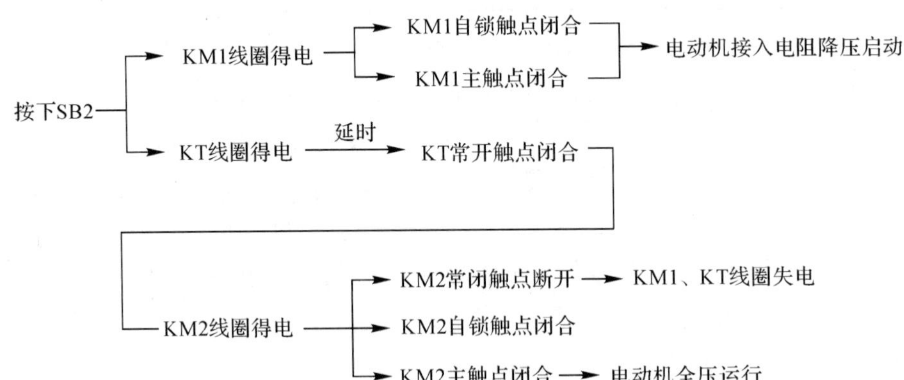

(2)停止。按下停止按钮 SB1 就可实现停车。

由以上分析可见,只要调整好时间继电器 KT 触点的动作时间,电动机由降压启动过程切换成全压运行过程就能准确可靠地自动完成。

启动电阻 R 一般采用 ZX1、ZX2 系列铸铁电阻。铸铁电阻能够通过较大电流,功率大。启

动电阻 R 的阻值可按下列公式计算：

$$R = 190 \times \frac{I_{st} - I'_{st}}{I_{st} I'_{st}}$$

式中：I_{st}—— 未串电阻前的启动电流(A)，一般 $I_{st} = (4 \sim 7) I_N$；

I_N—— 电动机的额定电流(A)；

R—— 电动机每相串联的启动电阻值(Ω)。

串电阻降压启动的缺点是减小了电动机的启动转矩，启动时在电阻上功率消耗也较大。如果启动频繁，则电阻的温度很高，对于精密机床会产生一定的影响。因此，目前这种启动方法，在生产实际中的应用正在逐步减少。

2.3.3　自耦变压器降压启动控制线路

自耦变压器降压启动常用来启动较大的三相交流笼形电动机。尽管这是一种比较传统的启动方法，但由于它是利用自耦变压器的多抽头减压，既能适应不同负载启动的需要，又能得到比前面的降压启动方法更大的启动转矩，所以，这种降压启动的方法应用广泛。

自耦变压器降压启动，在启动时，定子绕组上为自耦变压器二次侧电压，正常运行时切除自耦变压器。自耦变压器备有 65% 和 85% 两挡抽头，出厂时接在 65% 抽头上，可根据电动机带负载情况选择不同的启动电压。

图 2 - 20 所示为用时间继电器自动控制自耦变压器降压启动的电路。电动机启动电流是通过自耦变压器的降压作用实现的，在电动机启动的时候，定子绕组上的电压是自耦变压器的二次端电压，待启动完成后，自耦变压器被切除，定子绕组重新接上额定电压，电动机在全压下进入稳定运行。

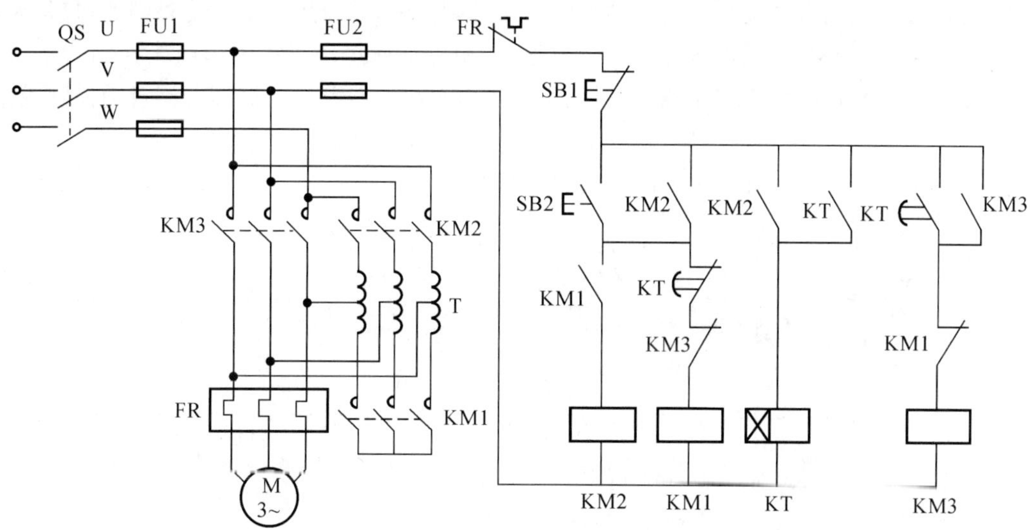

图 2 - 20　自耦变压器降压启动控制电路

先合上 QS，线路工作流程如下：

(1)启动。

(2)停止。按下停止按钮 SB1 就可实现停车。

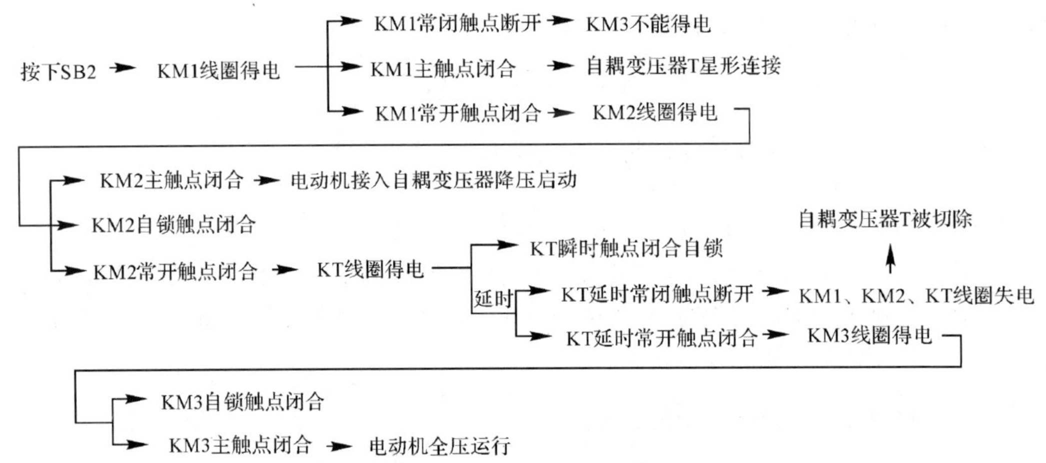

2.3.4 绕线式异步电动机转子绕组串电阻启动控制线路

三相绕线式异步电动机转子绕组可通过滑环串接启动电阻。它的优点是改善电动机机械特性,减小启动电流,提高转子电路的功率因数和提高启动转矩。在一般要求启动转矩较高,并且能调速的场合,绕线式电动机的应用非常广泛。按照绕线式电动机转子绕组在启动过程中串接装置的不同,分为串电阻启动和串频敏变阻器启动两大类。

串接在三相转子绕组中的启动电阻,一般都接成Y形接线。在启动前分级切换的三相启动电阻全部接入电路,以减小启动电流,获得较大的启动转矩。随着电动机转速的升高,启动电阻被逐级切除。启动完毕后,所有启动电阻直接短接,电动机运行在额定状态之下。

串接在三相转子绕组中的启动电阻分为三相平衡(对称)接法和三相不平衡(不对称)接法。无论串接在三相转子绕组中的启动电阻采用哪种接法,其作用基本上是相同的,只是在应用的角度上三相平衡接法采用接触器切除电阻,三相不平衡接法直接采用凸轮控制器来切除电阻。主要可以分按钮操作控制线路、时间继电器自动控制线路和电流继电器自动控制线路。本节主要以时间继电器自动控制线路分析。

图2-21所示为转子绕组串电阻启动控制线路。

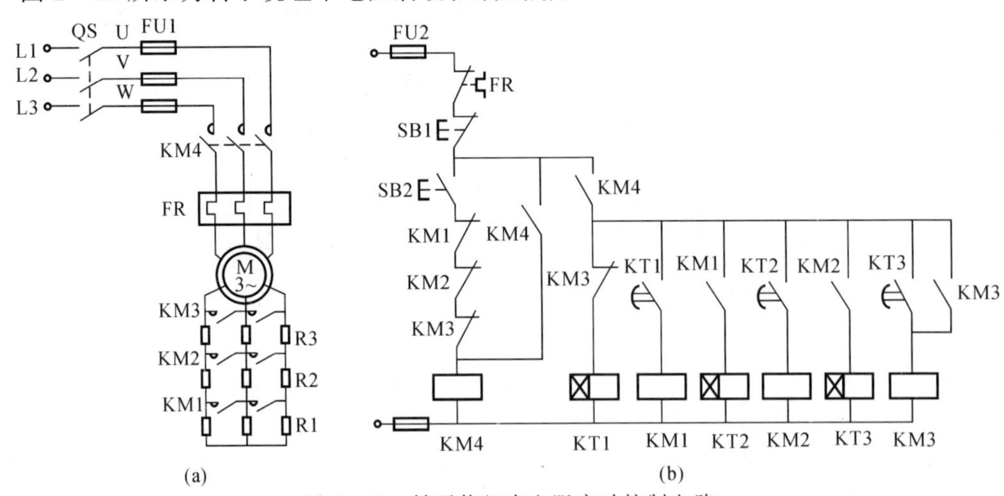

图2-21 转子绕组串电阻启动控制电路

(a)主电路; (b)控制电路

合上 QS,线路工作流程如下:

(1)启动。

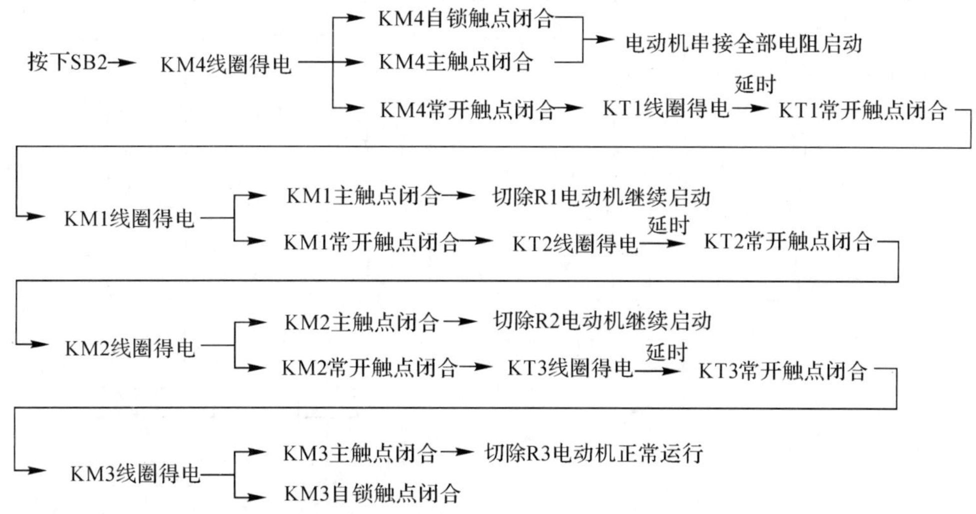

(2)停止。按下停止按钮 SB1 就可实现停车。

该电路保证电动机在转子绕组中接入全部外加电阻的条件下才能启动。如果接触器 KM1、KM2、KM3 中任何一个触点因机械或熔焊而没释放,启动电阻没有全部接入转子绕组中,从而使启动电流超过规定值。把 3 个接触器的常闭触点与 SB2 串接在一起,就可以避免这种现象发生。

2.4　三相异步电动机的制动控制电路

三相异步电动机从切断电源到完全停转,由于惯性的作用,总要经过一段时间。许多生产机械,如铣床、镗床和组合机床等,都要求迅速停车及准确定位,这就要求对电动机进行强迫停车,即制动。制动的方式一般有机械制动和电气制动两种。机械制动是利用电磁铁或液压操纵抱闸机构,使电动机快速停转的方法。电气制动是电动机在切断电源停转的过程中,产生一个与原来电动机旋转方向相反的电磁力矩(制动力矩),迫使电动机迅速制动停转的方法。电气制动常用的方法有能耗制动和反接制动。

2.4.1　能耗制动控制线路

所谓能耗制动是指电动机断开三相交流电源后,迅速给定子绕组任意两相通入直流电源,产生静止的磁场,转子感应电流与该静止磁场的作用产生与转子惯性转动方向相反的制动转矩,迫使电动机迅速停转的方法。这种方法是以消耗转子惯性运转的动能来进行制动,因此,称其为能耗制动。待转子转速接近零时再切除直流电源。

能耗制动控制线路如图 2 - 22 所示。其工作过程是:合上电源开关 QS,按下启动按钮 SB1,KM1 线圈通电并自锁。电动机 M 启动运行。当需要停车时,按下停止按钮 SB2,KM1 线圈断电,切断电动机电源;同时 KM2、KT 线圈通电并自锁,将两相定子接入直流电源进行能耗制动,转速迅速下降,当接近于零时,KT 延时时间到,其延时常闭触点动作,使 KM2、KT

先后断电,制动结束。

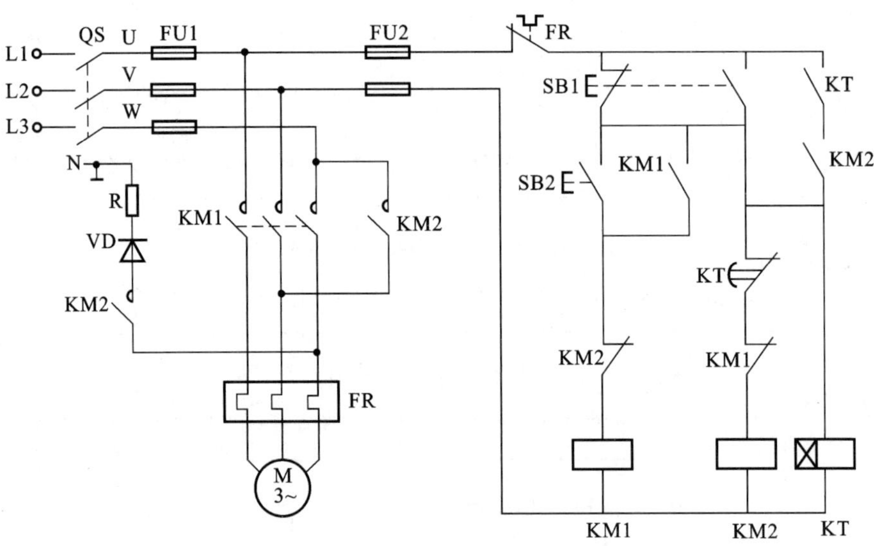

图 2-22　能耗制动控制电路

先合上 QS,线路工作流程如下:

(1)启动。

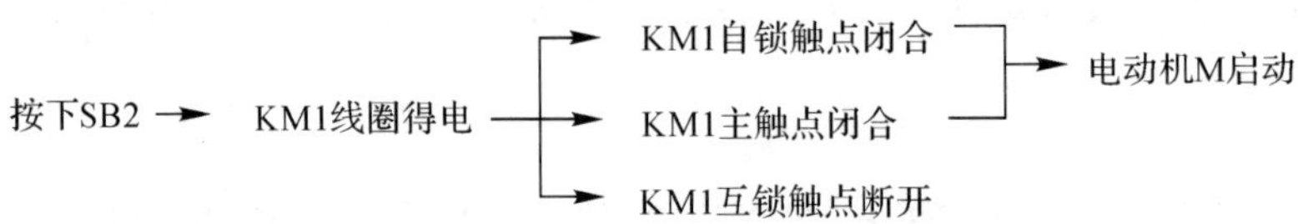

(2)能耗制动。

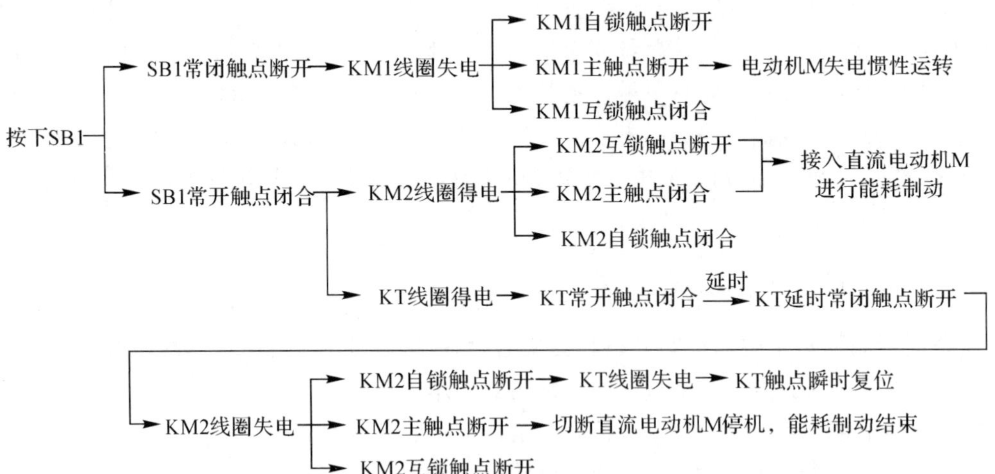

能耗制动的效果与通入直流电流的大小和电动机转速有关,在同样的转速下,电流越大,其制动时间越短。一般取直流电流为电动机空载电流的 3～4 倍,过大电流会使定子过热。

能耗制动具有制动准确、平稳,能量消耗小等优点,但制动转矩小,故适用于要求制动准确、平稳的设备。

2.4.2　反接制动控制线路

反接制动是通过改变电动机三相电源的相序，使电动机定子绕组产生的旋转磁场与转子旋转方向相反，产生制动，使电动机转速迅速下降。当电动机转速接近零时应迅速切断三相电源，否则电动机将反向启动。为此采用速度继电器来检测电动机的转速变化，并将速度继电器调整在 $n>120$ r/min 时速度继电器触点动作，而当 $n>100$ r/min 时触点复位。

图 2－23 所示为反接制动控制线路。图中，KM1 为单向旋转接触器，KM2 为反接制动接触器，KS 为速度继电器，R 为反接制动电阻。其工作过程如下：

合上电源开关 QS，按下启动按钮 SB2，KM1 线圈通电并自锁，电动机 M 启动运转，在转速升高后，速度继电器的常开触点 KS 闭合，为反接制动做准备。停车时，按下停止按钮 SB1，KM1 线圈失电，同时 KM2 线圈通电并自锁，电动机反接制动，当电动机转速迅速降低到接近零时，速度继电器 KS 的常开触点断开，KM2 线圈失电，制动结束。

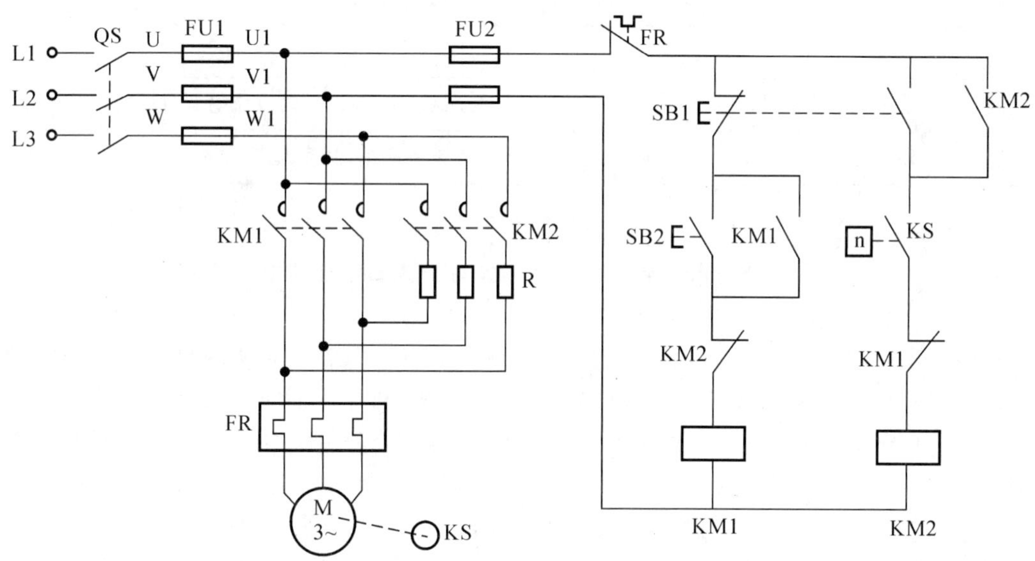

图 2－23　反接制动控制电路

先合上 QS，线路工作流程如下：

(1)启动：

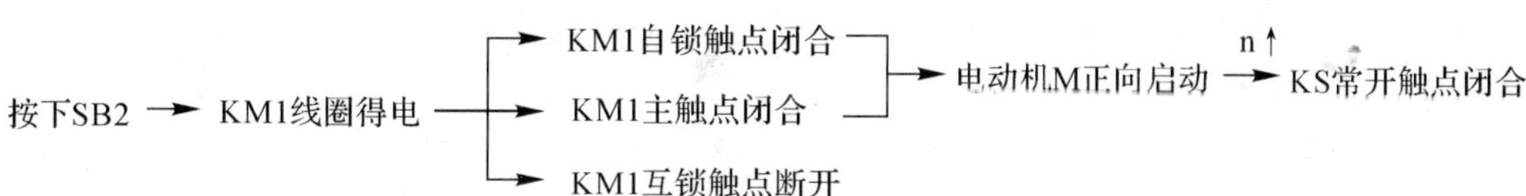

(2)反接制动：

反接制动时，由于制动电流很大，因此制动效果显著，但在制动过程中有机械冲击，故适用于不频繁制动、电动机容量不大的设备(如铣床、镗床和中型车床等)的主轴制动。

能耗制动与反接制动比较见表 2－5。

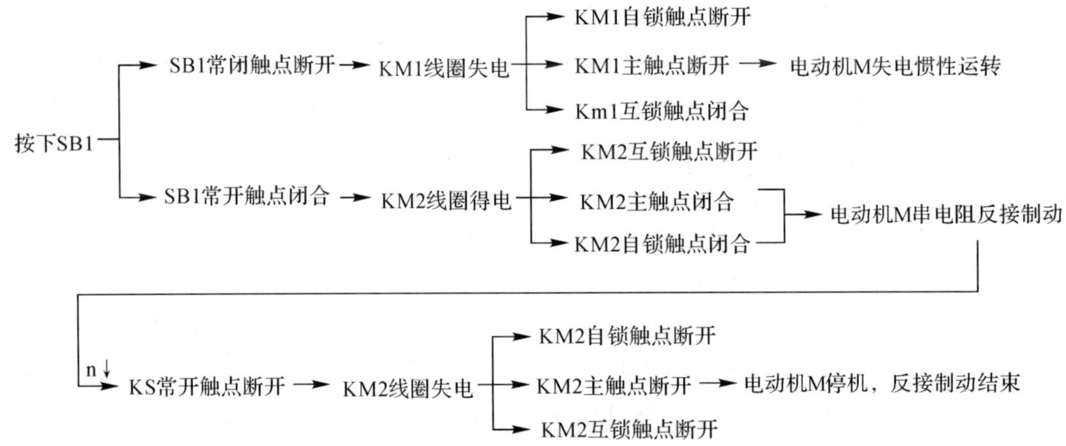

表 2－5　能耗制动与反接制动比较

制动方法	适用范围	特点
能耗制动	要求平稳准确制动场合	制动准确度高，需直流电源，设备投入费用高
反接制动	制动要求迅速，系统惯性大，制动不频繁的场合	设备简单，制动迅速，准确性差，制动冲击力强

2.5　三相异步电动机的调速控制线路

在很多领域，要求三相异步电动机的速度为无级调速。其目的是实现自动化控制、节能、提高产品质量和生产效率，如钢铁行业的轧钢机、鼓风机，机床中的车床，机械加工中心等，都要求三相异步电动机可调速。从广义上讲，电动机调速可分为两大类，即定速电动机与变速联轴节配合的调速方式以及自身可调速的电动机。前者一般都采用机械式或油压式变速器，电气式只有一种电磁转差离合器，其缺点是调速范围小且效率低。后者电动机直接调速，其调速方法很多，如变更定子绕组的极对数、变极调速和变频调速。变极调速控制最简单，价格低廉，但不能实现无级调速。变频调速控制最复杂，但性能最好，随着其成本日益降低，目前已广泛应用于工业自动控制领域中。

2.5.1　基本原理

由电动机原理可知，三相异步电动机转子的转速 n 与电网电压频率 f_1，定子的磁极对数 p 及转差率 s 的关系为

$$n = n_0(1-s) = \frac{60f_1(1-s)}{p} \tag{2-2}$$

式中：n_0—— 电动机的同步转速。

因此，对三相异步电动机来讲，调速的方法有三种：改变极对数 p 的变极调速、改变转差率 s 的降压调速和改变电动机供电电源频率 f_1 的变频调速。下面主要介绍变极调速和变频调速，其他调速方法可参考相关书籍。

2.5.2　变极调速控制线路

变极调速是用改变定子绕组的接线方式来改变鼠笼式异步电动机定子磁极对数，以达到调速目的。变极调速具有以下特点：机械特性较硬，稳定性良好；无转差损耗，效率高；接线简单、控制方便、价格低；有级调速，级差较大，不能获得平滑调速；可以与调压调速、电磁转差离合器配合使用，以获得较高效率的平滑调速特性。

变极调速的方法：

(1)装一套定子绕组，改变它的连接方式，得到不同的磁极对数。

(2)定子槽里装两套磁极对数不一样的独立绕组。

(3)定子槽里装两套磁极对数不一样的独立绕组，而每套绕组本身又可以改变其连接方式，得到不同的磁极对数。

(4)多速电动机一般有双速、三速、四速之分。双速电动机定子装有一套绕组，三速、四速电动机装有两套绕组。双速电动机三相绕组连接如图 2-24 所示。图 2-24(a)为三角形与双星形连接法；图 2-24(b)为星形与双星形连接法。应当注意，当三角形或星形连接时，$p=2$(低速)，各相绕组互为 240°；当双星形连接时 $p=1$(高速)，各相绕组互为 120°电角度。为保持变速前后转向不变，改变磁极对数时必须改变电源相序。对应图 2-24 的电流接线图如图 2-25 所示。

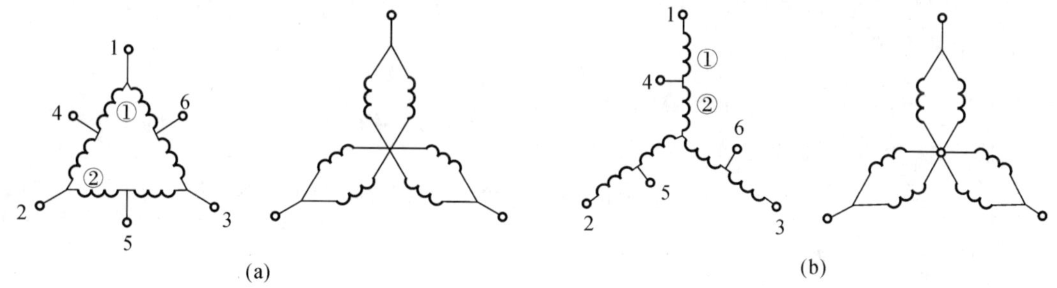

图 2-24　双速电动机三相绕组连接图

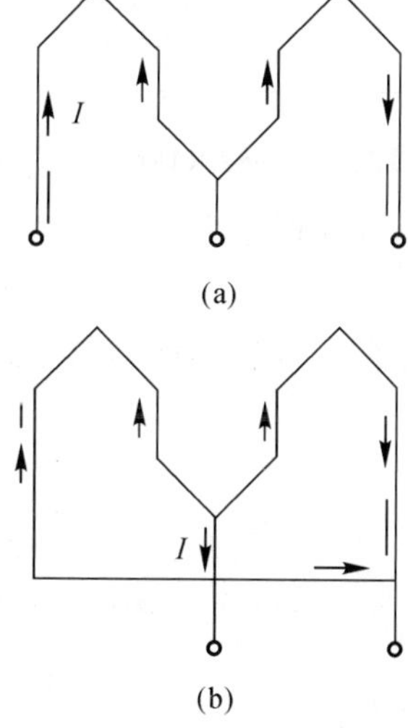

图 2-25　双速电动机三相绕组连接时的电流图

双速电动机调速控制线路如图 2－26 所示。SB2 为低速运行启动按钮，SB3 为高速运行启动按钮。

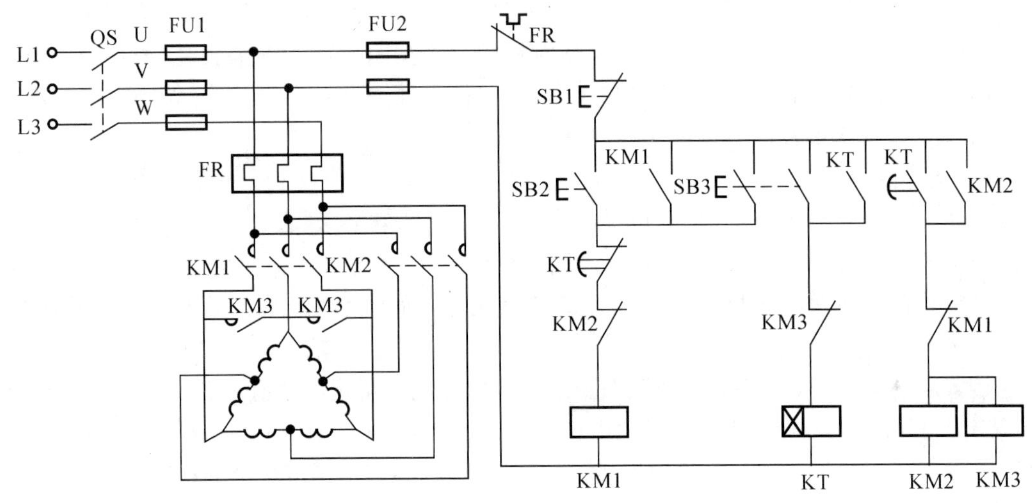

图 2－26　双速电动机调速控制线路图

先合上 QS，线路工作流程如下：

(1)低速运行。

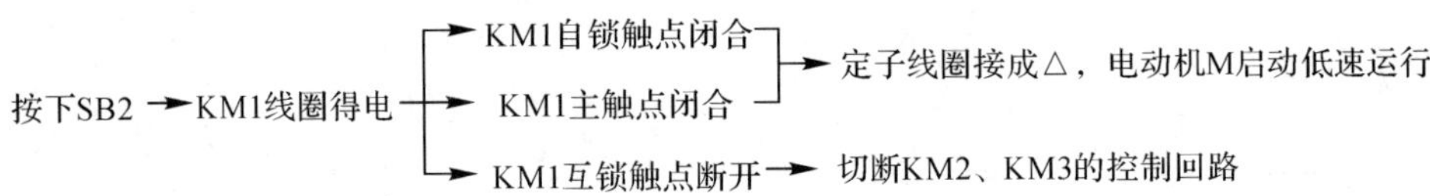

(2)高速运行。

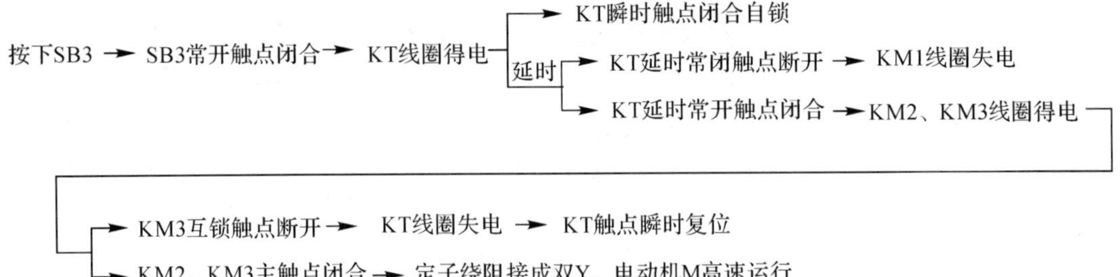

2.6　应用实例

2.6.1　车床的电气控制

卧式车床是应用非常广泛的金属切削机床，可以用来加工工件的外圆、内圆、端面、螺纹，也可以用钻头、铰刀等加工。

1. 普通车床的主要结构及运动形式

如图 2－27 所示，普通车床的主要结构由基座、床身、主变速箱、进给箱、挂轮箱、溜板箱、溜板、刀架、尾架、光杠、丝杠等部分组成。

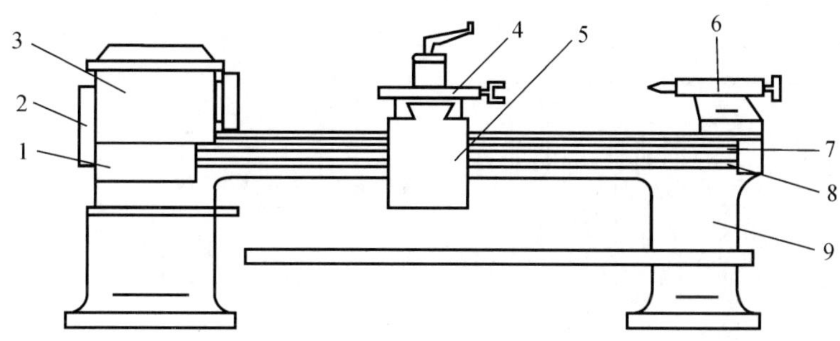

图 2-27　普通车床结构示意图

1—进给箱；2—挂轮箱；3—主轴变速箱；4—溜板与刀架；5—溜板箱；6—尾架；7—丝杠；8—光杠；9—床身

车床的运动形式有主运动，进给运动和辅助运动。主运动为主轴带动工件的旋转运动。它承受车床加工时的主要切削功率。根据被加工工件的要求可调节切削速度，在加工螺纹时需主轴反转。一般主轴调速是由机械变速部分实现。车床的进给运动是刀架的纵向或横向的直线进给，是由车床主轴箱输出轴经挂轮箱传给进给箱，再经光杠传入溜板箱实现纵、横两个方向的进给运动。车床的辅助运动是溜板箱带动刀架的快速移动。

2. 电力拖动及制动要求

C650 卧式车床属于中型车床，可加工的最大工件回转直径为 1 020 mm，最大工件长度为 3 000 mm 和 5 000 mm 两种规格。

(1)电动机 M1(功率为 30 kW)，完成主轴主运动和刀具进给运动的驱动。电动机采用直接启动的方式启动，可正、反两个方向旋转，并且正反两旋转方向都可以实现反接制动。为加工调整的方便，还应有点动功能。

(2)电动机 M2 为冷却泵，在工件加工时实施冷却液。采用直接启动、停止的连续工作状态。

(3)电动机 M3 实现刀架的快速移动，可根据需要随时手动控制起停，为点动控制。

3. 机床电气控制系统分析

C650 车床的电气控制系统电路如图 2-28 所示。

(1)电路分析。隔离开关 QS 将三相电源引入，FU1 为主电动机 M1 的短路保护用熔断器，FR1 为 M1 电动机的过载保护用热继电器，接触器 KM1、KM2 可以实现 M1 电动机正转和反转的控制，接触器 KM3 作用是控制限流电阻 R 的接入和切除。R 为限流电阻，防止在点动时连续的启动电流造成电动机的过载，另一作用是 M1 电动机反接制动时可以减少制动电流。通过互感器 TA 接入电流表 A 以监视主电动机 M1 绕组的电流，为防止电流表被电动机启动电流冲击损坏，利用时间继电器 KT 的常闭触点，在启动时间内将电流表先短接。速度继电器 KV 与电动机主轴相连，在反接制动中起停车作用。FR2 为冷却泵电机 M2 的过载保护，KM3 是实现快速移动电机 M3 的电源接触器。由于 M3 是短时工作，所以不设过载保护。

(2)控制电路分析。控制电路可划分为两部分，一部分是主电动机 M1 的控制电路，第二部分是冷却泵电动机 M2 和快速移动电动机 M3 的控制电路，主电动机 M1 的控制电路较为复杂,由主电动机的正反转及点动控制电路和制动控制电路组成。

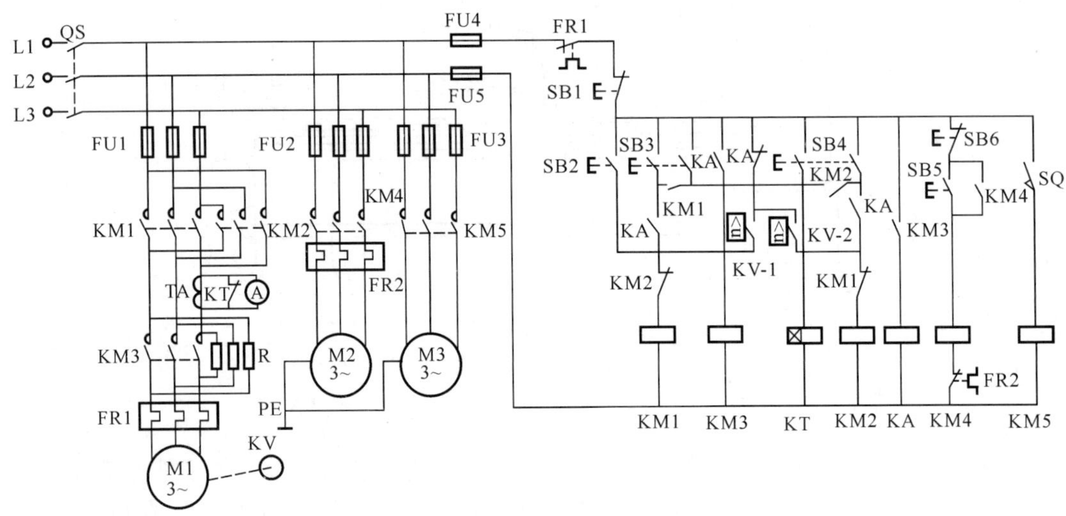

图2-28 C650车床控制电路

1)主电动机M的正反转启动和点动控制。主电动机M1的正转由正向启动按钮SB3控制。按下SB3时KM3的线圈得电,KM3的常开触点闭合,接通时间继电器KT和接触器KM3线圈电源,时间继电器KT的常闭触点在主电路中短接电流表A,经延时(当启动电流过后)电流表接入电路正常工作。接触器KM3的主触点闭合,将主电路中的限流电阻短接(KM3的辅助常开触点闭合),中间继电器KA线圈得电,其KA的常开触点闭合,使正转接触器KM1的线圈得电,主电动机M1在全压下正向直接启动正转。KA的另一常开触点闭合,当正向启动按钮SB3断开时保证KM3、KT的线圈一直有电。反向直接启动控制过程与正向直接启动控制过程一样,只是操作反向启动按钮SB4。

主电动机点动调整控制,按下点动控制按钮SB2,正转接触器KM1线圈得电,其主触点闭合,主电动机的定子绕组经限流电阻R和电源接通,主电动机在较低速下启动。松开SB2,KM1的线圈失电,主电动机停止转动。在点动过程中,中间继电器KA线圈不通电,接触器KM1不会自锁。

2)主电动机的反接制动控制。为了停车迅速,C650车床主轴采用了反接制动的控制方式。当主电动机的转速接近零时,用速度继电器KV的触点通过电路的控制及时切断电动机的电源。

当主电动机正在正向转动时,速度继电器KV的常开触点KV-2是闭合的,控制电路为预备状态。如需停车按下停止按钮SB1,切断电源,原来通电的KM1、KM3、KA的线圈都断电,在SB1复位后,电源通过SB1、FR1的常闭触点、KA的常闭触点、KV-2、KM1的常闭触点,使反转接触器KM2线圈有电,电机为反接制动状态。在主电动机的转速下降到零以后,速度继电器的触点KV-2复位,KM2的线圈断电,制动结束。反转时的反接制动工作过程和正转制动相似,不同的是主电机反转时,速度继电器KV的触点KV-1闭合。制动时,当按了停止按钮SB1,SB1有复位后,电源通过SB1、FR1的常闭触点、KA的常闭触点、KV-1、KM2的常闭触点,使得正转接触器KM1线圈有电,实现反转制动。

3)刀架的快速移动和冷却泵电机的控制。刀架的快速移动是由刀架快速移动电动机M3

拖动，当刀架快速移动操作手柄压合行程开关 SQ 时，给接触器 KM5 线圈送电源，其主触点闭合使快速移动电动机 M3 转动。当手离开刀架快速移动手柄时，SQ 不受压，KM5 线圈断电，快速移动电动机 M3 停止转动，刀架快速移动结束。

冷却泵电动机 M2 由停止按钮 SB5，启动按钮 SB6 及接触器 KM4 组成的电动机单方向连续运转的电路控制。

2.6.2　X62W 卧式万能铣床的电气控制

铣床主要用来加工机械零件的平面、斜面、沟槽等型面的机床，在装上分度头后，还可以加工直齿轮和螺旋面，装上回转圆工作台还可以加工凸轮和弧形槽。由于用途广，在金属切削机床使用数量上仅次于车床，占第二位。铣床的类型有立铣、卧铣、龙门铣、仿形铣以及各种专用铣床。各种铣床在结构，传动形式，控制方式等方面有许多类似之处。下面以 X62W 卧式万能铣床为例介绍。

1. X62W 卧式万能铣床的主要结构和运动形式

图 2－29 为 X62W 万能铣床外形图，铣床主要由床身和工作台两大部分组成，箱形的床身 13 固定在机床底座 1 上。床身内装有主轴传动机构和变速操纵机械，在床身上部有水平道轨，上边装着带有刀杆支架的悬梁 9，刀杆支架悬梁 9 用来支撑铣刀心轴的一端，而铣刀心轴的另一端固定在主轴的上边，并由主轴带动铣刀旋转。悬梁可沿水平道轨移动，刀杆支架也可沿着悬梁作水平方向移动，用来调整铣刀位置和便于安装各种不同规格的心轴。床身前面有垂直道轨，升降台 3 可沿着垂直导轨上下移动，在升降台上的水平道轨上，装有可在平行主轴轴线方向移动(横向移动，即前后移动)的溜板，溜板上部有可转动的回转台 6、工作台 7 装在回转台导轨上，并能在导轨上做垂直于主轴轴线方向的移动(纵向移动，即左右移动)。工作台上有固定的燕尾槽。从上述结果看，固定在工作台上的工件就可以做上下，左右及前后三个方向的运动。此外，由于转动部分 6 对溜板 5 可绕垂直轴线转动一个角度(通常为 45°)，这样工作台水平面上除能平行或垂直于主轴轴线方向进给外，还能在倾斜方向上进给，从而完成铣螺旋槽的加工。卧式铣床与万能卧式铣床的区别在于前者没有转动部分 6，因此不能加工螺旋槽。

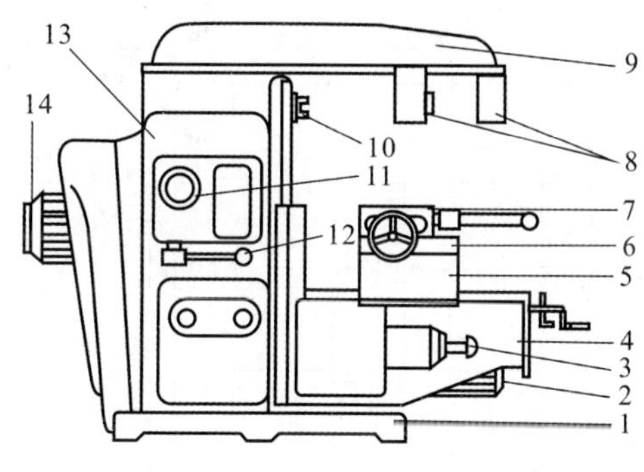

图 2－29　X62W 万能铣床外形图

1—底座；　2—进给电机；　3—升降台；　4—进给变速手柄及变速盘；　5—溜扳；　6—转动部分；　7—工作台；　8—刀家支杆；　9—悬梁；　10—主轴；　11—主轴变速手柄盘；　12—主轴变速手柄；　13—床身；　14—主轴电动机

X62W 型万能铣床有三种运动形式：

(1)主运动：主轴的旋转运动。

(2)进给运动:工作台在三个相互垂直方向上的直线运动(手动或机动)。

(3)辅助运动:工作台在三个相互垂直方向上的快速直线运动。

2. 电力拖动特点

(1)主运动电力拖动特点。

1)主轴的铣削加工有顺铣和逆铣两种形式,分别使用顺铣刀和逆铣刀,要求主轴电动机正反转。根据铣刀要求,对主轴电动机的控制要求是能够进行转向选择。

2)铣削运动一般为多刃不连续的运动,为提高主轴旋转的均匀性并消除铣削加工时的振动,主轴上要加飞轮。而加飞轮又带来旋转惯性大,要求主轴停车时应有制动控制。

3)主轴转速要求有较宽的调速范围,X62W铣床采用机械变速方法,即采用改变床身内主轴变速箱的传动比的方法实现。为保证变速过程中齿轮的顺利啮合,减少齿轮端面的冲击,要求主轴电动机在主轴变速时具有变速冲动控制。

(2)进给运动电力拖动特点。

1)工作台有进给运动和快速移动运动。因此同一方向有进给和快速移动两种控制方式。X62W铣床采用快速电磁铁的吸合与释放来改变该方向传动链的传动比来实现。

2)工作台有三个相互垂直方向的移动由同一台电机拖动,由于每个方向的移动都是双向的,所以工作台拖动电动机能正反两方向运转,并且同一时间内只允许一个方向移动,三个相互垂直方向运动之间应有联锁作用。

3)使用圆工作台时,要求圆工作台的旋转运动与工作台的上下、左右、前后,三个方向运动之间有联锁控制作用。同时根据工艺要求,主轴转动起来以后,才能有进给运动。加工结束以后,先停止进给运动,主轴再停止旋转。

3. 电气控制系统分析

图2-30为X62W型铣床控制电路。

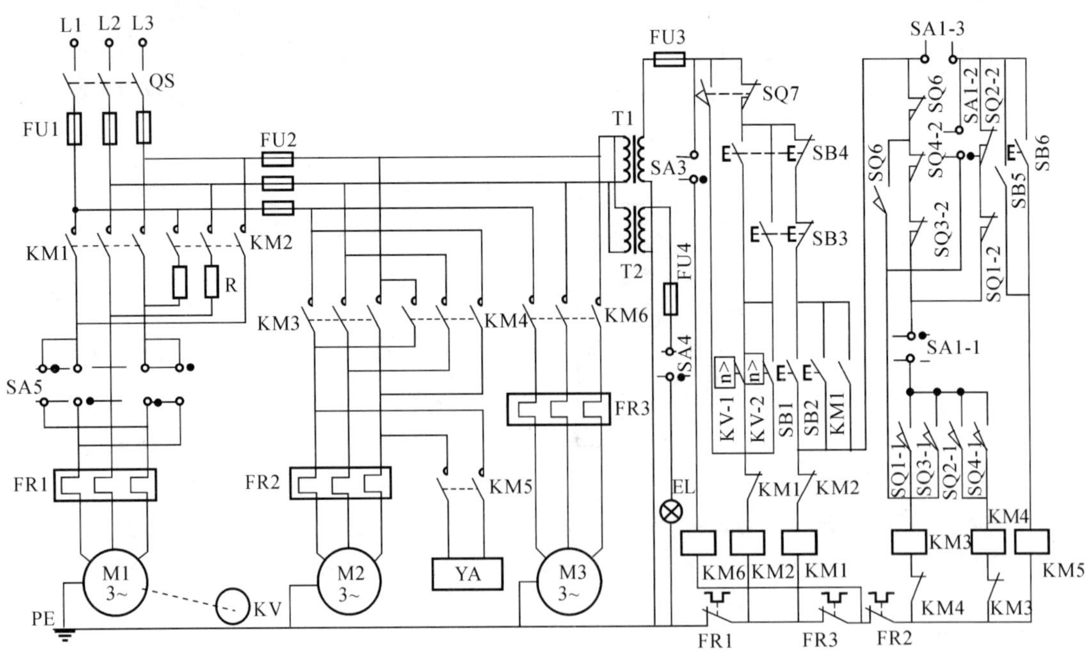

图2-30 X62W型铣床控制电路

该电路可分为主电路和控制电路两部分。铣床控制电路所用电器元件说明见表 2－6。

表 2－6　电器元件说明表

符号	名称及用途	符号	名称及用途
M1	主轴电动机	SA1	圆工作台转换开关
M2	进给电动机	SA3	冷却泵控制用开关
M3	冷却泵电动机	SA4	照明灯开关
KM1	主轴电动机启动用接触器	SA5	主轴换向开关
KM2	主轴电动机反接制动用接触器	Q	电源隔离开关
KM3	进给电动机正转接触器	SB1 SB2	主轴启动按钮
KM4	进给电动机反转接触器	SB3 SB4	主轴停止按钮
KM5	快速进给控制用接触器	SB5 SB6	工作台快速移动按钮
KM6	冷却泵电动机启动接触器	FR1	主轴电动机热继电器
SQ1	工作台向右进给行程开关	FR2	进给电动机热继电器
SQ2	工作台向左进给行程开关	FR3	冷却泵热继电器
SQ3	工作台向前，向下进给行程开关	FU－4	熔断器
SQ4	工作台向后，向上进给行程开关	T	变压器
SQ6	进给变速冲动开关	EL	照明灯
SQ7	主轴变速冲动开关	R	制动用限流电阻

(1)电路分析。KM1 是主轴电动机 M1 的电源接触器，KM2 是主轴电动机 M1 的反接制动用接触器，在加工工件以前确定顺铣和逆铣的是主轴换向开关 SA5。KM3 和 KM4 是进给电动机 M2 正反转接触器，通过机械和电气联锁作用实现工作台和三个方向的进给及圆工作台的旋转运动。KM5 是工作台三个方向的快速移动用接触器，它是通过给电磁铁 YA 线圈送电，通过机械完成的。KM6 是冷却泵电动机 M3 的电源接触器。

(2)控制电路分析。控制电路的电源电压是从变压器 T1 上取得 127V 的安全电压，控制电路的内容可分为两部分，一是主轴控制电路，二是进给控制电路。

1)主轴控制电路。

① 主轴启动与停止。主轴电动机 M1 启动前，先由 SA5 确定是需要顺铣还是逆铣。然后按 SB1 或 SB2，电源接触器 KM1 线圈有电，主触点闭合，M1 按需定的方向转动，KM1 的辅助常开触点(11.12)闭合自锁，并给进给控制回路送电。

在主轴电动机 M1 的转速上去后，和 M1 主轴相连的速度继电器 KV 的触点(6.7)闭合，为制动停车做好准备工作。

主轴电动机 M1 停止，按 SB3 或 SB4，常闭触点(5.10)或(10.11)断开电源接触器 KM1 线圈的电源，断开了 M1 的正向电源，同时常开触点(5.6)闭合，接通反接制动接触器 KM2 的线圈电源，其主触点闭合串限流电阻 R 反接制动。当 M 的转速为零时，KV 触点(6.7)断开制动接触器 KM2 线圈电源，制动结束。注意：停止按钮 SB3 或 SB4 一定要按到底，否则只有自由停车。SB1、SB2、SB3、SB4 分别位于两个操作板上，从而实现主轴电动机的两地操作控制。

②主轴变速。主轴变速，将变速手柄拉出，再转动变速手轮选择转速，转速选好后将变速手柄复位。以上变速是通过机械变速机构实现的，当变速齿轮没有进入正常的啮合状态时，需主轴有变速冲动的功能。主轴变速冲动发生在当变速手柄复位的过程中，短时压动行程开关 SQ7，其常开触点(3.7)闭合，接通电源接触器 KM1，主轴电动机 M1 短时启动，带动一方齿轮在极低的速度下转动，调整齿轮位置，使齿轮啮合。因 SQ7 的常闭触点(3.5)串在 KM1 的自锁通路中，因此 KM1 只能点动。因 SQ7 的动作是发生在主轴选好速度后，主轴变速手柄推回原位的过程中发生的瞬时动作，所以称为主轴变速冲动。

2)进给控制电路。进给控制电路控制工作台的进给，工作台的快速进给，圆工作台的旋转。主轴转动起来，KM1 的辅助常开触点(11.12)闭合以后，进给控制电路有电。

①工作台进给。进给运动是由两个操作手柄进行控制，通过控制进给控制电路中的行程开关 SQ1、SQ2、SQ3、SQ4 实现三个方向的可逆运动。工作台的左右进给运动由一个操作手柄控制，手柄有三个位置，向左、停止、向右。若操纵手柄扳至向左位置时，手柄的联动装置将行程开关 SQ2 压下，进给控制电路的电源从 12 经 SQ6 常闭触点、15 经 SQ4－2 常闭触点、16 经 SQ3－2 常闭触点、17 经 SA1－1、18 经 SQ2－1 压下的常开触点、经 23 给接触器 KM4 线圈送电，主触点闭合使进给电动机 M2 反转，拖动工作台向左进给。若操纵手柄扳至向右位置时，手柄的联动装置将行程开关 SQ1 压下，进给控制电路的电源从 12 经 SQ6 的常闭触点、15 经 SQ4－2 的常闭触点、16 经 SQ3－2 常闭触点、17 经 SA1－1、18 经 SQ1－1 压下的常开触点、经 19 给接触器 KM3 线圈送电，主触点闭合使进给电动机 M2 正转，拖动工作台向右进给。若操纵手柄扳至中间的停止位置，行程开关 SQ1、SQ2 不被压，进给停止。

工作台的前后、上下进给运动是由一个操纵手柄控制，这个手柄有五个位置：向前、向后、向上、向下及停止。因手柄在同一时间只能确定一个运动方向位置，所以手柄在向上、向后时手柄的联动装置压动行程开关 SQ4。而向前、向下时，手柄的联动装置压动行程开关 SQ3，若操作手柄扳至向上(或向后)时手柄的联动装置将行程开关 SQ4 压下，进给控制电路的电源从 12 经 SA1－3、22 经 SQ2－2 的常闭触点、25 经 SQ1－2 常闭触点、17 经 SA1－1、18 经SQ4－1 压下的常开触点、经 23 给接触器 KM4 线圈有电，主触点闭合，进给电动机 M2 反转拖动工作台向上(或向后)进给。

若操作手柄扳至向下(或向后)时，手柄的联动装置将行程开关 SQ3 压下，进给控制电路的电源从 12 经 SA1－3、22 经 SQ2－2 的常闭触点、25 经 SQ1－2 常闭触点、17 经 SA1－1、18 经 SQ3－1 压下的常开触点、经 19 给接触器 KM3 线圈有电主触点闭合，进给电动机 M2 正转，实现向下(或向前)的进给。

工作台的左、右、上、下、前、后进给，在作进给时只能允许一个方向进给，其中控制左右进给的手柄之间具有机械联锁，而另一控制上下，前后进给的手柄之间具有机械联锁的作用。进给控制电路中设置了电气联锁控制电路，分别将控制左、右进给的行程开关 SQ2、SQ1 的常闭触点串接在控制上、下、前、后进给控制电路中，将控制上、下、前、后进给的行程开关 SQ4、SQ3 的常闭触点串接在控制左、右进给控制电路中，从而起到电气联锁作用。只有一个机械手柄于停止位置时，另一个机械手柄操作才能有进给动作。实现了只允许一个方向进给的要求。

②工作台快速进给。由机械手柄选择了进给方向后，按下快速启动按钮 SB5 或 SB6，接触

器 KM5 线圈有电，主触点闭合给快速移动电磁铁 YA 线圈送电，YA 的衔铁吸合，通过机械作用减少中间传动装置，实现快速移动。按钮 SB5 或 SB6 松开时，YA 的衔铁释放，快速移动结束，工作台仍按操作手柄选定的速度和方向继续进给，可见快速移动是点动控制。

③圆工作台的转动。当矩形工作台不运动时，将两个操作手柄置于停止位置，圆工作台可作单方向转动，将圆工作台控制开关 SA1 置于圆工作台工作位置，其触点 SA1－1(17.18)、SA1－3(12.22)断开，触点 SA1－2(19.22)闭合，进给控制电路的电源从 12 经 SQ6 常闭触点、到 15 经 SQ4 常闭触点、到 16 经 SQ3－2 常闭触点、到 17 经 SQ1－2 常闭触点、到 25 经 SQ2－2 常闭触点、到 22 经 SA1－2、到 19 给接触器 KM3 线圈送电，主触点闭合，使进给电动机 M2 正转实现圆工作台的转动。圆工作台工作时将行程开关 SQ1、SQ2、SQ3、SQ4 的常闭触点串接在电路中，实现了圆工作台和矩形工作台之间的电气联锁。可见，两个操作手柄置于停止位置时，圆工作台才能转动。

④进给变速。进给变速调节是采用机械方法进行的。进给变速时，将蘑菇形进给变速手柄拉出，把速度转盘所选速度对准箭头，然后再把变速手柄继续向外拉至极限位置后推回原位，变速过程结束。在将蘑菇形手柄拉至极限位置的瞬间，通过机械作用使得行程开关 SQ6 瞬间压下，此时进给控制电路的电源从 12 经 SA1－3、22 经 SQ2－2 常闭触点、25 经 SQ1－2 常闭触点、17 经 SQ3－2 的常闭触点、到 16 经 SQ4－2 常闭触点、到 15 经 SQ6 被压下到 19 给 KM3 线圈送电，主触点闭合使进给电动机 M2 瞬动一下，拖动进给变速机构的齿轮瞬动，利于齿轮啮合，完成进给变速冲动。

本章小结

三相异步电动机的典型控制环节是生产机械和电气设备控制线路识图和设计的基础。本章通过电气制图的国家标准及规定，重点介绍了典型的电气控制基本环节和应用。同时，在基本环节介绍了短路保护、过载保护、过电流保护、欠电流保护、零电流保护等保护环节及自锁和互锁的概念。

1. 电动机的运行控制线路

(1)电动机的单向运行：包含点动控制、连续运行控制、既能点动又能连续运行控制、顺序控制、多地控制、自动循环、液位控制和压力控制等环节。

(2)电动机的双向运行：电动机的正、反转。

2. 电动机的启动控制线路

(1)鼠笼式电动机的启动：包含 Y－△降压启动控制、定子绕组串电阻降压启动控制、自耦变压器降压启动控制。

(2)绕线式电动机的启动：转子绕组串电阻启动控制。

3. 电动机的制动控制线路

包含能耗制动和电源反接制动控制。

4. 电动机的调速控制线路

以双速为例主要介绍变极调速。

5. 应用实例介绍

习题与思考题

一、选择题

1. 在电动机的继电器-接触器控制电路中，热继电器的功能是实现(　　)。

A. 短路保护　　　　B. 零压保护　　　　C. 过载保护

2. 在三相异步电动机的正反转控制电路中，正转接触器与反转接触器间的互锁环节功能是(　　)。

A. 防止电动机同时正转和反转　B. 防止误操作时电源短路　C. 实现电动机过载保护

3. 在电动机的继电器-接触器控制电路中，自锁环节的功能是(　　)。

A. 具有零压保护　　　　B. 保证启动后持续运行　　　　C. 兼有点动功能

4. 为使某工作台在固定的区间做往复运动，并能防止其冲出滑道，应当采用(　　)。

A. 时间控制　　　　B. 速度控制和终端保护　　　　C. 行程控制和终端保护

5. 在电动机的继电器-接触器控制电路中，热继电器的正确连接方法应当是(　　)。

A. 热继电器的发热元件串联接在主电路中，而把它的常开触点与接触器的线圈串联接在控制电路中

B. 热继电器的发热元件串联接在主电路中，而把它的常闭触点与接触器的线圈串联接在控制电路中

C. 热继电器的发热元件串联接在主电路中，而把它的常闭触点与接触器的线圈并联接在控制电路中

6. 在三相异步电动机的正反转控制电路中，正转接触器KM1与反转接触器KM2之间的互锁作用是由(　　)连接方法实现的。

A. KM1的线圈与KM2的辅助常闭触点串联，KM2的线圈与KM1的辅助常闭触点串联

B. KM1的线圈与KM2的常开触点串联，KM2的线圈与KM1的常开触点串联

C. KM1的线圈与KM2的常闭触点并联，KM2的线圈与KM1的常闭触点并联

7. 如图2-31所示的某控制电路一中，具有(　　)保护功能。

A. 过载和零压　　　　B. 限位　　　　C. 短路和过载

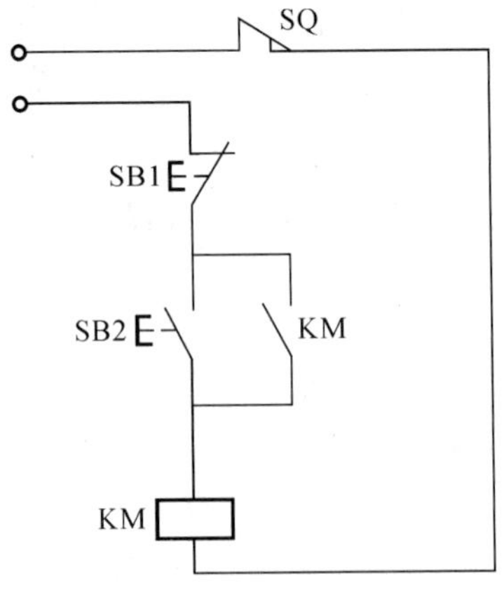

图2-31　某控制电路一

8. 如图 2－32 所示的某控制电路二中，具有(　　)保护功能。

A. 短路和过载　　　　B. 过载和零压　　　　C. 短路和零压

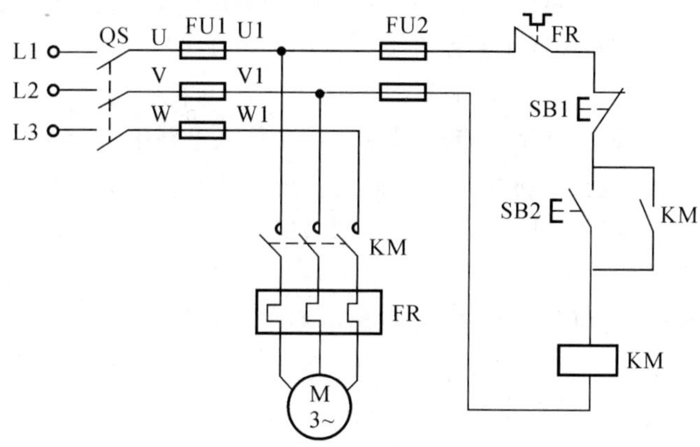

图 2－32　某控制电路二

9. 如图 2－33 所示的某控制电路三中，按下 SB2 后电路完成(　　)作用。

A. KM 和 KT 通电动作，经过一定时间后 KT 切断 KM

B. KT 通电动作，经过一定时间后 KT 接通 KM

C. KM 和 KT 线圈同时通电动作，接着 KT 切断 KM，KT 延时时间到后随即复位

10. 图 2－34 所示某控制电路四中，KM1 控制辅电动机 M1，KM2 控制主电动机 M2，且两个电动机均已启动运行，停车操作顺序必须是(　　)。

A. 先按 SB3 停 M1，再按 SB4 停 M2

B. 先按 SB4 停 M2，再按 SB3 停 M1

C. 操作顺序无限定

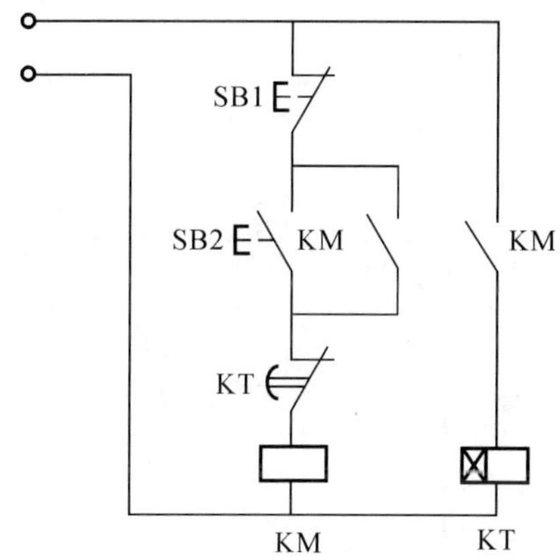

图 2－33　某控制电路三

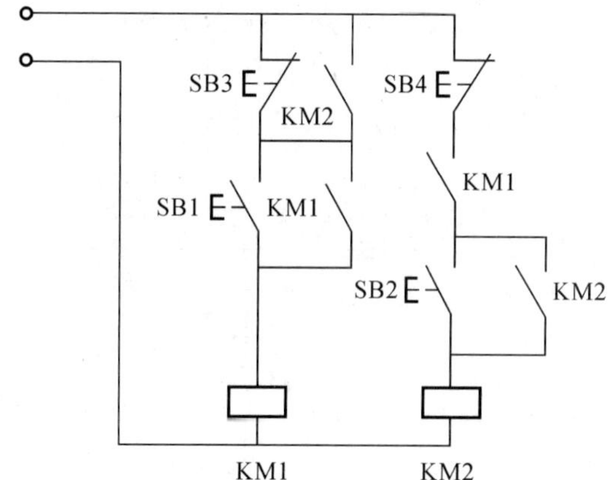

图 2－34　某控制电路四

二、分析题

1. 电磁式接触器和电磁式继电器有哪些区别？

2. 常用的电气控制系统图有哪几种？

3. 简述电气安装接线图的绘制原则。

4. 什么是自锁？什么是互锁？试举例说明。

5. 电动机正、反转控制线路中为什么有了机械互锁还要有电气互锁？

6. 在电气控制线路中采用低压断路器作电源引入开关，电源电路是否还要用熔断器作短路保护？控制电路是否还要用熔断器作短路保护？

7. 交流接触器的主触点、辅助触点和线圈各接在什么电路中？如何连接？

8. 三相异步电动机的正、反转控制电路如何实现？

9. 试设计一控制电路，要求3台电动机M1、M2、M3，按M1→M2→M3顺序启动，按M3→M2→M1顺序停止。

10. 图2－35为某电动机的控制电路，指出电路中存在的不足。

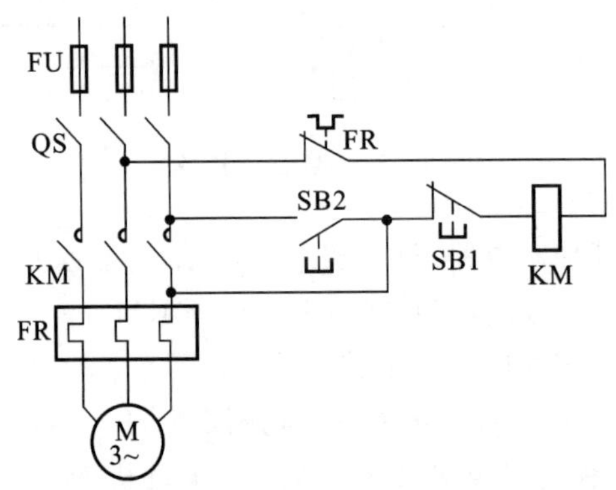

图2－35　某电动机控制电路

11. 试设计电气控制线路，要求：第一台电动机启动10 s后，第二台电动机自行启动，运行5 s后，第一台电动机停止，同时第三台电动机自行启动，运行15 s后，全部电动机停止。

12. 如图2－36为两台鼠笼式三相异步电动机同时启停和单独启停的单向运行控制电路。

(1)说明各文字符号所表示的元器件名称；

(2)说明QS在电路中的作用；

(3)简述同时启停的工作过程。

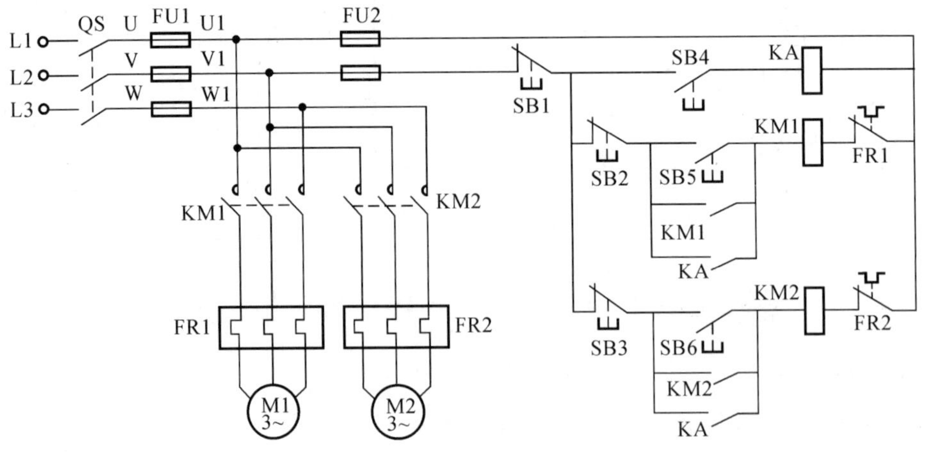

图2－36　单向运行控制电路

13. 图 2－37 为电动机 M1 和 M2 的联锁控制电路。

(1)试说明 M1 和 M2 之间的联锁关系。

(2)电动机 M1 能否单独运行?

(3)M1 过载后 M2 能否继续运行?

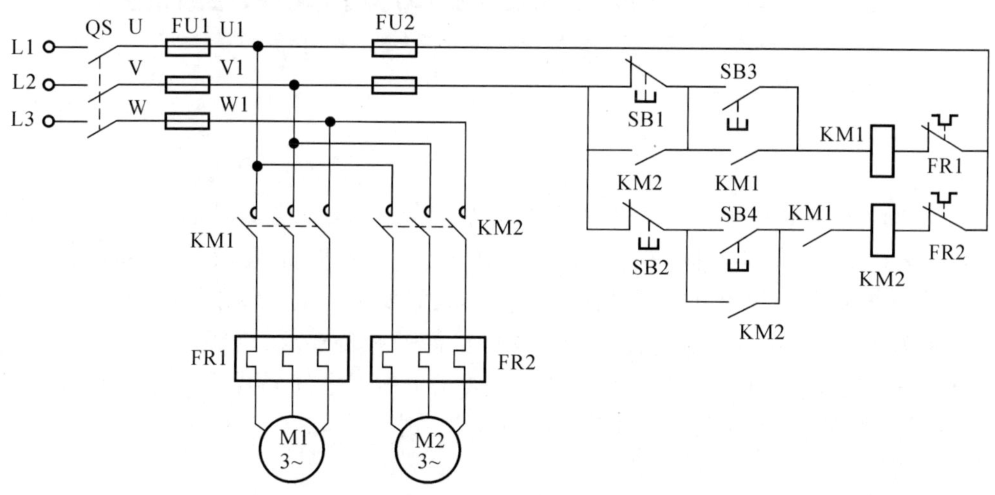

图 2－37　联锁控制电路

第3章　电气控制线路设计基础

电力拖动控制系统是根据机械、设备的相关专业提出的要求而设计的，而机械、设备的种类繁多，其运行工艺也各不相同，对电气控制的要求也不尽相同，但电气控制系统的设计原则和方法是基本相同的。作为电气工程技术人员，不仅需要掌握电气控制系统的设计原则和方法，还需要熟悉和了解电气控制装置(设备)的工作原理、控制要求、控制方法及其性能与主要技术指标，只有这样才能根据机械或设备的拖动要求去做好电气控制系统的设计、安装、调试及运行管理中的故障分析和技术革新等方面的技术工作。

3.1　电气控制系统设计

3.1.1　电气控制系统设计的基本原则

在电气控制系统设计的过程中，通常应遵循以下几个原则：

(1)最大限度地满足机械或设备对电气控制系统提出的要求。机械或设备对电气控制系统的要求，是电气设计的依据，这些要求常常以工作循环图、执行元件动作节拍表、检测元件状态表等形式提供，有调速要求的设备还应给出调试技术指标。其他如启动、转向、制动等控制要求应根据生产需要充分考虑。

(2)在满足控制要求的前提下，设计方案应力求简单、经济。在电气控制系统设计时，为了满足同一控制要求，往往要设计几个方案，应选择简单、经济、可靠和通用性强的方案，不要盲目追求自动化程度和高指标。

(3)妥善处理机械与电气的关系。机械或设备与电力拖动已经紧密结合融为一体，传动系统为了获得较大的调速比，可以采用机电结合的方法实现，但要从制造成本、技术要求和使用方便等具体条件去协调平衡。

(4)要有完善的保护措施，防止发生人身事故与设备损坏事故。要预防可能出现的故障，采用必要的保护措施。例如短路、过载、失压或误操作等电气方面的保护功能和使设备正常运行所需要的其他方面的保护功能。

3.1.2　电气控制设计的基本内容

根据相关专业提出的控制要求和生产工艺要求，对被控制设备和机械的工作情况作全面了解，并把已有的相近设备控制情况作为参考，然后开展下面几项内容设计：

(1)确定电力传动方案和选择电动机的容量、结构形式和型号。

(2)设计电气控制电路及相关的保护。
(3)选择控制电器,制定电器设备一览表。
(4)确定电气操作台和控制柜,绘制电器布置图和接线图。
(5)编写电气控制说明书和设计计算说明。
(6)安装、接线和调试及最终确定设计方案。

3.1.3　电气控制线路设计的基本要求

不同用途的电气控制线路,其控制要求有所不同,一般应满足以下要求:
(1)能满足生产机械的工艺要求,并能按照工艺的顺序准确而可靠地工作。
(2)线路结构力求简单,尽量选用常用的且经过实际考验的线路。
(3)操作、调整和检修方便。
(4)具有各种必要的保护装置和联锁环节,即使在误操作时也不会发生重大事故。
(5)工作稳定,安全可靠,符号使用环境条件。

3.1.4　电气控制线路设计的基本步骤

(1)拟定电气设计任务书及技术条件。
(2)确定电气传动方案和控制方案。
(3)选择传动电动机。
(4)设计控制电路原理图。
(5)选择电器元件或装置,制定电器元件或装置易损坏及备用件清单。
(6)绘制电气控制系统位置图及接线图。
(7)设置操作台、电气柜及非标准电器元件。
(8)编写设计计算书和使用说明书,包括操作顺序说明、维修说明及调整方法等。
根据实际情况,可对上述步骤做适当的调整。

3.2　电气控制线路设计方法

生产机械的电气控制系统是生产机械的重要组成部分,它对生产机械能否正确、可靠地工作起着决定性作用。因此,设计电气控制线路前,应对生产机械的工作性能、基本结构、运动情况及加工工艺过程有充分地了解,特别要明确生产工艺对电气控制提出的要求,在此基础上,再来考虑控制方案,如控制方式、启动、反向、制动、调速灯控制等,设置必要的保护与联锁,以保证满足生产机械的工艺要求。

在进行具体电路设计时,首先应设计主电路,然后设计控制电路,最后是信号电路及局部照明电路等。初步设计完成后,应当仔细检查,看线路是否符合设计要求,并尽可能使之完善和简化,最后选择所用电器的型号和规格。

常见的电气控制线路设计方法有两种:一种是分析设计法,另一种是逻辑代数设计法。所谓分析设计法,是指根据生产工艺的要求,选用一些成熟的典型基本环节来实现这些基本要求,然后再配置联锁和保护等环节逐步完善其功能,使其组合成一个整体,成为满足控制要求的完整电路。这种设计方法比较简单,容易被人们掌握,但是要求设计人员必须掌握和熟悉大量的典型控制环节和控制电路，同时具有丰富的设计经验，因此又称为经验设计法。逻辑代数设计法是利用逻辑代数这一数学工具设计电气控制电路的。

3.2.1 经验设计法

经验设计法是根据生产工艺要求直接设计出控制线路的方法。在具体的设计过程中常有两种做法：一种是根据生产机械的工艺要求，选用现有的典型环节，将它们有机地组合起来，综合成所需要的控制线路；另一种是根据工艺要求自行设计，随时增加所需的电器元件和触点，以满足给定的工作条件。

1. 经验设计法的步骤

电气控制电路是为整个电气设备和工艺过程服务的，所以在设计前要深入现场收集资料，对生产机械的工作情况做全面的了解，并对同类或相近的生产机械电气控制进行调查、分析、综合出具体、详细的工艺要求，在征求机械设计人员和现场操作人员意见后，作为电气控制电路设计的主要依据。经验设计法设计电气控制电路的基本步骤如下：

(1)主电路设计。主要考虑电动机的启动、点动、正/反转、制动及多速电动机的调速，另外还考虑包括短路、过载、欠电压等各种保护环节，以及联锁、照明和信号等环节。

(2)辅助电路设计。主要考虑如何满足电动机的各种运转功能及生产工艺要求。设计步骤是根据生产机械对电气控制电路的要求，首先设计出各个独立环节的控制电路，然后根据各个控制环节之间的相互制约关系，进一步拟定联锁控制电路等辅助电路的设计，最后根据电路的简单、经济和安全、可靠的要求，修改线路。

(3)反复审核电路是否满足设计原则。在条件允许的情况下，进行模拟试验，逐步完善对整个电气控制电路的设计，直至电路动作准确无误。

2. 经验设计法的特点

(1)易于掌握，使用广泛，但一般不宜获得最佳设计方案。

(2)要求设计者具有一定的实际经验，在设计过程中往往会因设计者考虑不周发生差错，影响电路的可靠性。

(3)当电路达不到要求时，多用增加触点或电器数量的方法来加以解决，所以设计出的线路往往不是最简单、经济的。

(4)需要反复修改草图，一般需要模拟试验，所以设计速度慢。

3. 经验设计法应用举例

下面通过 C534J1 立式车床横梁升降电气控制原理线路的设计实例，进一步说明经验设计法的设计过程。

(1)电力传动方式及其控制要求。为适应不同高度工件加工时对刀的需要，要求安装有左、右立刀架的横梁能通过丝杠传动快速做上升下降的调整运动。丝杠的正反转由一台三相交流异步电动机拖动，同时，为了保证零件的加工精度，在横梁移动到需要的高度后应立即通过夹紧机构将横梁加紧在立柱上。每次移动前要先放松加紧装置，因此设置另一台三相交流异步电动机拖动夹紧放松机构，以实现横梁移动前的放松和到位后的夹紧动作。在夹紧、放松机构中设置两个行程开关 SQ1 与 SQ2 分别检测已放松与已加紧信号。

横梁升降控制要求如下：

1)采用短时工作的点动控制。

2)横梁上升控制动作过程:按下上升按钮→横梁放松(夹紧电动机反转),压下放松位置开关→停止放松→横梁自动上升(升/降电动机正转),到位放开上升按钮→横梁停止上升→横梁自动夹紧(夹紧电动机正转)→已放松位置开关松开,已夹紧位置开关压下,达到一定夹紧紧度→上升过程结束。

3)横梁下降控制动作过程:按下下降按钮→横梁放松→压下放松位置开关→停止放松→横梁自动下降→到位放开下降按钮→横梁停止下降并自动短时回升(升/降电动机短时正转)→横梁自动夹紧→已放松位置开关松开,已夹紧位置开关压下并夹紧至一定紧度→下降过程结束。

可见,下降与上升控制的区别在于到位后多了一个自动的短时回升动作,其目的在于消除移动螺母上端面与丝杠的间隙,以防止加工过程中因横梁倾斜造成的误差,而上升过程中移动螺母上端面与丝杠之间不存在的间隙。

4)横梁升降动作应设置上、下极限位置保护。

(2)设计过程。

1)主电路设计。由于升、降电动机 M1 与夹紧放松电动机 M2 都需要正反转,所以采用 KM1、KM2 及 KM3、KM4 接触器主触点变换相序控制。考虑到横梁夹紧时有一定的紧度要求,故在 M2 正转即 KM3 动作时,其中一相串过电流继电器 KI 检测电流信号,当 M2 处于堵转状态,电流增长至动作值时,过电流继电器 KI 动作,使夹紧动作结束,以保证每次夹紧紧度相同。据此可设计出如图 3-1 所示的主电路。

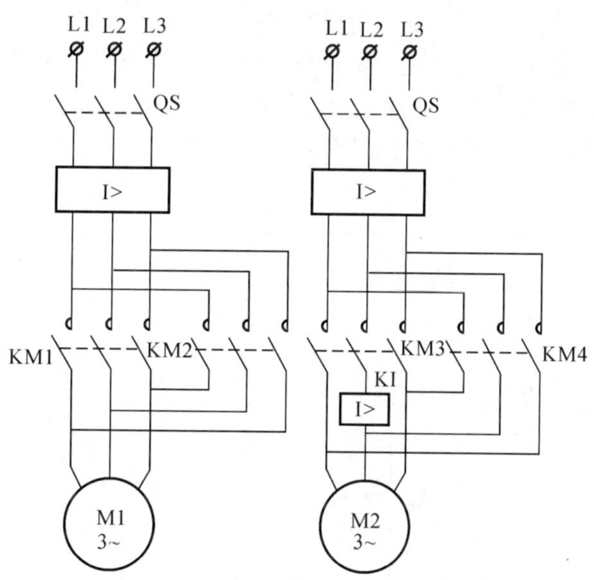

图 3-1　主电路

2)控制电路设计。如果暂不考虑横梁下降控制的短时回升,则上升与下降控制过程完全相同,当发出“上升”或“下降”指令时,首先是夹紧放松电动机 M2 反转,由于平时横梁总是处于夹紧状态,行程开关 SQ1(检测已放松信号)不受压,SQ2 处于受压状态(检测已夹紧信号),将 SQ1 常开触点串在横梁升降控制回路中,常闭触点串于放松控制回路中(SQ2 常闭触点串在立车工作台转动控制回路中,用于联锁控制),因此在发出上升或下降指令时(按 SB1 或 SB2),必然是先放松(SQ2 立即复位,夹紧解除),当放松动作完成 SQ1 受压时,KM1 释放,

KM1(或KM2)自动吸合实现横梁自动上升(或下降)。上升(或下降)到位,松开SB1(或SB2)停止上升(或下降),由于此时SQ1受压,SQ2不受压,所以KM3自动吸合,夹紧动作自动发出直到SQ2压下,再通过KI常闭触点与KM3的常开触点串联的自保回路继续夹紧至过电流继电器动作(达到一定的夹紧紧度),控制过程自动结束。按此思路设计的草图如图3-2所示。

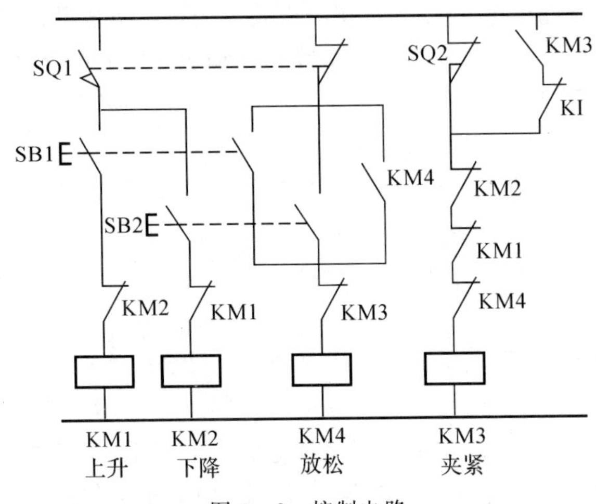

图3-2 控制电路

3)完善控制电路设计。图3-2所示的控制电路设计功能不完善,主要是未考虑下降的短时回升。下降的短时自动回升,是满足一定条件下的结果,此条件与上升指令是"或"的逻辑关系,因此它应与SB1并联,应该是下降动作结束即用KM2常闭触点与一个短时延时断开的时间继电器KT触点的串联组成,回升时间由时间继电器控制。于是便可设计出如图3-3所示的控制电路设计图。

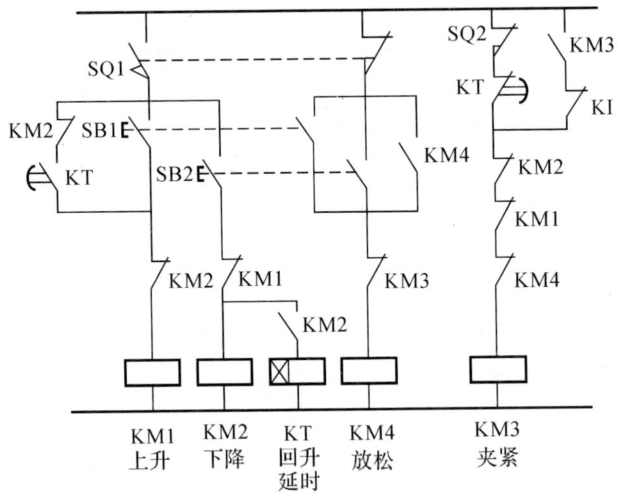

图3-3 控制电路

4)检查并改进。检查设计图3-3,在控制功能上已达到上述控制要求,但仔细检查发现KM2的辅助触点使用已超出接触器拥有数量,同时考虑到一般情况下不采用两常开两常闭的复合式按钮,因此可以采用一个中间继电器KA来完成设计,如图3-4所示。其中R-M、

L－M 为工作台驱动电动机 M 正反转联锁触点，即保证机床进入加工状态，不允许横梁移动。反之横梁放松时就不允许工作台转动，是通过行程开关 SQ2 的常开触点串联在 R－M、L－M 的控制回路中来实现。另外，在完善控制电路设计过程中，进一步考虑横梁的上、下极限位置保护，采用限位开关 SQ3（上限位）与 SQ4（下限位）的常闭触点串接在上升与下降控制回路中。

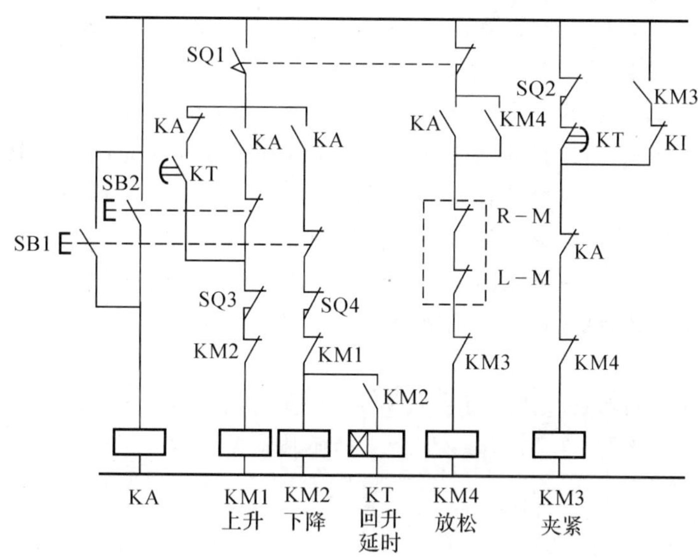

图 3－4　完善后的控制电路

5）系统校核设计。控制线路设计完成，最后必须经过系统校核，因为经验设计法往往会考虑不周而存在不合理之处或有进一步简化的可能。主要的检测内容有：

①是否满足拖动要求与控制要求。

②触点使用是否超出运行范围。

③电路工作是否安全可靠。

④联锁保护是否考虑周到。

⑤是否有进一步简化的可能性，等等。

3.3.2　逻辑设计法

逻辑设计法是根据生产工艺的要求，利用逻辑代数法来分析、化简、设计线路的方法。这种设计方法是将控制电路中的继电器、接触器线圈的得电与失电，触点的断开、闭合等看成逻辑变量，并根据控制要求用逻辑函数关系来表达它们之间的关系，然后运用逻辑函数基本公式和运算规律进行简化。根据简化结构画出相应的电路结构图，最后做进一步的检查和完善，即可获得需要的控制线路。

1．逻辑设计法的特点

采用逻辑设计法能获得理想、经济的方案，利用元件数量少，各元件能充分发挥作用，当给定条件变化时，能指出电路相应变化的内在规律，在设计复杂控制线路时，更能显示出它的优点。

任何控制线路，控制对象与控制条件之间都可以用逻辑函数式来表示，所以逻辑法不仅用于线路设计,也可以用于线路简化和读图分析。逻辑代数读图法的优点是各控制元件的关系一目了然,不会读错或遗漏。

例如,前面设计所得控制电路图,横梁上升与下降动作发生条件与电路动作可以用下面的逻辑函数来表示:

$$KA = SB1 + SB2$$

$$KM4 = \overline{SQ1} \cdot (KA + KM4) \cdot \overline{R-M} \cdot \overline{L-M} \cdot \overline{KM3}$$

2. 逻辑设计法的类型

(1)组合逻辑电路设计法。组合逻辑电路是一种执行元件的输出状态,只与同一时刻控制元件的状态相关。输入、输出呈单方向关系,即输出量对输入量无影响。其设计方法比较简单,可以作为经验设计法的辅助和补充,用于简单控制电路的设计,或对某些局部电路进行简化,进一步节省并合理使用电器元件与触点。举例说明如下:

设计要求:某电机只有在继电器 KA1、KA2、KA3 中任何一个或两个动作时才能运转,而在其他条件下都不运转,试设计其控制电路。

设计步骤:

1)列出控制元件与执行元件的动作状态表,见表 3-1。

表 3-1 动作状态表

KA1	KA2	KA3	KM
0	0	0	0
0	0	1	1
0	1	0	1
0	1	1	1
1	0	0	1
1	0	1	1
1	1	0	1
1	1	1	0

2)写出 KM 的逻辑表达式:

$$KM = KA1 \cdot \overline{KA2} \cdot \overline{KA3} + \overline{KA1} \cdot KA2 \cdot \overline{KA3} + \overline{KA1} \cdot \overline{KA2} \cdot KA3 + KA1 \cdot KA2 \cdot \overline{KA3} + KA1 \cdot \overline{KA2} \cdot KA3 + \overline{KA1} \cdot KA2 \cdot KA3$$

3)利用逻辑代数基本公式化简,化简为最简与或非形式:

$$\begin{aligned} KM &= KA1 \cdot (\overline{KA2} \cdot \overline{KA3} + \overline{KA2} \cdot KA3 + KA2 \cdot \overline{KA3}) + \\ &\quad \overline{KA1} \cdot (\overline{KA2} \cdot KA3 + KA2 \cdot \overline{KA3} + KA2 \cdot KA3) \\ &= KA1 \cdot (\overline{KA3} + \overline{KA2} \cdot KA3) + \overline{KA1} \cdot (KA3 + KA2 \cdot \overline{KA3}) \\ &= KA1 \cdot (\overline{KA2} + \overline{KA3}) + \overline{KA1} \cdot (KA2 + KA3) \end{aligned}$$

4)根据简化的逻辑表达式绘制控制电路,如图 3-5 所示。

(2)时序逻辑电路设计法。时序逻辑电路，其特点是输出状态不仅与同一时刻的输入状态有关，而且还与输出量的原有状态及其组合顺序有关，即输出量通过反馈作用，对输入状态产生影响。这种逻辑电路设计要设置中间记忆元件(如中间继电器等)，记忆输入信号的变化，以达到各程序两两区分的目的。其设计过程比较复杂，基本步骤如下：

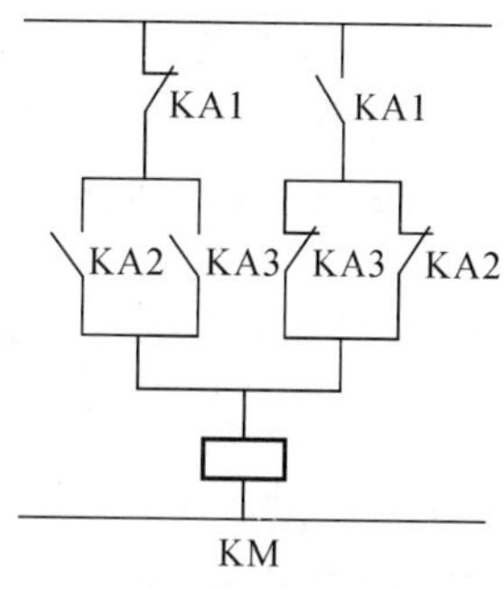

图 3-5　逻辑式控制电路

1)根据拖动要求，先设计主电路，明确各电动机及执行元件的控制要求，并选择产生控制信号(包括主令信号)的主令元件(如按钮、控制开关、主令电器等)和检测元件(如行程开关、压力继电器、速度继电器、过电流继电器等)。

2)根据工艺要求作出工作循环图，并列出主令元件、检测元件以及执行元件的状态表，写出各状态的特征码(一个以二进制数表示一组状态的代码)。

3)为区分所有状态(重复特征码)而增设必要的中间记忆元件(中间继电器)。

4)根据已区分的各种状态的特征码，写出各执行元件(输出)与中间继电器、主令元件及检测元件(逻辑变量)间的逻辑关系式。

5)化简并完善设计线路。

6)检查并完善设计线路。

由于这种方法设计难度较大，整个设计过程较复杂，还要涉及一些新概念，因此，在一般常规设计中，很少单独采用。其具体设计过程可参阅专门论述资料，这里不再做进一步介绍。

3.3　电气控制线路设计应注意的问题

电气控制电路除了完成生产机械或设备所要求的控制功能外，还应力求简单、经济、安全、可靠，因此，进行电气控制电路设计时应考虑周全。下面对一些常见的而且容易被忽略的问题进行讨论。

1. 尽量减少连接导线

设计控制电路时，应考虑各电器元件的实际位置，尽可能减少配线时的连接导线。图 3-6(a)所示的电路是不合理的，因为按钮一般是安装在操作台上的，而接触器是安装在电气柜内的，这样接线就需要由电气柜内二次引出线连接到操作台上，所以一般都将启动按钮与停止按钮直接连接，这样就可以减少一次引出线，图 3-6(b)所示为合理的连接。

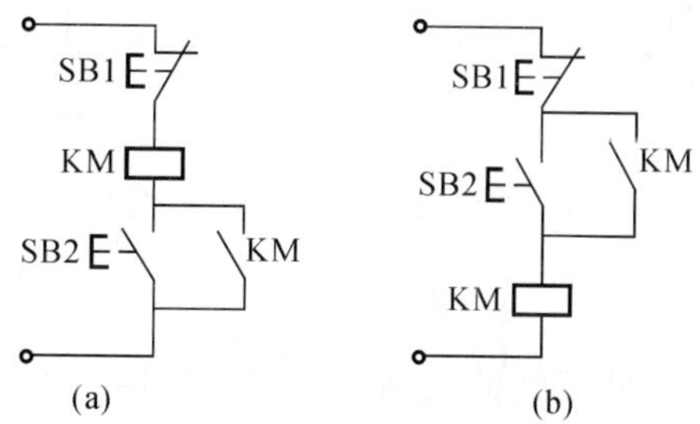

图 3-6　控制线路接线的合理性

(a)不合理；　(b)合理

2. 正确连接电器的线圈

电压线圈通常不能串联使用。由于它们的阻抗不尽相同，造成两个线圈上的电压分配不等。即使是两个同型号线圈，外加电压是它们额定电压之和，也不允许串联连接，因为电器动作总有先后，当有一个接触器先动作时，其线圈阻抗增大，该线圈上的电压降增大，使另一个接触器不能吸合，严重时将使线圈烧毁。

电感量相差悬殊的两个电器线圈，不能并联连接。图3-7(a)所示为错误连接。直流电磁铁YA与继电器K并联，在接通电源时可正常工作，但在断开电源时，由于电磁铁线圈的电感比继电器线圈的电感大得多，所以断电时，继电器很快释放，但电磁铁线圈产生的自感电动势可能使继电器又吸合一段时间，从而造成继电器的误动作，解决的方法是可以各用一个接触器的触点来控制，如图3-7(b)所示。

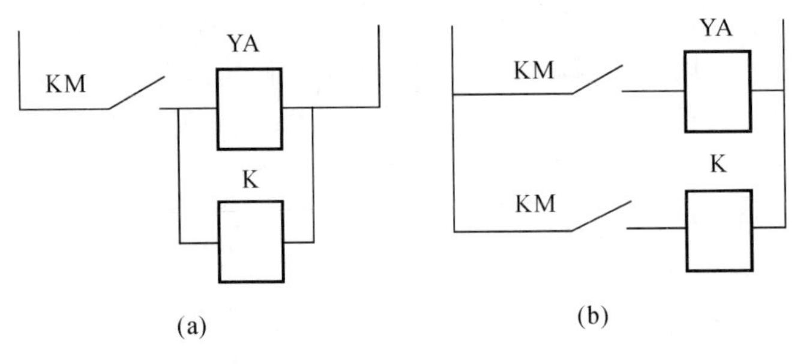

图3-7　电磁线圈连接图

(a)错误；(b)正确

3. 正确连接电器的触点

同一个电器的常开触点和常闭触点距离相隔比较近，而在电路的连接中则分布在线路的不同位置，设计时应使同一电器的不同触点在同一相或同一极性上，以免由于电弧或其他原因在电器触点上造成短路。图3-8(a)的接线可靠性比图3-8(b)的高，因为图3-8(b)中的行程开关要引入两根电源线，容易发生电源短路事故。

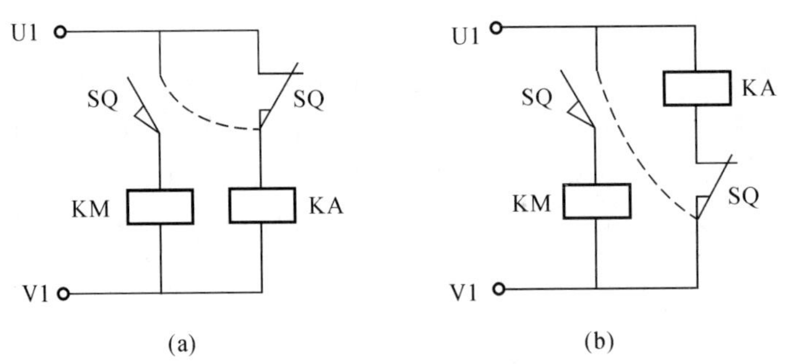

图3-8　电器触点的正确连接

4. 防止寄生电路

控制线路在工作中出现意外接通的电路称为寄生电路。寄生电路会破坏线路的正常工作，造成误动作。如图3-9所示，当接触器KM2工作时，若发生过载，热继电器FR2动作，其常闭触点断开，本应将KM2线圈断电，但是KM2线圈却经KM1和信号灯HL继续与电源相接，如图 3—9 中虚线所示。寄生电路影响电路的正常工作，应该消除。

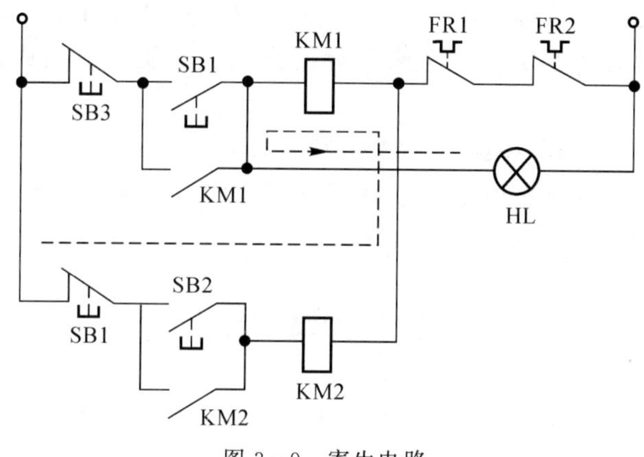

图 3－9　寄生电路

5. 多个电器的依次动作问题

线路中应尽量减少多个电器元件依次动作后才能接通另一个电气元件，如图 3－10 所示。在图 3－10(a)中，线圈 KA3 的接通要经过 KA、KA1、KA2 三对常开触点。若改为图 3－10(b)所示的连接，则每一线圈的通电只需经过一对常开触点，工作较可靠。

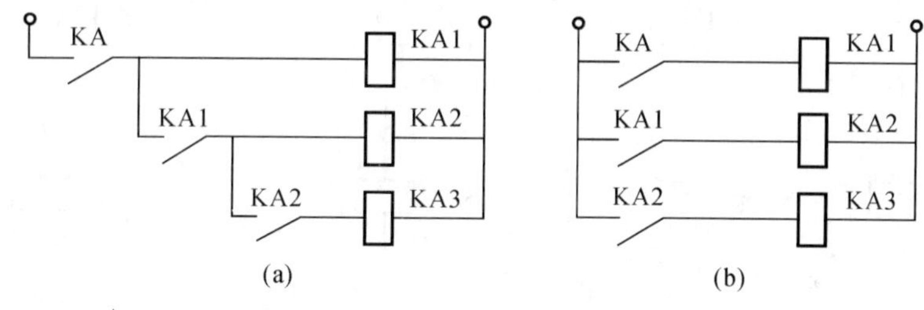

图 3－10　多个电器依次动作的连接

6. 尽可能减少电器数量，采用标准件和相同型号的电器

当控制的支路数较多，而触点数目不够时，可采用中间继电器增加控制支路的数量。

7. 可逆线路的联锁

在频繁操作的可逆线路中，正/反向接触器之间不仅要有电气联锁，而且要有机械连锁。

8. 完善的保护措施

在电气控制线路中，为保证操作人员、电气设备及生产机械的安全，一定要有完善的保护措施。常用的保护环节有短路、过载、过流、过压、失压等保护环节，有时还应设有合闸、断开、事故、安全等必需的指示信号。

本章小结

本章主要介绍电气控制线路设计的原则和内容、电气控制线路的分析与设计方法、电气控制线路设计中的注意事项等，这些内容是电气控制线路分析与电路设计必备的基本知识，要求熟练掌握并能较好地运用。

电气控制线路的设计方法常见的有两种：一种是经验设计法，在电气控制线路典型环节的基础上，根据经验逐步完善的一种设计方法；一种是逻辑设计法，主要利用逻辑代数与电气控制线路中控制的基本逻辑关系来设计的方法。在实际应用中，第一种方法用得比较多。

电气控制线路的保护环节，是电气控制线路中的必备环节，通过电气控制线路设计中的注意事项，除了一些基本的注意事项之外，关键是要多方面考虑各保护环节，确保所设计的电气控制线路能够正常工作。

习题与思考题

1. 电气控制原理图设计方法有几种？常用什么方法？电气控制原理图的要求有哪些？
2. 简述电气控制线路设计的基本原则。
3. 指出图 3－11 所列某控制电路的错误并进行改正。

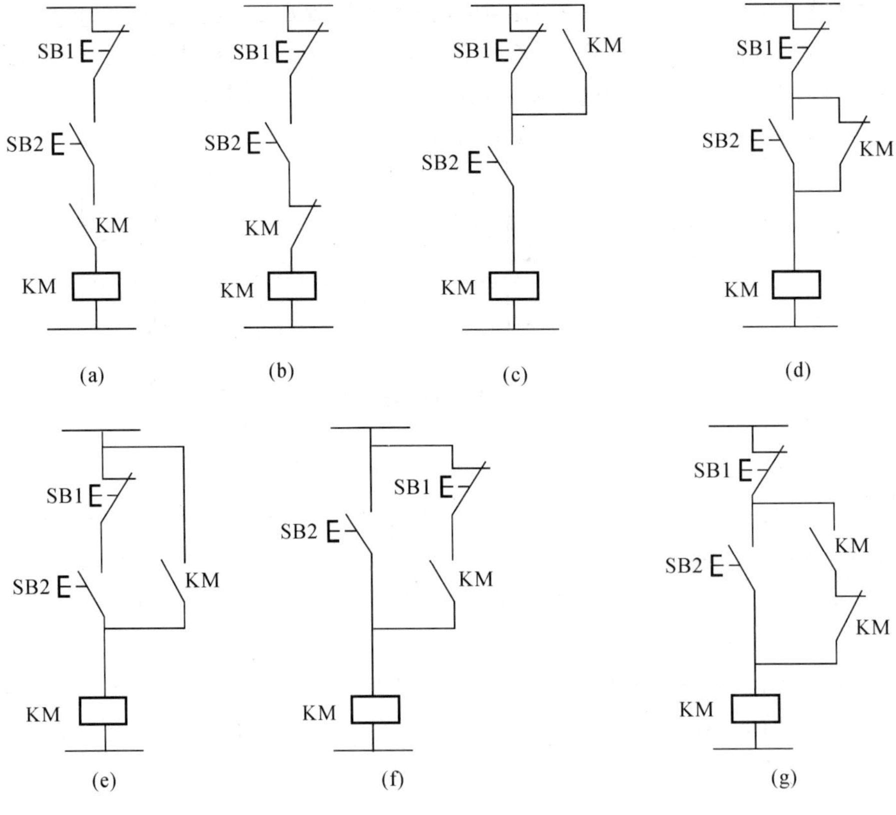

图 3－11　某控制电路

4. 采用经验设计法，设计一个以行程开关控制的机床控制线路。要求工作台每往复一次(自动循环)，即发出一个控制信号，以改变主轴电动机的转向一次。

5. 供油泵向两处地方供油，油都达到规定油位时，供油泵停止供油，只要有一处油不足，则继续供油，试用逻辑设计法设计控制线路。

6. M1 和 M2 均为三相鼠笼式异步电动机，可直接启动。按下列要求设计主电路和控制电路：

(1)M1 先启动，经过一段时间后 M2 自行启动；

(2)M2 启动后，M1 立即停车；

(3)M2 能单独启、停车；

(4)M1、M2 均可点动。

第 4 章　制冷与空调系统的电气控制

空气调节是一门维持室内良好热环境的技术。通过空气调节技术可以使室内空气温度、相对湿度、流动速度、洁净度等能满足实际需要，从而为工作和生活创造出舒适环境，提高工作人员的办事效率、保证产品质量。空调系统主要由冷热源系统和空气调节系统组成。由于空调系统的实际工作状况是随室外空气状态和室内情况的变化而变化，为提高空气调节质量以及实现某些特殊功能要求，在空调系统中需采用各种检测仪表、调节仪表、控制装置等自动化技术工具，以实现对整个空气调节处理过程的自动监测和控制。空调的电气自动控制是空调的重要组成部分。通过电气控制系统可以使空调的空气处理设备、风系统、冷源系统成为一个有机组合，对保证空调系统工作在最佳工况状态、提高空调系统的运行管理水平、降低能耗、取得满意的工作效果具有重要的意义。本章以部分实例，介绍说明制冷与空调系统的电气控制线路相关内容。

4.1　空调系统概述

4.1.1　空调系统的组成

空气调节系统简称空调系统。空调系统包括空气处理设备和空调风系统。空气处理设备的作用是将室外空气处理到一定的状态。空调风系统则是将来自空气处理设备的空气通过送风管系统送入空调房间内，同时从房间内抽回一定量的空气（即回风），经过回风风管系统再送至空气处理设备前，其中少量的空气被排至室外，而大部分被重复利用。集中式空调系统结构及组成如图 4 - 1 所示。

空气处理设备主要由空气过滤器、表冷器、加热器、加湿器等设备组成，其作用是使送风各个参数如温度、湿度等发生变化，将这些参数处理到一定的要求状态。空气过滤器去除室外空气中的灰尘等杂质，使空气洁净度达到规定要求。表冷器对送风进行冷却、减湿等处理，以控制送风温、湿度，其管道中是由冷源提供的冷媒水。表面式空气加热器以热水或蒸气为热媒，实现对空气加热，其管道中是由热源提供的热水或蒸气。加湿器对空气进行加湿处理。风机是输送空气的动力设备，其作用是将经过过滤、净化和热交换处理后的室外新鲜空气强制性送入室内，同时把经过过滤、净化和热交换处理后的室内有害气体强制性排出室外。

空调冷（热）源系统的作用是为空气调节系统提供所需的冷（热）量。工程中常见的空调冷源是冷水机组，空调热源是锅炉房、城市热网和热交换站等。空调与制冷通常是不可分的，空调系统需设置专用的制冷装置。

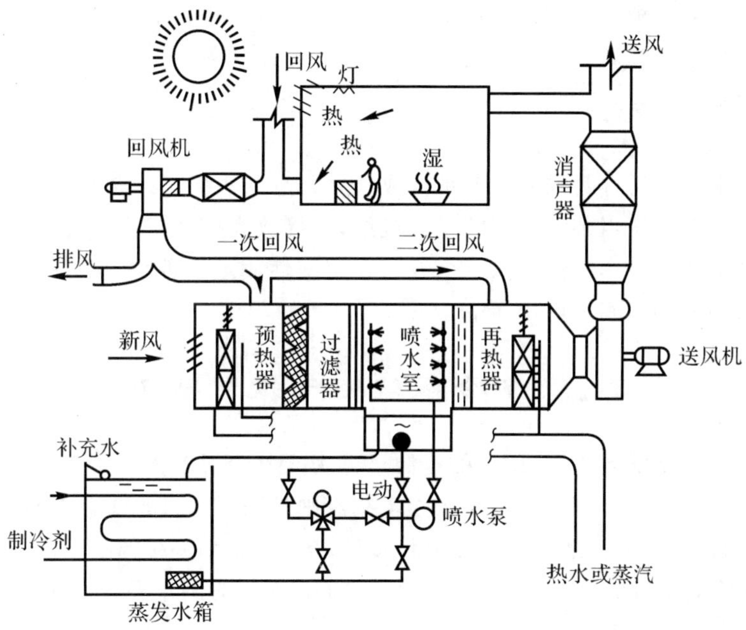

图 4-1 集中式空调系统示意图

4.2.2 空调系统的分类

空调系统根据其用途、要求、特征及使用条件，有不同的分类方式。按照负担室内热湿负荷所用的介质不同，可以分为全空气系统、全水系统、空气-水系统和制冷剂系统。全空气系统中空调房间的室内负荷全部由经过处理的空气来承担。全水系统是以水为介质来控制室内的冷热。制冷剂系统是将制冷系统的蒸发器直接放在空调房间吸收余热、余湿。按照空气处理设备的设置情况，空调系统可分为集中式、全分散式和半集中式三种类型。

1. 集中式空调系统

将各种空气处理设备(过滤器、冷却器、加热器、加湿设备等)和风机集中设置在专用的空调机房内，对空气集中处理后，由风管将处理好的空气送入各个空调房间。集中式空调系统通常设置集中控制室，广泛应用于需要空调的车间、科研所、影剧院、火车站、百货大楼等不需要单独调节的公共建筑中。

集中式空调系统按处理的空气来源可将空调系统可分为封闭式系统、直流式系统和混合式系统。工程上常见的混合式空调系统有两种形式：一种是将室内回风引至喷水室或表冷器之前与新风进行混合，叫作一次回风系统；另一种是将回风分成两部分，一部分加在处理设备之前，另一部分夹在处理设备之后并与处理后的空气混合，称为二次回风系统。混合式系统可以节省空调系统运行费用，在满足室内卫生要求条件下，通常都采用这种形式。

如图 4-1 所示的集中式空调系统为二次回风系统，其工作过程为：室外新鲜空气从新风口进入空气处理机组，经过滤器清除掉空气中的灰尘，再经过表冷器、加热器等设备的处理，使空气达到设计要求的温度和湿度后，由送风机经风管系统送入各个房间，吸收了房间的余热、余湿，最后自回风口经回风管道送回空气处理室或排出。

2. 半集中式空调系统

将集中处理后的部分或全部风量，送往各个空调区域，在各个空调区域内再通过二次处理设备进行进一步补充处理的系统。半集中式空调系统广泛应用于医院、宾馆等大范围需要空调又需局部调节的建筑物中，如风机盘管加新风系统。通常将集中式空调系统和半集中式空调系统统称为中央空调系统。

3. 全分散式空调系统

全分散式空调系统又称为局部空调系统或独立式空调系统。将空气处理设备、风机、自动控制部分及冷热源等统统组装在一起的空调机组，直接放在空调房间内或放在空调房间附近的一种局部空调方式。每个机组只供一个或几个房间使用。这种系统广泛应用于医院、宾馆等需要局部调节空气的房间及民用住宅。

4.2 制冷系统电气控制实例

所有的空调系统都需要冷源，所用的冷源可分为天然冷源和人工冷源两种。天然冷源如冬季储存下来的冰和夏季使用的深井水。人工制冷则是利用专门的制冷装置以获取和维持低于环境温度的低温技术。人工制冷的方法有许多种，在空气调节系统的制冷技术中，蒸气压缩式制冷和吸收式制冷应用得最为广泛。本节以压缩式制冷系统为例介绍相关的电气控制系统。

4.2.1 蒸气压缩式制冷系统概述

蒸气压缩式制冷是一种利用液体在低压下汽化时要吸收热量这一特性来制冷的制冷技术。液体汽化时要从周围介质（如水、空气）吸收热量，从而使周围环境温度降低，达到制冷效果。在制冷装置中用来实现制冷的工作物质称为制冷剂。常用的制冷剂有氨和氟利昂等。蒸气压缩式制冷系统是由蒸发器、压缩机、冷凝器、膨胀阀四个基本部件构成，并通过制冷剂管道将它们连接为一个系统。蒸气压缩式制冷装置如图 4-2 所示。

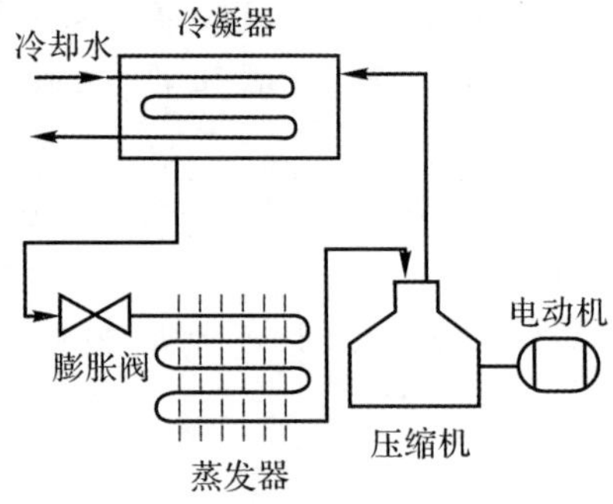

图 4-2 压缩式制冷循环图

蒸气压缩式制冷系统工作过程为：低温低压的制冷剂液体在蒸发器内吸收被冷却物体的热量后，汽化为低温低压的制冷剂蒸气；压缩机在电动机驱动运行，将蒸发器中低温低压制冷剂气体吸入气缸内，经压缩后成为高温高压制冷剂蒸气，并被排入冷凝器中；在冷凝器内，高温高压制冷剂气体将热量释放给冷却介质（水或空气）后，凝结为高温高压制冷剂液体；冷凝后的高温、高压制冷剂液体再进入膨胀阀，节流降压成为低温低压制冷剂液体，之后又进入蒸发器吸收被冷却物体的热量实现制冷，如此循环往复。

在蒸气压缩式制冷系统工作过程中，蒸发器周围要获得连续和稳定的冷量，必须以消耗一定的电能或机械能为代价才可实现热量由低温物体向高温物体转移。压缩机就是通过消耗电动机转换来的机械能，一方面压缩蒸发器排出的低温低压制冷剂蒸气，使之升压到在常温下冷凝所需的冷凝压力，同时为制冷剂提供在系统中循环流动所需的动力。压缩机是压缩式制冷循环系统主要设备。

蒸气压缩式制冷系统除具有压缩机、冷凝器、膨胀阀和蒸发器四大部件以外，为保证系统的正常运行，还配备一些辅助设备，包括油分离器、储液器、过滤器和自动控制器件等。其中，油分离器的作用是分离压缩后的制冷剂蒸气所夹带的润滑油；储液器的作用是存放冷凝后的制冷剂液体，并调节和稳定液体的循环量。另外，氨制冷系统还配有集油器和紧急泄氨器等，氟里昂制冷系统还配有热交换器和干燥器等。

按工作原理分制冷压缩机有容积式和离心式。容积式压缩机是通过改变工作腔的容积来完成吸气、压缩、排气的循环工作过程，常用的压缩机有螺杆式和活塞式。离心式压缩机则是靠离心力的作用来压缩制冷剂蒸气，常用于大型中央空调制冷设备中。

4.2.2　冷水机组的电气控制

冷水机组的电气控制线路因型号不同而不同，且相互之间差别较大。为保证冷水机组的正常运行，电气控制系统中设置了相应的保护环节，如排气压力保护、吸气压力保护、油压保护、油温保护、冷(冻)水与冷却水的压力保护以及压缩机本身的能量调节等。目前，冷水机组已广泛采用直接数字控制。下面以 RCU 日立螺杆式冷水机组的控制电路为例，说明冷水机组的基本运行工况及其所采取的保护措施。

1. 主电路说明

螺杆式冷水机组的主电路如图 4－3 所示。RCU 螺杆式冷水机组有两台压缩机，其电动机分别为 M1 和 M2，每台电动机的额定功率为 29 kW，为减轻电机启动电流对电网的冲击，采用 Y－△降压启动。机组两台电动机启动要求是 M1 启动结束后 M2 才能启动。

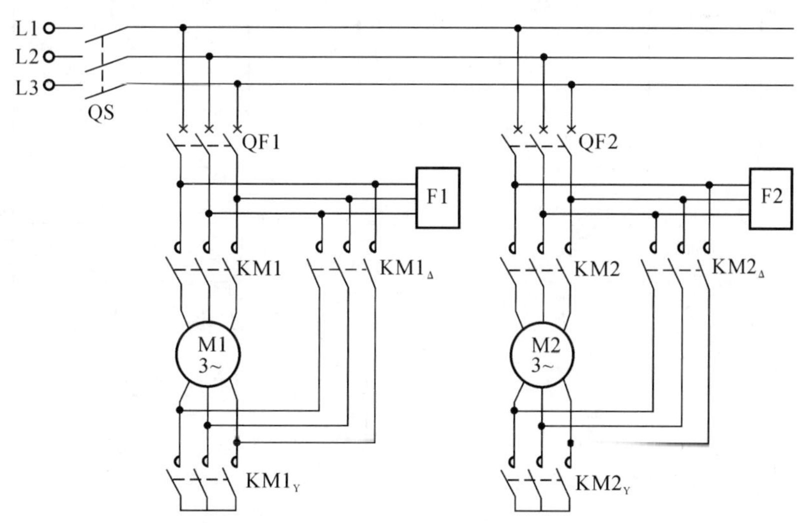

图 4－3　螺杆式冷水机组的主电路

每台电动机分别由空气自动开关 QF1 和 QF2 实现过载和过电流保护。相序保护电器 F1 和 F2 的作用是防止相序接错而造成反转。F1 或 F2 通电时，若相序接对，则控制电路中 F1 或 F2 常开触点闭合，控制电路工作；若相序接反，则控制电路中的 F1 或 F2 常开触点不能闭合,控制电路不能工作。相序保护电器 F1 或 F2 同时兼有缺相保护作用,若缺相,则接在控制电路中 F1 或 F2 的常开触点不能闭合。

2. 冷水机组的安全保护

螺杆式冷水机组,其控制电路如图 4-4 所示。机组压缩机的安全保护在压缩机控制系统中占有相当重要的地位,是保证压缩机安全运行的必要条件。机组安全保护内容如下所述。

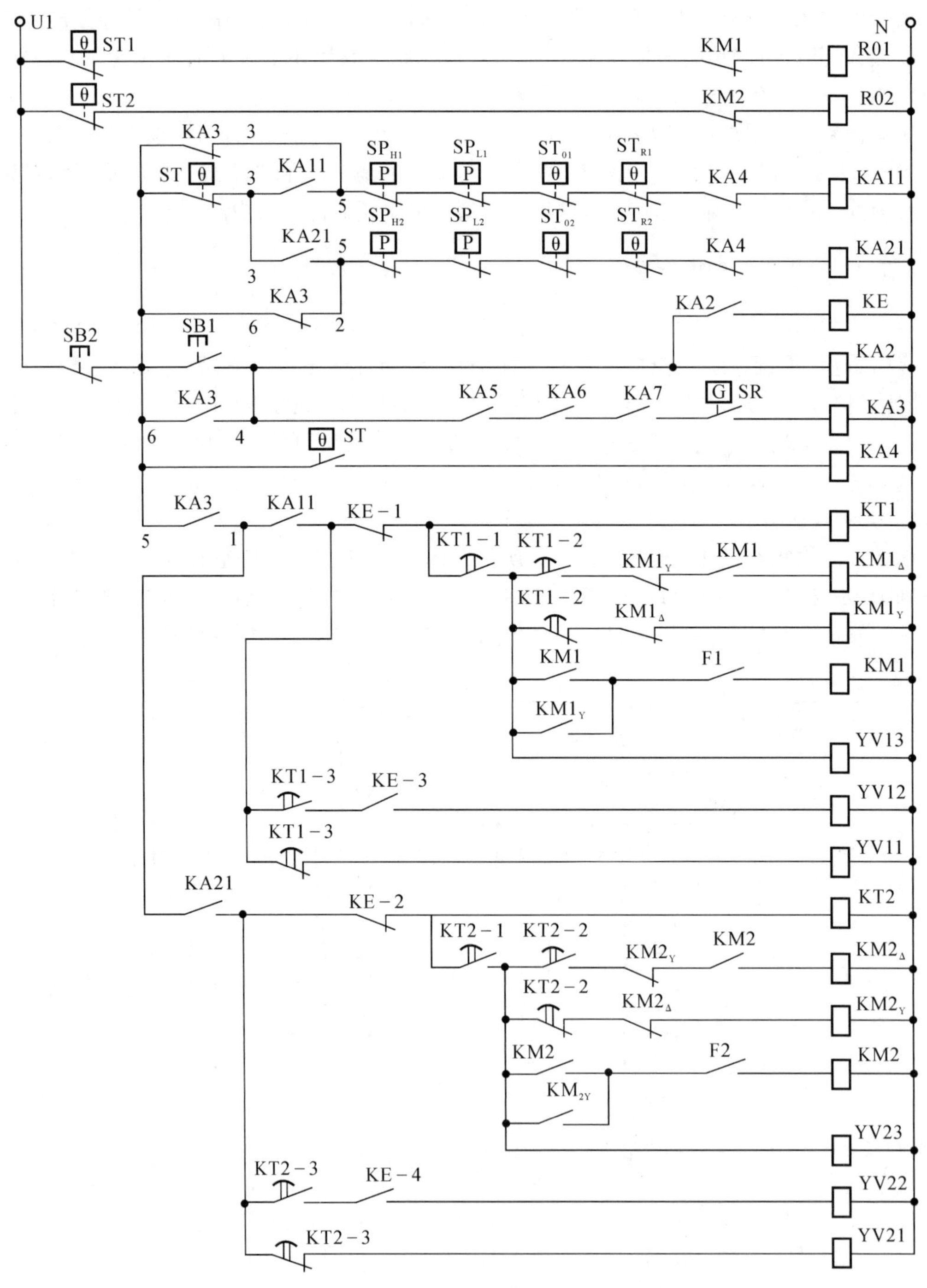

图 4-4　螺杆式冷水机组控制电路

(1)压缩机排气压力过高保护。排气压力保护即高压保护,其目的是为了防止排气压力过高而产生事故。将高压压力继电器 SP_{H1} 和 SP_{H2} 安装在压缩机排气口,当压缩机出口排气压力超过给定值时,其常闭触点断开,切断压缩机电源,压缩机电机停止运行。

(2)压缩机吸气压力过低保护。压缩机吸气压力如果低于要求值时,一方面由于吸气压力过低,蒸发压力过低,会使储存的食品干耗加大,并引起食品的变质;另一方面低压侧压力过低,会引起大量空气渗入系统,因此压缩机的吸气压力必须加以控制。将低压压力继电器 SP_{L1} 和 SP_{L2} 安装在压缩机吸气口处,当压缩机进口吸气压力低于设定值时,其常闭触点断开,切断压缩机电源,压缩机电机停止运行。

(3)润滑油低温保护。当压缩机的润滑油温度低于 110 ℃时,油的黏度太大,会使压缩机难以启动。压缩机的油箱里分别设置有油加热器 R01 和 R02,油加热器的容量为 150W。压缩机启动前,加热润滑油,当油温高于 110 ℃时,设置在油箱中的温度继电器 ST_{01} 和 ST_{02} 的常闭触点闭合,压缩机电动机才能启动。当油温高于 140 ℃时,温度继电器断开油加热器 R01 或 R02。

(4)电动机绕组高温保护。每台电动机定子内设置有温度继电器 ST_{R1},和 ST_{R2},当电动机绕组温度高于 115 ℃时,其常闭触点断开,使对应的电动机停止运行。

(5)冷水低温保护。在冷水管道上设置有温度传感器 ST,其触点有两对常开和常闭触点。当冷水温度下降到 2.5 ℃时,温度传感器 ST 常开触点闭合,接通继电器 KA4,使事故继电器 KA11 或 KA21 线圈断电,进而断开接触器 KM1 和 KM2,防止水温太低而结冰;当冷水温度回升到 5.5 ℃时,其触点才能恢复。

(6)冷水流量保护。在冷水管道上还设置有靶式流量计 SR,当冷水管道里有水流动时,SR 的常开触点才能闭合,冷水机组才能开始启动。

(7)水循环系统的联锁保护。与冷水机组配套工作的还有冷却水塔(冷却风机)、冷却水泵和冷冻水泵。系统机电设备开机的顺序依次为:冷却风机开→冷却水泵开→冷水泵开→延时 1 min→启动冷水机组。而停机的顺序依次为:冷水机组停→延时 1 min→冷水泵停、冷却风机停→冷却水泵停。

由于冷却风机、冷却水泵、冷水泵等的电动机控制电路比较简单,此处不分析。如果电动机容量较大时,增加降压启动环节。图 4-4 中的继电器 KA5、KA6、KA7 分别为各台电动机启动信号用继电器,只有 3 个继电器都工作,冷水机组才能开始启动。

3. 电子控制器件

(1)温度控制 KE。温度控制 KE 的作用是根据回水温度对冷水机组实现能量调节,KE 可以看成由 4 组 RS 调节器组合而成。

当冷水机组需要工作时,按下按钮 SB1 使 KA2 和 KA3 线圈通电。KA2 使温度控制 KE 整流变压器接通工作电源。温度控制 KE 接收安装在冷水回水管道上的热敏电阻传感器测得的实际温度信号,与其 KE 内部的温度给定电位器值进行比较,其输出有 4 对触点,可以设置 4 组温度,分别对应 4 对触点 KE-1、KE-2、KE-3 和 KE-4,其中 KE-1 和 KE-2 用的是常闭触点,KE-3 和 KE-4 用的是常开触点。冷水回水温度一般为 12 ℃以上,当回水温度下降至 8 ℃时,KE-4 动作;当回水温度下降到 7 ℃时,KE-3 动作;当回水温度下降到 6 ℃时,KE-2 动作;当回水温度下降到 5 ℃时,KE-1 动作。

(2)电子时间继电器。电子时间继电器 KT 可以看成是分别由 3 组时间继电器组合而成的,其线圈实际上就是整流变压器的工作电源。时间继电器的延时主要是用于冷水机组电动机的启动顺序控制，启动过程中的 Y－△转换的控制，启动过程中的吸气能量控制等。

时间继电器 KT1 和 KT2 分别有 3 组延时输出，分别对应有 3 组触点，如 KT1 有 KT1－1，KTl－2 和 KTl－3，其中 KT1－1 只用了一对常开触点。KTl－1 的延时可调节为 60 s，KTl－2 延时为 65 s，KTl－3 延时为 90 s。而 KT2－1 延时可调节为 120 s，KT2－2 延时为 125 s，KT2－3 延时为 150 s。KT1、KT2 的延时时间可根据实际需要进行设定。

4．冷水机组的控制电路分析

（1）冷水机组电动机的启动。冷水机组需要工作时，合上电源开关 QS、QF1 和 QF2，系统启动了冷却风机、冷却水泵、冷水泵等的电动机，对应的 KA5、KA6、KA7 常开触点闭合，各保护环节正常时，事故保护继电器 KA11 和 KA21 通电吸合，并且自锁。

按下冷水机组启动按钮 SB1，KA2、KA3 线圈通电，KA2 常开触点闭合使温度控制 KE 接通工作电源，此时冷水温度较高，KE 的状态不变；$KA3_{6-4}$ 常开触点闭合，KA3 自锁；$KA3_{5-1}$ 常开触点闭合，KT1、KT2 接通工作电源，开始延时。

KT1 延时 60s 时，KTl－1 的常开触点闭合，使 $KM1_Y$ 线圈通电，其主触头闭合，使 M_1 定子绕组接成星形接法；$KM1_Y$ 辅助常闭触点断开，与 $KM1_{\triangle}$ 互锁；$KM1_Y$ 常开触点闭合，且相序正确，F_1 常开触点闭合，接触器 KM1 线圈通电，其主触头闭合，使 M1 定子绕组接通电源，压缩机 1 的电动机 M1 星形接法启动。同时，KM1 的辅助常开触点闭合，KM1 自锁、准备接通 $KM1_{\triangle}$。

当 KT1 延时 65 s 时，KTl－2 的常闭触点断开，$KM1_Y$ 线圈断电，常闭触点 $KM1_Y$ 闭合；KTl－2 的常开触点闭合，$KM1_{\triangle}$线圈通电，$KM1_{\triangle}$ 主触头闭合，M1 定子绕组接成三角形，启动加速及运行。$KM1_{\triangle}$的常闭触点与 $KM1_Y$ 互锁。

在 M1 启动前，KT1－3 的常闭触点接通电磁阀 YV11 线圈，其电磁阀推动能量控制滑块打开了螺杆式压缩机的吸气回流通道，使 M1 传动的压缩机能够轻载启动。

在 KT1 延时 90s 时，KT1－3 的常闭触点断开，YV11 线圈断电，电磁阀 YV11 关闭了吸气回流通道，使 M1 开始带负载运行，进行吸气、压缩、排气，开始制冷。而 KT1－3 的常开触点闭合，因为冷水回水温度较高，KE－3 常开触点断开，电磁阀 YV12 线圈失电，电磁阀 YV12 关闭。

电磁阀 YV13 是安装在制冷剂通道的阀门，其作用是在电动机启动前才打开，制冷剂才流动，可以使压缩机启动时的吸气压力不会过高而难于启动，电磁阀 YV23 的作用也是相同的。

当 KT2 延时 120 s 时，KT2－1 的常开触点闭合，使 $KM2_Y$ 线圈通电，其主触点闭合，使 M2 定子绕组接成星形接法；也准备降压启动，分析方法与 M1 启动过程相同，也是空载启动。当 KT2 延时 125 s 时，M2 启动结束；当 KT2 延时 150 s 时，电磁阀 YV21 断电，M2 也满负载运行。

（2）压缩机能量调节。为了使制冷系统经济、合理运行并实现压缩机轻载或空载启动，需要对压缩机能量控制。对带有卸载机构的压缩机，可通过调节气缸上载数达到调节能量的目的。利用电磁阀控制卸载装置的油路，即电磁阀的启、闭，使通往卸载装置的油路接通或切断，从而控制能量。

当系统所需冷负荷减少时，其冷水的回水温度变低，低到 8 ℃时，经温度传感器检测，送到温度控制器 KE，与给定温度电阻比较，常开触点 KE－4 闭合，使能量控制电磁阀 YV22 线圈通电，M2 传动的压缩机能量调节卸载滑阀动作，使压缩机的吸气回流口打开一半（50％），此时 M2 只有 50％的负载，两台电动机的总负载为 75％，制冷量下降，回水温度将上升。

如果回水温度上升到 12 ℃时，使 KE－4 触点又断开，电磁阀 YV22 线圈断电，能量调节的卸载滑阀恢复，使压缩机的吸气回流口关闭，两台电动机的总负载可带 100％。一般不会满负荷运行。

当系统所需冷负荷又减少时，其冷水的回水温度降低到 7 ℃时，常开触点 KE－3 闭合，使能量控制电磁阀 YV12 线圈通电，M1 传动的压缩机能量调节卸载滑阀动作，使压缩机的吸气回流口打开一半（50%），M1 也只有 50%的负载运行，两台电动机的总负载也为 50%。

当系统回水温度降低到 6 ℃时，常闭触点 KE－2 断开，KM2、$KM2_{\triangle}$、KT2 的线圈都断电，电动机 M2 断电停止，总负载能力为 25%。当回水温度又回升到 10 ℃时，又可能重新启动电动机 M2。

当系统回水温度降低到 5 ℃时，常闭触点 KE－1 断开，KM1、$KM1_{\triangle}$、KT1 的线圈都断电，电动机 M1 也断电停止。

由以上分析可知，该冷水机组的压缩机能量控制可在 100%、75%、50%、25%和 0 的挡次调节。

图 4－4 中的油加热器 R01 和 R02 在合电源时就开始对润滑油加热，油温超过 110 ℃时，压缩机电动机才能启动。启动后，利用 KM1，KM2 的常闭触点使油加热器断电。如果电动机长时间没有启动，当油温加热高于 140 ℃时，利用其内部设置的温度继电器 ST1 或 ST2 的常闭触点动作使其油加热器断电。

4.3　全分散式空调系统的电气控制实例

在某些建筑物中，有少数房间需要有空调，或者需要空调的房间虽然多，但房间分散，彼此相距较远，此时宜采用全分散式空调系统。

冷风专用空调器和热泵冷风空调器在室温和相对湿度自动调节方面一般没有特殊要求，通常采用开停机组的方法来实现对室温的调节，电气控制线路较简单。而恒温、恒湿机组对温度和相对湿度控制要求却较高，种类也很多，此处仅以某型恒温、恒湿空调机组为例，介绍系统中的主要设备及控制原理。

4.3.1　系统组成

空调机组如图 4－5 所示，主要设备包括制冷、空气处理和电气控制三部分。

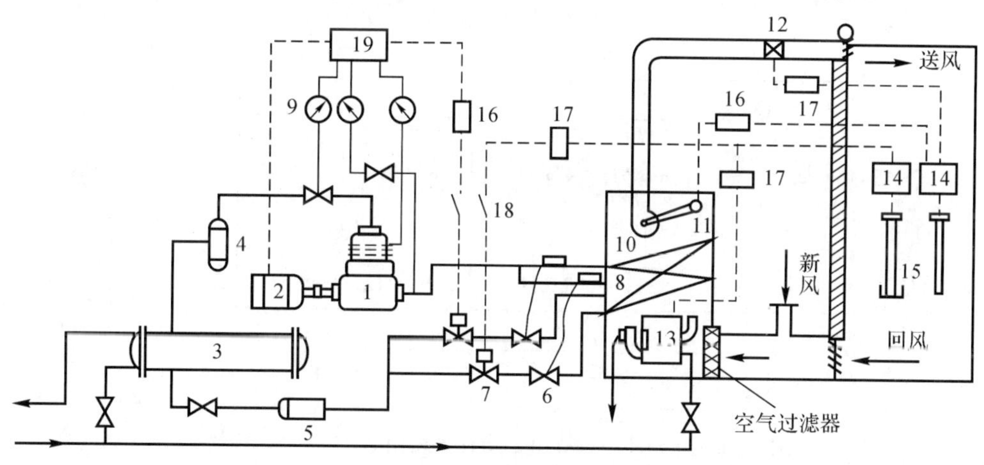

图 4－5　恒温恒湿空调机组控制系统

1—压缩机；2—电动机；3—冷凝器；4—分油器；5—滤污器；6—膨胀阀；7—电磁阀；8—蒸发器；9—压力表；10—风机；11—风机电动机；12—电加热器；13—电加湿器；14—调节器；15—电接点干、湿球温度计；16—接触器触点；17—继电器触点；18—选择开关；19—压力继电器触点

制冷系统是机组的冷源，主要由压缩机、冷凝器、膨胀阀和蒸发器等组成。该系统应用的蒸发器是风冷式表面冷却器，为了调节系统所需的冷负荷，将冷却器制冷剂管路分成两条，利用两个电磁阀分别控制两条管路的通断，以便调节系统所需的冷负荷量。分油器、滤污器为辅助设备。

空气处理部分主要由新风采集口、回风口、空气过滤器、电加热器、电加湿器和通风机设备组成。空气处理设备的主要任务是：将新风和回风经过空气过滤器过滤后，处理成所需要的温度和相对湿度，以满足房间空调要求。

电气控制部分的主要作用是实现恒温恒湿的自动调节，主要由电接点式干、湿球温度计及 SY 晶体管调节器、接触器、继电器等组成。

4.3.2 电气控制电路分析

恒温恒湿空调机组电气控制原理图如图 4-6 所示，其电气控制线路由主电路、控制电路、信号灯与电磁阀控制电路三个部分组成。通过电气控制线路可实现对机组中压缩机、风机、电加热器、电加湿器、电磁阀的自动控制。

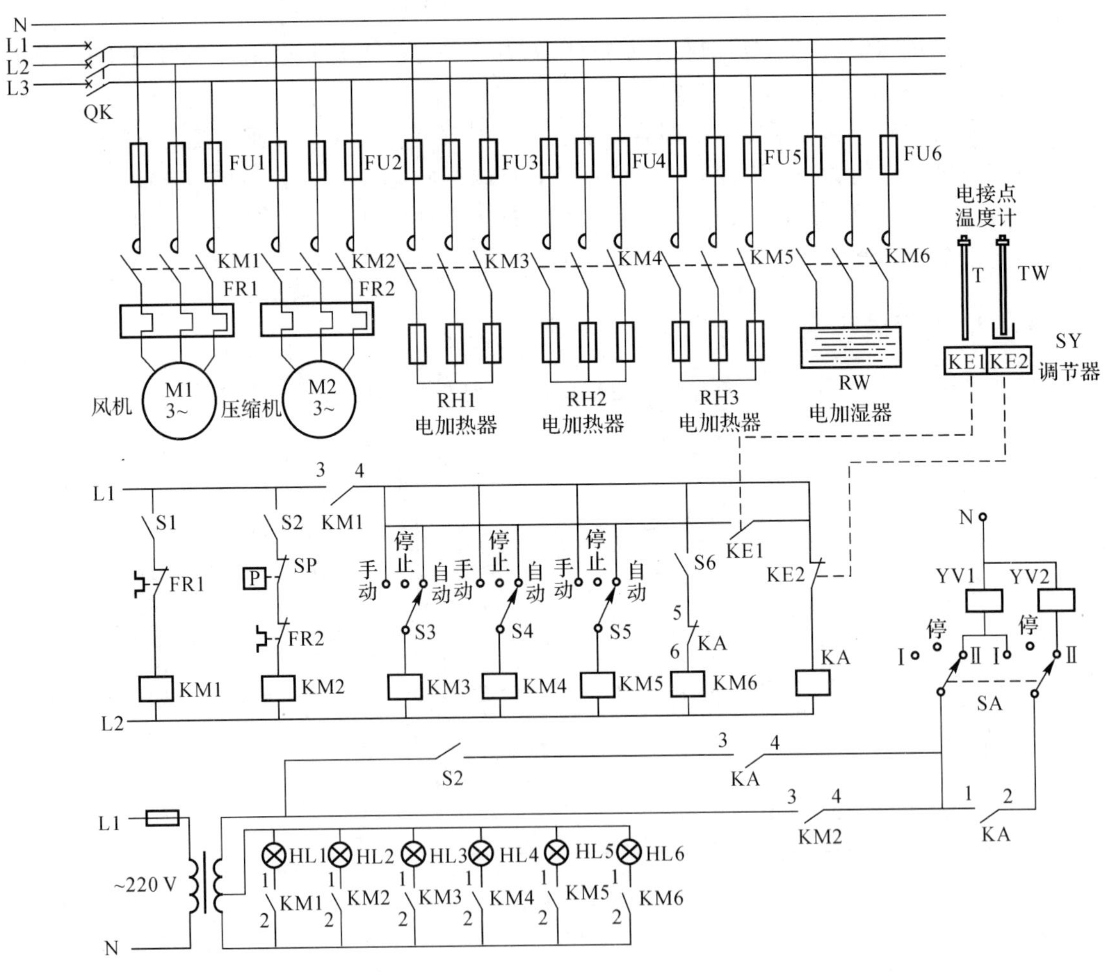

图 4-6 空调机组电气控制控制原理图

合上电源总开关 QK，系统供电，空调机组投入运行状态。

合上开关 S1，风机电机接触器 KM1 线圈通电，主触头 KM1 闭合，风机电动机 M1 启动运行；辅助触点 $KM1_{1-2}$ 闭合，风机运行指示灯 HL1 亮。辅助触点 $KM1_{3-4}$ 闭合，为温、湿度自动调节做好准备，$KM1_{3-4}$ 触点称为联锁保护触点，即风机未启动前，电加热器、电加湿器等都不能投入运行，起到安全保护作用，避免发生事故。

机组的冷源由制冷压缩机供给。压缩机电动机 M2 的启动由开关 S2 控制，其制冷量是利用控制电磁阀 YV1、YV2 调节蒸发器的蒸发面积实现的。转换开关 SA 有“Ⅰ”、“停”、“Ⅱ”三个位置。SA 在“Ⅰ”位置时，系统只对电磁阀 YV1 进行自动调节，SA 在“Ⅱ”位置时，系统可同时对电磁阀 YV1、YV2 进行自动调节。YV1 控制 2/3 的蒸发器蒸发面积，YV2 控制 1/3 的蒸发器蒸发面积。

机组的热源由电加热器供给。电加热器分成三组，分别由开关 S3、S4、S5 控制。S3、S4、S5 都有“手动”“停止”“自动”三个位置。当扳到“自动”位置时，可以实现自动调节。

1. *夏季运行时温、湿度自动调节*

夏季空调机组运行时需降温和减湿，制冷压缩机投入运行。合上开关 S1，风机启动。转换开关 SA 扳在Ⅱ挡，电磁阀 YV1、YV2 全部受控。将开关 S3、S4 扳至中间“停止”挡，S5 扳至“自动”挡时，电加热器投入一组 RH3 运行，作为精加热用。

合上开关 S2，压缩机接触器 KM2 线圈通电，主触头 KM2 闭合，制冷压缩机电动机 M2 启动运行。辅助触点 $KM2_{1-2}$ 闭合，压缩机指示灯 HL2 亮。$KM2_{3-4}$ 闭合，电磁阀 YV1 通电打开，蒸发器有 2/3 面积投入运行（蒸发器另 1/3 面积受电磁阀 YV2 和继电器 KA 的控制）。

当室内温度或相对湿度低于整定值时，则温度计电接点断开；当室内温度或相对湿度高于整定值时，则温度计电接点接通。干球温度计 T 和湿球温度计 TW 电接点的接通（断开），可使调节器 SY 中的继电器 KE1 或 KE2 线圈失电（通电），利用继电器 KE1 或 KE2 的常开或常闭触点可对室内温度或湿度进行自动调节。

刚开机时，由于室内的温湿度较高，敏感元件干球温度计 T 和湿球温度计 TW 的电接点均处于接通状态，与其相接的调节器 SY 中的继电器 KE1 和 KE2 线圈失电，KE2 的常闭触点闭合，使继电器 KA 线圈通电，常开触点 KA_{1-2} 闭合，电磁阀 YV2 通电打开，蒸发器全部面积投入运行，空调机组向室内送入冷风，对新空气进行冷却减湿。

当室内温度低于干球温度计 T 的整定值，干球温度计 T 的电接点断开，调节器 SY 中的继电器 KE1 的线圈通电，常开触点 KE1 闭合，使接触器 KM5 得电，KM5 主触头闭合，使电加热器 RH3 通电，对风道中的冷风进行精加热，其温度相对提高。

若室内温度一定，而相对湿度低于 T 和 TW 整定的温度差时，TW 上的水分蒸发快而带走热量，使湿球温度计 TW 电接点断开，调节器 SY 中的继电器 KE2 线圈通电，常闭触点 KE2 断开，继电器 KA 线圈失电，则常开触点 KA_{1-2} 断开，电磁阀 YV2 失电而关闭。此时蒸发器只有 2/3 面积投入运行，制冷量减少而使相对湿度升高。

从上述分析可知，当房间内干、湿球温度一定时，其相对湿度也就确定了。若干球温度保持不变，则湿球温度的变化就表示了房间内相对湿度的变化，只要保持湿球温度不变就能维持房间相对湿度恒定。

选择开关 SA 扳到“Ⅰ”挡时，只有电磁阀 YV1 投入运行，而电磁阀 YV2 不投入运行。此状态适用于春、夏或夏、秋交界制冷量需要较少时的用。

为了防止制冷系统压缩机吸气压力过高运行不安全和压力过低运行不经济，利用高低压力继电器的触点 SP 来控制压缩机的运行和停止。当发生高压超压或低压过低时，高低压力继电器触点 SP 断开，使压缩机接触器 KM2 线圈失电，主触头 KM2 断开，压缩机电动机停止运转，指示灯 HL2 灭。此时，通过继电器 KA 的触点 KA_{3-4} 使电磁阀继续受控。当蒸发器吸收压力恢复正常时，高低压力继电器触点 SP 恢复，压缩机电动机将自动启动运行。

2. 冬季运行时温、湿度调节

冬季时，机组运行主要是升温和加湿控制，将 S2 断开，制冷系统不工作。

加热器有 RH1、RH2 和 RH3 三组，根据加热量的不同，可分别选择在“手动”“停止”或“自动”位置。将 S3 和 S4 在“手动”位置，接触器 KM3、KM4 均得电，RH1、RH2 投入运行。将 S5 扳至“自动”位置，RH3 受温度调节环节控制，实现对温度的精调。

当室温较低，温度计 T 电接点断开时，继电器 KE1 线圈通电，常开触点 KE1 闭合，接触器 KM5 线圈通电，主触头 KM5 闭合，RH3 投入运行，提高送风温度；如室温较高，温度计 T 电接点闭合，继电器 KE1 线圈失电，常开触点 KE1 断开，使接触器 KM5 线圈失电，主触头 KM5 断开，RH3 不投入运行。

需要调节室内相对湿度调节时，合上开关 S6，利用湿球温度计 TW 电接点的通断进行控制。当室内相对湿度较低时，TW 的温包上水分蒸发快而带走热量，TW 电接点断开，继电器 KE2 线圈通电，常闭触点 KE2 断开，继电器 KA 线圈失电，常闭触点 KA_{5-6} 闭合使接触器 KM6 线圈通电，主触头 KM6 闭合，电加湿器 RW 投入运行，对送风进行加湿。当相对湿度较高时，湿球温度计 TW 和干球温度计 T 的温差小，TW 电接点闭合，继电器 KE2 线圈失电，常闭触点 KE2 闭合，继电器 KA 线圈通电，常闭触点 KA_{5-6} 断开，接触器 KM6 线圈失电，主触头 KM6 断开，电加湿器 RW 停止运行。

机组电气控制系统对压缩机、风机还设置了过载和短路等保护。

由于该系统仅是利用温度计电接点的通断，来实现对电加热器、点加湿器实现启停控制，因此其恒温、恒湿调节属于双位调节。这种双位调节控制只能在制冷压缩机和电加热器的额定负荷以下才能保证温度的调节，控制精度不高。如果要提高控制精度，在系统调节规律应采用连续控制。

4.4 集中式空调系统的电气控制实例

集中式空调系统的电气控制分为系列化设备和非系列化设备两种。下面仅以某非系列化集中式空调作为实例，说明其电气控制原理，认识其运行工况及控制方法。

4.4.1 集中式空调系统电气控制特点

该系统能自动调节温、湿度并进行季节工况的自动转换，做到全年自动化。开机时，只需按风机启动按钮 SB1、SB2，整个空调系统（包括各设备间的程序控制、调节和季节的转换）就自动投入正常运行；停机时，只要按风机停止按钮 SB3、SB4 即可。

集中式空调系统如图 4 - 7 所示。系统有两个室内敏感元件，其一是温度敏感元件 RT（室内型镍电阻）；其二是相对湿度敏感元件 RH 和 RT 组成的温差发送器。

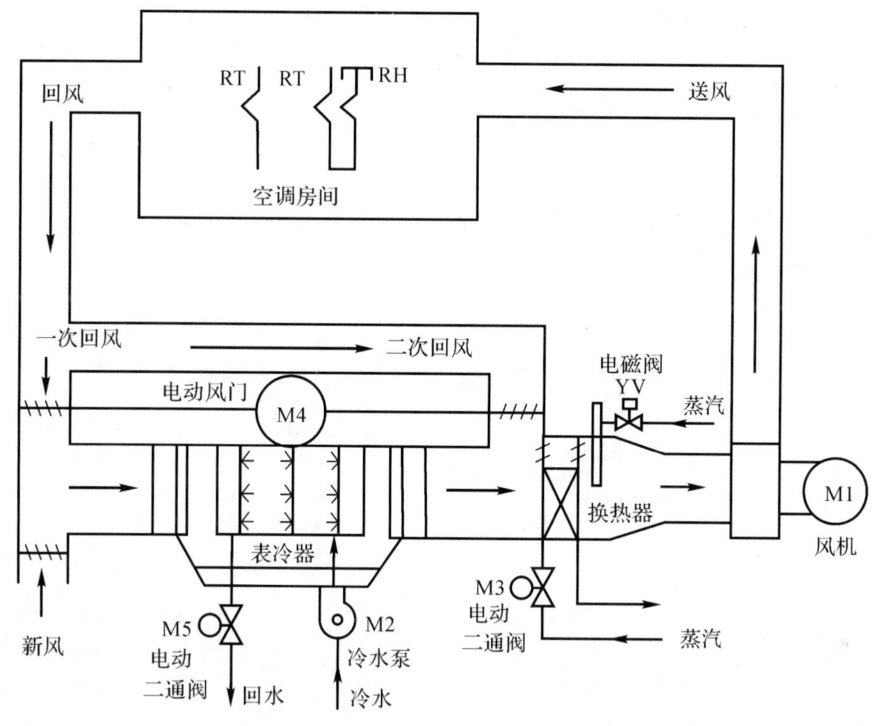

图 4-7　集中式空调系统

1. 温度自动控制

RT 接至 P-4A 型调节器上，P-4A 型调节器根据实际温度与给定值的偏差，对执行机构按比例规律进行控制。在夏季是控制一、二次回风阀执行电机 M4 来维持恒温，在冬季是控制二次加热器(表面式蒸气加热器)的电动二通阀执行电机 M3 调节蒸气流量实现恒温。

2. 温度控制的季节转换

夏转冬：假如按室温信号将二次风门全开，还不能使室内温度升到给定值，则利用风门全开限位开关 SM41 和延时继电器 KT3，使中间继电器 KA3、KA4 通电，以实现工况转换的目的。

冬转夏：由冬季转入夏季是利用加热器的电动二通阀全关限位开关 SM32 和延时继电器 KT4，达到延时后，使中间继电器 KA3、KA4 断电，从而实现自动转换。

3. 相对湿度控制

相对湿度控制是通过 RH 和 RT 组成的温差发送器，反映房间内相对湿度的变化，将此信号送至冬、夏共用的 P—4B 型温差调节器。此调节器根据实际情况按比例规律控制执行机构。在夏季，利用控制喷淋水的温度实现降温，通过调节电动两通阀执行电机 M5 改变冷冻水流量，使空气在冷却减湿的过程中满足相对湿度的要求。冬季不淋水，利用表面式蒸气加热器进行升温，当相对湿度较低时，通过电磁阀 YV 喷蒸气加湿。系统采用双位控制方式，通过高温电磁阀 YV 控制蒸气加湿器达到对室内湿度的控制。

4. 湿度控制的季节转换

夏转冬：当相对湿度较低时，利用电动三通阀的冷水端全关时送出一电信号，经延时使转换继电器动作，使系统转入冬季工况。

冬转夏：当相对湿度较高时，利用 P－4B 型调节器上限电接点送出一电信号，经延时后，进行转换。

4.4.2 集中式空调系统的电气控制

1. 风机、水泵控制电路

空调系统的电气控制电原理如图 4－8 所示。运行前，进行必要的检查后，合上电源开关 QK，并将其他选择开关置于自动位置。

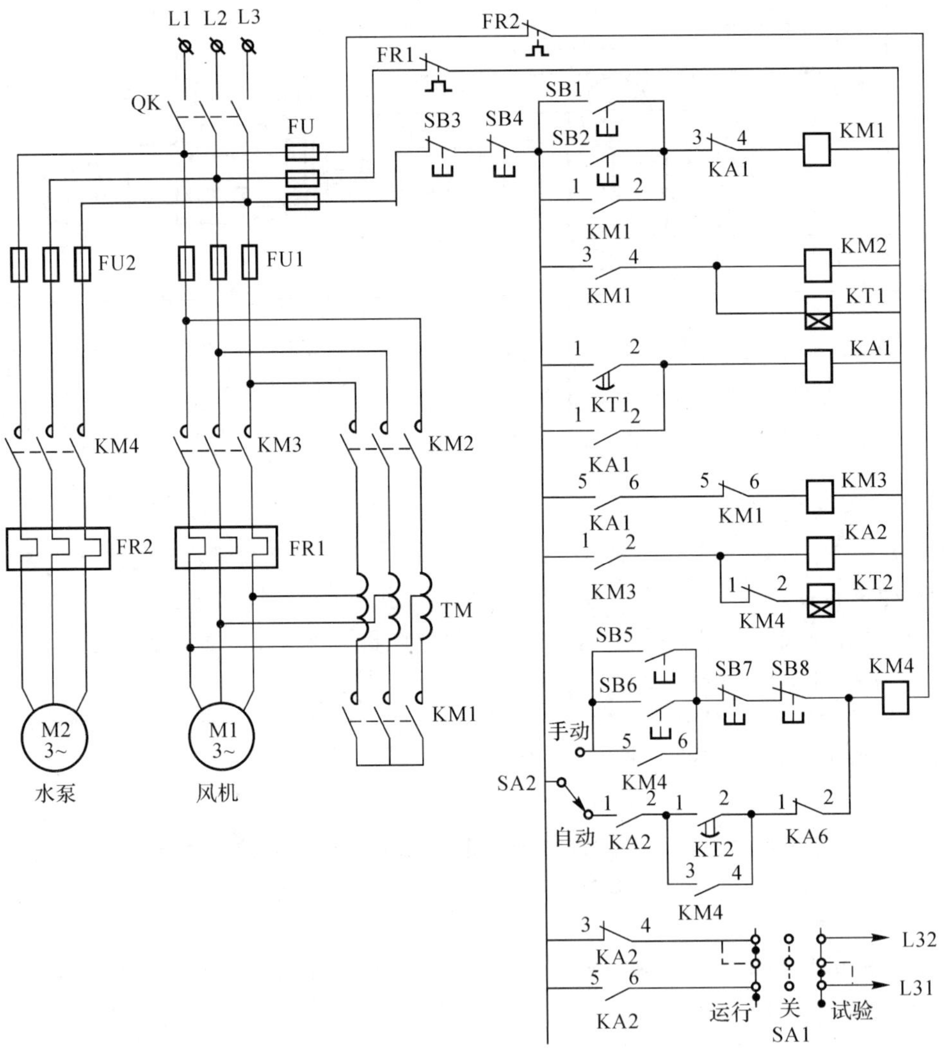

图 4－8 集中式空调系统的电气控制原理

风机电动机 M1 是利用自耦变压器实现降压启动。按下风机启动按钮 SB1 或 SB2，接触器 KM1 线圈得电，其主触头 KM1 闭合，将自耦变压器三相绕组的中性点接到一起；辅助触点 $KM1_{1-2}$ 闭合，接触器 KM1 线圈自锁；常开触点 $KM1_{3-4}$ 闭合，使接触器 KM2 线圈得电，其主触头 KM2 闭合，使自耦变压器接通电源，风机电动机 M1 降压启动。常闭触点 $KM1_{5-6}$ 断开，接触器 KM2 与接触器 KM3 互锁。

风机电动机M1降压启动过程中，时间继电器KT1开始延时。风机运行转速接近额定值时，KT1延时时间到，常开触点$KT1_{1-2}$闭合，中间继电器KA1得电；常开触点$KA1_{1-2}$闭合，KA1自锁；常闭触点$KA1_{3-4}$断开，KM1、KM2失电，KT1复位失电；常开触点$KA1_{5-6}$闭合，常闭触点$KM1_{5-6}$闭合，接触器KM3线圈得电，主触头KM3闭合，风机电动机M1全压运行。

常开触点$KM3_{1-2}$闭合，中间继电器KA2线圈得电；常开触点$KA2_{1-2}$闭合，为M2自动启动做准备；$KA2_{3-4}$断开，L32无电；$KA2_{5-6}$闭合，SA1在运行位置时，L31有电，为调节电路送电。

在风机正常运行前提下，夏季需淋水时，中间继电器$KA6_{1-2}$处于闭合状态。当KA2得电时，延时继电器KT2开始延时；KT2开始延时时间到，常开触点$KT2_{1-2}$闭合，此时经常开触点$KA2_{1-2}$、常闭触点$KA6_{1-2}$触点，接触器KM4线圈得电，其主触头KM4闭合使水泵电动机M2直接启动；$KM4_{3-4}$闭合，线圈KM4自锁，喷水泵M2连续工作；常闭触点$KM4_{1-2}$断开，延时继电器KT2复位失电。按下按钮SB5或SB6，喷水泵可手动启动，线圈KM4经常开触点$KM4_{5-6}$为自锁。

转换开关SA1转到试验位置时，不启动风机与水泵，也可通过中间继电器$KA2_{3-4}$为自动调节电路送电，在节能的情况下，对自动调节电路进行调试。

空调系统需要停止运行时，可通过停止按钮SB3或SB4使风机及系统停止运行，并通过$KA2_{3-4}$触点为L32送电，整个空调系统处于自动回零状态。

2. *温度自动调节及季节自动转换*

机组工况的转换通过中间继电器KA3、KA4实现。当系统开机时，不管实际季节如何，系统首先处于夏季工况，此时继电器KA3、KA4断电。通过执行电机终端限位开关与延时继电器KT3、KT4共同作用，系统可实现夏冬季节自动转换。转换时，如果在延时时间内恢复了原工作制（限位开关复位），则不进行转换，目的是防止干扰引起的频繁转换。若当时正是冬季，可通过SB10按钮使系统直接进入冬季工况。

温度自动调节及季节自动转换电路如图4－9所示。敏感元件RT接在P－4A调节器端子板XT1、XT2、XT3上，P－4A调节器上另外三个端子XT4、XT5、XT6接二次风门M4的位置反馈电位器RM4和电动二通阀M3的位置反馈电位器RM3。KE1、KE2触点为P－4A调节器中继电器的对应触点。

（1）夏季温度调节。选择转换开关SA3在自动位置。如正处于夏季，二次风门一般不处于开足状态。时间继电器KT3线圈和中间继电器KA3、KA4线圈不会通电，这时，一、二次风门的执行机构电动机M4通过$KA4_{9-10}$和$KA4_{11-12}$动断触点于受控状态。敏感元件RT检测室温，根据室温信号通过P－4A调节器实现对一、二次风门开度的自动调节。

当实际温度低于给定值有正偏差时，经RT检测并与给定电阻值比较，使P－4A调节器中继电器KE1线圈得电，其常开触点KE1闭合，发出一个控制信号，经常闭触点$KA4_{11-12}$，风阀执行电机M4接通电源而正转，开大二次风门、关小一次风门，通过增加二次回风量来提高室温。同时，利用电动执行机构M4的反馈电阻RM4与温度检测电阻的变化相比较，比例调节一、二次风门开度。当RM4、RT与给定电阻值平衡时，继电器KE1线圈失电，其常开触点断开，一、二次风门调节停止。

当实际温度高于给定值有负偏差时，经RT检测并与给定电阻值比较，使P－4A调节器中继电器KE2线圈得电，其常开触点KE2触点闭合，发出一个控制信号，经$KA4_{9-10}$常闭触点，风阀执行电机M4接通电源而反转，关小二次风门、开大一次风门，通过减少二次回风量来降低室温。电动执行机构 M4 的反馈电阻 RM4 与温度检测电阻的变化相比较，比例调节一、二次风门开度。当 RM4、RT 与给定电阻值平衡时，继电器 KE2 线圈失电，其常开触点 KE2 断开，一、二次风门调节停止。当二次风门全关时，全关终端限位开关 SM42 动作，使风阀执行电机 M4 停止转动，二次风阀全关指示灯亮。

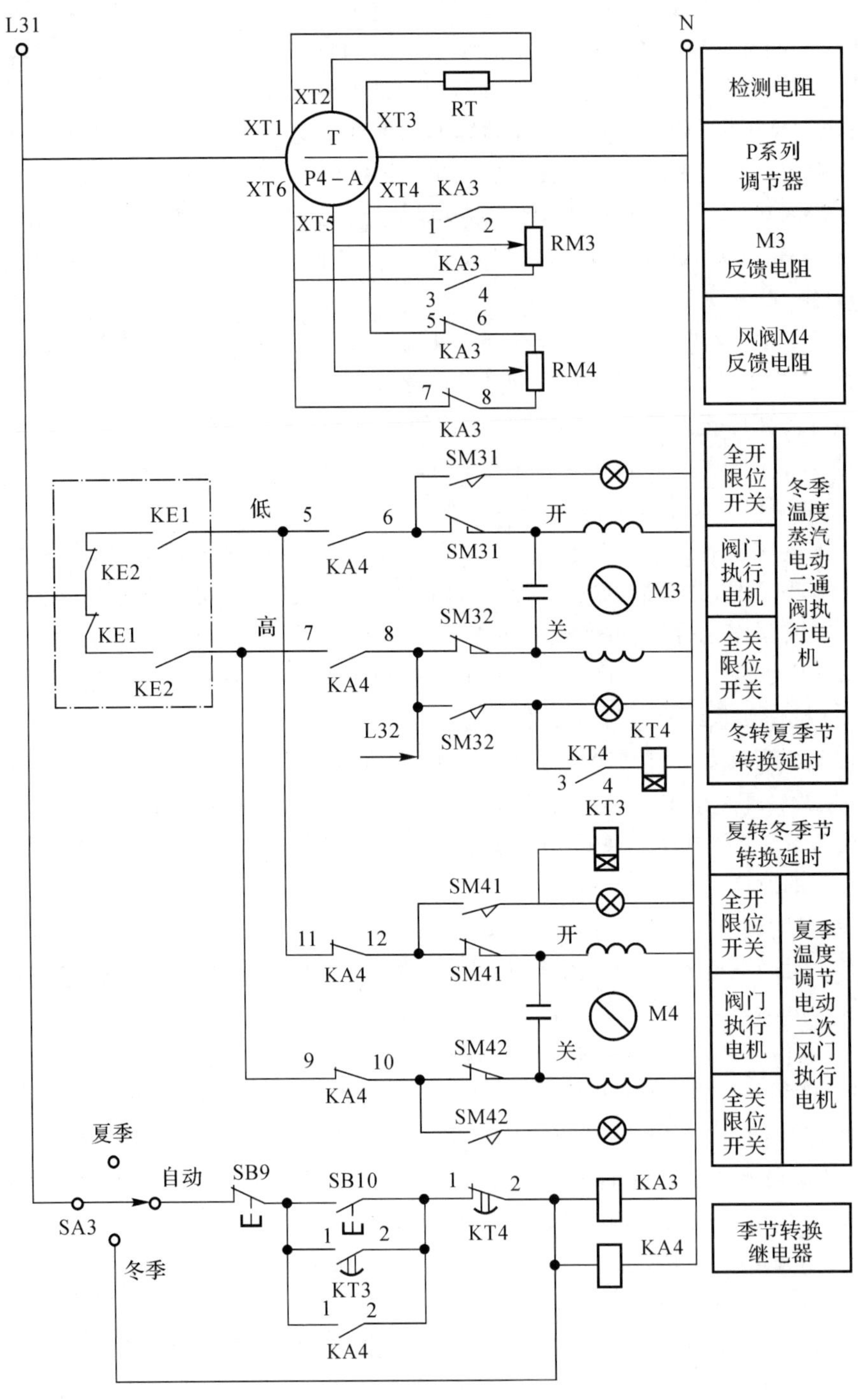

图 4－9　温度自动控制电路

(2)夏季转冬季工况。随着室外气温的降低,空调系统的热负荷也相应地增加,当二次风门全开仍不能满足要求时,全开终端限位开关 SM41 动作,使时间继电器 KT3 线圈通电;延时时间到,常开触点 $KT3_{1-2}$ 闭合,中间继电器 KA3、KA4 线圈得电,常开触点 $KA4_{1-2}$ 闭合,线圈 KA4 自锁。常闭触点 $KA4_{9-10}$、$KA4_{11-12}$ 断开,使一、二次风门不受控;常闭触点 $KA3_{5-6}$、$KA3_{7-8}$ 断开,切除 RM4;常开触点 $KA3_{1-2}$、$KA3_{3-4}$ 闭合,将 RM3 接入 P－4A 回路;常开触点 $KA4_{5-6}$、$KA4_{7-8}$ 闭合,使蒸气加热器电动二通阀执行电机 M3 受控。系统由夏季工况自动转入冬季工况。

(3)秋季工况。秋季工况可用手动与自动调节相结合。将 SA3 扳到手动位置,按 SB10 按钮,继电器 KA3、KA4 线圈通电,蒸气二通阀执行电机 M3 得电,将蒸气二通阀稍打开一定角度(一般开度小于 60°为好)后,再将 SA3 扳到自动位置,回到自动调节转换工况。

(4)冬季温度控制。冬季温度控制类似夏季。室温实际值通过敏感元件 RT 进行检测,利用 P－4A 调节器中的 KE1 或 KE2 触点的通断,使电动二通阀执行电机 M3 正转与反转,改变电动二通阀的开度大小,利用反馈电位器 RM3 按比例规律调整蒸气量的大小。

当实际温度低于给定值有正偏差时,P－4A 调节器中继电器 KE1 线圈得电,其常开触点 KE1 闭合,发出一个控制信号,经常开触点 $KA4_{5-6}$,电动二通阀执行电机 M3 接通电源正转,阀门开度增大,增大蒸气流量来提高室温。当 RM3、RT 与给定电阻值平衡时,继电器 KE1 线圈失电,其常开触点断开,蒸气电动二通阀调节停止。当蒸气电动二通阀全开时,全开终端限位开关 SM31 动作,使蒸气电动二通阀执行电机 M3 停止转动,蒸气阀全开指示灯亮。

当实际温度高于给定值有负偏差时,P－4A 调节器中继电器 KE2 线圈得电,其常开触点 KE2 闭合,发出控制信号,经常开触点 $KA4_{7-8}$,蒸气电动二通阀执行电机 M3 接通电源反转,阀门开度减小,减少蒸气流量来降低室温。当 RM3、RT 与给定电阻值平衡时,继电器 KE2 线圈失电,其常开触点断开,蒸气电动二通阀调节停止。

(5)冬季转夏季工况。随着室外气温升高,蒸气电动二通阀逐渐关小。全关时通过终端限位开关 SM32 动作,时间继电器 KT4 线圈得电,KT4 延时时间到,其常闭触点 $KT4_{1-2}$ 断开,KA3、KA4 线圈失电,此时 PA－4 调节器开始控制一、二次风门,蒸气二通阀不受控,系统工况由冬季转到夏季。

3. 湿度控制环节及季节的自动转换

湿度自动调节及季节转换电路如图 4－10 所示。相对湿度检测的敏感元件是由 RT 和 RH 组成的温差变送器,该温差变送器接在 P－4B 调节器 XT1、XT2、XT3 端子上,通过其内部的继电器 KE3、KE4 触点的通断,在夏季调节冷冻水电动二通阀的开度,改变冷冻水流量,进行冷却除湿,并引入位置反馈电位器 RM5,构成比例调节;在冬季控制喷蒸气用的电磁阀或电动二通阀实现。

相对湿度控制工况的转换是通过中间继电器 KA6、KA7 实现的。当系统开机时,不论季节如何,系统将工作在夏季工况,经延时后才转到冬季工况。可通过 SB12 按钮强迫系统快速转入冬季工况。夏季工况时,继电器 KA6、KA7、KT6 均处于断电。

(1)夏季相对湿度的控制。夏季相对湿度控制是通过电动二通阀来改变冷水量实现的。相对湿度高,则冷水流量增大,对送风进行冷却除湿,以降低室内湿度。

(2)夏季转冬季工况。当室外气温变冷,相对湿度也较低时,自动调节系统就会使表面式冷却器的电动二通阀全关,冷水阀全关行程开关 SM52 的动作,使时间继电器 KT5 开始延时,延时时间(4 min)到,KT5 线圈得电,常开触点 $KT5_{1-2}$ 闭合,中间继电器 KA6、KA7 线圈得电;冷机电气控制系统中常闭触点 $KA6_{5-6}$ 断开,向制冷装置发出不需冷源的信号;常闭触点 $KA6_{1-2}$ 断开(图 4-8),KM4 线圈失电,水泵电动机 M2 停止运行,系统停止冷冻水供应;常开触点 $KA6_{3-4}$ 闭合,KA6 线圈自锁;常开触点 $KA7_{1-2}$、$KA7_{3-4}$ 闭合,切除 RM5;常闭触点 $KA7_{5-6}$、$KA7_{7-8}$ 断开,使电动二通阀执行电机 M5 不受控;常开触点 $KA7_{9-10}$ 闭合,喷蒸气加湿用的电磁阀 YV 受控;常开触点 $KA7_{11-12}$ 闭合,时间继电器 KT6 受控,进入冬季工况,指示灯亮。

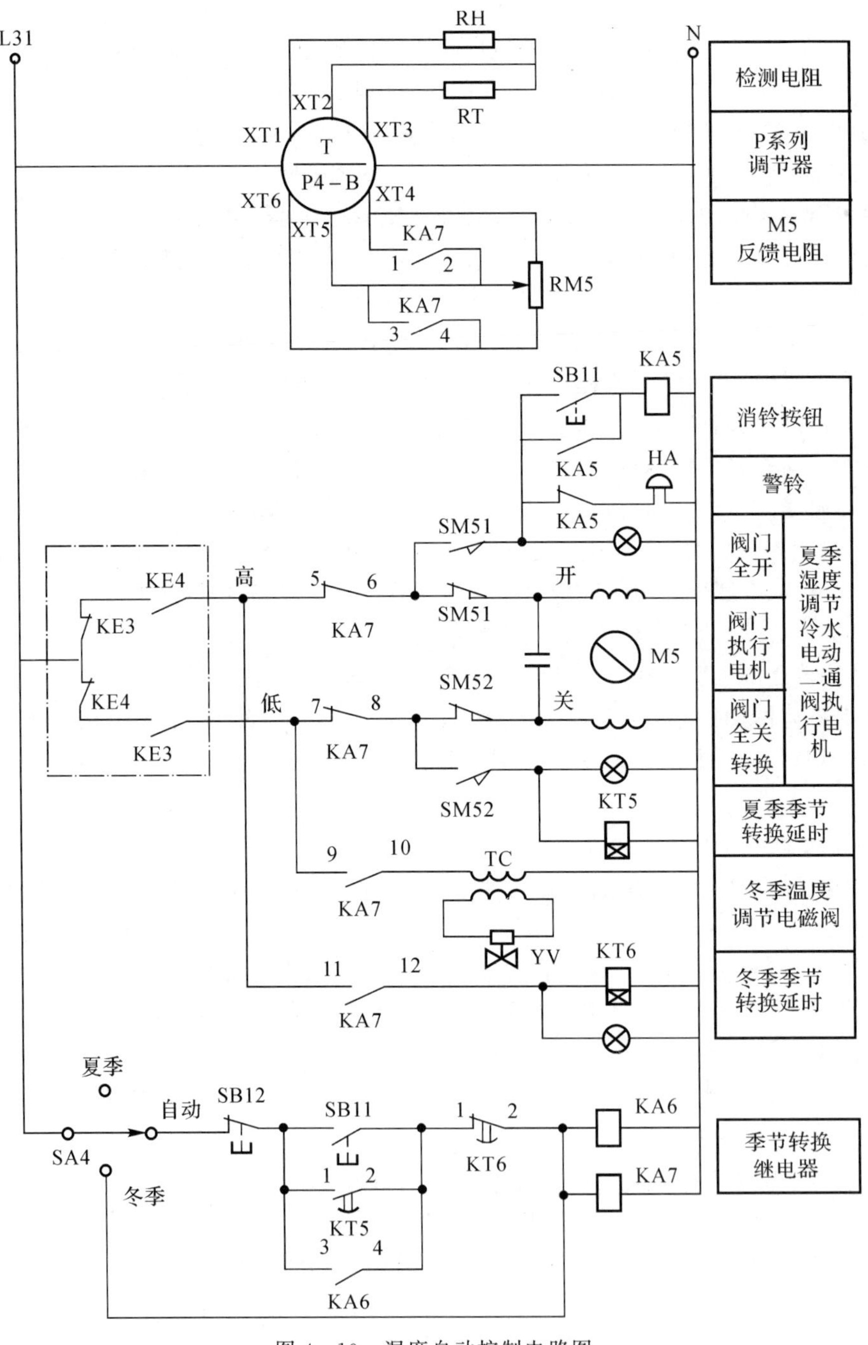

图 4-10 湿度自动控制电路图

(3)冬季相对湿度控制。在冬季,加湿工作由继电器 KE3 触点实现。当室内相对湿度较低时,调节器 KE3 线圈得电,其常开触点 KE3 闭合,减压变压器 TC 通电(220 V/36 V),使高温电磁阀 YV 通电,打开阀门喷射蒸气进行加湿。湿度上升后,KE3 线圈断电,常开触点 KE3 断开,高温电磁阀 YV 断电,停止加湿。

(4)冬季转夏季工况。夏季空气相对湿度较高,出现高湿信号,继电器 KE4 线圈得电,使时间继电器 KT6 线圈通电,延时时间到,其常开触点 $KT6_{1-2}$ 断开,使中间继电器 KA6、KA7 线圈失电,系统转入夏季工况。如果在延时时间内继电器 KE4 常开触点又恢复断开状态,则不转入夏季工况。

本 章 小 结

空调系统的自动控制是电气专业与建筑环境专业的交叉学科,在了解空调系统的基本运行工况和设备的工作原理的基础上,才能设计出自动化水平较高的控制装置。本章在介绍了空调系统的基本组成及其分类的基础上,介绍了蒸气压缩式制冷系统工作原理,并对制冷系统的螺杆式冷水机组的电气控制系统进行分析说明。对全分散式空调系统的恒温、恒湿空调机组以及集中式空调系统的电气控制系统的主电路、控制电路工作原理进行了较为详细的说明,说明了空调系统在温湿度控制、季节转换控制等方面控制过程。

本章所讲述的空调系统的电气控制是其最基本的控制方式,目的是在了解各类空调系统的运行工况的基础上,为分析和设计空调系统自动控制奠定理论基础。

习题与思考题

1. 空调系统由哪几部分组成? 分为哪几类?

2. 用什么方法可确定室内相对湿度?

3. 试述蒸气压缩式制冷系统的四个主要部件的名称及工作原理。

4. 螺杆式制冷压缩机控制电路有哪几种保护? 压缩机开机时,电动机应用什么方法启动? 其能量调节是用什么方式控制的?

5. 在恒温、恒湿机组实例中,夏季运行应投入哪些电气设备? 相对湿度调节是由哪种设备来完成的? 冬季运行应投入哪些电气设备? 其相对湿度调节是由哪种设备来完成的?

6. 在集中式空调系统中应用的敏感元件、调节器、执行调节机构各是哪几种?

7. 集中式空调系统冬季恒温调节什么? 当冬季室温超过给定值时,是哪个调节器中的什么元件动作? 又是通过哪个执行调节机构调节的?

8. 集中式空调系统夏季恒温调节什么? 当夏季室内相对湿度超过给定值时,是哪个调节器中的什么元件动作? 又是通过哪个执行调节机构调节的? 温度控制是怎样实现夏季转冬季的? 湿度控制是怎样实现夏季转冬季的?

第 5 章　建筑给排水系统及锅炉设备的电气控制

本章主要介绍建筑给排水及锅炉设备的控制系统组成与分类，包括水泵水位控制系统、消防水泵控制系统、排水系统的电气控制及锅炉设备的电气控制系统。

5.1　建筑给排水系统概述

一般建筑物的给排水系统包括给水系统和排水系统。给排水系统是建筑物必不可少的重要组成部分。建筑给排水工程的任务就是解决水的输送、回收等问题，以满足生活、消防、生产中对水的需求。在建筑物中，给排水系统的特点有：

(1)保证在建筑物内人们有良好的学习、工作和生活环境，安全可靠。

(2)给水系统、热水系统及消防给水系统需进行竖向分区，解决建筑物给水管道静压力的问题。

(3)设置独立的消防供水系统，解决建筑物发生火灾时的自救能力。

(4)建筑物内设备复杂，各种管道交错，必须明确综合布置，要求不渗不漏，有抗震、防噪声等措施。

为实现给排水系统高效、低耗的最优化运行，可以通过自动化技术对系统中的各种水位、水泵工作状态和管网压力等进行实时监测，按照一定要求确定水泵的运行方式和台数，并控制水泵和相应阀门的动作，以达到需水量和供水量之间的平衡，以及污水的及时排放等，实现给排水系统的经济运行。

5.1.1　建筑给水系统

1. 建筑给水系统的分类

建筑给水系统是将城市市政给水管网中的水通过管道及辅助设备，按照建筑物和用户的生产、生活和消防需要，有组织地输送到建筑物内各个用水点上，并满足用户对水质、水量、水压的要求。按照水的用途不同，建筑给水系统可分为生产给水系统、生活给水系统和消防给水系统三类。

(1)生产给水系统：主要供给生产设备冷却，原料和产品的洗涤，以及各类产品制造过程中所需的生产用水，应根据工艺要求，提供所需的水质、水量和水压。

(2)生活用水系统：主要是供民用建筑、公共建筑和工业建筑内的饮用、盥洗、洗涤等生活用水，要求水质必须完全符合国家规定的饮用水标准。

(3)消防给水系统：主要供给各类消防设备灭火用水，对水质要求不高，但必须按照建筑防火规范保证供给足够的水量和水压。

2. 建筑给水系统的组成

建筑给水系统主要由以下几个部分组成，如图 5－1 所示。

(1)引入管：自室外给水管将水引入室内的管段，也称进户管。对于一座建筑，引入管是指室外管网进入建筑物的总进水管。为安全起见，对于重要的建筑和小区，宜设两条以上引入管。

(2)室内管路：主要由埋地管、立管、水平干管、水平支管等组成。

(3)配水装置：各类水龙头和配水阀门等。

(4)附属设备：根据建筑物的性质、高度、消防等级而设置的加压及稳压设备、高位水箱及贮水池(箱)等。

(5)计量及控制部分：包括建筑物入口处或住宅建筑单元安装计量水表和分户水表，还包括管路控制阀门、止回阀、报警阀、水流指示器等。

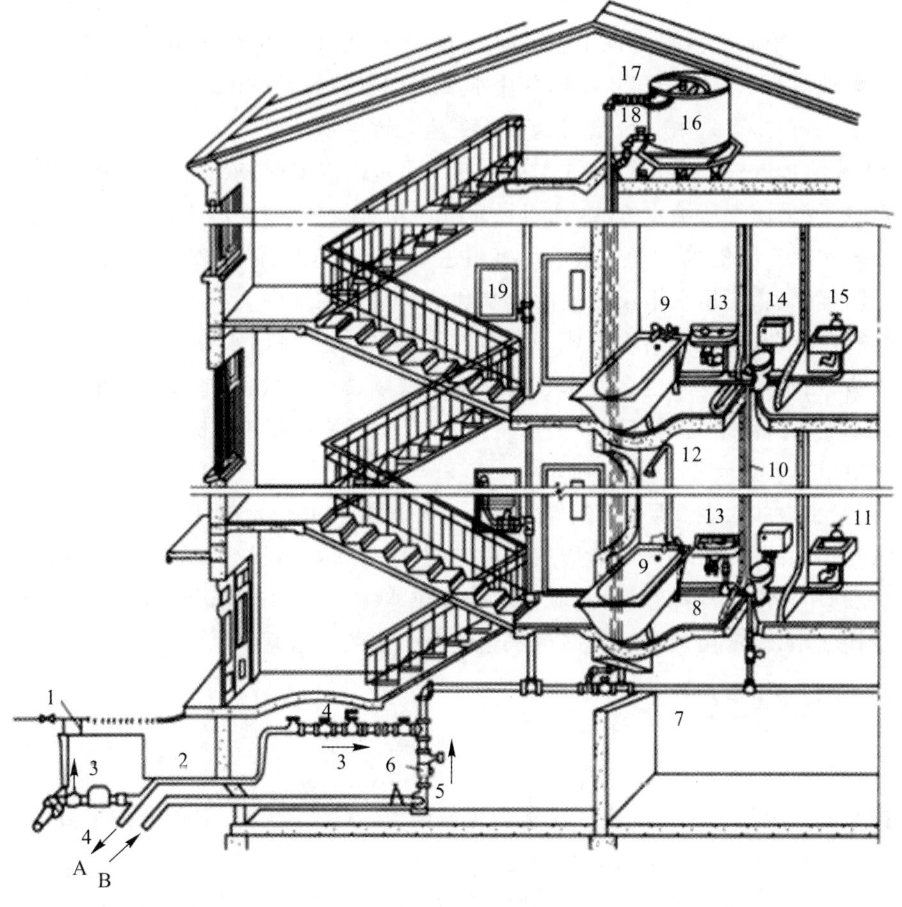

图 5－1　建筑内部给水系统

1—阀门井；2—引入管；3—闸阀；4—水表；5—水泵；6—逆止阀；7—干管；8—支管；9—浴盆；10—立管；11—水龙头；12—淋浴器；13—洗脸盆；14 —大便器；15—洗涤盆；16—水箱；17—进水管；18—出水管；19—消火栓；A—入储水池；B—来自储水池

3. 建筑给水系统的方式

建筑给水系统给水方式通常取决于建筑物的性质，建筑物的重要程度，建筑物的高度，以及建筑物对用水量、水压及水质的要求和用水时间等因素，结合本地区具体条件，选择较为合理而经济的给水方式。常用给水方式有以下几种：

(1)直接给水方式。直接给水方式利用室外管网水压直接向室内给水系统供水，此系统因不需设水泵、水箱等设备，具有系统简单、投资少、维护方便、供水安全等特点。该方式常用于室外给水压力稳定，并能满足室内所需压力的建筑物。

(2)单设水箱的给水方式。当室外给水管网水压在大部分时间内满足要求，仅在用水高峰时间出现水压不足时可采用高位水箱的给水方式。在建筑物的顶层上设置水箱，水压较高时将水储存在水箱内，待外网水压低于供水水压时，就可由水箱供水，达到调节水量和水压的作用。这种方式供水压力比较稳定，且有储水装置，供水较为安全。但由于水箱的滞水作用，可导致水质下降，并且水箱重量较大，增加了建筑物的承载负荷。

(3)水泵和水箱联合给水方式。当外部供水管网压力经常低于或不能满足建筑物内部所需水压，且室内用水不均匀时，宜采用水箱与水泵联合给水方式。系统的加压水泵靠水箱上的液位自动控制器来控制。当水位低于设定时，水泵电动机开始运转；水位达上限值时，则电动机停止运转自动切断水泵。当建筑物内部用水量大且较均匀时，可采用恒速水泵供水；当建筑物内部用水不均匀时，宜采用一台或多台水泵变速运行供水。

(4)气压式给水方式。当外管网的水压不能满足室内需要时，或室内用水不均匀且不宜设置高位水箱时，可采用气压给水方式，通过设置气压给水设备，如气压水罐，利用该设备内气体的可压缩性来实现升压供水。气压给水具有用途广、构造简单、供水安全、控制方便及不受建筑物高度限制等优点，应用于中小型生活给水和消防给水系统中。

(5)变频调速供水设备的给水方式。水箱水泵给水、气压罐给水方式的特点是水泵均为恒速运转，即使在用水量减少时也会使水泵处在间断或频繁启停状态，造成设备的磨损和电能的浪费。而自动变频式给水是根据实际用水量及水压来调整水泵电动机的转速，保证其恒压变流量的供水要求。

(6)分区给水方式。在高层建筑中，如果全靠加压泵和高位水箱供水，会使底层的管道及用水设备承受很大的静水压力，可能造成管材破裂、附件机械磨损严重等不良后果。为了节约能源，有效地利用外网水压，高层建筑应采取分区供水方式，常将建筑物的低区设置成由室外给水管网直接给水，高区由加压泵和高位水箱联合组成的给水系统供水。

5.1.2 建筑排水系统

1. 建筑排水系统分类

建筑排水系统是指用来排除生活污水和屋面雨、雪水的系统，一般可分为生活污水排水系统、雨水排水系统及生产废水排水系统三类。

(1)生活污水排水系统：用于人们日常生活中的洗浴、洗涤污水和粪便污水的排放。

(2)生产废水排水系统：工艺生产过程中所形成，直接参与生产，未被生产原料、半成品或成品污染，或温度稍有上升的水，如循环冷却水等，经简单处理后可回用或排入水体。

(3)雨水排水系统：用于接纳、排除屋面的雨、雪水。

2. 建筑排水系统的组成

(1)卫生器具:卫生器具是建筑内部用以满足人们日常生活或生产过程的各种卫生要求,收集并排出污、废水的设备,如洗涤盆、浴盆、盥洗槽等。

(2)排水管道:排水管道包括器具排水管、横支管、立管、埋地管和排出管。

(3)通气管道:通气管系统能使室内外排水管道与大气相通,其作用是将排水管道中散发的有害气体排到大气中去,使管道内常有新鲜空气流通,以减轻管内废气对管壁的腐蚀,同时使管道内的压力与大气取得平衡。

(4)清通管道:在室内排水系统中,为疏通排水管道,需设置检查口、清扫口、检查井等清通设备。

(5)局部提升设备:当民用与公共建筑的地下室、人防工程、地下铁道等地下建筑物的污、废水不能自流排到室外时,需设污水提升装置,如污水泵、空气扬水器等。

(6)污水局部处理构筑物:当建筑物内污水未经处理不允许排入市政排水管网和水体时,必须设污水局部处理构筑物,如化粪池、隔油池等。

建筑排水系统的组成如图 5-2 所示。

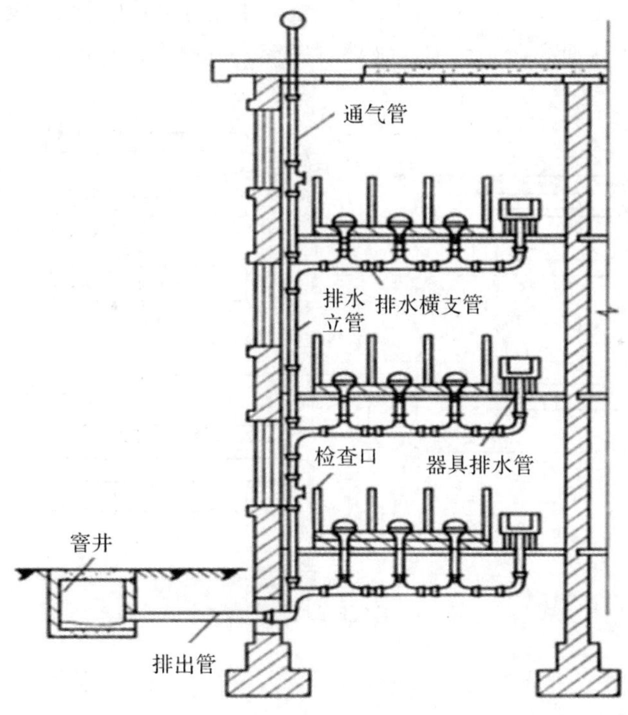

图 5-2　建筑排水系统的组成

5.2　生活水泵的电气控制系统

在给水排水工程中,自动控制及远程控制是提高科学管理水平、减轻劳动强度、保证给水排水系统正常运行、节约能源的重要措施。在建筑给水系统中,给水泵又称为生活水泵,可按照高位水箱(或蓄水池)水位的高低,或者用户对水量、水压的要求进行控制。

由于城区供水管网在用水高峰时压力不足或发生爆管时造成较长时间停水，各局部供水系统都设有蓄水池或高位水箱蓄水，以备生产、生活和消防用水。为了使高位水箱或供水管网有一定的水位或压力，需要安装加压水泵，一般情况下，生活给水泵采用离心式水泵。在实际工程中，由于不同建筑对供水可靠性的要求，供水压力、供水量及电源情况等要求不同，使生活给水泵形成不同的组合方式，如有单台水泵、两台水泵一台工作一台备用、两台水泵自动轮换工作、三台水泵两台工作一台备用交替使用、多台水泵恒压供水等多种方式。

将水位信号转换为电信号的设备称为(水)液位传感器。它是随液面变化而实现控制作用的位式开关，即随液面的变化而改变其触点接通或断开状态的开关。按照原理与结构不同，常用的液位传感器有干簧管式开关、浮球磁性开关和电极式开关等，水位传感器常与各种电气元件组成位式电气控制箱。

5.2.1 干簧管水位控制器

1. 干簧管开关

如图 5-3(a)(c)分别是常开和常闭触头的干簧管开关原理结构图。在图 5-3(a)中密封玻璃管 2 内，两端各固定一片舌簧片 1 和 3。舌簧片自由端相互接触处，镀以贵重金属(如金、铑、钯等)，保证良好的接通和断开能力。玻璃管中充入氮等惰性气体，以减少触点的污染与电腐蚀。

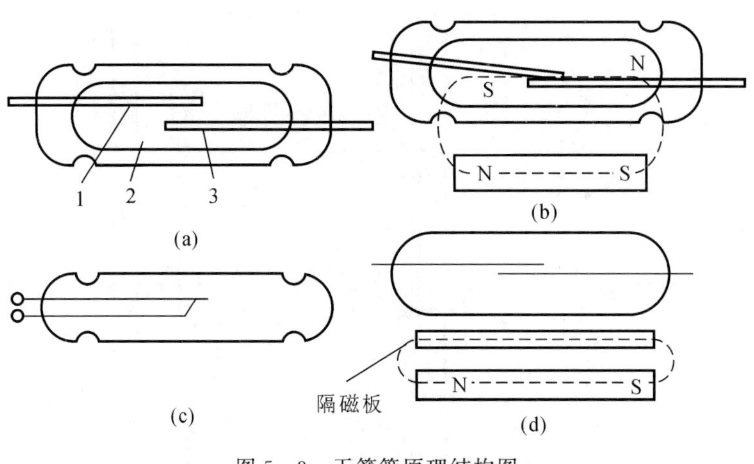

图 5-3 干簧管原理结构图

1,3—舌簧片； 2—玻璃管

舌簧片常用永久磁铁和磁短路板两种方式驱动，图 5-3(b)为永久磁铁驱动，当永久磁铁“N-S”运动到它附近时，舌簧片被磁化，中间的自由端形成异极性而相互吸引(或排斥)，触点接通(或断开)；当永久磁铁离开时，舌簧片消磁，触点因弹性而断开(或接通)。图 5-3(d)是磁短路板驱动，干簧管与永久磁铁组装在一起，中间有缝隙，其舌簧片已经被磁化，触点已经接通(或断开)。当磁短路板(铁板)进入永久磁铁与干簧管之间的缝隙时，磁力线通过磁短路板组成闭合回路，舌簧片消磁，因弹性而恢复；在磁短路板离开后，舌簧片又被磁化而动作(接通或断开)。

2. 干簧管水位控制器

其工作原理是：在塑料管或尼龙管内固定有上、下水位干簧管开关 SL1 和 SL2，塑料管下端密封防水，连线在上端接出。塑料管外套有一个能随水位移动的浮标(或浮球)，浮标中固定一个永久磁环，当浮标移到上或下水位时，对应的干簧管接受到磁信号而动作，发出水位电开关信号，如图 5-4 所示。

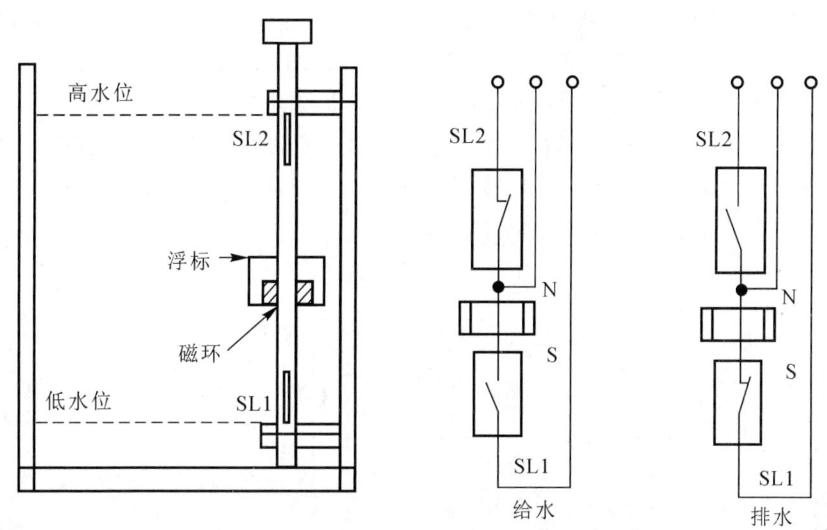

图 5-4　干簧管水位控制器的安装和接线图

5.2.2　生活水泵控制电路

在电气控制线路中，可根据水位的高低来实现给水泵的自动启停控制。例如：向高位水箱供水，当水箱水位低于低限值时，给水泵应自动启动，随着水压的上升水箱水位也逐渐升高；当水箱水位达到高限值时，给水泵应自动停止，同时还应考虑蓄水池的水位，只有当蓄水池水位高于低限值时才允许启动给水泵；若蓄水池水位低于低限，特别是生活与消防合一的蓄水池，当其水位低于消防用水所必须的水位时，即使高位水箱水位达到低限值，给水泵也不允许启动，以确保消防用水。同时，在电气控制系统中，还应考虑各水池、水箱的水位指示，以及水泵故障时的报警功能。

下面介绍采用干簧式开关作为水位信号控制器，对生活水泵电动机进行控制。水泵电动机共两台，一台为工作泵，另一台为备用泵，控制方式有备用泵不自动投入(手动投入)、备用泵自动投入等，以下分别加以叙述。

1. 两台给水泵(一用一备)

线路实现的功能是：受屋顶水箱水位开关的控制，液面处于低水位时水泵自动启动，液面处于高水位时水泵自动停泵；当工作泵出现故障时，备用泵依靠手动投入使用。

图 5-5(a)～(d)分别为水位控制开关接线图、水位信号电路图、两台泵的主电路及控制电路图。令 1# 水泵为工作泵，2# 水泵为备用泵。SA1 和 SA2 是万能转换开关，万能转换开关的操作手柄一般是多挡位的，触点数量也较多。其触点的闭合或断开在电路图中是采用展开图来表示，即操作手柄的位置用虚线表示，虚线上的黑圆点表示操作手柄转到此位置时，该对触点闭合；如无黑圆点，表示该对触点断开。将 SA1 转至“Z”位，其触点 1-2、3-4 接通，同时 SA2 转至“S”位，其触点 5-6、7-8 接通。

当水箱水位下降时，触点 SL1 闭合，水位继电器 KA 线圈得电并自锁，使接触器 KM1 线圈通电，1# 泵电动机 M1 启动运转，水泵往水箱注水。水箱水位上升，同时停泵信号灯 HL_G 灭，开泵红色信号灯 HL_R 亮，表示 1# 泵电动机 M1 启动运转。若水箱水位的上升，SL1 复位，但因 KA 已自锁，故不影响水泵电动机继续运转，直到水位上升到高水位时，上限触点 SL2 断开，于是 KA 线圈失电，其触头复位，使 KM1 失电释放，M1 停止工作。如此干簧水位信号低水位开泵，高水位停泵；如水泵用于排水，则应采用高水位开泵，低水位停泵。当 1# 泵出现故障时，警铃 HA 开始报警，工作人员按下启动按钮 SB4，接触器 KM2 线圈通电并自锁，2# 泵电动机 M2 启动投入工作。在水箱注满后按下 SB3，KM2 失电释放，2# 泵电动机 M2 停止运转，水泵停止工作。这就是故障下备用泵的手动投入过程。

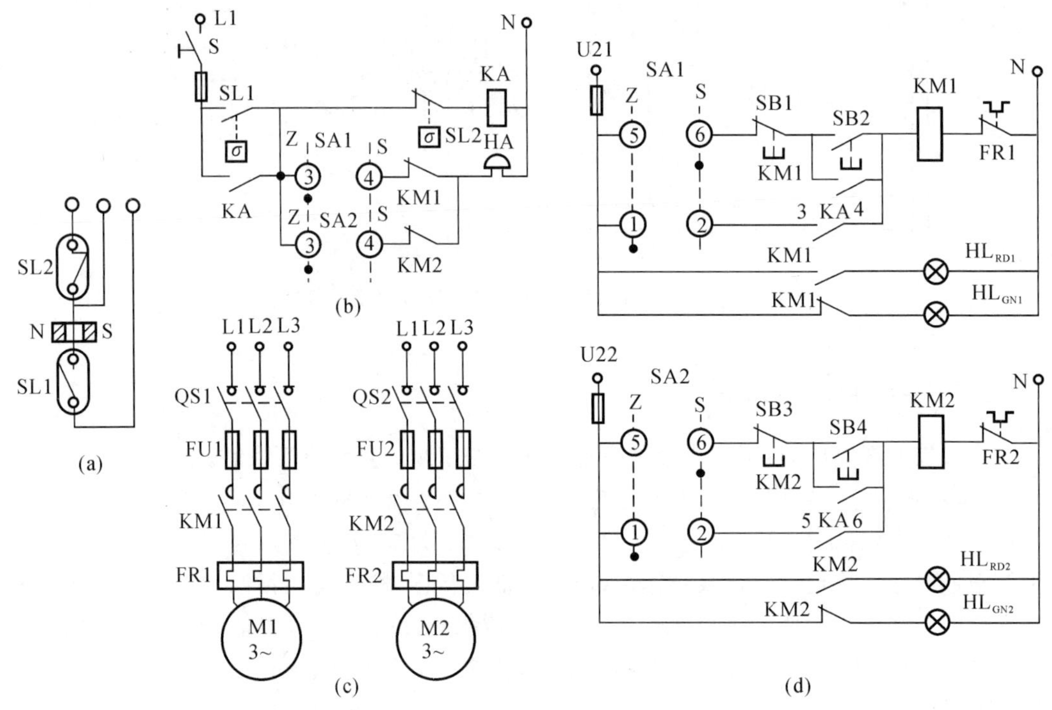

图 5-5 备用泵手动投入控制电路图

(a)接线图； (b)水位信号电路； (c)主电路； (d)控制电路

2. 备用泵自动投入的电气控制

两台泵互为备用，备用泵自动投入的控制线路电路如图 5-6 所示。正常工作时，电源开关 QS1，QS2 均合上，SA 为万能转换开关 LW5 系列。手柄在中间挡时，11 和 12、19 和 20 两对触头闭合，为手动操作启动按钮控制，水泵不受水位控制器控制。当 SA 手柄扳向左面 45° 时，15 和 16、7 和 8、9 和 10，3 对触头闭合，1# 泵为常用机组，2# 泵为备用机组，当水位在低水位（给水泵）时，SL1 闭合，水位信号电路的中间继电器 KA1 线圈通电，其常开触点闭合，一对用于自锁，一对通过 SA7，8 使接触器 KM1 通电，1# 泵投入运行，加压送水，当浮标离开 SL1 时，SL1 断开。当水位到达高水位时，浮标磁铁使 SL2 动作，KA1 失电，KM1 失电、水泵停止运行。

如果 1# 泵在投入运行时发生过载或者接触器 KM1 接受信号不动作，时间继电器 KT 和警铃 HA 通过 SA15,16 长时间通电，使中间继电器 KA2 通电，经 SA9,10 使接触器 KM2 通电，2[#]泵自动投入运行，同时 KT 和 HA 失电。

若 SA 手柄扳向右面 45°时，5 和 6、1 和 2、3 和 4,3 对触头闭合，2[#]泵自动，1 #泵为备用。

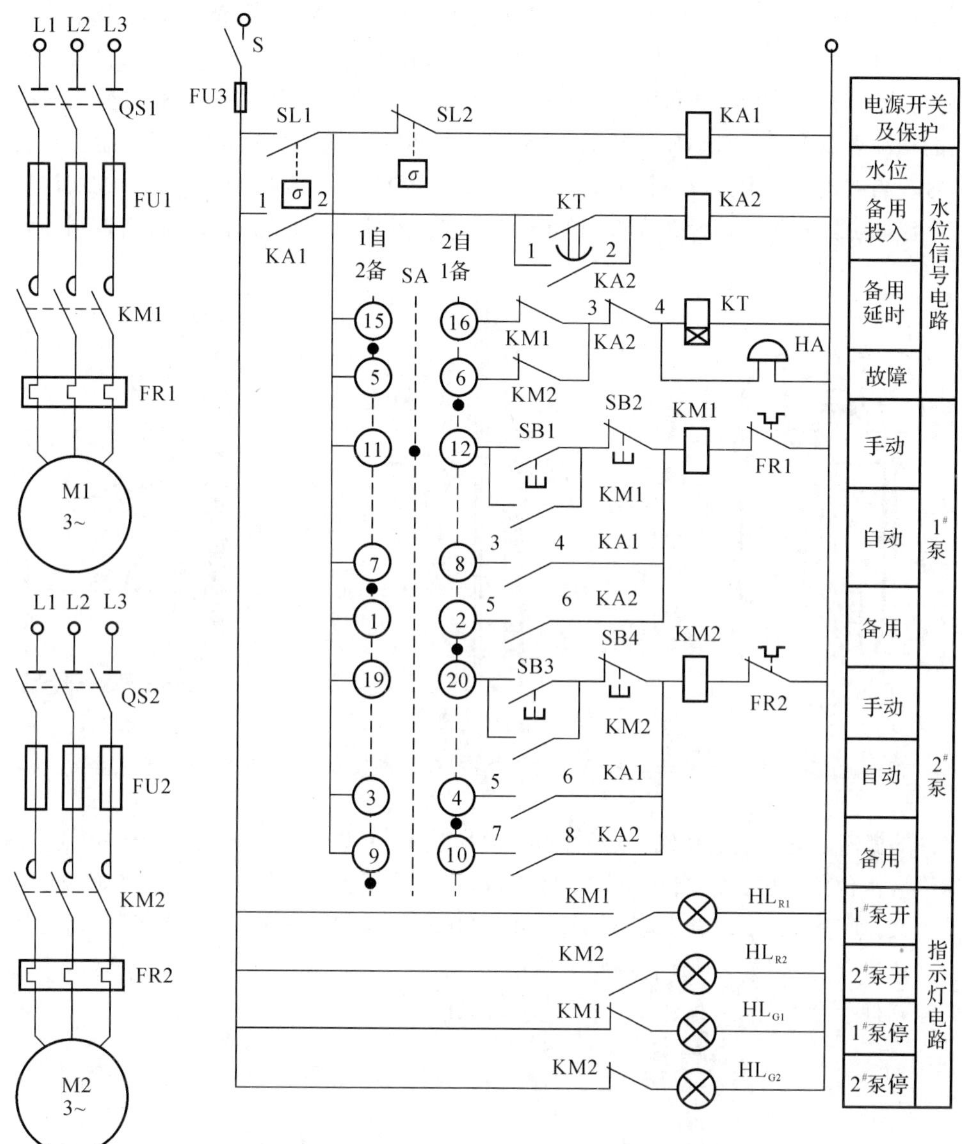

图 5－6　备用泵自动投入的控制电路

3. 其他水位控制器

(1)浮球磁性开关液位控制器。UQK－611、612、613、614 型浮球磁性开关液位控制器是利用浮球内置干簧管开关动作而发出水位信号的，因外部无任何可动机构，特别适用于含有固体、半固体浮游物的液体，如生活污水、工厂废水及其他液体液位自动报警和控制。

图 5－7 为浮球磁性开关外形结构示意图，主要由工程塑料浮球、外接导线和密封在浮球内的开关装置组成。开关装置由干簧管、磁环和动锤构成。制造时，磁环的安装位置偏离干簧

管中心，其厚度小于一根簧片的长度，所以磁环几乎全部从单根簧片上通过，两簧片间无吸力，干簧管触点处于断开状态。其动锤在滑轨上随浮球的正置或倒置可以滑动，既偏离磁环和靠紧磁环，当动锤靠紧磁环时，可视为磁环厚度增加，两簧片被磁化而相互吸引，使其触点闭合。

其安装示意图如图5-8所示，当液位在下限时，浮球正置，动锤靠自重位于浮球下部，浮球因为动锤在下部，重心向下，基本保持正置状态，发出开泵信号。开泵后液位上升，当液位接近上限时，由于浮球被支持点和导线拉住，便逐渐倾斜。当浮球刚超过水平测量位置时，位于浮球内的动锤靠自重向下滑动使浮球的重心在上部，迅速翻转而倒置，使干簧管触点吸合，发出停泵信号。当液位下降到接近下限时，浮球又重新翻转回去，又发出开泵信号。在实际应用中，可用几个浮球磁性开关分别设置在不同的液位上，各自给出液位信号对液位进行控制和监视。

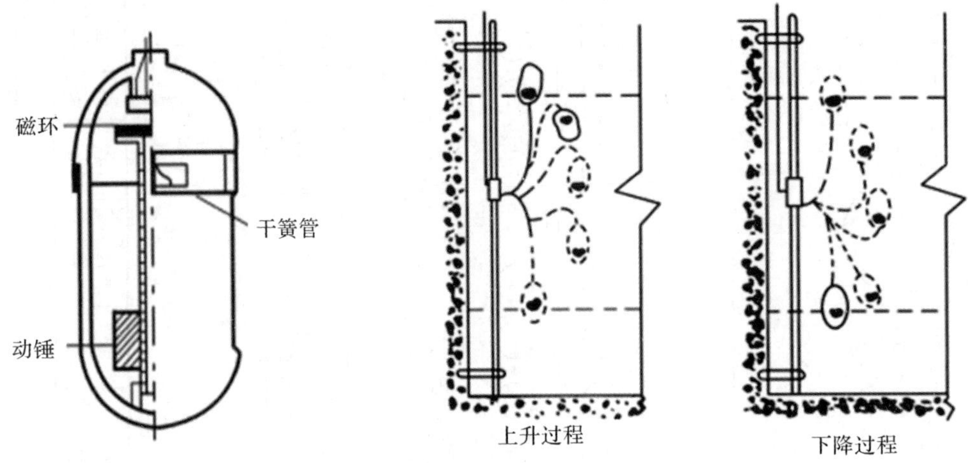

图5-7 浮球磁性开关外形结构示意图

图5-8 浮球磁性开关液位控制器安装示意

水泵的控制方案与前面相同，仅是水位信号取法不同，使水位信号电路略有差别。图5-9为单球给水水位信号电路。当水位处于低水位时，浮球正置，动锤在下部，干簧管触点断开，需要启动水泵，通过一个中间继电器KA将SL常开转换为闭合触点，发出水泵启动信号；当水位达到高位时，浮球倒置，动锤下滑使干簧触点SL吸合，使KA通电，发出停泵信号，直到水位重新回到低水位时，浮球翻转，SL打开又发出开泵信号。

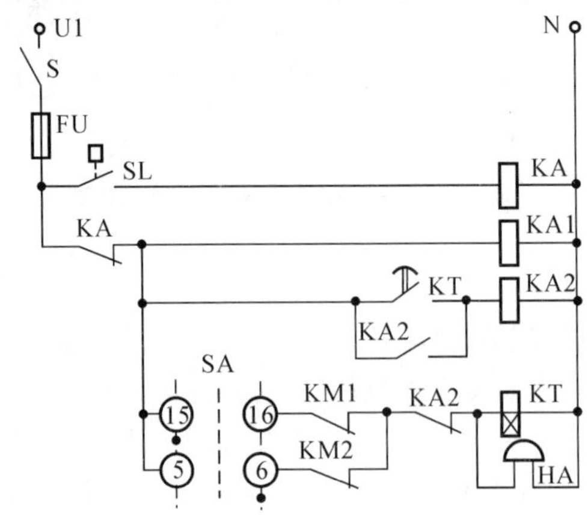

图5-9 浮球磁性开关水位信号电路

(2)压力式水位控制器。水箱的水位也可以通过压力来检测,水位高压力也高,水位低压力也低。电接点压力表,既可以作为压力控制又可作为就地检测之用。它由弹簧管、传动放大机构、刻度盘指针和电接点装置等构成,如图 5-10 所示。当被测介质的压力进入弹簧管时,弹簧产生位移,经传动机构放大后,使指针绕固定轴发生转动,转动的角度与弹簧管中压力成正比,并在刻度上指示出来,同时带动电接点指针动作。在低水位时,指针与下限整定值接点接通,发出低水位信号;在高水位时,指针与上限整定值接点接通;在水位处于高低水位整定值之间时,指针与上下限接点均不通。

图 5-10　电接点压力表示意图

水泵的控制方案与前相同,仅是水位信号电路略有不同,水位信号电路如图 5-11 所示。当水箱水位低(或管网水压低)时,电接点压力表指针与下限整定值触点接通,中间继电器 KA1 通电并自锁和发出开泵电信号;当水压升高时,压力表指针脱离下限触点,但 KA1 有自锁,泵继续运行;当水压升高到使压力表指针与上限整定值触点接通时,中间继电器 KA2 通电,其常闭触点使 KA1 失电发出停泵指令。

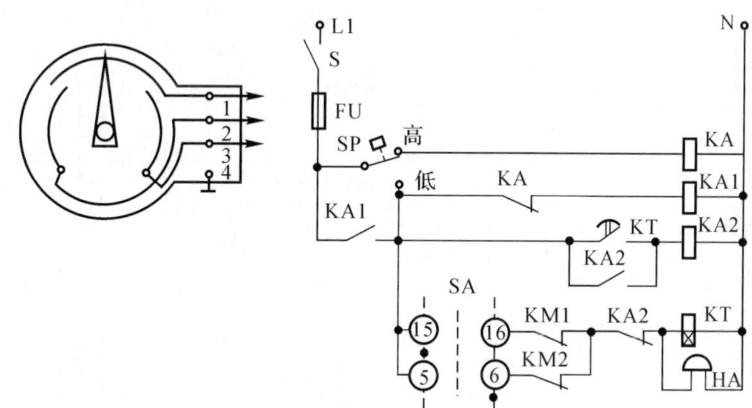

图 5-11　电接点压力表水位信号电路

5.3　消防水泵的电气控制

消防灭火方式可分为人工灭火和自动灭火。人工灭火常使用室内消火栓,喷水灭火时需启动加压水泵,自动喷水灭火时也需自动启动加压水泵,两者差别不大,仅是启动信号不同而已。

5.3.1　室内消火栓水泵控制

室内消火栓给水系统是指担负室内消火栓灭火设备给水任务的一系列工程设施,它是建筑物内广泛采用的一种人工灭火系统。当室外给水管网的水压不能满足室内消火栓给水系统最不利点的水量和水压时,应设置消防水泵和水箱的室内消火栓给水系统。

图 5-12 为某消火栓水泵控制主电路及控制电路，两台消防水泵 M1 和 M2 互为备用，备用泵可以自动投入。正常运行时电源开关 QS1、QS2、S1、S2 均合上，S3 为水泵检修双投开关，不检修时放在运行位置。SB10～SBn 为各消火栓箱消防启动按钮，无火灾时，按钮被玻璃面板压住，其常开触头已经闭合，中间继电器 KA1 通电，消火栓泵不会启动。SA 为万能转换开关，手柄放在中间时，为泵房和消防控制中心控制启动水泵，不接受消火栓内消防按钮控制指令。设 SA 扳向左 45°时，SA1 和 SA6 闭合，1# 泵自动，2# 泵备用。

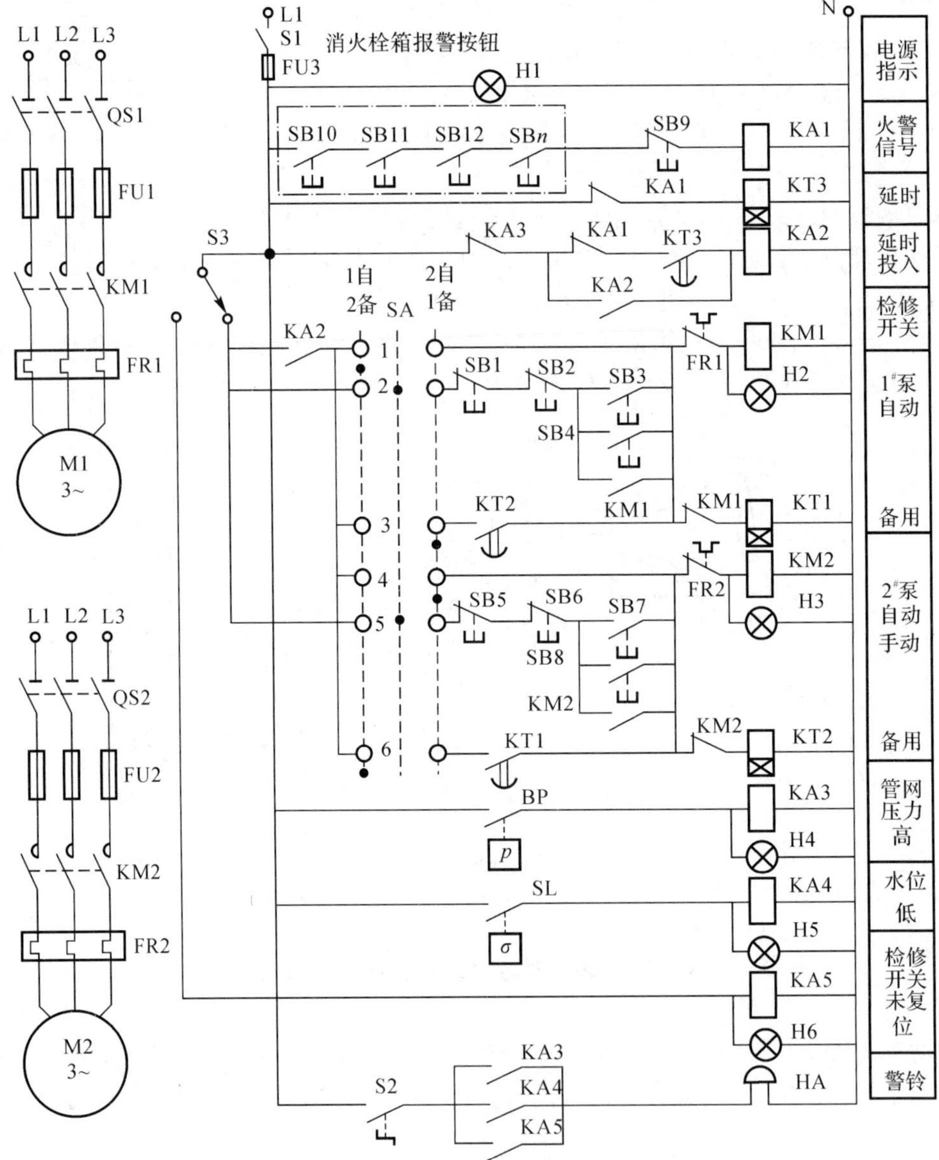

图 5-12 消火栓水泵电路原理图

若发生火灾时，打开消火栓箱门，用硬物击碎消防按钮的面板玻璃，其按钮常开触头恢复，使 KA1 断电，时间继电器 KT3 通电，经数秒延时使 KA2 通电并自锁，同时串接在 KM1 线圈回路中的 KA2 常开辅助触头闭合，经 SA1 使 KM1 通电，1# 泵电动机启动运行，加压喷水。

如果 1[#] 泵发生故障或过载，热继电器 FR1 的常闭触点断开，KM1 断电释放，其常闭触点恢复，使 KT1 通电，其常开触头延时闭合，经 SA6 使 KM2 通电，2[#] 泵投入运行。当消防给水管网水的压力过高时，管网压力继电器触点 BP 闭合，使 KA3 通电发出停泵指令，通过 KA2 断电而使工作泵停止并进行声光报警。当低位消防水池缺水时，低水位控制器 SL 触点闭合，使 KA4 通电，发出消防水池缺水的报警信号。当水泵需要检修时，将检修开关 S3 扳向检修位置，KA5 通电，发出报警信号，S2 为消铃开关。

5.3.2　自动喷淋装置的控制

自动喷水灭火系统是一种能自动动作（喷水灭火），并同时发出火警信号的灭火系统。其适用范围广，凡可以用水灭火的建筑物均可设自动喷水灭火系统。自动喷水灭火系统按喷头开闭形式可分为闭式喷水灭火系统和开式喷水灭火系统。闭式喷水灭火系统按其工作原理又可分为湿式、干式和预作用式，其中湿式喷水灭火系统应用最为广泛。自动喷淋装置通常也用消防水泵进行加压，工作方式大多为两台水泵互为备用，工作泵故障时备用泵经延时后自动投入运行。

湿式喷水灭火系统是由闭式喷头、管道系统、水流指示器（水流开关）、湿式报警阀、报警装置和供水设施等组成，图 5－13 为湿式自动喷水灭火系统示意图。该系统管道内始终充满压力水，当火灾发生时，高温火焰或高温气流使闭式喷头的玻璃球炸裂或易熔元件熔化而自动喷水灭火。此时，管网中的水从静止的状态变为流动，安装在主管道各分支处对应的水流开关触点闭合，发出启动泵的电信号。根据水流开关和管网压力开关信号等，消防控制电路能自动启动消防水泵向管网加压供水，达到持续自动喷水灭火的目的。

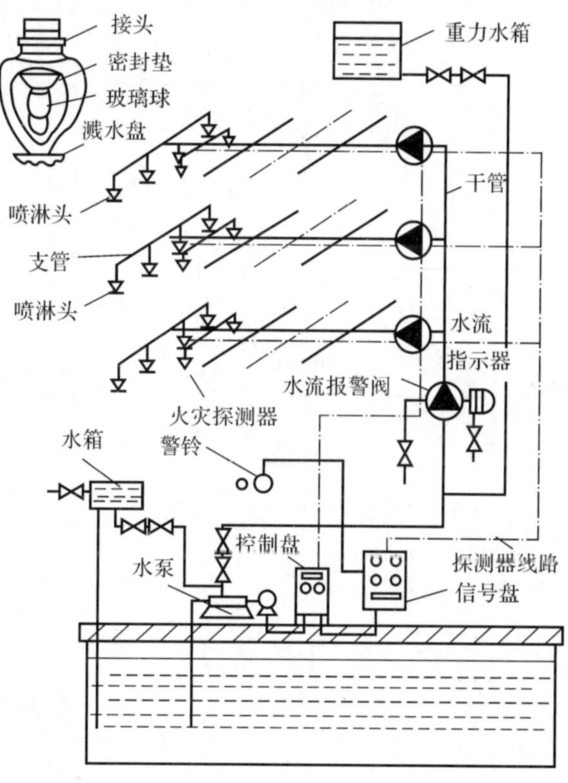

图 5－13　湿式自动喷水灭火系统示意图

图 5－14 为湿式自动喷淋灭火系统加压水泵电气控制的一种方案，两台泵互为备用，备用泵自动投入。正常运行时，电源开关 QS1、QS2、S1 均合上，发生火灾时，当闭式喷头的玻璃球炸裂喷水时，水流开关 B1～Bn 触头有一个闭合，对应的中间继电器通电，发出启动消防水泵的指令。设 B2 动作，KA3 通电并自锁，KT2 通电，经延时使 KA 通电，声、光报警，如 SA 手柄扳向右 45°，对应的 SA_3、SA_5 和 SA_8 触点闭合，KM2 经 SA_5 触点通电吸合，使 2[#] 泵电动机 M2 投入运行。若 2[#] 泵发生故障或过载，FR2 的常闭断开，KM2 断电释放，其辅助常闭触点闭合，经 SA_8 触点使 KT1 通电，经延时使 KA1 通电，KA1 触点经 SA_3 触点使 KM1 得电，备用 1[#] 泵自动投入运行。

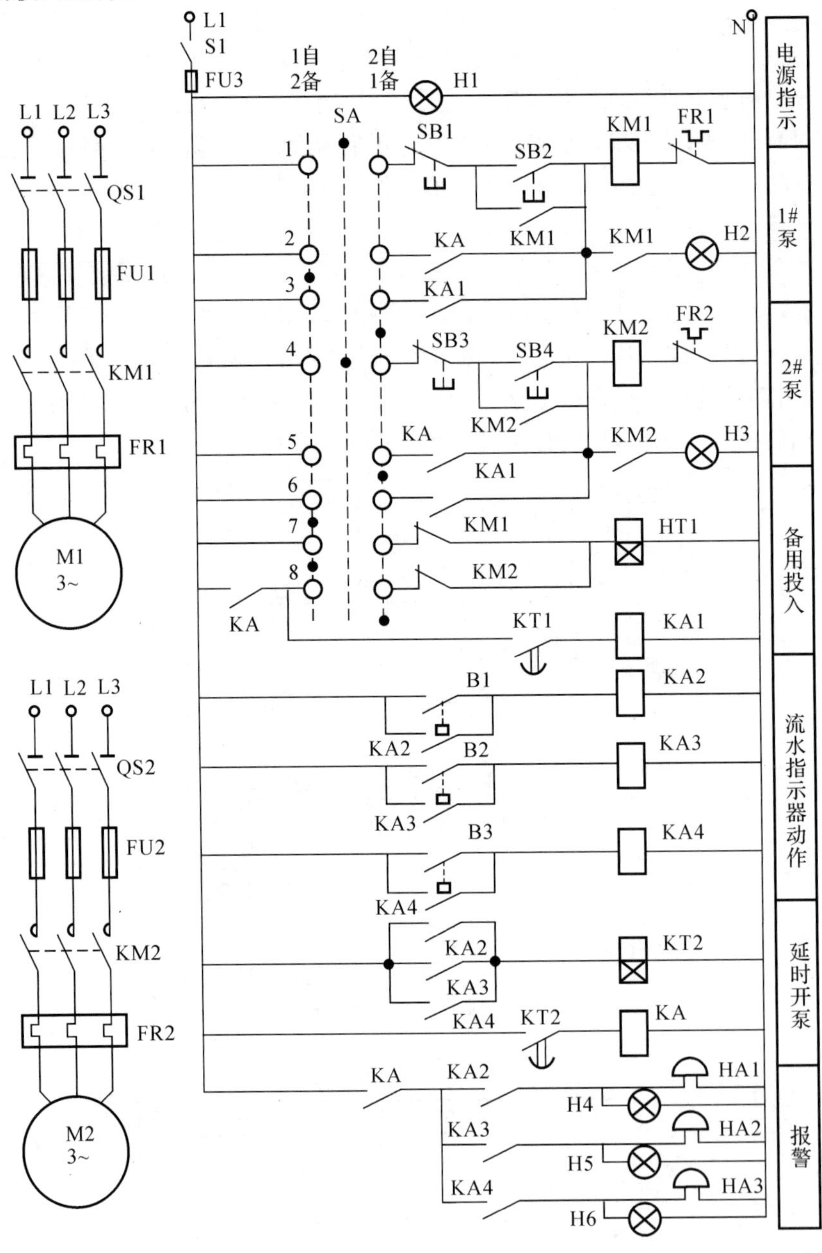

图 5－14　湿式自动喷淋装置消防水泵的控制电路

5.4　排水泵的电气控制

在现代建筑中，地下室的积水、各类管沟中的积水，以及多层地下室的排水等低于市政排水管网，所以必须设置集水井(或集水坑)，采用排水泵将其排放至地面排水管沟，经汇集后再排放至市政排水管网。生活污水、卫生设施、餐饮污水、消防废水等，经汇集后由排污泵排放至地面排污管网。排水泵和排污泵的控制通常也是根据集水井的水位信号完成的。排水系统与给水系统一样，也是建筑工程中必须解决的关键问题。在设计时视不同情况，确定合适的排水方案。这里仅介绍两台泵(一台工作，一台备用)的排水方案。

在建筑物中，若污水较脏，不允许积满后泛滥成灾，所以为确保排污的可靠性，可采用两台泵进行排污。排污泵的启停也可采用液位信号进行控制，其主回路如图 5－15 所示，控制电路如图 5－16 所示，控制过程如下。

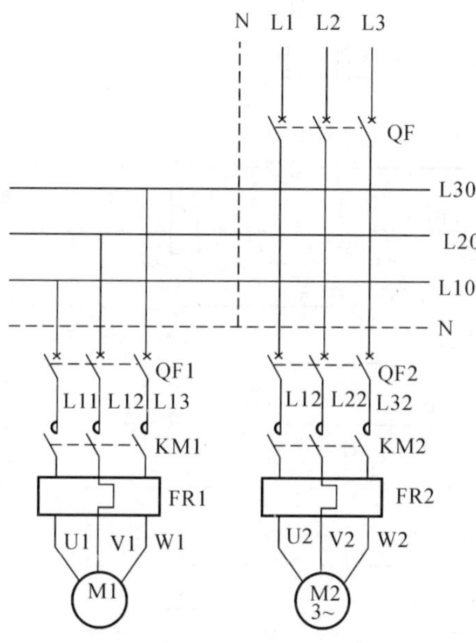

图 5－15　排水泵控制主电路

5.4.1　自动控制

合上自动开关 QF、QF1、QF2，令 1# 水泵工作，2# 水泵备用，将转换开关 SA 扳至“1# 用，2# 备”位置，其触点 9－10、11－12 闭合，当集水池内水位升高，达到需要位置时，液位器 SL2 触点闭合，使中间继电器 KA3 线圈通电并自锁，接触器 KM1 线圈通电动作，1# 泵电动机 M1 启动排污。中间继电器 KA1 通电，同时 1# 泵运行信号灯 HR1 亮，故障信号灯 HY1 和停泵信号灯 HG1 灭。当将集水池中的污水排完时，低水位液位器 SL1 断开，KA3 失电释放，KM1 失电，KA1 失电，1# 泵电动机停止。如此根据污水的变化，排污泵处于间歇工作状态。

5.4.2　故障下工作状态

当 KM1 出现故障时，其触头不动作，时间继电器 KT2 线圈通电，延时后接通备用 2# 泵电动机 M2，又使中间继电器 KA2 通电动作，使运行灯 HR2 亮，故障灯 HY2 和停泵灯 HG2 灭，检修人员此时可对 1# 泵进行检修。

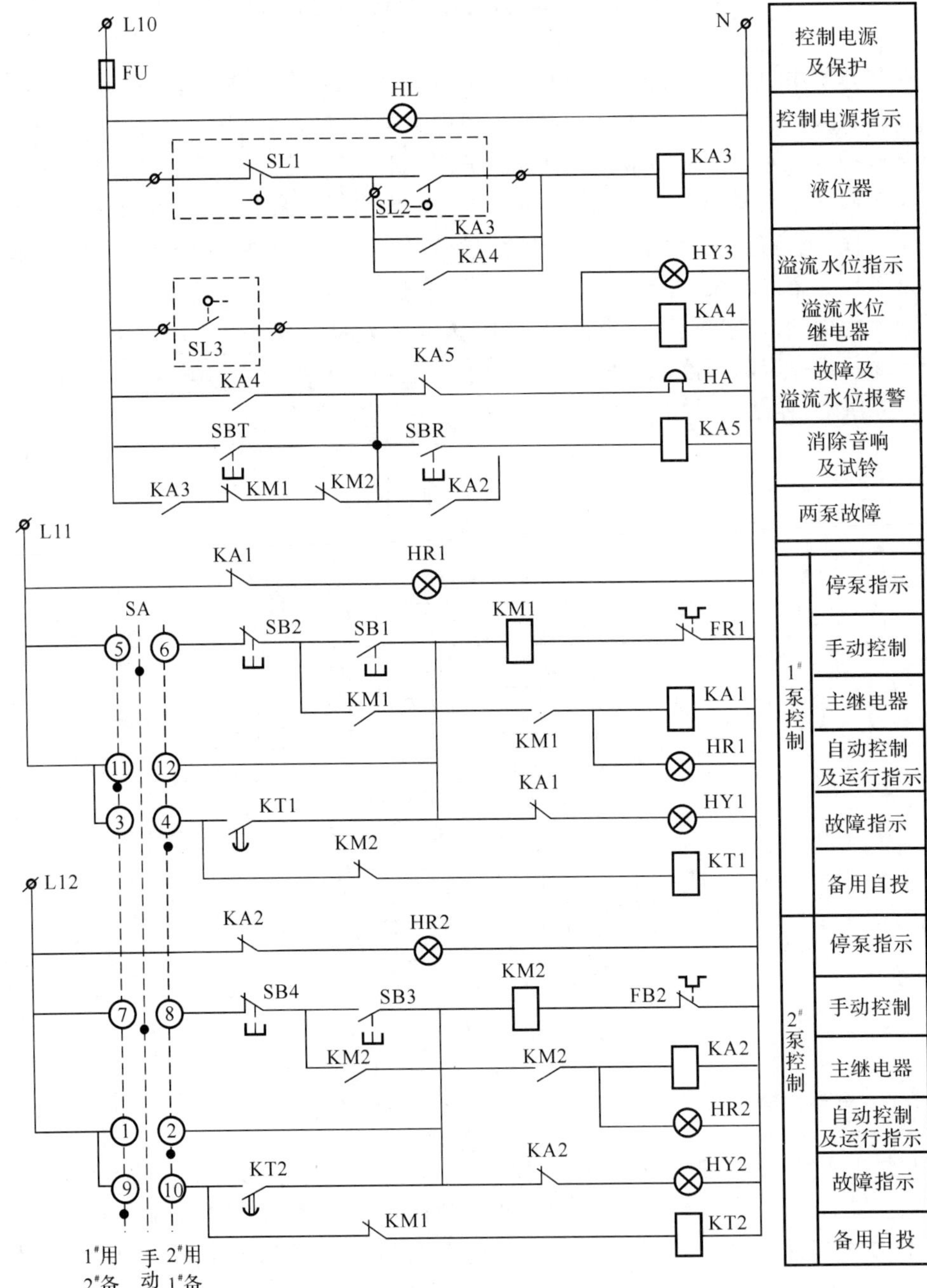

图 5-16　排水泵(一备一用)电路控制电路

5.4.3　手动控制

如果两台泵同时发生故障,虽然污水集水池水位已高,KA3 线圈通电,但 KM1 和 KM2 均不动作,双泵故障报警回路使警铃 HA 响,备用泵会自动投入,若警铃仍持续报警,判定是双泵出现故障,应先按下警铃解除按钮 SBR,使继电器 KA5 通电自锁,同时切断 HA。然后将转换开关 SA 扳至“手动”位置，其触点 5-6、7-8 闭合，之后对水泵进行检修，或操作 SB1～SB4 对双泵进行试运行。

5.4.4　溢流水位自动报警

当集水池污水液面升高时，应使液位器 SL2 闭合，若 SL2 没闭合，排水泵没启动，污水液面仍不断上升。当达到溢流水位时，液位器 SL3 闭合，使中间继电器 KA4 通电，HA 响报警。同时，KA3 线圈通电，排污泵电动机启动排污，以便在检修人员检修前，减少溢水。

5.5　锅炉的电气控制

5.5.1　锅炉房设备的组成及控制任务

锅炉本体和其辅助设备总称为锅炉房设备（简称锅炉），图 5-17 为 SHL 型燃煤锅炉及锅炉房设备结构图。根据使用的燃料不同，又可分为燃煤锅炉、燃气锅炉等。

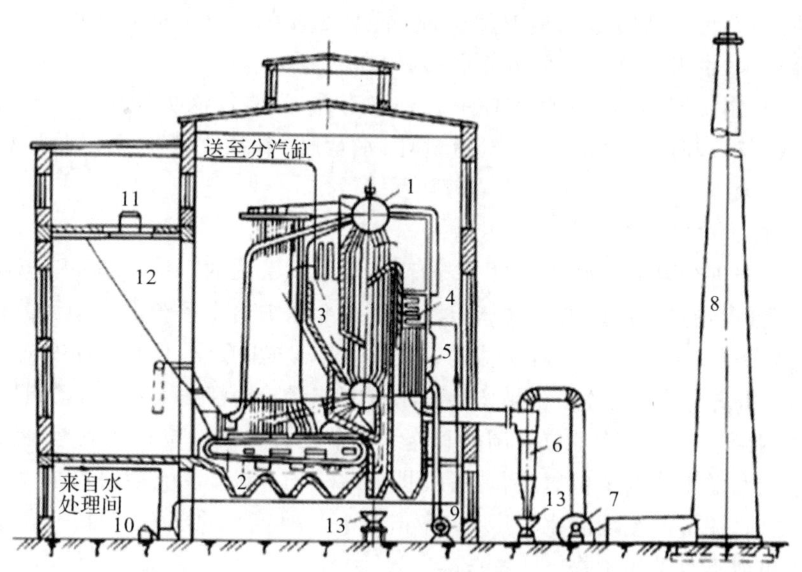

图 5-17　SHL 型燃煤锅炉及锅炉房设备结构图

1—锅筒；2—链条炉排；3—蒸气过热器；4—省煤器；5—空气预热器；6—除尘器；7—引风机；8—烟囱；9—送风机；10—给水泵；11—运煤带运输机；12—煤仓；13—灰车

1. 锅炉本体

锅炉本体一般由汽锅、炉子、蒸气过热器、省煤器和空气预热器 5 部分组成。

（1）汽锅（汽包）。汽锅由上、下锅筒和三簇沸水管组成。水在管内受管外烟气加热，因而管簇内发生自然循环流动，并逐渐汽化，产生的饱和蒸气集聚在上锅筒里。为了得到干度比较大的饱和蒸气，在上锅筒中还应装设汽水分离设备。

（2）炉子。炉子是使燃料充分燃烧并放出热能的设备。燃料由煤斗落在转动的链条炉箅上，进入炉内燃烧。所需空气由炉箅下面的风箱送入，燃尽的灰渣被炉箅带到除灰口，落入灰斗中。得到的高温烟气依次经过各个受热面，将热量传递给水以后，由烟窗排至大气。

(3)过热器。过热器是将汽锅所产生的饱和蒸气继续加热为过热蒸气的换热器,由联箱和蛇形管所组成,一般布置在烟气温度较高的地方。

(4)省煤器。省煤器是利用烟气余热加热锅炉给水,以降低排出烟气温度的换热器。省煤器由蛇形管组成,小型锅炉中采用具有肋片的铸铁管式省煤器。

(5)空气预热器。空气预热器是继续利用离开省煤器后的烟气余热,加热燃料燃烧所需要的空气的换热器。热空气可以强化炉内燃烧过程,提高锅炉燃烧的经济性。

2. 锅炉的辅助设备

锅炉的辅助设备,可按它们围绕锅炉进行的工作过程,由以下几个系统组成:

(1)运煤、除灰系统。其作用是保证为锅炉运入燃料和送出灰渣,燃料燃尽后的灰渣,则由灰斗放入灰车送出。

(2)送、引风系统。为了给炉子送入燃烧所需空气和从锅炉引出燃烧产物——烟气,以保证燃烧正常进行,并使烟气以必要的流速冲刷受热面。锅炉的通风设备有送风机、引风机和烟窗。为了改善环境卫生和减少烟尘污染,锅炉还常设有除尘器,为此也要求必须保持一定的烟窗高度。

(3)水、汽系统。汽锅内具有一定的压力,因而给水需借给水泵提高压力后送入。此外,为了保证给水质量,避免汽锅内壁结垢或受腐蚀,锅炉房通常还设有水处理设备(包括软化、除氧);为了储存给水,也得设有一定容量的水箱等。

(4)仪表及控制系统。除了锅炉本体上装有仪表外,为监督锅炉设备安全和经济运行,还常设有一系列的仪表和控制设备,如蒸气流量计、水量表、烟温计、风压计、排烟含氧量指示等常用仪表。

3. 锅炉的自动控制任务

锅炉房中需要进行自动控制的项目主要有:锅炉给水系统的自动调节;锅炉燃烧系统的自动调节;过热蒸气锅炉过热温度的自动调节等。现简介锅炉给水系统的自动调节。

锅炉汽包水位的高度,关系着汽水分离的速度和生产蒸气的质量,也是确保安全生产的重要参数。因此,汽包水位是一个十分重要的被调参数,锅炉的自动控制都是从给水自动调节开始的。

锅炉常用的给水自动调节有位式调节和连续调节两种方式。位式调节是指调节系统对锅筒水位的高水位和低水位两个位置进行控制,即低水位时,调节系统接通水泵电源,向锅炉上水,达到高水位时,调节系统切断水泵电源,停止上水。随着水的蒸发,锅筒水位逐渐下降,当水位降至低水位时重复上述工作。

连续调节是指调节系统连续调节锅炉的上水量、以保持锅筒水位始终在正常水位的范围。调节装置动作的冲量(反馈信号)可以是锅筒水位、蒸气流量和给水流量,根据取用的冲量不同,可分为单冲量、双冲量和三冲量调节三种类型。

(1)单冲量给水调节系统。该系统是以汽包水位为唯一的反馈信号,如图 5-18 所示。当汽包水位发生变化时,水位变送器发出信号并输入给调节器,调节器根据水位信号与给定信号比较的偏差,经过放大后输出调节信号,去控制给水调节阀的开度,改变给水量来保持汽包水位在允许的范围内。单冲量给水调节的优点是系统结构简单。常用在汽包容量相对较大、蒸气负荷变化较小的锅炉中,但不能克服“虚假水位”现象,即蒸气流量突然增加,汽包内的汽压下降,炉水的沸点降低,使炉管和汽包内的汽水混合物中的汽容积增加,体积膨大而引起汽包水位虚假上升的现象。也不能及时地反映给水母管方面的扰动,当给水母管压力变化大时,将影响给水量的变化。

(2)双冲量给水调节。双冲量给水调节原理图如图 5－19 所示，是以锅炉汽包水位信号作为主反馈信号，以蒸气流量信号作为前馈信号，组成锅炉汽包水位双冲量给水调节。系统的优点是引入蒸气流量作为前馈信号，可以消除因“虚假水位”现象引起的水位波动。当蒸气流量变化时，就有一个给水量随蒸气量同方向变化的信号，可以减少或抵消由于“虚假水位”现象而使给水量向相反方向变化的错误动作，使调节阀一开始其向正确的方向动作，减小了水位的波动，缩短了过渡过程的时间。

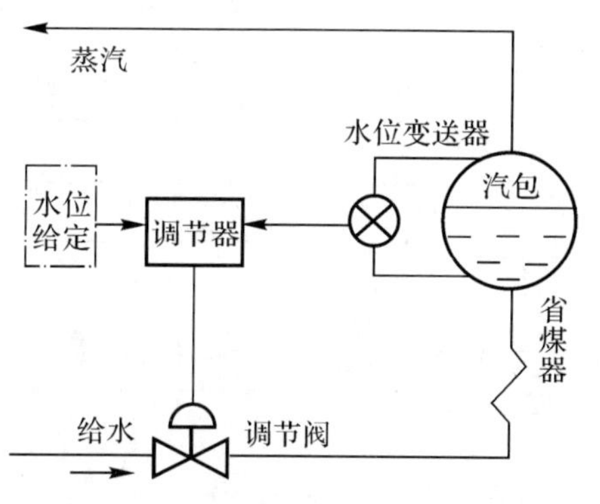

图 5－18　单冲量给水调节原理图

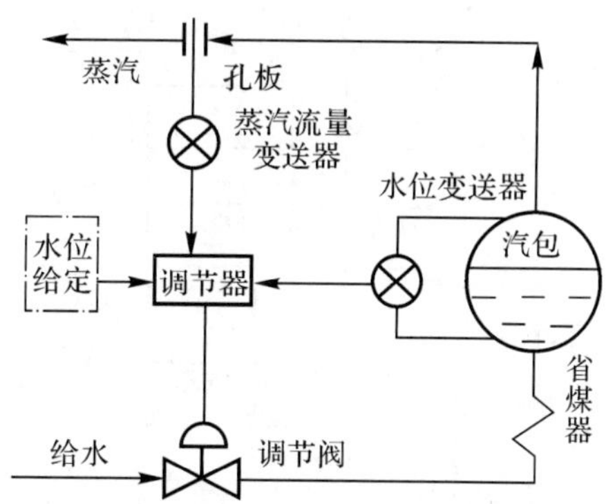

图 5－19　双冲量给水调节原理

系统存在的缺点是不能及时反映给水母管方面的扰动，因此，如果给水母管压力经常有波动，不宜采用双冲量调节系统。

(3)三冲量给水调节。三冲量给水自动调节原理图如图 5－20 所示。系统是以汽包水位为主反馈信号、蒸气流量为调节器的前馈信号、给水流量为调节器的副反馈信号组成的调节系统。系统抗干扰能力强，改善了调节系统的调节品质，因此，在要求较高的锅炉给水调节系统中得到广泛的应用。

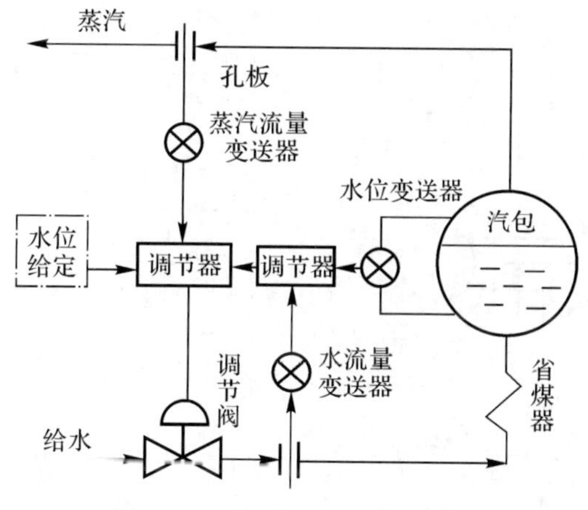

图 5－20　三冲量给水调节原理

5.5.2　锅炉的电气控制实例

现以型号为 SHL10－2.45/400 ℃－AⅢ锅炉为例，对电气控制电路及仪表控制情况进行分析。图 5－21 是该锅炉仪表控制框图，图 5－22 是该锅炉的动力设备电气控制电路图［图(a)为主电路、检测及声光报警电路，图(b)为控制电路］。

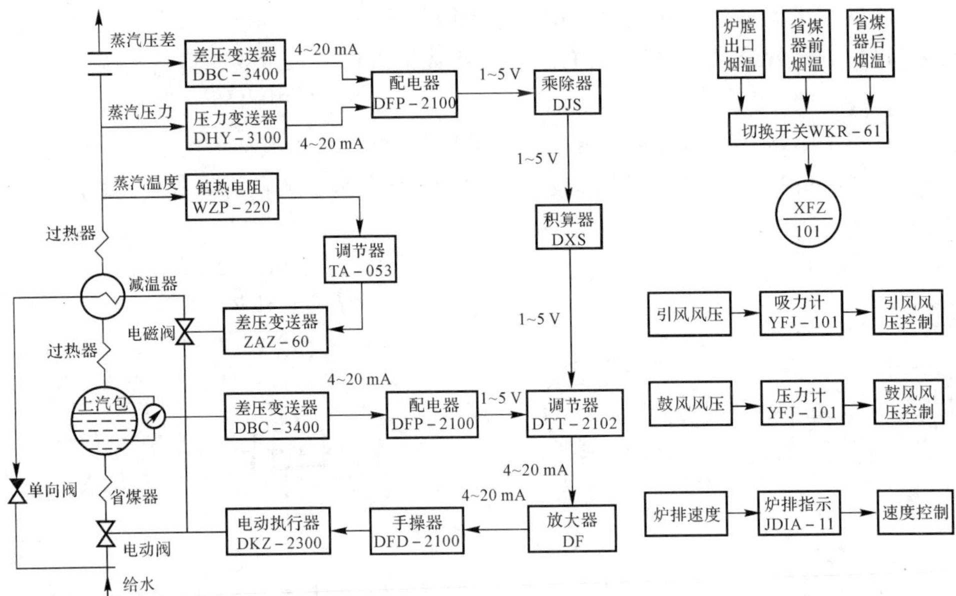

图 5－21 锅炉仪表控制方框图

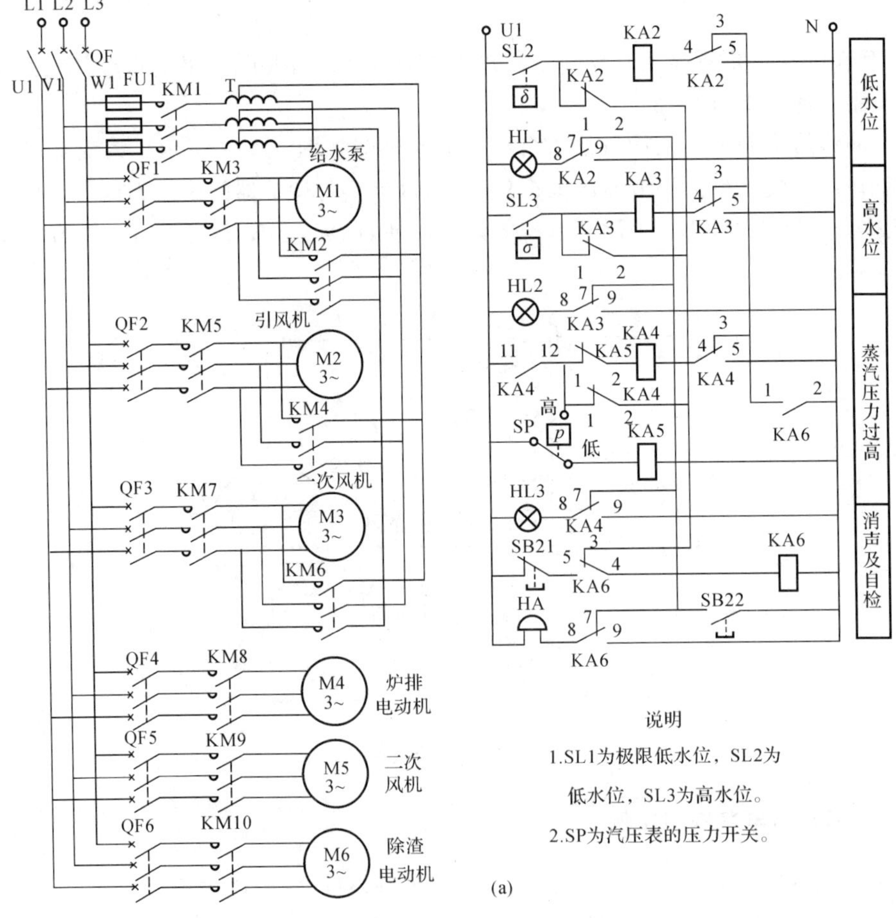

图 5－22 锅炉动力设备电气控制电路

(a)主电路、检测及声光报警电路

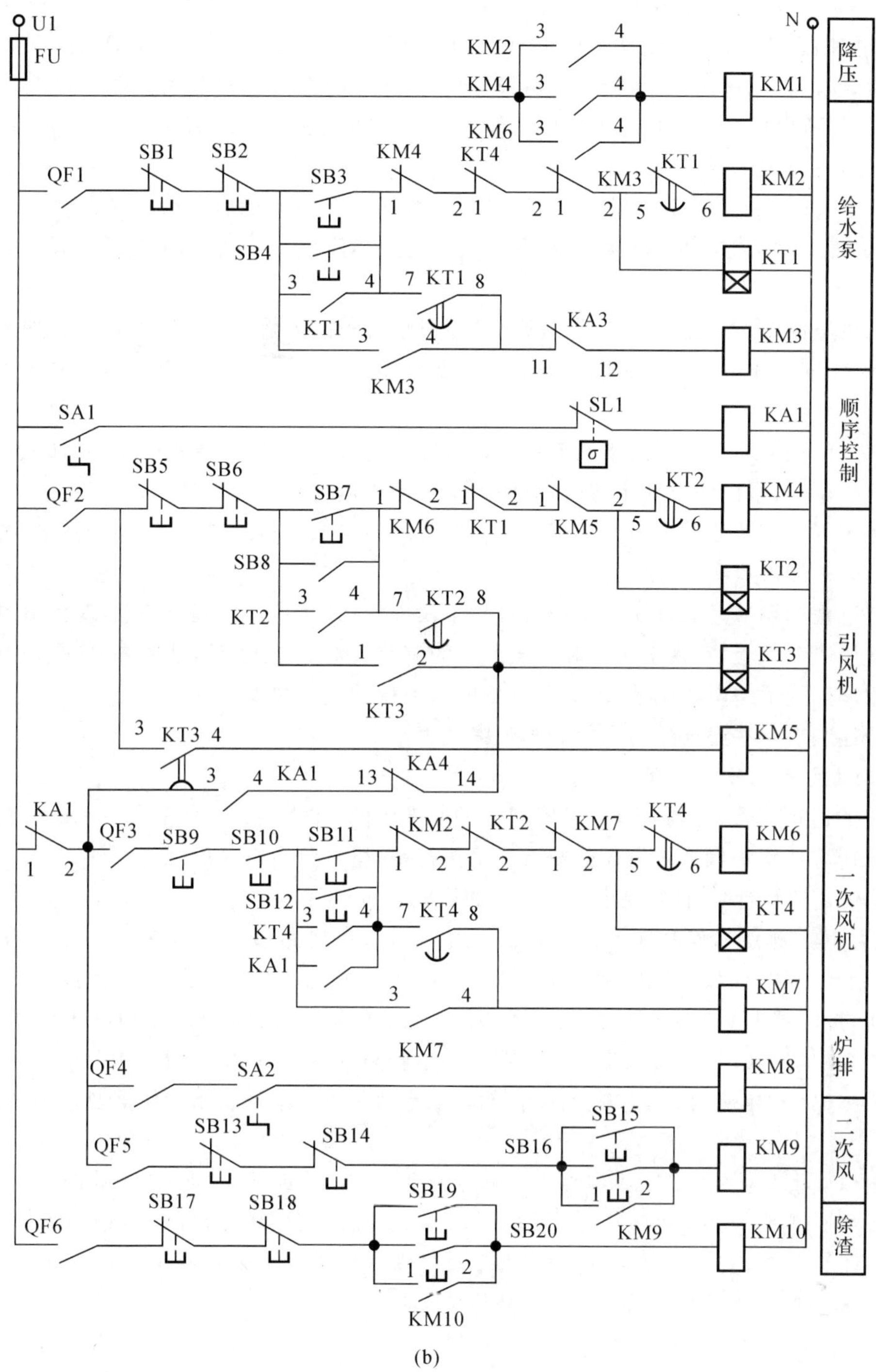

(b)

续图 5－22　锅炉动力设备电气控制电路

(b)控制电路

1. 系统简介

SHL10－2.45/400 ℃－AⅢ表示：双锅筒、横置式、链条炉排，蒸发量为 10 t/h，出口蒸气压力为 2.45 MPa,出口过热蒸气温度为 400 ℃,适用三类烟煤。

动力控制系统中,水泵电动机功率为 45 kW,引风机电动机功率为 45 kW,一次风机电动机功率为 30 kW,功率较大,根据锅炉房设计规范,需设置减压启动设备。因三台电动机不需要同时启动,所以可共用一台自耦变压器作为减压启动设备,为了避免三台或二台电动机同时启动,需设置启动互锁环节。

锅炉点火时,一次风机、炉排电动机、二次风机必须在引风机启动后才能启动;停炉时,一次风机、炉排电动机、二次风机停止数秒后,引风机才能停止,系统应用了按顺序规律实现控制的环节。

在链条炉中,常布设二次风,其目的是将高温烟气引向炉前,帮助新燃料着火,加强对烟气的扰动混合,同时还可提高炉膛内火焰的充满度等优点,二次风量一般控制在总风量的 5%~15%之间。

汽包水位调节为双冲量给水调节系统,通过调节仪表自动调节给水电动阀门的开度,实现汽包水位的调节,水位超过高水位时,应使给水泵停止运行。

过热蒸气温度调节是通过调节仪表自动调节减温水电动阀门的开度,调节减温水的流量,实现控制过热器出口蒸气温度。

燃烧过程的调节是通过司炉工观察各显示仪表的指示值,操作调节装置,遥控引风风门挡板和一次风风门挡板,实现引风量和一次风量的调节。对炉排进给速度的调节,是通过操作能实现无级调速的滑差电机调节装置,以改变链条炉排的进给速度。

系统还装有一些必要的显示仪表和观察仪表。

2. 动力电路电气控制分析

锅炉的运行与管理,国家有关部门制定了若干条例,如锅炉升火前的检查;升火前的准备;升火与升压等。锅炉操作人员应按规定严格执行,这里仅分析电路的工作原理。

当锅炉需要运行时,首先要进行运行前的检查,一切正常后,将各电源自动开关 QF、QF1~QF6 闭合,其主触点和辅助触点均闭合,为主电路和控制电路通电作准备。

(1)给水泵的控制。锅炉经检查符合运行要求后,才能进行上水工作。上水时,按 SB3 或 SB4 按钮,接触器 KM2 得电吸合;其主触点闭合,使给水泵电动机 M1 接通减压启动线路,为启动作准备;辅助触点 $KM2_{1、2}$ 断开,切断 KM6 通路,实现对一次风机的互锁;$KM2_{3、4}$ 闭合,使接触器 KM1 得电吸合;其主触点闭合,给水泵电动机 M1 接通自耦变压器及电源,实现减压启动。

同时,时间继电器 KT1 得电吸合,其触点:$KT1_{1、2}$ 瞬时断开,切断 KM4 通路,实现对引风电动机不许同时启动的互锁;$KT1_{3、4}$ 瞬时闭合,实现启动时自锁;$KT1_{5、6}$ 延时断开,使 KM2 失电,KM1 也失电,其触点复位,电动机 M1 及自耦变压器均切除电源;$KTI_{7、8}$ 延时闭合,接触器 KM3 得电吸合;其主触点闭合,使电动机 M1 接上全压电源稳定运行;$KM3_{1、2}$ 断开,KT1 失电,触点复位;$KM3_{3、4}$ 闭合,实现运行时自锁。

当汽包水位达到一定高度时,需将给水泵停止,做升火前的其他准备工作。如锅炉正常运行,水泵也需长期运行时,将重复上述启动过程。高水位停泵触点 $KA3_{11、12}$ 的作用,将在声、光报警电路中分析。

(2)引风机的控制。锅炉升火时,需启动引风机,按 SB7 或 SB8,接触器 KM4 得电吸合,其主触点闭合,使引风机电动机 M2 接通减压启动线路,为启动作准备;辅助触点 $KM4_{1、2}$ 断开，切断 KM2，实现水泵电动机互锁；$KM4_{3、4}$ 闭合，使接触器 KM1 得电吸合，其主触点闭合，M2 接通自耦变压器及电源，引风机电动机实现减压启动。

同时，时间继电器 KT2 也得电吸合，其触点：$KT2_{1、2}$ 瞬时断开，切断 KM6 通路，实现对一次风机的互锁；$KT2_{3、4}$ 瞬时闭合，实现自锁；$KT2_{5、6}$ 延时断开，KM4 失电，KM1 也失电，其触点复位，电动机 M2 及自耦变压器均切除电源；$KT2_{7、8}$ 延时闭合，时间继电器 KT3 得电吸合，其触点 $KT3_{1、2}$ 闭合自锁，$KT3_{3、4}$ 瞬时闭合，接触器 KM5 得电吸合；其主触点闭合，使 M2 接上全压电源稳定运行；$KM5_{1、2}$ 断开，KT2 失电复位。

(3)一次风机的控制。系统按顺序控制时，需合上转换开关 SA1，只要汽包水位高于极限低水位，水位表中极限低水位触点 SL1 闭合，中间继电器 KA1 得电吸合，其触点 $KA1_{1、2}$ 断开，使一次风机、炉排电动机、二次风机必须按引风电动机先启动的顺序实现控制；$KA1_{3、4}$ 闭合，为顺序启动作准备；$KA1_{5、6}$ 闭合，使一次风机在引风机启动结束后自行启动。

触点 $KA4_{13、14}$ 为锅炉出现高压时自动停止一次风机、炉排风机、二次风机的继电器 KA4 触点，正常时不动作，其原理在声光报警电路中分析。

当引风电机 M2 减压启动结束时，$KT3_{1、2}$ 闭合，只要 $KA4_{13、14}$ 闭合、$KA1_{3、4}$ 闭合、$KA1_{5、6}$ 闭合，接触器 KM6 得电吸合，其主触点闭合，使一次风机电动机 M3 接通减压启动电路，为启动作准备；辅助触点 $KM6_{1、2}$ 断开，实现对引风电机的互锁；$KM6_{3、4}$ 闭合，接触器 KM1 得电吸合，其主触点闭合，M3 接通自耦变压器及电源，一次风机实现减压启动。

同时，时间继电器 KT4 也得电吸合，其触点 $KT4_{1、2}$ 瞬时断开，实现对水泵电动机互锁；$KT4_{3、4}$ 瞬时闭合，实现自锁(按钮启动时用)；$KT4_{5、6}$ 延时断开，KM6 失电，KM1 也失电，其触点复位，电动机 M3 及自耦变压器切除电源；$KT4_{7、8}$ 延时闭合，接触器 KM7 得电吸合，其主触点闭合，M3 接全压电源稳定运行；辅助触点 $KM7_{1、2}$ 断开，KT4 失电，触点复位；$KM7_{3、4}$ 闭合，实现自锁。

(4)炉排电动机和二次风机的控制。引风机启动结束后，就可启动炉排电动机和二次风机。

炉排电动机功率为 1.1 kW，可直接启动。用转换开关 SA2 直接控制接触器 KM8 线圈通电吸合，其主触点闭合，使炉排电动机 M4 接通电源，直接启动。

二次风机电动机功率为 7.5kW，可直接启动。启动时，按 SB15 或 SB16 按钮，使接触器 KM9 得电吸合，其主触点闭合，二次风机电动机 M5 接通电源，直接启动；辅助 $KM9_{1、2}$ 闭合，实现自锁。

(5)锅炉停炉的控制。锅炉停炉有三种情况暂时停炉、正常停炉和紧急停炉(事故停炉)。暂时停炉为负荷短时间停止用汽时，炉排用压火的方式停止运行，同时停止送风机和引风机，重新运行时可免去升火的准备工作；正常停炉为负荷停止用汽及检修时有计划停炉，需熄火和放水；紧急停炉为锅炉运行中发生事故，如不立即停炉，就有扩大事故的可能，需停止供煤、送风，减少引风，其具体工艺操作按规定执行。

正常停炉和暂时停炉的控制：按下 SB5 或 SB6 按钮，时间继电器 KT3 失电，其触点 $KT3_{1、2}$ 瞬时复位，使接触器 KM7、KM8、KM9 线圈都失电，其触点复位，一次风机 M3、炉排电动机 M4、二次风机 M5 都断电停止运行；$KT3_{3、4}$ 延时恢复，接触器 KM5 失电，其主触点复位，引风机电动机 M2 断电停止。实现了停止时，一次风机、炉排电动机、二次风机先停数秒后，再停引风机电动机的顺序控制要求。

(6)声光报警及保护。系统装设有汽包水位的低水位报警和高水位报警及保护，蒸气压力超高压报警及保护等环节，见图 5－22(a)所示为声光报警电路，图中 KA2～KA6 均为灵敏继电器。

1)水位报警。汽包水位的显示为电触点水位表，该水位表有极限低水位电触点 SLI、低水位电触点 SL2、高水位电触点 SL3、极限高水位电触点 SL4。当汽包水位正常时，SL1 为闭合的，SL2、SL3 为打开的，SL4 在系统中没有使用。

当汽包水位低于低水位时，电触点 SL2 闭合，继电器 KA6 得电吸合，其触点 $KA6_{4、5}$ 闭合并自锁；$KA6_{8、9}$ 闭合，蜂鸣器 HA 响声报警；$KA6_{1、2}$ 闭合，使 KA2 得电吸合，$KA2_{4、5}$ 闭合并自锁；$KA2_{8、9}$ 闭合，指示灯 HL1 亮光报警。$KA2_{1、2}$ 断开，为消声做准备。在值班人员听到声响后，观察指示灯，知道发生低水位时，可按 SB21 按钮，使 KA6 失电，其触点复位，HA 失电不再响，实现消声，并去排除故障。水位上升后，SL2 复位，KA2 失电，HL1 灭。如汽包水位下降低于极限低水位时，电触点 SL1 断开，KA1 失电，一次风机、二次风机均失电停止。当汽包水位上升超过高水位时，电触点 SL3 闭合，KA6 得电吸合，其触点 $KA6_{4、5}$ 闭合并自锁；$KA6_{8、9}$ 闭合，HA 响声报警；$KA6_{1、2}$ 闭合，使 KA3 得电吸合；其触点 $KA3_{4、5}$ 闭合自锁；$KA3_{8、9}$ 闭合，HL2 亮光报警；$KA3_{1、2}$ 断开，准备消声；$KA3_{11、12}$ 断开，使接触器 KM3 失电，其触点恢复，给水泵电动机 M1 停止运行。

2)超高压报警。当蒸气压力超过设计整定值时，其蒸气压力表中的压力开关 SP 高压端接通，使继电器 KA6 得电吸合，其触点 $KA6_{4、5}$ 闭合自锁；$KA6_{8、9}$ 闭合，HA 响声报警；$KA6_{1、2}$ 闭合，使 KA4 得电吸合，$KA4_{11、12}$、$KA4_{4、5}$ 均闭合自锁；$KA4_{8、9}$ 闭合，HL3 亮光报警；$KA4_{13、14}$ 断开，使一次风机、二次风机和炉排电动机均停止运行。

在值班人员处理后，蒸气压力下降，当蒸气压力表中的压力 SP 低压端接通时，继电器 KA5 得电吸合，其触点 $KA5_{1、2}$ 断开，使继电器 KA4 失电，$KA4_{13、14}$ 复位，一次风机和炉排电动机将自行启动，二次风机需用按钮操作。

按钮 SB22 为自检按钮，自检的目的是检查声、光器件是否正常工作。自检时，HA 及各光器件均应能发出声、光信号。

3)过载保护。各台电动机的电源开关都用自动开关控制，自动开关一般具有过载自动跳闸功能，也可有欠电压保护和过电流保护等功能。

锅炉要正常运行，锅炉房还需要有其他设备，如水处理设备、除渣设备、运煤设备、燃料粉碎设备等，各设备中均以电动机为动力，但其控制电路一般较简单，此处不再进行分析。

本 章 小 结

一般建筑物的给排水系统包括给水系统和排水系统，它是任何建筑物必不可少的重要组成部分。为实现给排水系统高效、低耗的最优化运行，可以通过自动化技术对系统中的各种水位、水泵工作状态和管网压力等进行实时监测，按照一定要求确定水泵的运行方式和台数，并控制水泵和相应阀门的动作，以达到需水量和供水量之间的平衡，实现给排水系统的经济运行。本章主要介绍了建筑给排水系统的组成及控制方式，包括水泵水位控制系统、消防水泵控制系统、排水系统的电气控制及锅炉设备的电气控制系统。随着我国工业的不断发展，能源消费日益增大，而锅炉是重要的能源转换设备，本章介绍了锅炉设备的控制系统组成与分类及其控制系统分析。

习题与思考题

1. 简述建筑给水方式的类型及其特点。

2. 简述干簧管控制器的控制原理。

3. 设计一个用水位控制器控制的两台水泵(一用一备)，备用泵直接投入使用的控制电路。

4. 消火栓泵的启动信号一般来自哪里?

5. 自控喷淋水泵的控制信号可以来自哪里?

6. 针对图 5-16 所示的采用两台排水泵控制的电路，试说明两台泵的作用及该建筑电气控制系统的控制方式。

7. 锅炉给水系统的自动调节任务是什么? 自动调节有哪几种类型?

第 6 章 PLC 概述

可编程序控制器(Programmable Logic Controller,PLC)是在硬接线逻辑控制技术和计算机技术的基础上发展起来的,是一种以微处理器为核心,综合了计算机技术、自动控制技术、网络通信技术为一体的工业控制产品。PLC 应用的深度和广度已经成为衡量一个国家工业先进水平的重要标志之一。

PLC 作为一种通用的工业自动控制装置,在开关量逻辑控制、过程控制、运动控制、数据处理、通信联网等方面都得到了广泛的应用。在所有的工业领域内,PLC 已经成功地应用到汽车、机械、冶金、石油、化工、交通、电力、电信、采矿、建材、食品、造纸、军工、家电等各个领域,并取得了相当可观的技术、经济效益。例如,在电力工业方面,应用 PLC 可实现输煤系统控制、锅炉燃烧管理、灰渣和灰渣处理系统、汽轮机和锅炉的启停控制、化学补给水、冷凝水和废水的程序控制、锅炉缺水报警控制、水塔水位远程控制等。在公用事业方面,应用 PLC 可实现对楼宇电梯控制,中央空调系统控制,大楼防灾机械控制,剧场、舞台灯光控制,隧道排气控制,新闻转播控制等。

6.1 PLC 的产生

按照一定的逻辑关系,将接触器、继电器、定时器等各种电器元件及其触头通过导线连接起来,满足系统控制要求的继电器控制系统(即继电器接触器控制系统),具有结构简单、价格低廉、便于掌握的特点。它能满足大部分场合顺序逻辑控制要求,因此在工业电气控制领域中一直占有主导地位。但随着生产规模的扩大、生产工艺越来越复杂、新的生产工艺要求的不断提出,这种由实际物理器件组成靠硬接线逻辑构成的电气控制系统存在许多明显的缺点。如:设备体积大、接线复杂、动作速度慢、功能少而固定、可靠性差、难于实现较复杂的控制等,并且当生产工艺改变时,继电器控制系统原有的接线和控制面板就要更换,缺乏通用性和灵活性。

20 世纪 60 年代,小型计算机的出现和大规模生产的需要,人们曾试图用小型计算机来实现工业控制要求,满足工业控制的复杂性,但是由于计算机的价格高,其输入/输出电路不匹配和编程复杂的原因,一直未能得到推广应用。到了 20 世纪 60 年代末期,随着工业技术的发展,美国汽车制造业竞争激烈,各生产厂家的汽车型号不断更新,这就必然要求加工的生产线能随生产要求或市场要求做出相应的改变,从而要求整个控制系统也应能够重新设计配置。因此,为了能够适应新的生产工艺的要求,寻求一种比继电器更可靠、功能更齐全,响应速度更快的新型工业控制器势在必行。

早期 PLC 的研发是为了取代继电器接触器控制系统,其特点就是将继电器控制系统与计算机控制优点相结合，并将继电器控制的硬接线逻辑转变为计算机的软件逻辑编程。1969年，美国数字设备公司(DEC 公司)研制出世界上第一台可编程序逻辑控制器(Programmable Logic Controller，简称 PLC)，并在 GM 公司的汽车自动装配线上试用获得了成功。20 世纪70 年代，随着电子技术及计算机技术的发展，出现了微处理器和微计算机，并被应用于 PLC中，使其具备了逻辑控制、运算、数据分析、处理以及传输等功能。美国电气制造商协会(National Electrical Manufacturers Association，NEMA)于 1980 年正式命名这种新型的工业控制装置为可编程序控制器(Programmable Controller，PC)。为了与个人计算机(Personal Computer)相区别，人们常常把可编程序控制器仍简称为 PLC。本书跟随人们的习惯，将可编程序控制器称为 PLC。国际电工委员会(IEC)对可编程序控制器的定义是："可编程序控制器是一种数字运算操作的电子系统，专为在工业环境下应用而设计。它采用了可编程序的存储器，用来在其内部存储执行逻辑运算、顺序控制、定时、计数和算术运算等操作的指令，并通过数字式和模拟式的输入和输出，控制各种类型机械生产过程。可编程序控制器及其有关外围设备，都按易于与工业系统联成一个整体、易于控充其功能的原则设计。"

与继电器控制系统相比，PLC 具有通用性强、可靠性高、程序修改灵活、易于通信联网、体积小、寿命长、维护方便等特点。PLC 广泛应用于目前的工业控制领域。在工业控制领域中，PLC 控制技术的应用已成为工业界不可或缺的一员。PLC 同机器人、计算机辅助设计与制造一起成为现代工业的三大支柱。

对同一被控电机，PLC 电气控制系统与继电器电气控制系统的比较如图 6－1 所示。

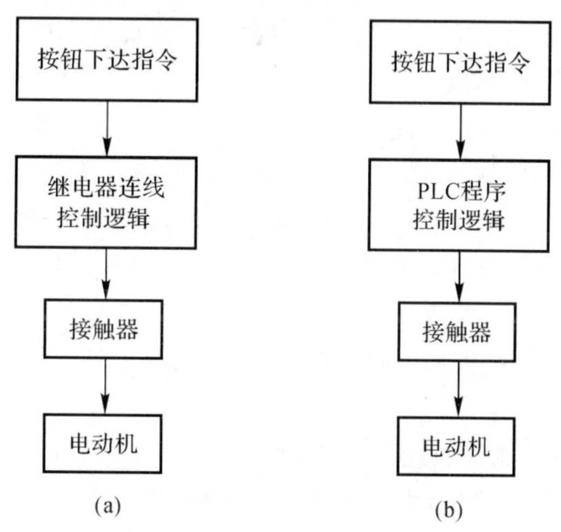

图 6－1　PLC 电气控制系统与继电器控制系统的比较

(a)继电器控制系统；　(b)PLC 电气控制系统

6.2　PLC 的特点

PLC 作为一种面向用户的专用的工业控制计算机，其功能要比继电控制装置多得多、强得多。但它又不同于普通计算机，由于要特别考虑怎么适应于工业环境，如便于安装、维修及抗干扰等问题。因此 PLC 比普通计算机的体积小得多，工作可靠性高，编程及使用方便，通用性强，性价比高，易维护。

PLC 具有的明显特点如下。

1. 抗干扰能力强，可靠性极高

工业生产对电气控制设备的可靠性要求是非常高的，它应具有很强的抗干扰能力，能在很恶劣的环境（如温度高、湿度大、金属粉尘多、距离高压设备近、有较强的高频电磁干扰等）下长期连续可靠的工作，平均无故障时间长，故障修复时间短。PLC 就是专为工业控制设计的，能适应工业现场的恶劣环境。可以说，没有任何一种工业控制设备能够达到 PLC 的可靠性。

绝大多数的用户都将可靠性作为选取控制装置的首要条件，因此 PLC 在硬件和软件方面均采取了一系列的抗干扰措施，使 PLC 具有了很强的抗干扰能力，保证了可编程序控制器的高可靠性。

2. 控制程序可变，具有很好的柔性

PLC 具有继电器控制所不具备和无可比拟的优点。在生产工艺流程改变或生产线设备更新的情况下，不必改变 PLC 的硬件设备，只需改编程序就可以满足要求。PLC 除应用于单机控制外，在柔性制造单元（FMC）、柔性制造系统（FMS），以及工厂自动化（FA）中也被大量采用。

3. 编程简单，使用方便

目前，大多数 PLC 均采用继电器控制形式的“梯形图编程方式”。这种面向生产的编程方式，既继承了传统控制线路的清晰直观，又易于被工矿企业电气技术人员学习接受。与目前微机控制生产对象中常用的汇编语言相比，更容易被操作人员所掌握。

4. 扩充方便，组合灵活，功能完善

PLC 产品具有各种扩展单元，可以方便地适应不同工业控制需要的不同输入输出点数及不同输入/输出方式的系统。现在 PLC 具有数字和模拟输入/输出、逻辑和算术运算、定时、计数、顺序控制、功率驱动、通信、人机对话、记录显示等功能，使设备控制水平大大提高。

5. 减少了控制系统设计及施工的工作量

继电器控制是采用硬接线来达到控制功能，而 PLC 是采用软件编程来达到控制功能，用软件取代了继电器控制系统中大量的中间继电器、时间继电器、计数器等器件，使控制柜的设计安装及接线工作量大大减少，减少了施工工作量。同时，PLC 又能事先模拟调试，更减少了现场的工作量，PLC 监视功能很强，模块功能化大大减少了维修量。

6. PLC 体积小，质量轻，是“机电一体化”特有的产品

PLC 是为工业控制而设计的专用计算机，其结构紧密、坚固、体积小巧。PLC 具备很强的抗干扰能力，使之易于装入机械设备内部，是实现“机电一体化”较理想的控制设备。

6.3 PLC 的基本结构

可编程序控制器种类很多，生产 PLC 的厂家也很多。虽然不同厂家的产品各有特点但作为一种典型控制设备，各种类型的 PLC 从其结构组成、工作原理和编程方法等许多方面则是基本相同的。PLC 采用的是典型的计算机结构，它的硬件系统主要由专门设计的输入/输出接口电路、中央处理器（CPU）、存储器和电源等组成，因此从硬件结构看，PLC 主要由输入单

元、逻辑单元、输出单元及电源部件 4 个基本部分组成。PLC 的基本结构如图 6－2 所示。

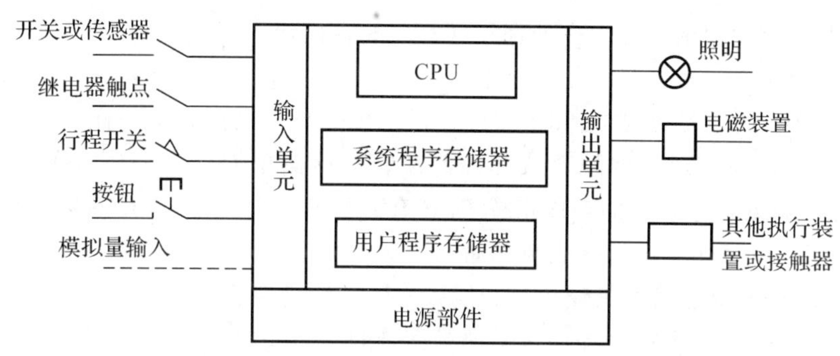

图 6－2　PLC 的基本结构

6.3.1　输入单元

PLC 输入单元的主要作用是收集并保存被控对象实际运行的数据和信息，收集的输入数据和信息存入映像寄存器。PLC 的输入接口单元包含两部分：一是与外部设备相连的接口电路；二是输入映像寄存器。

输入信号分主令信号和现场的检测信号两种，主令信号一般是指来自操作台上各种功能键（如开机、关机、调试或紧急停车等按键）的操作信号，现场检测信息是指来自被控对象的各种检测元件（如行程开关、限位开关、光电检测开关、继电器触点及其他各类传感器等）传送过的检测信号。其中，各种开关、按钮、继电器触点等输入信号为开关量，通过传感器输入的连续的电信号是模拟量。常用的开关量输入接口按其使用的电源不同有三种类型：直流输入接口、交流输入接口和交直流输入接口。

PLC 输入接口电路的作用就是把输入其内部的电信号变成可以处理的标准信号。在图 6－3 所示的 PLC 开关量输入接口电路中，当输入端的按钮 SB 接通时，接口电路中的光耦合电路导通，直流输入信号转换成 TTL(5V)标准信号送入 PLC 的输入电路，同时 LED 输入指示灯量，表示输入端接通。光电耦合电路的关键器件是光耦合器，一般由发光二极管和光电三极管组成。为了防止外部各种干扰信号和高压信号进入 PLC，影响其可靠性或造成设备损坏，使 PLC 与外部电路完全断开电的联系，输入接口电路中一般都有光电耦合电路。

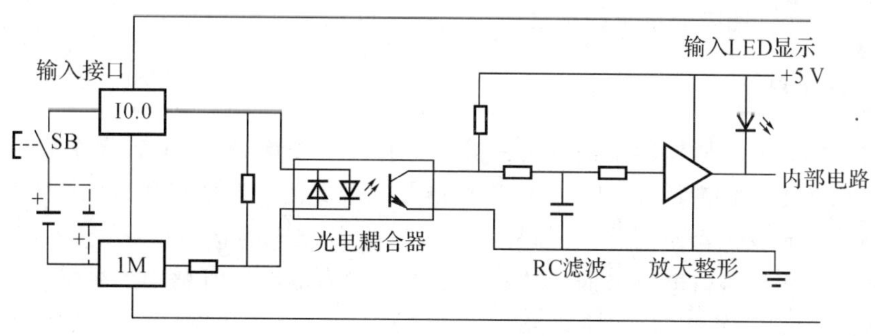

图 6－3　输入接口电路

6.3.2 逻辑单元

PLC的逻辑单元包括它的中央处理器(CPU)和存储器。

1. 中央处理器

中央处理器一般由控制器、运算器和寄存器组成。与一般计算机一样,CPU是PLC的核心部件,CPU通过数据总线、地址总线和控制总线与存储单元、输入/输出接口电路相连接。CPU按PLC中系统程序赋予的功能指挥PLC有条不紊地进行工作,其主要任务是:

(1)控制用户程序和数据的接收与存储。

(2)诊断PLC内部电路的工作故障和编程中的语法错误。

(3)用扫描的方式通过输入部件接受现场信号的状态或数据,并存入输入映像存储器或数据存储器中。

(4)PLC进入运行状态后,从存储器逐条读取用户指令,解释并按指令规定的任务进行数据传送、逻辑或算术运算等;根据运算结果,更新有关标志位的状态和映像寄存器的内容,再经输出部件实现输出控制,制表打印或数据通信的功能。

不同型号的PLC的CPU芯片是不同的,有采用通用CPU芯片的,有采用厂家自行设计的专用CPU芯片的。CPU芯片的性能关系到PLC处理控制信号的能力与速度,CPU位数越高,系统处理的信息量越大,运算速度越快。PLC的功能随着CPU芯片技术的发展不断提高。

2. 存储器

PLC存储器是用来存放系统程序、用户程序和运行数据的单元,按其作用有系统存储器与用户存储器。

系统存储器用来存放由PLC生产厂家编写的系统程序,并固化在只读存储器ROM内,用户不能直接更改。它使PLC具有基本的功能,能够完成PLC设计者规定的各项工作。用户存储器包括用户程序存储器(程序区)和功能存储器(数据区)两部分。用户程序存储器用来存放用户用规定的PLC编程语言编写的、针对具体控制任务的用户程序。用户程序存储器根据所选用的存储器单元类型可以不同,可以是随机存储器RAM(有掉电保护)、可擦可编程只读存储器EPROM或电擦除可编程只读存储器EEPROM,其内容可由用户任意修改或增加删除。功能存储器是用来存放(记忆)用户程序中使用的ON/OFF状态和数值数据,由于这些数据是不断变化的,因此用随机存取存储器RAM来组成功能存储器,它构成PLC的各种内部器件,也称为“软元件”。用户存储器容量的大小,关系到用户程序容量的大小和内部器件的多少,是反映PLC性能的重要指标之一。

6.3.3 输出单元

PLC输出单元的主要作用是提供正在被控制的许多装置中,哪几个设备需要实时操作处理。输出单元应具有足够大的输出功率,以便能驱动现场需控制的设备,使其产生相应动作。

PLC输出单元也包含两部分:一部分是与外部设备相连的接口电路;另一部分是输出映像寄存器。PLC输出接口电路是通过其输出接线端子连接被控对象中的各种执行元件,如接触器、电磁阀、指示灯、调节阀、调速装置等。

PLC开关量输出接口电路的作用是把的内部信号转换成外部设备即各种执行机构的开

关信号，以实现 PLC 内部电路与外部设备相连接。按照负载使用电源不同，输出接口电路分为直流输出接口、交流输出接口和交直流输出接口三种类型。按输出开关器件的不同，有继电器输出型、晶体管输出型和晶闸管输出型三种类型。具体选用哪种输出类型的 PLC 由项目实际需要决定。

(1)继电器输出型接口。PLC 内部输出端子采用继电器触点开关，通过继电器触点的闭合或断开，去控制外部电路的通断。CPU 输出时继电器线圈通电或断电，使继电器常开触点闭合时输出为 ON，触点断开时输出为 OFF。因为继电器的触点没有极性，所以输出端负载电源既可以用交流电源(AC100～240)，也可以使用直流电源(DC30V 以下)，属于交/直流输出接口。

继电器输出接口电路中继电器既是输出开关器件又是隔离器件。不同公共点之间可带不同的交、直流负载，且电压也可不同，带负载电流可达 2A/点。继电器输出方式不适用于高频动作的负载，继电器寿命随带负载电流的增加而减少。

(2)晶体管输出型接口。PLC 内部输出端子使用的是晶体管，通过光耦合使开关晶体管截止或饱和导通以控制外部电路。当晶体管导通时输出为 ON，晶体管截止时输出为 OFF，由于晶体管有极性，所以输出端负载电源必须是直接电源(DC 5～30 V)，电路只能带直流负载，属于直流输出接口。晶体管输出又可以分为漏型输出和源型输出。

晶体管输出最大优点是适应于高频动作，响应时间短，一般为 0.2 ms 左右，但它只能带 DC5～30 V 的负载。晶体管主要用于定位控制，用晶体管的输出来发出脉冲。动作频率可以达到几百 kHz，无触点，因此不存在机械寿命的说法。

(3)晶闸管输出型接口。PLC 内部使用双向晶闸管，当晶闸管导通时输出为 ON，晶闸管截止时输出为 OFF，晶闸管没有极性，输出端负载电源必须使用交流电源(AC100～240 V)。只能带交流负载，属于交流输出接口，带负载能力为 0.2A/点，可适应高频动作。

PLC 开关量输出接口电路如图 6-4 所示。当需要某一输出端子产生输出时，由 CPU 控制，将输出信号输出，使外部负载电路接通，同时输出指示灯亮，指示该路输出端有输出。负载所需电源由用户提供。

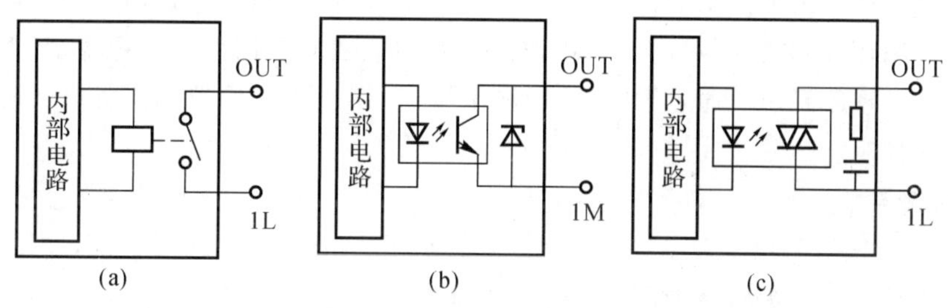

图 6-4　PLC 开关量输出接口电路

(a)继电器输出；(b)晶体管输出；(c)晶闸管输出

由于 PLC 种类繁多，各生产厂家采用的输入/输出接口电路会有所不同，但基本上原理大同小异，相差不大。每种输出电路都采用电气隔离技术，电源都由外部提供，输出电流一般为 0.5～2A，这样的负载容量一般可以直接驱动一个常用的接触器线圈或电磁阀。在 PLC 中，其开关量的输入信号端子个数和输出信号端子个数称为 PLC 的输入、输出点数，它是衡量 PLC 性能的重要指标之一。

6.3.4 电源部件

PLC 一般使用 220V 的交流电源或 24V 直流电源。

PLC 内部的开关电源将交流电转换成供 PLC 中央处理器、存储器等电子电路工作所需的直流电源，使 PLC 能正常工作。PLC 内部电路使用的电源是整体的能源供给中心，它直接影响 PLC 的功能和可靠性。目前大部分 PLC 采用开关式电源供电。小型的整体式可编程控制器内部有一个开关稳压电源，此电源一方面可为 CPU、输入/输出单元及扩展单元提供直流 5V 工作电源，另一方面可为外部有源传感器等输入元件提供直流 24V 电源。

电源部件的位置形式可以有多种，对于整体式结构的 PLC，电源通常封装在机箱内部；对于模块式 PLC，有的采用单独电源模块，有的将电源与 CPU 封装到一个模块中。PLC 的电源部件有很好的稳压措施，因此对外部电源的稳定性要求不高，一般允许外部电源电压的稳定值在－15％～＋10％的范围内波动。为了防止在外部电源发生故障时，PLC 丢失内部程序和数据等重要信息，PLC 用锂电池作停电时的后备电源。

6.3.5 其他部件

1. 扩展接口

扩展接口用于将扩展单元与基本单元相连，使 PLC 的配置更加灵活，以满足不同控制系统的需求。

2. 通信接口

为了实现“人-机”或“机-机”之间的对话，PLC 配有多种通信接口。PLC 通过这些通信接口可以与触摸屏、打印机等连接。当与其他 PLC 相连时，可以组成多机系统或联成网络，以实现不同结构形式的 PLC 控制系统或实现更大规模的控制；当与计算机相连时，可以组成多级控制系统，实现控制与管理相结合的综合控制。

3. 智能 I/O 接口

为了满足工业上更加复杂的控制需要，PLC 配有多种智能输入/输出接口，如满足位置调节需要的位置闭环控制模块，对高速脉冲进行计数和处理的高速计数模块等。这类智能模块都有其自身的处理器系统。通过智能输入/输出接口，用户可方便地构成各种工业控制系统，实现各种功能控制。

4. 编程设备

PLC 生产厂家给用户配置了在 PC 上运行的基于 windows 的编程软件，使用编程软件可以在屏幕上直接生成和编辑梯形图、语句表、功能块图和顺序功能图程序，并可以实现不同编程语言之间的相互转换。程序编译后下载到 PLC，也可以将 PLC 中的程序上传到计算机。程序可以保存和打印，通过网络还可以实现远程编程和传送。利用编程软件可以方便地实时调试程序，并监视 PLC 运行过程中各种参数和程序执行情况，还能进行智能化的故障诊断。

5. 智能单元

不同类型的 PLC 都有一些智能单元，它们一般都有自己的 CPU，具有自己的系统软件，能独立完成一项专门的工作。智能单元通过总线与主机相连，通过通信方式接受主机的管理。常用的智能单元有 A/D(模/数)单元、D/A(数/模)单元、高速计数单元、定位单元等。

6. 其他外部设备

需要时,PLC 可配有存储器卡、电池卡等其他外部设备。

6.4　PLC 的软件

PLC 作为被广泛应用的自动控制装置,实质上是一种工业控制计算机,其软件由系统程序和用户程序两大部分组成。

6.4.1　系统程序

系统程序由 PLC 制造商固化在机内,用以控制 PLC 本身的运作,是 PLC 的系统监控程序或操作系统,主要包括系统管理程序、用户指令解释程序、标准程序模块与系统调用程序。

系统管理程序是系统程序中最重要的部分,用以控制 PLC 的运行,使整个 PLC 按部就班地工作。其作用有三:一是负责系统运行管理,控制 PLC 何时输入、何时输出、何时计算、何时自检、何时通信等,进行时间上的分配管理;二是负责存储空间的管理,即生成用户环境,规定各种参数、程序的存放地址,将用户使用的数据参数储存地址转化为实际的数据格式及物理存放地址。系统管理程序能将有限的资源变为用户可直接使用的很方便的编程元件。例如,可将有限的 CTC 扩展为几十个、上百个用户时钟和计数器。通过这部分程序,用户看到的就不是实际机器存储地址和 CTC 地址,而是按照用户数据结构排列的元件空间和程序存储空间;三是系统自检程序,包括程序出错检验,用户程序语法检验、句法检验、警戒时钟运行等。在系统管理程序控制下,整个 PLC 就能正确、有效地工作。

用户指令解释程序将 PLC 的编程语言变为机器语言指令,再由 CPU 执行这些指令。任何一台计算机,无论应用何种语言,最终都是执行机器语言指令,但使用机器语言编程却是非常复杂和枯燥麻烦令人生畏的一项工作。用户指令解释程序则是联系高级程序语言和机器语言的桥梁。梯形图是 PLC 的一种编程语言,用户指令程序将直观易懂的梯形图翻译成 PLC 易懂的机器语言,这就是解释程序的任务。解释程序将梯形图逐条解释,翻译成相应的机器语言指令,再由 CPU 执行这些指令。

标准程序模块及系统调用程序由许多独立的程序块组成的。各程序块有不同的功能,能完成诸如输入、输出处理,特殊运算等不同的功能。PLC 的各种具体工作都是由这部分程序来完成的,这部分程序的多少决定了 PLC 性能的强弱。

一般来说,系统程序对用户不透明。PLC 的系统程序质量如何很大程度上决定了 PLC 的性能。通过改进系统程序就可在不增加任何设备的条件下大大改善 PLC 的性能。

6.4.2　用户程序

用户程序就是应用程序,是 PLC 的使用者针对具体控制对象编写的应用程序。根据不同控制要求编写不同的程序,相当于改变 PLC 的用途,也相当于改变继电器控制系统的控制逻辑(对系统元器件的硬接线线路进行重新设计和重新接线),这就是“可编程序”。PLC 的用户程序既可由编程软件方便地送入 PLC 内部的存储器中,也能通过编程软件方便地读出、检查与修改。

广义上的 PLC 用户程序结构一般由用户程序、数据块和参数块 3 个部分组成。

用户程序是程序中的必备项，它在存储器空间中称为组织块，处于最高层次，可以管理其他块。不同机型的 CPU，其程序空间容量也不同。用户程序的结构比较简单，一个完整的用户控制程序应当包含一个主程序、若干子程序和若干中断程序三大部分。

数据块为可选部分，它主要存放控制程序所需的数据，在数据块中允许以下数据类型：布尔型，表示编程元件的状态；十进位、二进位或十六进位；字、数组和字符型。

参数块也是可选部分，它存放的是 CPU 组态数据，如果在编程软件或其他编程工具上未进行 CPU 组态，则系统默认并进行自动配置。

6.5 PLC 的工作原理

6.5.1 PLC 的工作方式

PLC 是一种工业控制计算机，它是基于计算机工作原理，通过执行用户程序来实现控制要求。计算机在任何一瞬间只能做一件事，因此 PLC 是按照程序的顺序依次完成相应各元件的动作，是“串行”方式工作。

PLC 的串行工作方式，是指在每一个扫描周期内，PLC 都将程序语句按顺序逐条执行一边，任一时刻只能执行一条指令，完成一个扫描周期后紧接着又进入下一个扫描周期，是周期循环的扫描工作过程。相应的可理解为，如果 PLC 中的一个逻辑线圈被接通或断开，该线圈的所有触点（包括其常开或常闭触点）不会立即动作，必须等扫描到该触点时才会动作。

与继电器控制系统比较，继电器控制装置采用的是硬逻辑“并行”运行的工作方式，即如果这个继电器的线圈通电或断电，该继电器在控制线路中的所有的触点（包括其常开或常闭触点）都会立即同时动作。继电器控制装置各类触点的动作时间一般在 100 ms 以上，而 PLC 扫描用户程序的时间一般均小于 100 ms。由于 PLC 执行程序的速度很快，因此从实际控制效果看，往往会使初学者误以为 PLC 也是并行工作。

6.5.2 PLC 的工作过程

PLC 的工作过程可分为三部分，分别是上电处理、扫描过程和出错处理。PLC 上电后，首先对系统进行一次初始化，如硬件初始化、输入/输出模块配置检查、系统通信参数配置及其他初始化处理等。PLC 上电处理完成后进入扫描过程。PLC 每完成一个扫描周期，执行一次自诊断检查，确定 PLC 自身的动作是否正常，如 CPU、电池电压、程序存储器、输入/输出和通信等是否异常或出错。当检查出异常时，CPU 面板上的 LED 指示灯及异常继电器会接通，在特殊寄存器中会存入出错代码；当出现致命错误时，CPU 会被强制为 STOP 模式，所有扫描便停止。

PLC 的工作过程如图 6－5 所示。这样的工作过程决定了 PLC 扫描周期的大小，PLC 的一个扫描周期可以认为是自诊断、通信、输入采样、用户程序执行、输出刷新等所有时间的总和。PLC 的扫描周期与 PLC 的时钟频率、用户程序的长短及系统配置有关。一般 PLC 的扫描时间为几十毫秒，在输入采样和输出刷新阶段只需 1～2 ms，公共处理也是在瞬间完成的，因此 PLC 扫描时间的长短主要由用户程序来决定。

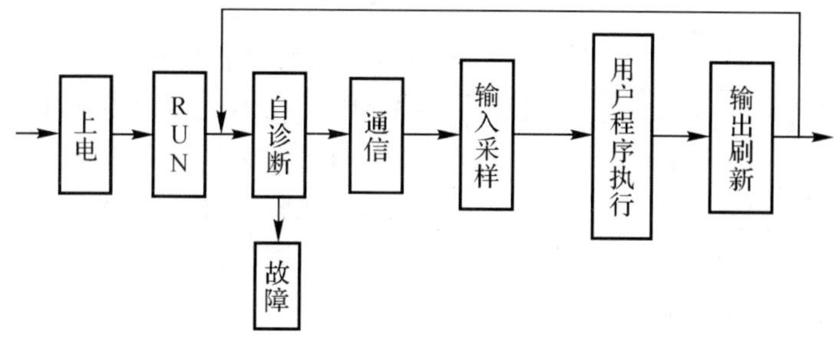

图 6－5　PLC 的工作过程

在 PLC 上电后，处于正常运行时，它将不断重复图 6－5 中的工作过程。在一个扫描周期内，扫描过程中的输入采样、程序执行和输出刷新是 PLC 工作过程的中心内容。这样在 PLC 的整个运行期间，PLC 的工作过程一般就可简单描述为“输入采样→用户程序执行→输出刷新，再输入采样→用户程序执行→输出刷新……”，不断循环往复地进行。

PLC 在一个扫描周期内，工作过程的输入采样阶段、程序执行阶段、输出刷新阶段是 PLC 工作原理的实质所在，理解 PLC 的这三个阶段是学好 PLC 的基础。PLC 扫描工作过程的中心内容如图 6－6 所示。

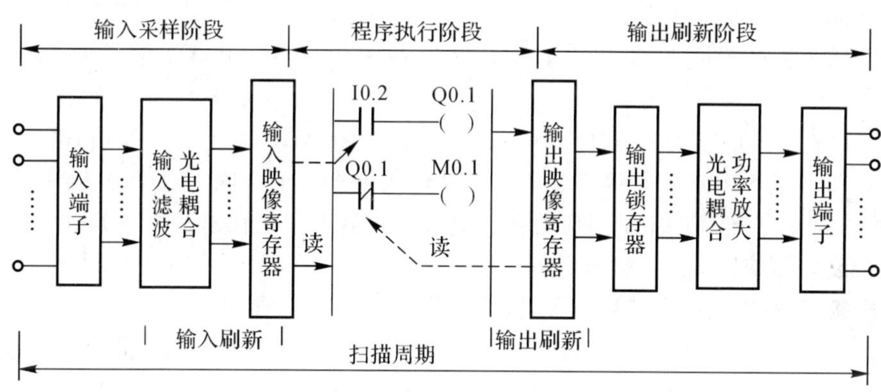

图 6－6　PLC 扫描工作过程的中心内容

1. 输入采样阶段

PLC 首先扫描所有输入端子，并将从各输入端子读到的信息经过输入滤波和光电耦合处理后，存入内存中各对应的输入映像寄存器中，此时输入映像寄存器被刷新。接着系统进入程序执行阶段或输出阶段，输入映像寄存器与外界隔离，无论输入信号如何变化，该次扫描周期内其内容保持不变，直到下一个扫描周期的输入采样阶段，才重新写入输入端子的新内容。

2. 程序执行阶段

在程序执行阶段，PLC 根据梯形图程序扫描原则，按照先左后右、先上后下的顺序逐句进行扫描，或者确定是否要执行该梯形图所规定的特殊功能指令。在程序执行过程中，当涉及输入、输出状态时，PLC 要从输入映像寄存器中“读入”上一阶段采入的对应输入端子的状态；从输出映像寄存器中“读入”对应的软元件的当前状态。然后，进行相应运算，最新的运算结果马上存入输出映像寄存器中。在程序执行阶段，输出映像寄存器中内容只取决于输出指令的执行结果，其内容会随着程序执行过程变化而变化。

3. 输出刷新阶段

程序执行完毕后,PLC 的扫描进入输出刷新阶段。输出映像寄存器中所有软元件的状态(ON/OFF)在输出刷新阶段转存到输出锁存器中,再通过光电耦合及功率放大输出,驱动外部负载,这时才是 PLC 的真正输出。输出锁存器中的状态为“1”时,接通外部电路,负载通电工作;输出锁存器中的状态为“0”时,断开外部电路,负载断电,停止工作。

在输出刷新阶段,输出锁存器中的数据,由上次输出刷新期间输出映像寄存器中的数据决定。输出端子的状态由输出锁存器决定。

6.5.3 PLC 的等效电路

PLC 从其基本结构看,主要由输入单元、逻辑单元、输出单元三部分组成,其中输入单元对输入信号进行采集、输出单元输出信号以驱动执行部件。逻辑部分也就是 PLC 的内部控制电路,它是由编程实现的逻辑电路,是用软件编程代替了继电器功能。对于使用者来说,在编写程序时,可以把 PLC 看成是内部由许多软继电器组成的控制器,用近似继电器控制线路的编程语言即梯形图进行编程。

PLC 的逻辑部分可以看成是由许多软继电器组成的等效电路,等效电路分别由输入回路、内部控制电路和输出回路三部分组成,具体说明如下。

1. 输入回路

PLC 的输入继电器是 PLC 内部的“软元件”,是“软继电器”,其本质是存储器基本单元中的某一位。

输入回路是由外部输入电路、PLC 输入接线端子(COM 是输入公共端)和输入继电器组成。外部输入信号经 PLC 输入接线端子去驱动输入继电器的线圈。每个输入端子与相同编号的输入继电器有着唯一确定的对应关系。输入继电器可提供任意多个常开和常闭触点,供 PLC 内部控制电路编程使用。输入继电器的工作状态反映输入信号的有无,当外部的输入元件处于接通状态,输入端子有信号送入时,对应的输入继电器“得电”。

为使输入继电器的线圈“得电”,需让外部输入元件的接通状态写入与其对应的输入“软元件”中去,输入回路要有电源。输入回路所使用的电源,可以用 PLC 内部提供的 24V 直流电源(其带载能力有限),也可由 PLC 外部独立的交流或直流电源供电。

需要强调的是,输入继电器的线圈只能由来自现场的输入元件(如控制按钮、行程开关的触点)驱动,而不能用编程的方式去控制。因此,在梯形图程序中,只能使用输入继电器的触点,不能使用输入继电器的线圈。

2. 内部控制电路

内部控制电路是由用户程序形成,是用“软继电器”来代替硬继电器的控制逻辑。它的作用是按照用户程序规定的逻辑关系,对输入信号和输出信号的状态进行检测、判断、运算和处理,然后得到相应的输出。

一般用户程序是用梯形图语言编制的,它看起来很像继电器控制线路图。如果系统需要延时,可由 PLC 提供的定时器来完成。延时时间可根据需要在编程时设定,其定时精度及范围远远高于时间继电器。在 PLC 中还提供了计数器、辅助继电器(相当于继电器控制线路中的中间继电器)及某些特殊功能的继电器。PLC 的这些器件所提供的逻辑控制功能,可在编程时根据需要选用,且只能在 PLC 的内部控制电路中使用。

3. 输出回路

输出回路用来驱动外部负载。它由在 PLC 内部且与内部控制电路隔离的输出继电器的外部常开触点、输出接线端子(COM 是输出公共端)和外部驱动电路组成。PLC 的内部控制电路中有许多输出继电器,每个输出继电器除了有为内部控制电路提供编程用的任意多个常开、常闭触点外,还为外部驱动电路提供了一个实际的常开触点与输出接线端子相连。驱动外部负载电路的电源必须由用户提供,电源种类及规格可根据负载要求去配置,只要在 PLC 允许的电压范围内即可。

对某 PLC 控制系统而言,其 PLC 等效电路如图 6－7 所示,相应的 PLC 工作过程说明如下:

按下按钮 SB1 时,输入端子 X002 有信号输入,则输入继电器 X002 线圈得电。

输入继电器 X002 线圈得电,梯形图程序中常开触点 X002 闭合,由此输出继电器 Y001 线圈得电。

输出继电器 Y001 线圈得电时,梯形图程序中的常开触点 Y001、外部输出触点 Y001 都闭合,外部输出触点 Y001 的闭合使输出端子 Y001 有信号输出,驱动指示灯亮。

按钮 SB1 断开时,输入继电器线圈 X002 失电,其对应的常开触点 X002 断开,而输出继电器 Y001 因为梯形图中 Y001 的常开触点已经闭合则保持接通,这是自保持功能。

当行程开关 LS1 接通时,引起输入继电器 X006 线圈得电,梯形图中的常闭触点 X006 断开,使得输出继电器 Y001 线圈失电,外部输出触点 Y001 断开,输出端子 Y001 无信号输出,指示灯灭。

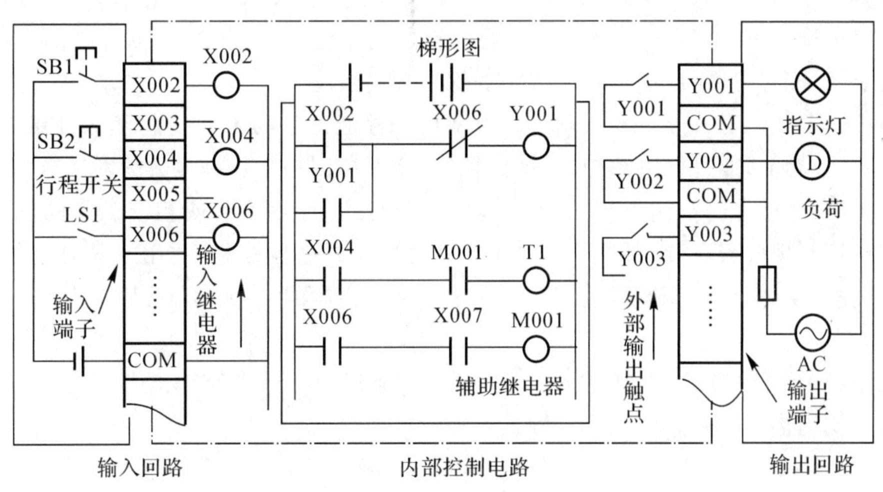

图 6－7　PLC 的等效电路

6.6　PLC 的分类

6.6.1　按照输入/输出点数分类

PLC 依据其输入/输出(I/O)点数的多少,可将 PLC 分为小型机、中型机和大型机。

PLC 主机上连接输入、输出信号用的接线端子的个数,常称为“点数”。I/O 点数是 PLC 可以接受的输入开关信号和输出开关信号的总和。一般来说,PLC 的 I/O 点数越多,表示

PLC 所能连接的外部器件(设备)的个数也就越多,控制规模也就越大,控制系统越复杂。因此通常用 I/O 点数来表示 PLC 规模的大小。

6.6.2 按照结构形式分类

按照结构形式的不同,PLC 可分为整体式、模块式两类。

整体式又称为单元式或箱体式。整体式结构 PLC 的电源、CPU、输入/输出接口等都集中紧凑地安装在一个标准机壳内,构成一个整体,组成 PLC 的一个基本单元(主机)。基本单元上设有扩展端口,通过扩展电缆与其他功能模块相连。

模块式结构的 PLC 各部分以单独的模块分开设置,如电源模块、CPU 模块、输入模块、输出模块及其他智能模块等。模块式结构的 PLC 用搭积木的方式组成系统,由机架和模块组成。模块式 PLC 的功能强,硬件组态方便灵活,I/O 点数的多少、I/O 模块的使用等方面的选择余地都比整体式 PLC 大得多。较复杂、要求较高的系统一般选用模块式 PLC,以根据控制要求灵活配置所需模块,构成功能不同的各种控制系统。

小型机的 I/O 点数一般在 128 点以下,适用于中小型规模开关量的控制系统。小型机多为整体式结构。小型的、整体式的 PLC 结构紧凑,体积小,重量轻,价格低,容易装配在工业控制设备的内部,适用于控制单机设备,开发机电一体化产品。

中型机的 I/O 点数在 129～2 048 点之间,它具备极强的开关量逻辑控制功能,并且模拟量处理能力和数据通信联网功能也很强大,可完成既有开关量又有模拟量的复杂控制。中型机的指令比小型机更丰富,适合用于复杂的逻辑控制系统以及连续生产线的过程控制场合。中型机功能强,配置灵活,适用于中小规模的综合控制系统。

大型机的 I/O 点数在 2 048 点以上。大型机的性能已经与工业控制计算机相当,具有计算、控制和调节功能,能进行中断控制、智能控制、远程控制等。具有强大的网络结构和通信联网能力,可与其他型号的控制器以及上位机构成分布式控制系统,或整个工厂的集散控制系统。大型机控制规模宏大,组网能力强,可用于大规模的过程控制,适用于具有诸如温度、压力、流量、速度、角度、位置等模拟量控制和大量开关量控制的复杂系统以及连续生产过程的控制场合。

对大中型 PLC 而言,数百、成千的 I/O 点不可能集中在一个整体式装置上,大中型 PLC 多采用模块式结构。

6.7 学习 PLC 的关键

学习 PLC,关键要学习以下三个方面。

1. PLC 的安装与配线

熟悉 PLC 的输入和输出电路,会将 PLC 和它的外围电路链接起来。应该注意输入/输出电路的动作特点、电压、负载电流等参数。一般这些内容在 PLC 的安装手册中可以得到。

2. PLC 的用户存储器组织

只有看懂存储器的分配,才会分配输入/输出量、定时器、计数器和功能指令的地址。有关存储器组织方面的内容,需要查看 PLC 编程手册。

3. 会画顺序功能图(SFC)和 PLC 的梯形图(Ladder Logic,LD)

会画实际控制问题的 SFC 图,并将 SFC 图转化成梯形图或助记符程序。这一步是最难的,需要使用 PLC 的工程师熟悉生产流程、被控设备的特性和控制要求,熟悉 PLC 的外围配线和存储器组织,熟悉 PLC 的指令系统。只有这样,才能设计出好的梯形图程序。

本 章 小 结

可编程序控制器简称 PLC,是一种面向用户的专用的工业控制计算机,其功能要比继电控制装置多得多、强得多。PLC 比普通计算机的体积小得多,工作可靠性高,编程及使用方便,通用性强,性能价格比高,易维护。

本章在介绍 PLC 产生的基础上,对 PLC 的基本结构、PLC 的软件及其工作原理进行了说明。对 PLC 硬件基本结构和工作原理的了解,是学习和应用 PLC 的开始。从硬件结构看,PLC 主要由输入单元、逻辑单元、输出单元及电源部件 4 个基本部分组成。PLC 采用周期循环扫描工作方式,是一种串行工作方式。在一个扫描周期内,扫描过程中的输入采样、程序执行和输出刷新是 PLC 工作过程的中心内容。本章最后说明了学习 PLC 的三个关键,为读者进一步深入了解 PLC 提供了学习方向。

习题与思考题

1. PLC 有什么特点?
2. PLC 有哪些基本组成部分?各部分的主要作用是什么?
3. PLC 的工作原理是什么?简述 PLC 的扫描过程。
4. PLC 的软件有哪几种类型?
5. PLC 的分类标准有哪些?具体是如何分类的?
6. 请画出 PLC 的工作流程框图。PLC 用户程序执行过程包括哪些阶段?
7. PLC 的开关量输出接口有哪几种类型?各有什么特点?
8. PLC 可以应用于哪些领域?

第 7 章　PLC 编程基础

PLC 的生产厂家很多，每个厂家生产的 PLC，其点数、容量、功能各有差异，但都各自成系统，指令及外设向上兼容，因此在选择 PLC 时若选择同一系列的产品，则可以使系统构成容易，操作人员使用方便，备品配件的通用性及兼容性好。比较有代表性的生产厂家有日本立时(OMRON)公司的 C 系列、三菱(MITSUBISHI)公司的 F 系列、东芝(TOSHIBA)公司的 EX 系列、美国哥德(GOULD)公司的 M84 系列、美国通用电气(GE)公司的 GE 系列、德国西门子(SIEMENS)公司的 S7 系列等。在中国市场占有较大份额的公司有德国的西门子公司、日本的三菱公司。本章以德国西门子公司 S7200 SMART 和日本三菱公司 FX 系列为例介绍说明 PLC 的软元件、PLC 的基本指令等基本编程技术基础。

7.1　PLC 编程语言

PLC 为用户提供了完整的编程语言，以适应编制用户程序的需要。PLC 的编程语言有梯形图(Ladder Logic，LD)、指令语句表(Instruction List，IL)、功能块图(Function Block Diagram，FBD)、顺序功能流程图(Sequence Function Chart，SFC)，其中最常用的编程语言是梯形图和指令语句表。梯形图是所有学习 PLC 控制技术的人员必须熟练掌握的语言。不管用什么语言，一般而言，同一公司的产品 ，几种语言的程序多有对应关系，都可以很方便地从一种语言的程序转换成另一种语言的程序。

7.1.1　梯形图

1. 继电器控制原理图与梯形图的比较

梯形图编程语言是从继电器控制原理图的基础上演变而来的。这种编程语言继承传统的继电器控制系统中使用的框架结构、逻辑运算方式和输入/输出形式，使得程序直观易读，具有形象实用的特点，因此应用最为广泛。目前它已成为 PLC 程序设计的基本语言。

图 7-1 为电动机启保停继电器控制原理图与 PLC 梯形图，可以看出它们是相似的，梯形图可以看成是在电气控制原理图基础上对常用的继电器、接触器等简化了符号演变而来的。

继电器控制原理图与梯形图的相似之处如下：

(1)图形结构相似。在图形结构上，左右两边都有两条竖直线，由左到右均是从输入到输出之间的直接控制关系。

(2)分析方法类似。在继电器控制原理图与梯形图中，其输出与输入之间的控制关系均是开关量逻辑控制关系，因此梯形图程序的分析方法与继电器控制原理图类似。

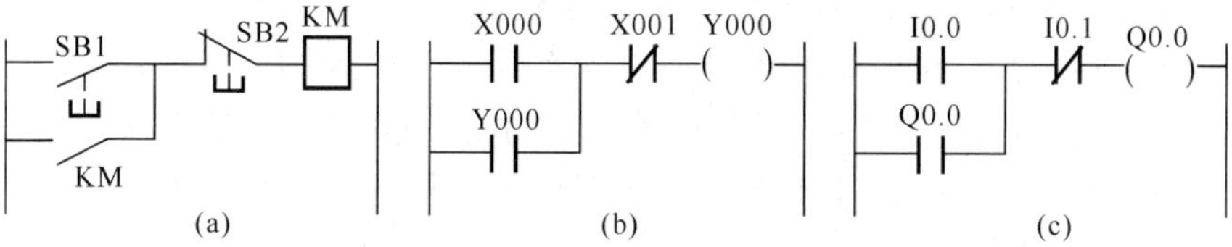

图 7-1　电动机启保停控制

(a)电气原理图；(b)三菱 PLC 梯形图；(c)西门子 PLC 梯形图

梯形图语言与电气控制原理图相对应，与原有继电器逻辑控制分析方法相类似，易于被电气技术人员使用。但是由于 PLC 在结构、工作原理、图形表示上都与继电器控制系统截然不同，因而它们之间必定存在许多不同之处，其主要不同之处如下：

(1)继电器控制原理图中，所有的符号都表示器件实体，如按钮、开关、继电器、接触器、电磁阀等，并且实体器件不同，其符号表示也会有区别，如按钮的动合触点、行程开关的动合触点就不同。在梯形图中，不存在器件实体，其符号表示的是 PLC 的编程元件或"软继电器"，表示也大为简化。所有"软继电器"的触点，均用常开或常闭两种形式表示。

(2)在继电器控制原理图中，可以根据电流的流向来判断负载元件是否得电或失电。但是在梯形图中，不存在所谓的电流，但可以按电流的方法，假设有一个"能流"从左到右，自上而下流动，根据能流的流向来判断"输出继电器"的线圈是否被驱动。

(3)在继电器控制原理图中，线圈得电和触点动作是同时进行的，是"并行"工作方式。而在梯形图中，由于 PLC 采用的是逐行扫描，是"串行"工作方式，因此其触点和线圈并不是同时工作。

图 7-2 所示为继电器控制原理图与梯形图的比较。在图 7-2(a)继电器控制原理图中，按钮 SB、中间继电器 KA、交流接触器 KM 的符号都有相应的电器元件实体，按钮 SB2 的动断触点与交流接触器的动断触点符号有所区别；当线圈 KM1 得电时，其所有的触点同时动作，动作无先后次序之分，即为并行工作方式。在图 7-2(b)或(c)梯形图中，同一个软元件编号相同，软元件的常开、常闭触点符号形同；当输出继电器线圈 Y001/Q0.1 为 ON 时，其相应的触点按照 PLC 的扫描顺序依次动作，常开为 ON，常闭为 OFF，即为串行工作方式。这种串行工作方式对梯形图程序的输出结果会产生影响。后续，将在梯形图程序举例中进行说明。

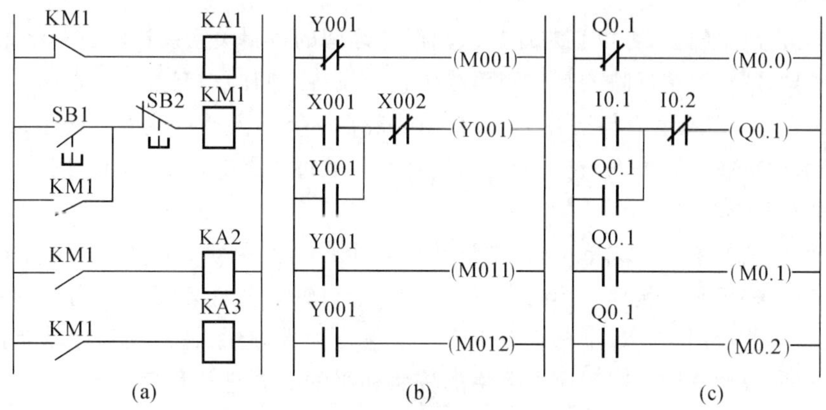

图 7-2　继电器控制原理图与梯形图的比较

(a)继电器控制原理图；(b)三菱 PLC 梯形图；(c)西门子 PLC 梯形图

(4)在继电器控制原理图中,由于继电器、接触器是实实在在的电器元件,因此它们所能使用的触点数量是有限的;而在梯形图中,软继电器实质是存储器中的一个存储单元,由于对存储单元的信息可以进行无限次读取,因此软继电器的触点可以使用无数次,即一个软元件的触点可以在梯形图中出现无数次。但梯形图中线圈只能出现一次,不允许重复使用,这与继电器控制原理图的要求一致。

2. 梯形图

梯形图是 PLC 的一种图形化的编程语言。典型的梯形图如图 7-3 所示。图 7-3 中左右两条垂直的线称作母线,在左、右两母线之间是触点的逻辑连线和线圈的输出,右边的母线也可以省略不画。在梯形图程序中,程序表达的指令执行顺序是图左方、上方的梯形图指令先执行,而右方、下方的梯形图指令后执行,就是 PLC 读梯形图程序时,其顺序是水平方向从左向右,垂直方向是从上到下。在编程软件中,一般左、右母线会自动出现。梯形图中最基本的编程元素有触点和线圈,它们都是 PLC 中的软元件。

(1)触点:触点有常开触点和常闭触点两种形式。常开触点符号为─┤├─,常闭触点符号为─┤/├─。触点代表逻辑"输入"条件,如开关、按钮和内部条件等,输入/出继电器、定时器、计数器等编程元件。触点的串联表示逻辑"与"运算,触点的并联表示逻辑"或"运算。

(2)线圈:线圈通常代表逻辑"输出"结果,如指示灯、接触器、中间继电器等,逻辑运算的结果用线圈表示出来。输出线圈的图形符号有所不同,有的编程软件中的输出线圈符号为 ○,有的编程软件中输出线圈则用(　　){　　}或[　　]表示。

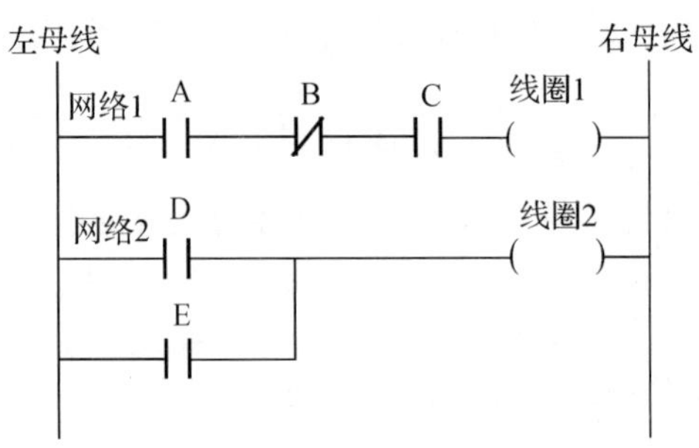

图 7-3　典型梯形图

梯形图语言简单明了,可以直观地反映出触点之间的逻辑关系及逻辑运算结果,而这些触点与线圈之间的逻辑关系反映的是控制系统中各个设备之间的相互关系。在图 7-3 中,触点 A、B、C 为串联连接表示逻辑与运算关系,它们的逻辑运算结果通过线圈 1 输出;触点 D、E 为并联连接表示逻辑或运算关系,它们的逻辑运算结果通过线圈 2 输出。梯形图易于理解,通常是 PLC 编程语言的首选。

梯级是梯形图的基本组成单位,是梯形图中一个最小的独立的逻辑块,西门子 PLC 也将梯级称为网络。梯级是指从梯形图的左母线出发,经过输入条件和线圈输出达到右母线所形成的一个完整的能流回路。每个梯级至少有一个输出元件,整个梯形图程序就是由多个梯级从上到下连接而成的。梯形图程序要严格的按照梯级的概念进行程序设计,并对每一个梯级进行注释。这样既清晰、美观,又便于以后阅读。严格按照梯级的方式进行编程,才可以在编程软件中进行梯形图、语句表和功能块图等不同编程语言之间进行自动的相互转换。

7.1.2　功能块图

功能块图(Function Block Diagram,FBD),是一种类似于数字逻辑门电路的图形化编程语言,广泛地应用于过程控制,容易被具有数字逻辑电路基础的工程师掌握。功能块图用类似与门、或门的方框来表示逻辑运算关系,方框的左侧为逻辑运算的输入信号,右侧为输出信号,输入、输出端的小圆圈表示“取反”运算,各方框的连接线即为信号线,信号从左往右流动。FBD 编程语言有利于程序流的跟踪。

每一个功能块的功能,取决于它是什么指令。功能块有输入端、输出端。如图 7-4 所示的西门子功能块图中,有两个功能块,一块逻辑“OR”功能块,前者的输出作为后者的输入。该图的“OR”功能块类似于逻辑电路的“或门”;“AND”块类似于逻辑电路的“与门”。“AND”块的两个输入,一个来自于“OR”功能块,另一个来自 I0.1 的非。“AND”块的输出为 Q0.0。图 7-4(a)为其对应的梯形图,图 7-4(b)为功能块图。

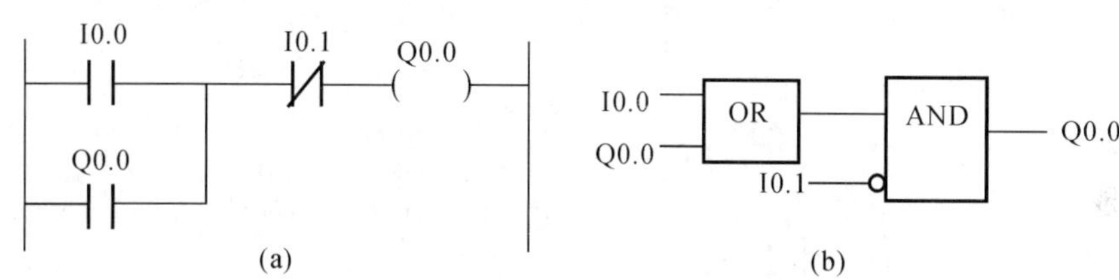

图 7-4　西门子 PLC 功能块图编程

(a)梯形图；(b)功能块图

功能块语言是用图形化的方法,以功能模块为单位,描述控制功能。其表达简练、逻辑关系清晰,使控制方案的分析和理解变得容易。

7.1.3　指令语句表

指令语句表编程语言是一种类似于计算机汇编语言的助记符语言,通常也称为助记符程序,它是 PLC 最基础的编程语言。指令语句表编程就是用一系列的指令语句表达程序的控制要求。不同厂家 PLC 的指令不尽相同,以图 7-1 所示的电动机启保停梯形图程序为例,表 7-1 给出三菱、西门子 2 个厂家用各自指令语言写出的功能相同的程序。

表 7-1　三菱、西门子指令表语言程序比较

	三菱 PLC		西门子 PLC	
地址	指令	操作数	指令	操作数
0	LD	X000	LD	I0.0
1	OR	Y000	OR	Q0.0
2	ANI	X001	AN	I0.1
3	OUT	Y000	=	Q0.0

从表 7-1 中的指令语句表程序可以看出一条典型指令可由两部分组成:一是助记符或操

作码，助记符通常是几个容易记忆的字符，说明 PLC 需要进行的某种操作，如指令 LD、OR、OUT 等；另一部分是操作数或操作数的地址，操作数就是该指令所要操作的对象，实质为 PLC 的某个存储单元或存储单元的地址，表 7-1 中三菱 PLC 指令 LD 的操作对象是 X000，西门子 PLC 指令 LD 的操作对象是 I0.0。指令的操作数有的是一个，也有两个操作数或多个操作数，也有无操作数，如三菱第 5 条指令 END 只是表示程序到此结束，无操作数。西门子程序不用 END 指令表示程序结束，后面无指令即表示程序结束，系统会自行处理。

指令表语言表程序容易记忆、便于操作，并且与其他语言程序多有一一对应的关系，而且一些其他语言无法表达的程序，用它都可表达。

梯形图程序与指令语句表程序之间一般来说是一一对应的关系，梯形图是程序的图形化描述，比较直观，所以通常用梯形图编程。梯形图与对应的指令语句表程序所描述的控制功能完全一致(见图 7-5)。

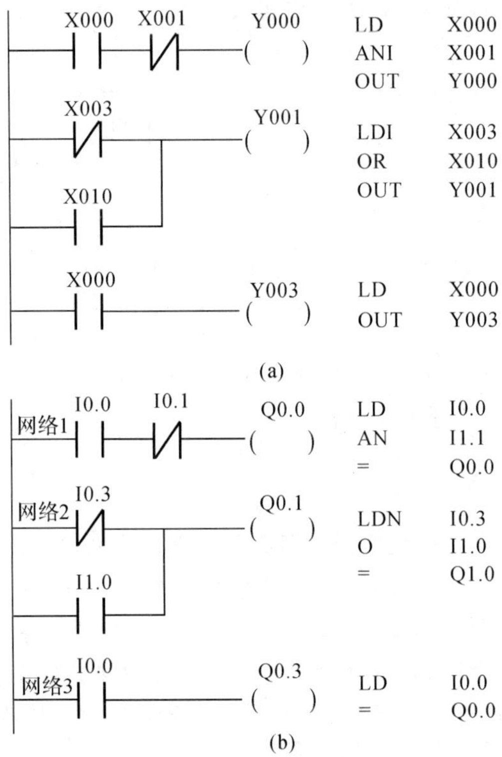

图 7-5　指令语句表编程举例

(a)三菱 PLC 梯形图与指令语句表程序；(b)西门子 PLC 梯形图与指令语句表程序

7.1.4　顺序功能图

顺序功能图编程是用“功能图”来表达一个顺序控制过程，也是一种图形化的编程方法。常用于系统规模较大、程序关系较复杂的场合。顺序功能图中，整个控制过程的每个“状态”用方框表示，状态也称为“功能”或“步”，用线段表示方框之间的关系以及方框之间状态转换的条件。图 7-6 为钻孔顺序的顺序功能图，方框中的数字代表顺序步，每一步对应一个控制任务，每个顺序步执行的功能和条件写在方框右边。

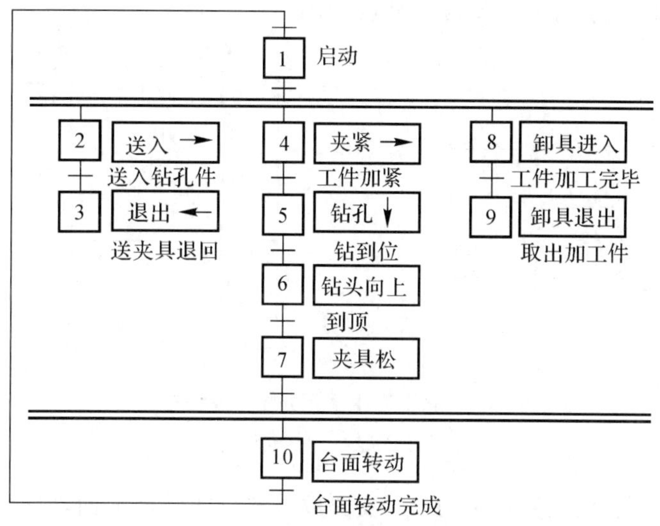

图 7－6　钻孔顺序功能图

顺序功能图作为一种步进顺序语言，为顺序控制类编程提供了很大的方便。用这种语言可以对一个控制过程进行分解，用多个相独立的程序段来代替一个长的梯形图程序，还能使用户看到在某个给定时间机器处于什么状态。现在多数 PLC 产品都有专为使用功能图编程所设计的指令，使用起来十分方便。对中小型 PLC 进行程序设计时，如果采用功能图法，则先根据控制要求设计功能流程图，然后将其转化为梯形图程序。有些大型或中型 PLC 可直接用功能图进行编程。

7.1.5　梯形图编写规则

在 PLC 的梯形图程序中，涉及大量的各种元件和触点，怎样在梯形图中安排和使用元件的触点和线圈，对初学者来说应该给予足够的重视。认识梯形图的编写基本规则，将有助于初学者阅读和编写梯形图程序。梯形图编写应遵循下列规则：

(1)梯形图的每一行总是从左边母线开始，然后是各种触点的连接，最后终止于线圈或功能框。左边母线与线圈之间一定要有触点，线圈的右边则不能有任何触点。梯形图中的触点可以任意串联或并联，但线圈不能串联使用。输入继电器没有线圈。

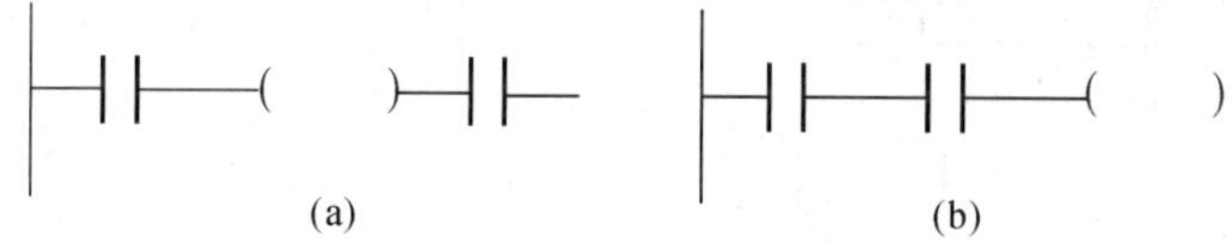

图 7－7　线圈在梯形图的最右边

(a)错误；(b)正确

(2)梯形图中使用的触点和线圈编号应符合 PLC 编程元件的编号表示方法。

(3)PLC 内部元件触点的使用次数是无限制的，并且可以重复使用。但是每个元件的线圈只能用一个编号，同一个编号的线圈在梯形图中只能出现一次。编程时，应力图使程序结构简单，不必为了减少触点的使用次数而让梯形图结构复杂化。

(4)在梯形图中,垂直分支上不应有触点,如图 7-8 所示。

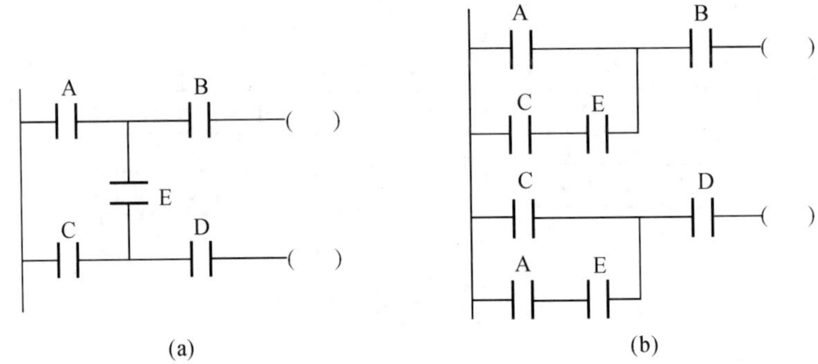

图 7-8　梯形图中垂直分支上不能有触点

(a)错误；(b)正确

(5)梯形图中,应将触点数最多的串联支路放在梯形图的最上面,将触点多的并联逻辑块放在梯形图的最左边。这样做,可节省指令减少存储空间,程序循环周期短,而且梯形图看起来美观,如图 7-9 所示。

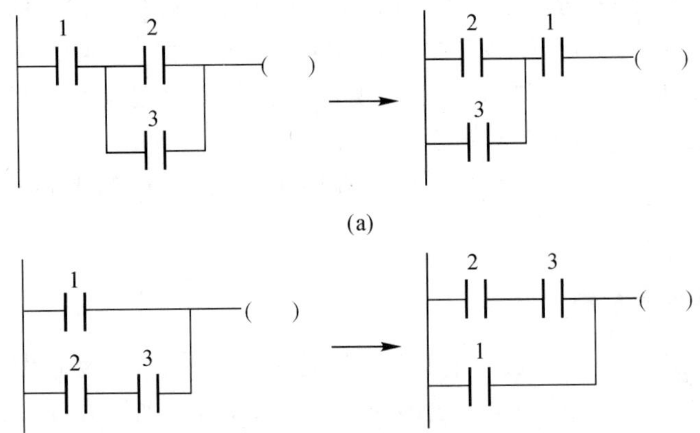

图 7-9　逻辑块的画法

(a)并联多的逻辑块放在梯形图最左边；(b)串联多的逻辑块放在梯形图最上边

(6)直接输出、减少暂存。例如,将图 7-10 所示中左图改画为右图,可不使用栈指令。

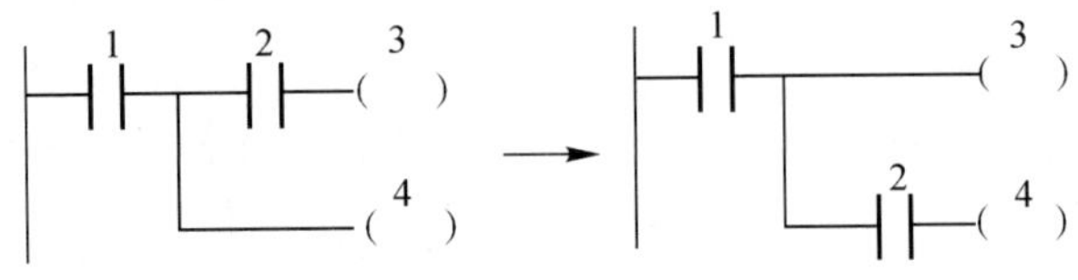

图 7-10　直接输出

7.2　PLC 的编程元件

PLC 中设有大量的编程元件,编程元件的数量决定了可编程控制器的规模和数据处理能力,每一种 PLC 的编程元件数量有限。每一个编程元件都有一个地址与之相对应,编程时,用户只需要记住编程元件的地址或编号即可。全面、系统地弄清楚所使用的编程元件,对正确使用该 PLC,编写好的、高质量的 PLC 程序至关重要。在 PLC 实际编程过程中,建议要多查阅有关 PLC 的编程手册,切实把有关编程元件的性能弄清楚、弄懂。本节简要介绍说明一下 PLC 中基本的编程元件。

7.2.1　编程元件

PLC 采用数据存储方式工作,执行控制程序的过程就是 CPU 对存储器中数据进行操作或处理的过程。进行对象控制时,PLC 需要从外设进行数据采集,并将数据进行存储;在程序处理阶段,PLC 对采集的数据经用户程序进行变换,这样需要将中间结果进行存储;在 PLC 对程序处理结束后,PLC 需要将处理结果存储,再输出给外部设备。为此,在 PLC 内部设置了一个数据存储空间,数据存储空间可分为若干个使用功能的不同区域。这些数据存储区域分为输入继电器(输入映像寄存器)、输出继电器(输出映像寄存器)、辅助继电器(位存储器或标志存储器)、定时器(定时器存储器)、计数器(计数器存储器)等,并采用不同的标识符来表示。例如:三菱 PLC 分别用标识符 X、Y、M、T、C 表示;西门子 PLC 分别用标识符 I、Q、M、T、C 表示。

PLC 编程元件俗称为"软继电器"或"软元件",其实质是 PLC 内部用于存储各种数据的数据存储区,这些数据存储区是 PLC 指令的操作对象,即指令的操作数。早期的 PLC 突出的是逻辑量控制功能,为了便于使用,PLC 的数据存储区按功能划分、并用电器含义命名,如某某继电器、某某定时器、某某计数器、某某数据存储器等。

进一步讲,编程元件在物理本质上只是内存区的一个位、字节或字。这些字节、字的值或位的状态即代表这些器件的状态,所以称它们为软器件或软元件。取用某个编程元件的常开、常闭触点实质上是读取该数据存储区的状态,因此可以认为一个软继电器或软元件带有无数多个常开、常闭触点。可见,PLC 的软继电器与继电器控制系统中的继电器有本质的区别,在继电器控制系统中,继电器接触器都是实实在在的物理器件。

"位"就是 1 位二进制数,它的特点是只有两种状态,"1"或"0"。因此,把凡是只有两种状态的元件称作位元件,具体到 PLC 控制中,输入继电器、输出继电器、内部继电器等都是位元件,"位"又称开关量。

字节、字、双字都是多个二进制位的组合,特点是这多个二进制位是一个整体,它们在同一时刻同时被处理。该多个二进制的整体中,每一个二进制位都是只有两种状态,"1"或"0"。根据组成二进制的位数不同,形成了数位、字节、字、双字等名词术语。一个字节是 8 个二进制数,一个"字"是 16 个二进制数,一个"双字"是 32 个二进制数。

7.2.2　基本编程元件

PLC 编程元件从物理实质上讲是由电子电路、寄存器及存储器单元等组成,使用这些编程元件时,应首先明确它们各自的功能。以下主要介绍输入继电器、输出继电器、辅助继电器、定时器区、计数器等基本软元件的特点。

1. 输入继电器

输入继电器是 PLC 数据存储区的输入映像寄存器。输入继电器与 PLC 的外部输入端子相对应,用来接收并存放外部设备如按钮、行程开关等以及各种传感器送来的输入信号。输入端子是 PLC 接收外部输入信号的窗口,当外部的开关闭合时,PLC 通过光电耦合器,将外部信号对应的寄存器变为“1”状态，即输入继电器的线圈得电，在程序中其常开触点闭合，常闭触点断开。

需要注意的是，输入继电器的状态只能随外部输入状态而改变，不能通过程序来改变。因此在梯形图程序，输入继电器的线圈必须由外部信号来驱动而不能在程序内部用指令来驱动；输入继电器只有触点，没有线圈。输入继电器有无数的常开触点和常闭触点。在梯形图中，可以任意使用输入继电器的常开触点和常闭触点。

现场的实际输入点数不能超过 PLC 所提供的具有外部接线端子的输入继电器的数量，具有地址而未使用的输入映像寄存器可能剩余，理论上它们可以作其他编程元件使用，为避免出错，通常将这些地址空置，不作他用。

2. 输出继电器

输出继电器是 PLC 数据存储区的输出映像寄存器。PLC 的每一个输出继电器都有自己对应的物理输出端子，是 PLC 向外部负载发送信号的窗口，输出继电器通过输出端子将信号输出驱动外部负载。

输出继电器只能在程序内部用指令驱动，外部信号无法直接驱动输出继电器。当通过程序使得输出映像寄存器的某位状态为“1”时，输出继电器线圈得电，与该输出端子相连的常开开关闭合，外部负载驱动。同时程序中其常开触点闭合，常闭触点断开。这些内部触点在程序中可任意使用，使用次数不受限制。

现场的实际输出点数不能超过 PLC 所提供的具有外部接线端子的输出继电器的数量，为避免出错，具有地址而未使用的输出映像寄存器建议不使用，做空置处理。

输入、输出继电器的编号是基本单元固有的地址号，按照这些地址号相连的顺序给扩展设备分配地址号。

3. 辅助继电器

辅助继电器也称为中间继电器，它是 PLC 数据存储区的位存储器，其作用与继电器接触器控制系统中的中间继电器相同。PLC 内部有很多辅助继电器，每个辅助继电器都有无限多对常开、常闭触点，供编程使用。辅助继电器的功能由软件实现，其线圈只能由程序驱动。

辅助继电器不和 PLC 外部的输入输出接线端子相对应，与外部设备无关，所以辅助继电器不能直接驱动外部负载，这是它与输入继电器和输出继电器的主要区别。它主要用来在程序设计中处理逻辑控制任务，如用作状态暂存、位移运算等。辅助继电器按其用途可分为通用型、断电保持型和特殊型。

(1)通用型辅助继电器。通用型辅助继电器的作用类似于中间继电器，其主要用途为逻辑运算的中间结果存储或信号类型的变换。PLC 上电前处于复位状态，上电后由程序驱动，没有掉电保持功能，在系统失电时，自动复位。若电源再次接通，除了因外部输入开关信号变化而引起辅助继电器的变化外，其余的均保持 OFF 状态。

(2)断电保持型辅助继电器。断电保持辅助继电器是由 PLC 内装后备电池支持的，它们具有记忆功能。在系统断电时，它能保持断电前的状态，而系统重新上电后，即可重现断电前的状态，并在该基础上继续工作。但是要注意，系统重新上电后，仅在第一个扫描周期内保持断电前的状态，然后失电，因此实际应用时，还必须加 M 自锁环节，才能真正实现断电保持功能。

断电保持辅助继电器可用于要求保持断电前状态的控制场合。

(3)特殊辅助继电器。特殊辅助继电器用来表示 PLC 的某些状态，提供时钟脉冲和标志位，设定 PLC 的运行方式或者用于步进顺序控制、禁止中断、计数器的加减设定、模拟量控制、定位控制和通信控制中的各种状态标志等。

4. 定时器

定时器(Timer，T)是 PLC 中重要的编程元件，是累计时间增量的内部元件，在 PLC 中的作用相当于继电器控制系统中的时间继电器。通常 PLC 中有几十至数百个定时器。

定时器的单位设定时间值通常有 1 ms、10 ms、100 ms 三种，其单位设定时间反映了定时器的定时精度。使用定时器时，需要提前设置时间设定值，通常设定值由程序赋予，需要时也可通过外部触摸屏等设定。定时器的定时时间等于设定值与单位设定时间的乘积。定时器的元件编号、设定值以及定时精度通常称为定时器的三要素。定时器的元件编号即定时器的地址。当定时器的输入条件满足时开始计时，当前值从 0 开始按单位设定时间逐一增加，且当前值等于设定值时，定时器线圈得电，其输出触点动作。

PLC 定时器有普通型和掉电保持型两种。普通型定时器为掉电不保持的，掉电后停止计时，其当前计数值不保留，复电时，再从头开始计时。掉电保持型的定时器，掉电后，当前计数值保持不变，当复电时，定时器从原计数值开始计时。掉电保持型定时器具有记忆功能，因此其复位时必须在程序中加入专门的复位指令。

5. 计数器

计数器(Counter，C)用来累计输入脉冲的个数，在程序中用作计数控制，经常对产品进行计数或进行特定功能的编程。使用计数器时要提前输入它的设定值(计数个数)，通常设定值由程序赋予，需要时也可通过外部触摸屏等设定。当输入触发条件满足时，计数器开始累计它的输入端脉冲电位上升沿(正跳变)的次数；当计数器计数达到预定的设定值时，计数器的位被置“1”，其触点动作即梯形图中对应的常开触点闭合，常闭触点断开。

计数器有单向计数器和双向计数器两种。单向计数器有增计数器与减计数器之分。对于增计数器，其开始时，计数器的计数值从 0 开始加 1 计数，直到增大到等于或大于设定值时，产生输出；对于减计数器，其开始时，计数器的计数从设定值开始减 1 计数，直到当前值减到 0 时，产生输出。双向计数器也称为可逆计数。

西门子 PLC 使用相应的指令实现单计数或双向计数功能，其单向计数器有增的也有减的。三菱 PLC 计数器用编号指定是单向计数器还是双向计数器，其单向计数器是增计数。西门子计数器一般都是掉电保持的。计数器掉电，当前计数值保持不变。但在任何时候，只要计数器复位信号有效，其当前值都恢复到初始状态，并停止计数，不再输出。

7.3　三菱 FX3U 系列 PLC 简介

FX 系列 PLC 是三菱工控公司现在市场上的主流产品，能完成绝大多数工业控制要求，稳定性好，性价比较高。FX3U 系列 PLC 是三菱电机 2005 年开发的，以后又开发了 FX3G 系列和 FX3S 系列的 PLC。一般把 FX3U、FX3G 和 FX3S 称为三菱 FX3 系列 PLC，它们是第三代产品。开发 FX3 系列 PLC 的目的是作为 FX2 系列 PLC 的替代产品，它们完全兼容 FX2N、FX2NC、FX1S、FX1N 和 FX1NC 系列的 PLC。

7.3.1 FX 系列 PLC 型号命名方式

FX 系列 PLC 型号的命名的基本方式为：

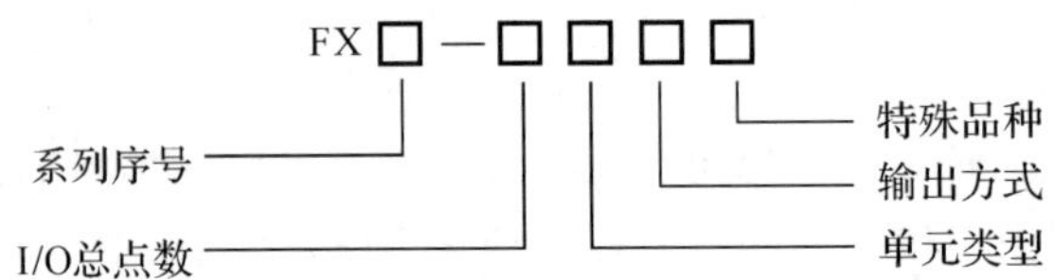

(1)系列序号：如 0、2、0N、2C、1N、2N、1NC、2NC、3U、3G 等。

(2)I/O 总点数：每个系列有 10、14、16、32、48、64、80、128 点等不同输入输出点数。

(3)单元类型：

1)M 表示基本单元。

2)E 表示扩展单元及扩展模块(输入/输出混合)。

3)EX 表示扩展输入单元，EY 表示扩展输出单元。

(4)输出方式：

1)R 为继电器输出。

2)T 为晶体管输出。

3)S 为晶闸管输出。

(5)特殊品种：

1)D 表示 DC 电源，DC 输入。

2)A 表示 AC 电源，AC 输入。

3)H 表示大电流输出扩展模块(1A/1 点)。

4)V 表示立式端子排的扩展模块。

5)C 表示接插口输入输出方式。

6)F 表示输入滤波器 1ms 的扩展模块。

7)L 表示 TTL 输入型扩展模块。

8)S 表示独立端子(无公共端)扩展模块。

例如，FX2N-48MRD 含义为 FX2N 系列，输入/输出总点数为 48 点，继电器输出，DC 电源，DC 输入的基本单元。三菱 PLC 若特殊品种一项无符号，说明通指 AC 电源、DC 输入、横排端子排。

7.3.2 FX3U 系列 PLC 产品简介

FX3U 系列 PLC 是三菱第三代小型 PLC 系列产品，它是目前三菱电机小型 PLC 中性能最高、运算速度最快、定位控制和通信网络控制功能最强、I/O 点数最多的产品，完全兼容 FX1S、FX1N、FX2N 系列的全部功能。

1. FX3U 系列 PLC 的主要性能特点

(1)业界最高的运算速度。FX3U 系列基本逻辑指令的执行时间为 0.065μs/条，应用指令的执行时间为 1.25μs/条，是 FX2N 的 2 倍，是 FX1N 的 10 倍，是目前各种品牌的小型、微型 PLC 中运算速度最高的。

(2)最多的 I/O 点数。FX3U 系列 PLC 的基本单元加扩展可以控制本地的 I/O 点数为

256 点，通过远程 I/O 链接，PLC 的最大点数为 384 点。

(3)最大的存储容量。用户程序的容量可达 64 000 步，还可以扩展采用 16 000 步的闪存(Flash ROM)卡。

(4)通信与网络控制。FX3U 基本单元上带有 RS－422 编程接口，另外，通过扩展不同的通信板，可以转换成 RS－232C、RS－422、RS－485 和 USB 等接口标准，可以很方便地与计算机等外部设备连接，其通信通道也增加了 3 个。

(5)定位控制功能。FX3U 系列在定位控制上也是功能最强大的。输入口可接收 100 kHz 的高速脉冲信号。高速输出口有 3 个，可独立控制 3 轴定位。最高输出脉冲频率达 100 kHz，还开发出了网络控制定位扩展模块，与三菱公司的 MR－J3－B 系列伺服驱动器连接，直接进行高速定位控制。

(6)编程功能。FX3U 系列在应用指令上除了全部兼容 FX1S、FX1N、FX2N 系列的全部指令外，还增加了变频器通信、数据块运算、字符串读取多条指令，使应用指令多达 209 种 486 条，在编程软元件上，不仅元件数量大大增加，还增加了扩展寄存器 R，扩展文件寄存器 ER，在应用常数上增加了实数(小数)和字符串的输入，还增加了非常方便应用的字位(字中的位)和缓冲存储器 BFM 直接读写方式。

2. FX3U 系列 PLC 的产品构成

FX 系列 PLC 的硬件系统一般由基本单元、扩展单元、扩展模块及特殊功能单元等组成。基本单元是内置了 CPU、存储器、I/O 端口和电源的整体式 PLC 产品。在 PLC 组成控制系统中，必须配备 1 台基本单元。当基本单元的 I/O 点数不够用时，必须通过连接扩展单元或扩展模块来扩充 I/O 点数。扩展模块与扩展单元的区别是，扩展单元本身内置了 DC24V 电源，除了可以给自身输入端口提供电流外，还可以向后面的扩展模块供电。扩展模块自身不带有 DC24V 电源，其电源是由基本单元或扩展单元提供。扩展单元和扩展模块无 CPU，必须与基本单元一起使用。

FX3U 系列 PLC 的产品构成见表 7－2。

表 7－2　FX3U 系列 PLC 的产品构成

种类	内容	连接内容
基本单元	内置有 CPU、电源、输入/输出、程序内存的可编程序控制器主机	可连接各种扩展设备
扩展单元	内置电源的输入输出扩展。附带连接电缆	输入/输出的最大扩展点数为 256 点。(特殊扩展：最多 8 台)与 CC-Link 远程 I/O 的合计最大为 384 点
扩展模块	从基本、扩展单元获得电源供给的输入输出扩展。内置连接电缆	
扩展电源单元	AC 电源型基本单元的内置电源不足时，扩展电源	可给输出扩展模块或者特殊功能模块供给电源
特殊单元	内置电源的特殊控制用扩展。附带连接电缆	输入/输出的最大扩展点数为 256 点。(特殊扩展：最多 8 台)与 CC-Link 远程 I/O 的合计最大为 384 点
特殊模块	从基本、扩展单元获得电源供给的特殊控制用扩展。内置连接电缆	
功能扩展板	可内置于可编程序控制器中的，用于功能扩展的设备。不占用 I/O 点数	可安装 1 块；可与特殊适配器合用

续 表

种类	内容	连接内容
特殊适配器	从基本单元获得电源供给的特殊控制用扩展。内置连接用接头	连接高速输入用、高速输出用的特殊适配器时，不需要功能扩展板；但是与通信用及模拟量用的特殊适配器合用时，需要功能扩展板
存储器盒	闪存：最大 16 000 步；最大 64 000 步（带程序传输功能/不带程序传输功能）	可内置 1 台
显示模块	可安装于可编程序控制器中进行数据的显示和设定	可内置 1 台 FX3U－7DM 型显示模块

3. FX3U 系列 PLC 基本单元

FX3U 系列 PLC 基本单元有 16、32、48、64、80、128 共 6 种基本规格，其输入点数和输出点数总是相等的。FX3U 系列 PLC 基本单元产品规格见表 7－3。基本单元根据 PLC 电源的不同，可以分为 AC 电源输入与 DC 电源入两种基本类型。根据输出类型，可以分为继电器输出、晶体管输出、晶闸管输出 3 种类型。具体的电源输入/输出方式有：

(1)R/ES：AC 电源/DC24V(漏型/源型)输入/继电器输出。

(2)T/ES：AC 电源/DC24V(漏型/源型)输入/晶体管(漏型)输出。

(3)T/ESS：AC 电源/DC24V(漏型/源型)输入/晶体管(源型)输出。

(4)S/ES：AC 电源/DC24V(漏型/源型)输入/晶闸管(SSR)输出。

(5)R/DS：DC 电源/DC24V(漏型/源型)输入/继电器输出。

(6)T/DS：DC 电源/DC24V(漏型/源型)输入/晶体管(漏型)输出。

(7)T/DSS：DC 电源/DC24V(漏型/源型)输入/晶体管(源型)输出。

(8)R/UA1：AC 电源/AC100V 输入/继电器输出。

例如，FX3U－64MT/ES 表示交流电源、输入/输出点数为 64 点，直流输入，晶体管输出(漏型)的基本单元。

表 7－3　FX3U 系列 PLC 基本单元产品规格

型号	I/O 点数	输出方式	供电电压
FX3U－16MR/ES－A	内置 8 入/8 出	继电器	AC 220V
FX3U－32MR/ES－A	内置 16 入/16 出	继电器	AC 220V
FX3U－48MR/ES－A	内置 24 入/24 出	继电器	AC 220V
FX3U－64MR/ES－A	内置 32 入/32 出	继电器	AC 220V
FX3U－80MR/ES－A	内置 40 入/40 出	继电器	AC 220V
FX3U－128MR/ES－A	内置 64 入/64 出	继电器	AC 220V
FX3U－16MT/ES－A	内置 8 入/8 出	晶体管漏型	AC 220V
FX3U－32MT/ES－A	内置 16 入/16 出	晶体管漏型	AC 220V
FX3U－48MT/ES－A	内置 24 入/24 出	晶体管漏型	AC 220V

续 表

型号	I/O 点数	输出方式	供电电压
FX3U - 64MT/ES - A	内置 32 入/32 出	晶体管漏型	AC 220V
FX3U - 80MT/ES - A	内置 40 入/40 出	晶体管漏型	AC 220V
FX3U - 128MT/ES - A	内置 64 入/64 出	晶体管漏型	AC 220V
FX3U - 16MR/DS	内置 8 入/8 出	继电器	DC 24V
FX3U - 32MR/DS	内置 16 入/16 出	继电器	DC 24V
FX3U - 48MR/DS	内置 24 入/24 出	继电器	DC 24V
FX3U - 64MR/DS	内置 32 入/32 出	继电器	DC 24V
FX3U - 80MR/DS	内置 40 入/40 出	继电器	DC 24V
FX3U - 16MT/DS	内置 8 入/8 出	晶体管漏型	DC 24V
FX3U - 32MT/DS	内置 16 入/16 出	晶体管漏型	DC 24V
FX3U - 48MT/DS	内置 24 入/24 出	晶体管漏型	DC 24V
FX3U - 64MT/DS	内置 32 入/32 出	晶体管漏型	DC 24V
FX3U - 80MT/DS	内置 40 入/40 出	晶体管漏型	DC 24V
FX3U - 16MT/DSS	内置 8 入/8 出	晶体管源型	DC 24V
FX3U - 32MT/DSS	内置 16 入/16 出	晶体管源型	DC 24V
FX3U - 48MT/DSS	内置 24 入/24 出	晶体管源型	DC 24V
FX3U - 64MT/DSS	内置 32 入/32 出	晶体管源型	DC 24V
FX3U - 80MT/DSS	内置 40 入/40 出	晶体管源型	DC 24V
FX3U - 16MT/ESS	内置 8 入/8 出	晶体管源型	AC 220V
FX3U - 32MT/ESS	内置 16 入/16 出	晶体管源型	AC 220V
FX3U - 48MT/ESS	内置 24 入/24 出	晶体管源型	AC 220V
FX3U - 64MT/ESS	内置 32 入/32 出	晶体管源型	AC 220V
FX3U - 80MT/ESS	内置 40 入/40 出	晶体管源型	AC 220V
FX3U - 128MT/ESS	内置 64 入/64 出	晶体管源型	AC 220V

4. FX3U 系列 PLC 扩展单元/扩展模块

对 FX3U 系列 PLC 来说，三菱电机并没有为它开发众多配套的扩展单元和扩展模块产品，而仍然使用 FX2N 系列 PLC 开发的扩展单元和扩展模块产品。FX2N 系列 PLC 的扩展单元及扩展模块分别见表 7 - 4、表 7 - 5。

表 7 - 4　FX2N 系列 PLC 的扩展单元

型号	I/O 总数	输入		输出		
		点数	电压	类型	点数	类型
FX2N - 32ER	32	16	24VDC	漏型	16	继电器

续 表

型号	I/O 总数	输入		输出		
		点数	电压	类型	点数	类型
FX2N－32ET	32	16	24VDC	漏型	16	晶体管
FX2N－48ER	48	24	24VDC	漏型	24	继电器
FX2N－48ET	48	24	24VDC	漏型	24	晶体管
FX2N－48ER－D	48	24	24VDC	漏型	24	继电器(DC)
FX2N－48ET－D	48	24	24VDC	漏型	24	晶体管(DC)

表 7－5　FX2N 的扩展模块

型号	I/O 总数	输入点数	输出点数
FX2N－8EX	8	8	/
FX2N－8EYR	8	/	8(继电器)
FX2N－8ER	8	4	4(继电器)
FX2N－8EYT	8	/	8(晶体管)
FX2N－48ER	48	24	24(继电器)
FX2N－16EX	16	16	/
FX2N－16EYT	16	/	16(晶体管)
FX2N－16EYR	16	/	16(继电器)

扩展单元根据 PLC 电源的不同,可以分为 AC 电源与 DC 电源两种基本类型。根据输出类型,可以分为继电器输出、晶体管输出、晶闸管输出 3 种类型。具体的电源及输入/输出方式有:

(1)R:AC 电源/DC24V(漏型/源型)输入/继电器输出。

(2)R－ES:AC 电源/DC24V(漏型/源型)输入/继电器输出。

(3)T:AC 电源/DC24V(漏型)输入/晶体管(漏型)输出。

(4)T－ESS:DC 电源/DC24V(漏型/源型)输入/晶体管(源型)输出。

(5)S:AC 电源/DC24V(漏型)输入/晶闸管(SSR)输出。

(6)R－D:DC 电源/DC24V(漏型)输入/继电器输出。

(7)R－DS:DC 电源/DC24V(漏型/源型)输入/继电器输出。

(8)T－DSS:DC 电源/DC24V(漏型/源型)输入/晶体管(漏型)输出。

(9)R/UA1:AC 电源/AC100V 输入/继电器输出。

FX3U 系列 PLC 的特殊功能模块与 FX2N 系列 PLC 功能模块基本相同。特殊功能模块作为智能模块,是一些专门用途的装置。通过特殊功能单元/模块/功能扩展板的使用,可以使得 FX3U 的功能与应用领域得到拓展。FX3U 系列的特殊功能单元/模块主要包括模拟量控制、高速计数器、脉冲输出/定位模块、数据链接/通信功能等。

FX2N 系列 PLC 的特殊功能模块中，FX2N－4AD 是一个 4 通道 12 位模拟量输入单元；FX2N－4DA 是一个 4 通道 12 位模拟量输出单元；FX2N－4AD－PT 温度输入模块是供 PT－100 温度传感器用的 4 通道 12 位模拟量输入；FX2N－1HC 是 2 相 50 Hz 的 1 通道高速计数器。

5. 扩展系统的组建

在工程设计中，若三菱基本单元集成的输入和输出点不能满足工程需要，那么可以通过连接扩展输入/输出单元来增加更多的输入/输出点。基本单元、功能扩展板、特殊适配器、输入/输出扩展模块和特殊功能单元/模块的扩展连接示意图如图 7－11 所示。

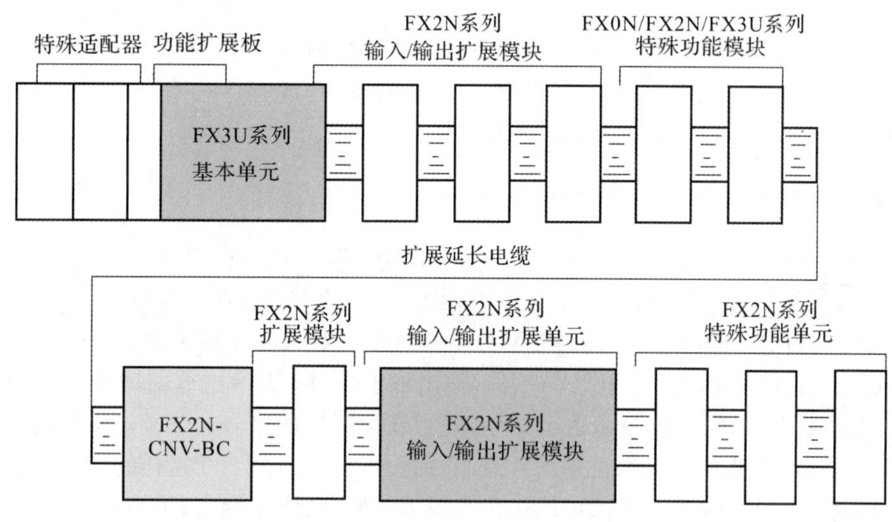

图 7－11　扩展单元连接示意图

7.3.3　FX3U 系列 PLC 的寻址

寻址就是寻找指令操作数的存放地址。大部分指令都有操作数，寻址方式的快慢直接影响到 PLC 的扫描速度。PLC 的寻址方式一般有直接寻址、立即寻址和变址寻址三种方式。

1. 直接寻址

操作数就是存放数据的地址。在基本逻辑指令和功能指令中，很多都是直接寻址方式。例如：程序语句

LD　　X000　；　　X000 就是操作数的地址，直接读取 X000 的状态。

MOV　D0　D10　；　原址是 D0，目标地址是 D10，把 D0 内的数据传送到 D10 中。

2. 立即寻址

操作数（一般为源址）就是一个十进制或十六进制的常数。立即寻址仅存在于功能指令中，基本指令中没有立即寻址方式。例如：

MOV　K100　D10　；　指令 MOV 的作用是将源址操作数 K100，送到目标地址数据寄存器 D10 中。原址操作数 K100，为立即寻址。

3. 变址寻址

变址寻址是一种较为复杂的寻址方式，利用变址寻址方式可以使一些程序设计变得十分

简短。变址就是把操作数的地址进行修改，要到修改后的地址去寻找操作数，这个功能是由变址操作数完成的，需要用到数据寄存器V、Z，它们主要是用作运算操作数地址的修改。例如：

D5V10　V10＝K10；

D5V10表示操作数的地址存放在从D5开始向后偏移V10，V10＝K10，则D5V10的地址是把D5向后偏移10个单位，即D(5＋10)＝D15，也就是D15。

K15Z5　Z5＝K10；

K15Z5表示操作数向后偏移(Z5)，Z5＝K10，即K(15＋10)＝K25，也就是K15Z5表示操作数为K25。

X0V0　V0＝K10；

X0V0表示操作数的地址在从X0开始向后偏移V0，V0＝K10，则X0V0的地址是X(0＋10)＝X10，也就是X10。但是，输入端口X是八进制编址，没有X8、X9，而后偏移K10应为X12，因此，在变址时必须注意变址操作软元件的编址方式。

7.3.4　FX3U系列PLC编程元件

PLC中每一种编程元件都有很多个，少则几十个，多则几千个，为了区别它们，对每个编程元件都进行了编号，编程元件的编号就是其地址，编号的方式也叫作编址。

三菱FX系列PLC的编程元件的编号分为两部分。第一部分是代表功能的字母，它表示编程元件类型，如X表示输入继电器，Y表示输出继电器，M表示内部辅助继电器，T表示定时器，C表示计数器等，第二部分是数字编号，即为该类器件的序号。三菱FX系列PLC输入继电器和输出继电器地址编号均是采用八进制，因此不存在诸如8、9这样的数值，其他所有元件按十进制编号。这些编程元件都可以提供无限多对常开、常闭触点，供编程使用。

FX3U系列PLC输入继电器和输出继电器的编号即编址，是从工程系统中的基本单元开始，按照八进制数顺序分配。例如：

输入继电器X000～X007、X010～X017，X020～X027，…，X070～X077，X100～X107，…

输出继电器Y000～Y007、Y010～Y017，Y020～Y027，…，Y070～Y077，Y100～Y107，…

注意：编号从X077直接跳到X100，中间没有X080～X087，X090～X097。

FX3U系列PLC输入/输出继电器编号见表7-6。

表7-6　输入输出继电器的编号

型号	FX3U-16M	FX3U-32M	FX3U-48M	FX3U-64M	FX3U-80M	FX3U-128M	扩展时
输入	X000～X007 8点	X000～X017 16点	X000～X027 24点	X000～X037 32点	X000～X047 40点	X000～X077 64点	X000～X367 248点
输出	Y000～Y007 8点	Y000～Y017 16点	Y000～Y027 24点	Y000～Y037 32点	Y000～Y047 40点	Y000～Y077 64点	Y000～Y367 248点

如果基本单元连接扩展单元或扩展模块，扩展的输入/输出单元在寻址时，必须接着前面的输入编号和输出编号，分别分配各自的输入编号和输出编号，例如一个系统的基本单元为64点的FX3U PLC，第一个扩展模块选择16点的输出模块FX2N-16EY，第二个扩展模块选择8点的输入/输出模块FX2N-8ER，第三个扩展模块选择8点的输入模块FX2N-8EX，则

相应的扩展模块寻址才如图 7－12 所示。

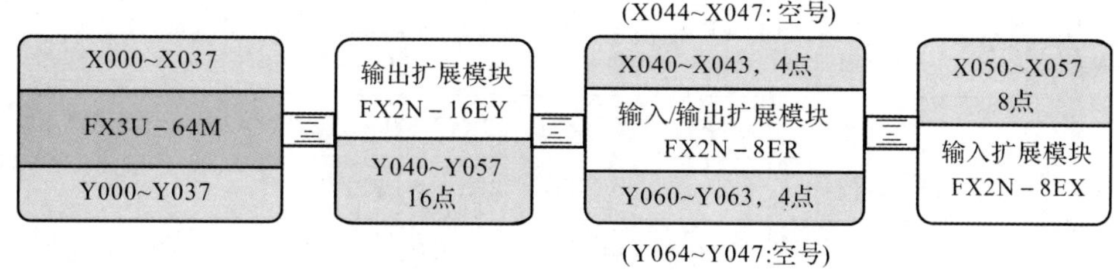

图 7－12　扩展模块端子编号分配

FX3U 系列 PLC 编程元件编号见表 7－7。

表 7－7　FX3U 系列 PLC 编程元件编号

类 型		元件编号
输入输出继电器 I/O 点数		最大 I/O 点数:384 点
辅助继电器 M	一般用	M0～M499,共 500 点
	保持性	M500～M7679,共 7 180 点
	特殊用	M8000～M8511,共 512 点
状态元件 S	初始状态	S0～S9,共 10 点
	一般状态	S10～S499,共 490 点
	保持区域	S500～S4099,共 3 600 点
定时器 T	100 ms	T0～T199,共 200 点;T250～T255,共 6 点,积算
	10 ms	T200～T245,共 46 点
	1 ms	T246～T249,共 4 点,积算;T256～T511,共 256 点
计数器 C	16 位通用	C0～C99,共 100 点(加计数)
	16 位保持	C100～C199,共 100 点(加计数)
	32 位通用	C200～C219,共 20 点(加减计数)
	32 位保持	C220～C234,共 15 点(加减计数)
	32 位高速	C235～C255,可用 8 点(加减计数)
数据寄存器 D	16 位通用	D0～D199,共 200 点
	16 位保持	D200～D7999,最大 7 800 点
	文件寄存器	D1000～D7999,最大 7 000 点
	16 位特殊	D8000～D8511,共 512 点
	16 位变址	V0～V7,Z0～Z7,共 16 点
指针	跳转用	P0～P4095,共 4096 点

续 表

类 型		元件编号
嵌套	主控用	N0～N7,共8点
常数输入	十进制	16bit:－32 768～＋32 767,32bit:－2 147 483 648～2 147 483 647
	十六进制	16bit:0～FFFFH,32bit:0～FFFFFFFFH
	实数	32位 -1.0×2^{-126}～ -1.0×2^{126}、0、1.0×2^{-126}～ 1.0×2^{126}
	字符串	最多可以使用半角32个字符

FX3U 系列 PLC 其他编程元件说明如下。

1. 状态继电器 S

状态继电器 S 是一种表示步进状态的、专门用于编制步进顺序控制程序的重要的编程元件。它与步进指令配合使用,编程十分方便。通常状态继电器有初始状态继电器、回零状态继电器、通用状态继电器、保持状态继电器和报警用状态继电五种类型。

状态继电器的常开、常闭触点在 PLC 内可以自由使用,且使用的次数不限。当状态继电器不用于步进指令时,状态继电器可以作为普通辅助继电器使用。

2. 数据寄存器 D

FX3U PLC 的数据寄存器按十进制编号。数据寄存器是用来存储数值数据的编程元件,用字母 D 表示。PLC 在进行输入/输出处理、模拟量控制、位置控制时,需要许多数据寄存器来存储数据和参数。每一个数据寄存器都是 16 位,可用两个数据寄存器合并起来存放 32 位数据。例如,D0 表示一个 16 位的数据寄存器,其中最高位表示正、负,最高位为 0 表示正数,最高位为 1 表示负数。一个 16 位的数据寄存器处理的数值范围－32 768～＋32 767。将两个相邻的数据寄存器组合,可存储 32 位的数值数据。用 D0 和 D1 存储双字,D0 存放低 16 位,D1 存放高 16 位。数据寄存器数值的读出与写入一般采用应用指令完成。

数据寄存器主要分为通用数据寄存器、断电保持数据寄存器等。

(1)通用数据寄存器。元件编号为 D0～D199 共 200 点。它是将数据写入通用数据寄存器之后,其值将保持不变,直到下一次被改写。当 PLC 由运行(RUN)状态进入停止(STOP)状态时,所有的通用数据寄存器的值都置 0(即全部数据均清零)。但是,当特殊辅助继电器 M8033 置 1 时,PLC 若由运行(RUN)状态进入到停止(STOP)状态,通用数据寄存器的值则保持不变。

(2)断电保持数据寄存器。元件编号为 D200～D7999 共 7 800 点,它在 PLC 由运行(RUN)状态进入停止状态(STOP)时,寄存器内的数值值保持不变。只要不改写,原有的数据不会丢失。利用参数设定,可以改变断电保持寄存器的范围。当断电保持寄存器作为一般用途时,要在程序的起始步采用 RST 或 ZRST 指令清除其内容。

3. 变址寄存器 V、Z

三菱 FX 有两个特别的数据寄存器,即变址寄存器 V 和 Z。寄存器 V 和 Z 各 8 个,V0～V7,Z0～Z7,共 16 点,V0 和 Z0 也可用 V 和 Z 表示。它们和通用寄存器一样,除可以用作数据寄存器外,主要是用作运算操作数地址的修改。利用 V、Z 来进行地址修改的寻址方式叫作变址寻址。

4. 嵌套指针类

(1)嵌套级 N。嵌套级是用来指定嵌套的级数的编程元件,用字母 N 表示。该指令与主控指令 MC 和 MCR 配合使用,在 FX 系列 PLC 中,该指令的使用范围为 N0～N7。

(2)指针 P/I。指针是跳转和中断等程序的入口地址,与跳转、中断程序和子程序等指令一起使用。指针(P/I)包括分支和子程序用的指针(P)和中断用的指针(I)。其中,中断用的指针(I)又分为输入中断用、定时器中断用和计数器中断用 3 种,其地址号采用十进制数分配。

5. 常数(K/H)

常数是程序进行数值处理时必不可少的编程元件,它在 PLC 的存储器中占用一定的空间。十进制常数用 K 表示,16 位常数的范围为－32 768～32 767,32 位常数的范围为－2 147 483 648～2 147 483 647。十六进制常数用 H 表示,16 位常数的范围为 0～FFFF,32 位常数的范围为 0～FFFFFFFF。如 18 用十进制表示为 K18,用十六进制表示为 H12。常数 K 可用于指定定时器或计数器的设定值或应用指令操作数中的数值;常数 H 主要用于指定应用指令的操作数的数值。

7.3.5　FX3U 系列 PLC 端子排列与接线

1. 端子排列

PLC 基本单元分 AC 电源和 DC 电源两种供电电源,在端子排列上有不同的标识。如图 7－13 所示,AC 电源是直接使用工频交流电,电源线在 L、N 端子间,即采用单相交流电源供电。适用电压范围宽,100～250V 均可使用,接线时要分清端子上的"N"端(零线)和"接地"端。DC 电源采用外部直流开关电源供电。FX3U 系列 PLC 外形图如图 7－14 所示。

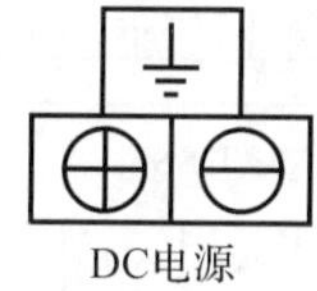

图 7－13　AC 电源和 DC 电源端子标识图示

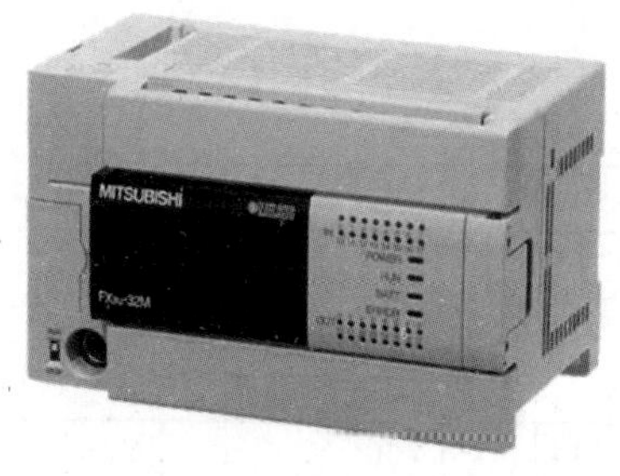

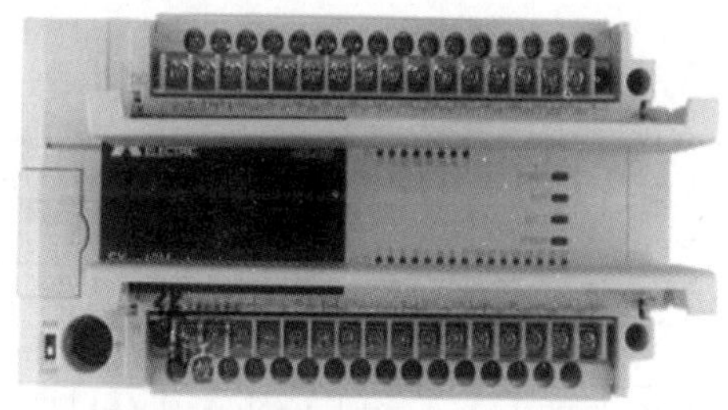

图 7－14　FX3U 系列 PLC 基本单元实物外形

标识为"·"的端子为空端子,空端子不准接入任何引线。PLC 基本单元自带 DC24V 内部电源,可以向输入端口或外部提供 DC24V 电源。三菱 FX3U 系列 PLC 的 S/S 端为输入端口的公共端,"24V,0V"为内置 DC24V 电源端子。

(1)AC 电源/DC 输入型端子排列如图 7－15 和图 7－16 所示。

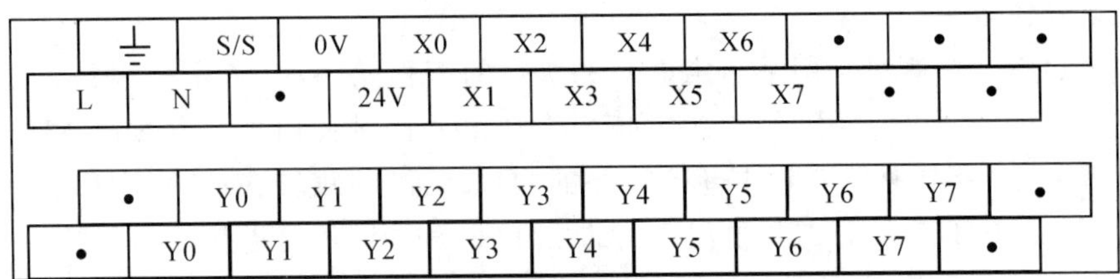

图 7-15　FX3U-16MR/ES(-A)端子排列(AC 电源/DC 输入型)

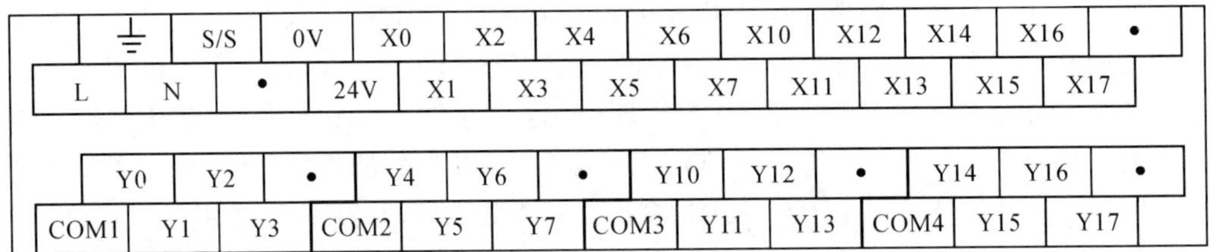

图 7-16　FX3U-32M□端子排列(AC 电源/DC 输入型)

(2)DC 电源/DC 输入型端子排列如图 7-17 所示。

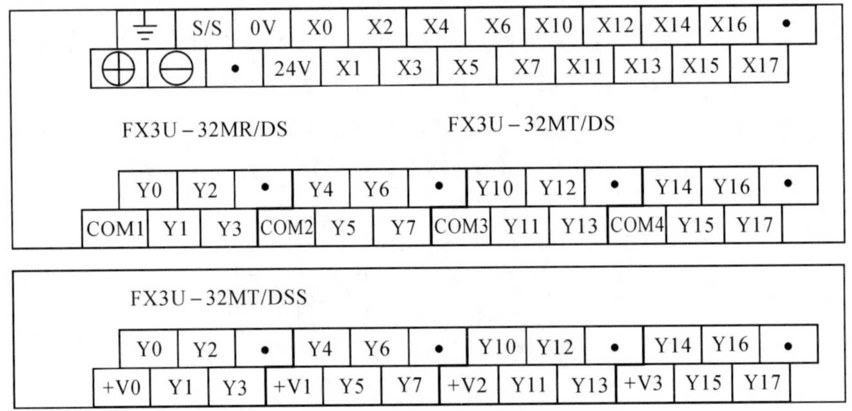

图 7-17　FX3U-32M□端子排列(DC 电源/DC 输入型)

(3)AC 电源/DC 输入型如图 7-18 所示。

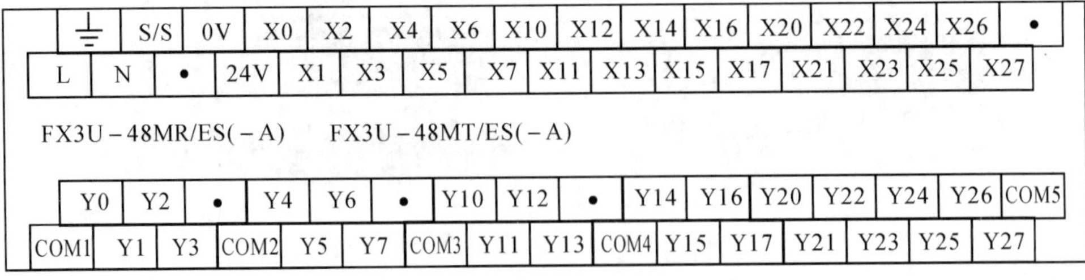

图 7-18　FX3U-48M□端子排列(AC 电源/DC 输入型)

(4)DC 电源/DC 输入型如图 7－19 所示。

⏚	S/S	0V	X0	X2	X4	X6	X10	X12	X14	X16	X20	X22	X24	X26	•
⊕	⊖	•	24V	X1	X3	X5	X7	X11	X13	X15	X17	X21	X23	X25	X27

FX3U－48MR/DS　　FX3U－48MT/DS

Y0	Y2	•	Y4	Y6	•	Y10	Y12	•	Y14	Y16	Y20	Y22	Y24	Y26	COM5
COM1	Y1	Y3	COM2	Y5	Y7	COM3	Y11	Y13	COM4	Y15	Y17	Y21	Y23	Y25	Y27

FX3U－48MT/DSS

Y0	Y2	•	Y4	Y6	•	Y10	Y12	•	Y14	Y16	Y20	Y22	Y24	Y26	+V4
+V0	Y1	Y3	+V1	Y5	Y7	+V2	Y11	Y13	+V3	Y15	Y17	Y21	Y23	Y25	Y27

图 7－19　FX3U－48M□端子排列(DC 电源/DC 输入型)

2. 输入端子接线

PLC 的输入端口连接输入信号，器件主要有开关、按钮及各种传感器，这些都是触点类型的器件。在接入 PLC 时，每个触点的两个接头分别连接一个输入点及输入公共端。FX3U 系列 PLC 的输入端口为 S/S 型接法，根据需要可接成源型输入(电流输入型)和漏型输入(电流输出型)电路。漏型输入即 DC 输入信号是从输入端子(X)流出电流，源型输入即 DC 输入信号电流流向输入端子(X)。漏型和源型输入的接线方法如图 7－20 所示。

输入信号漏型接法：把 S/S 端子接 24V 端子，0V 作为输入信号的公共端。

输入信号源型接法：把 S/S 端子接 0V 端子，24V 作为输入信号的公共端。

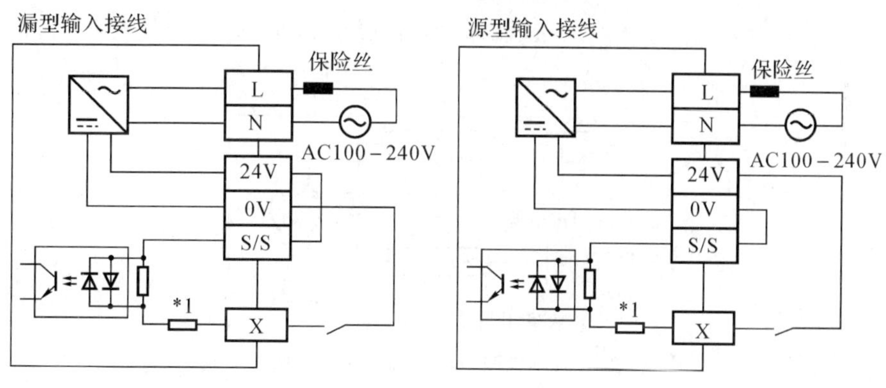

图 7－20　AC 电源型的输入配线示例

3. 输出端子接线

PLC 的输出端口上连接的器件主要有继电器、接触器、电磁阀的线圈。这些器件均采用 PLC 机外的专用电源供电，PLC 内部不过是提供一组开关接点。接入线圈时线圈的一端接输出点，一端经电源接输出公共端。输出端口按照 1 点、4 点、8 点共 1 个公共端进行排列，这种排列的好处是在一个基本单元上可以接不同的负载电源，但同一个公共端上的各个输出端的负载必须是接同一个负载电源，如图 7－21 所示。4 点共一个公共端为 Y0～Y3、Y4～Y7、

Y10～Y13、Y14～Y17。8 点共一个公共端为 Y20～Y27，Y30～Y37，…应用时不要接错。

FX3U 系列 PLC 输出公共端的标识有三种标记：

(1)对 FX3U-16MR/ES，DS 基本单元，用相同端口编号表明是 1 个公共端子。

(2)对 FX3U-□M□/ES，DS 基本单元，用 COM0～COM10 表示个公共端子。

(3)对 FX3U-□M□/ESS，DSS 基本单元，用 V0～V9 表示个公共端子。

晶体管型输出端口则分为源型和漏型两种方式。T/ES 表示晶体管漏型输出，对于漏型输出，公共端为负，用的是 COM 表示。T/ESS 表示晶体管源型输出，对于源型输出，公共端为正，用+V 表示。晶体管漏型输出型 PLC 的输出信号接线如图 7-22 所示，图中输出端的公共端 COM□接直流电源负极，输出端 Y□接负载端后再连接直流电源正极。晶体管源型输出型 PLC 的输出信号接线如图 7-23 所示，图中输出端的公共端+V□接直流电源正极，输出端 Y□接负载端后再连接直流电源负极。

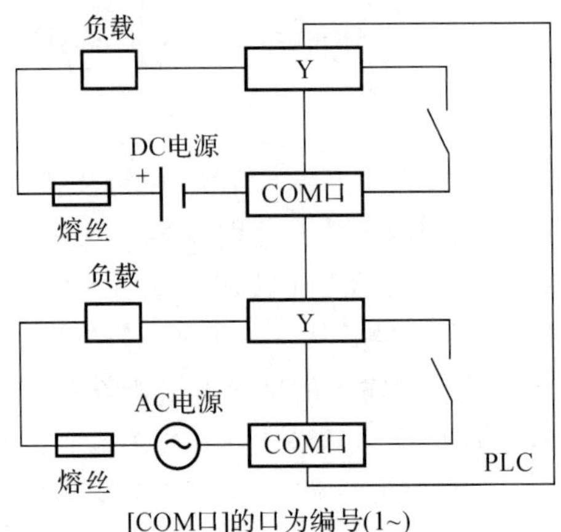

图 7-21　继电器输出端子接线及回路构成

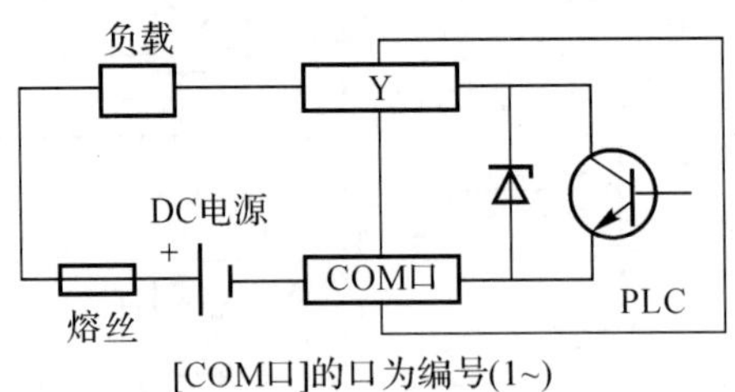

图 7-22　晶体管漏型输出端子接线及回路构成

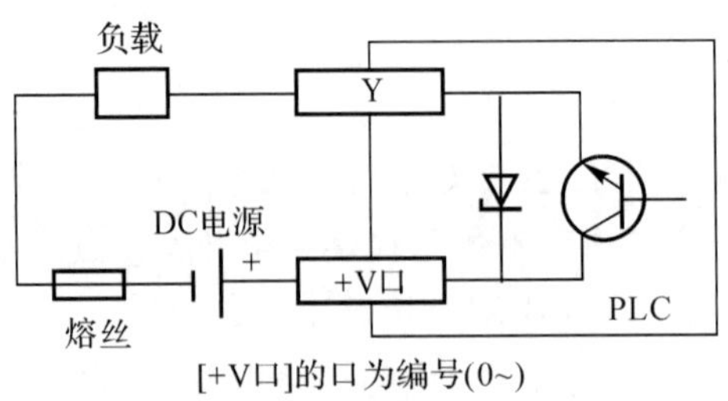

图 7-23　晶体管源型输出端子接线及回路构成

7.3.6　PLC 系统接线

下面介绍一下 FX3U 系列 PLC 的基本单元和扩展模块/单元的接线。

1. 配线

由于 PLC 本身消耗功率很小，输入端口及输出端口所消耗的电流也不大，因此，其配线的导线线径在 0.3～1 mm 之间选取。为方便在配电柜线槽内走线，一般选用多股软线。为方便维修，建议采用不同颜色的线标志不同端口的接线。基本单元的端子有电源端子（交流 L、N；直流＋、－），内置电源端子（24 V、0 V），输入端子（X）和输出端子（Y）等。哪种端子采用何种颜色并没有统一标准，各个设备厂家都不相同。建议电源端子 L 用红色，N 用蓝色；内置电源端子 24 V 用黄色，0 V 用棕色；输入端子 X 用黑色，输出端子 Y 用白色。当然也可与电气原理图上所标颜色相对应。

2. 接地

在 PLC 控制系统中，许多人对接地并不重视，在很多情况下甚至不进行接地处理，将 PLC 的接地端子空置。在实践中，这种做法有时对 PLC 控制系统的运行并没有多大影响，特别是对于开关量逻辑控制系统。但是，良好的接地不仅是保护人身和设备安全的重要防护措施，也是抑制和减少各种电磁干扰的重要手段。因此，建议在有条件的情况下都应加上接地。

PLC 等电气设备的接地（用 ⏚ 表示）是指与大地相连的接地。一般称系统地（System Ground 以 PE 表示）。在 PLC 控制系统中，不允许采用如图 7－24(a)所示的串接式共同接地方式。对 PLC 采用专用的接地是最好的方案，如图 7－24(b)所示。在无法采用专用接地的情况下，也可以采用图 7－24(c)中的并接式共同接地方式，图中 PE 为公共接地铜板。实际上，PLC 的接地方式一般采用第 3 种接地方式。当采用图 7－24(c)中所示的共同接地时，接地铜板(PE)不能和电源的接地线相连，否则，电源会对 PLC 系统产生很大的干扰。当基本单元与 PLC 的各种扩展设备组成 PLC 控制系统时，各种扩展设备上的接地可以串联到基本单元的接地端子上，然后将基本单元的接地端进行接地或共同接地专用接地。

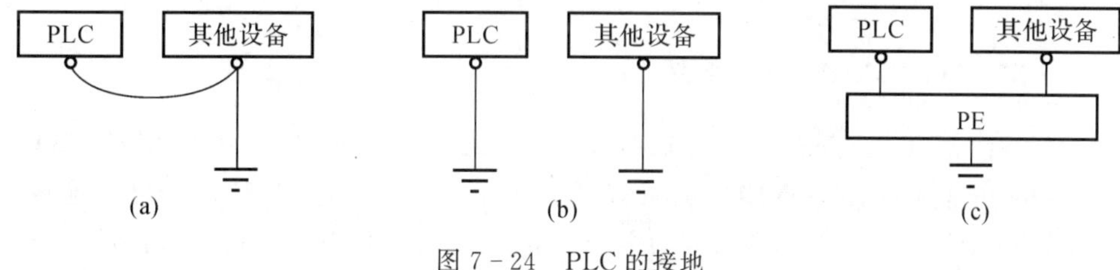

图 7－24　PLC 的接地

不论是采用单独接地还是共同接地，其接地电阻应小于 4 Ω(有的资料为 10 Ω)。基本单元的接地线线径应足够大，应使用 2.5 mm 以上的接地线。接地点应尽可能靠近 PLC 基本单元，接地线越短越好。

3. 接线

(1)PLC 对于电源线带来的干扰具有一定的抵制能力。在可靠性要求很高或电源干扰特别严重的环境中，可以安装一台带屏蔽层的隔离变压器，以减少设备与地之间的干扰。

(2)一般 PLC 都有直流 24 V 输出提供给输入端，当输入端使用外接直流电源时，应选用直流稳压电源。因为由于纹波的影响，普通的整流滤波电源，容易使 PLC 接收到错误信息。

(3)由于PLC的输出元件被封装在印制电路板上,并且连接至端子板,若将连接输出元件的负载短路,将烧毁印制电路板,因此,应加装熔丝保护电路。

(4)输入接线一般不要超过30 m。如果环境干扰较小,电压降不大时,输入接线可适当长些,但也不能大于200 m,布线过长,可能因线间电容影响引起漏电流,导致误动作。

(5)输入、输出线不能用同一根电缆,要分开。同时,无论是输入线还是输出线都不要和动力线、主回路线(俗称强电)同槽平行走线。如果同槽平行走线,它们之间至少要有10 cm以上距离。在确实无法分槽走线的情况下,建议输入、输出采用屏蔽电缆。

7.4 S7-200SMART系列PLC简介

S7-200 SMART是西门子公司针对中国小型自动化应用市场研发的一款高性价比小型PLC,是国内广泛使用的S7-200PLC的更新换代产品,继承了S7-200PLC的诸多优点,指令、程序结构和通信功能与S7-200PLC基本相同,同时又有很多S7-200PLC无法比拟的亮点。作为SIMATIC家族的新成员,S7-200 SMART的市场定位是小型自动化应用场合,在SIMATIC家族中的地位介于SIMATIC LOGO PLC和SIMATIC S7-1200系列PLC之间。

S7-200 SMART PLC的CPU芯片运算速度更快、存储区容量更大,机型丰富、模块多样,标准型CPU模块支持使用扩展信号板来增加信号通道的数量,通过将信号板安装在CPU模块上,既可以增加CPU的功能,又不占用额外的空间;S7-200 SMART标准型CPU集成了以太网口,可以使用一根普通的网线将程序下载到CPU中,省去了专用编程电缆的费用,经济方便。该以太网口具有强大的以太网通信功能,可以与人机界面(Human Machine Interface,HMI)、其他CPU模块及第三方以太网通信设备进行通信,可以十分方便地组建局域网;编程开发环境更加友好,编程软件的强大功能,融入了很多人性化的设计,可以更快、更方便地进行编程开发;CPU模块集成工艺功能,支持高速脉冲输入计数、支持高速脉冲输出;可以进行PID控制和运动控制,同时其内部提供了PID和运动控制的指令库,编程十分方便;支持PROFINET通信协议。

7.4.1 S7-200 SMART系列类型

S7-200 SMART PLC的CPU模块有标准型和经济型两种类型。经济型CPU不可扩展模块和信号板,只能通过单机本体满足相对简单的控制需求。标准型CPU可以连接扩展模块,适用于I/O规模较大、逻辑控制较为复杂的应用场合。标准型CPU可扩展模块和信号板,最多6个扩展模块和1个信号板,可满足对I/O规模有较大需求、逻辑控制较为复杂的应用。

(1)经济型CPU。经济型CPU,也称为紧凑型CPU,其名称用“C”表示,例如“CPU CR60s”,大写的字母“C”是“Compact”的缩写,表示紧凑型;字母“R”是“Relay的缩写,表示该产品为交流供电/继电器输出型;末尾的小写“s”是串口(serial)的意思,表示该产品仅支持串口下载。对于SMART系列经济型的产品,可以使用TD400C作为人机界面。TD400C使用RS485与Smart系列进行通信,仅支持文本显示。

继电器输出型,220VAC供电,响应速度慢(10 ms左右,不可输出高速脉冲控制步进或伺服系统),有机械寿命,触点寿命短,可以负载交大电流(2A)和电压(AC 5～250 V或DC5～30 V),

负载能力强。

(2)标准型 CPU。标准型 CPU,其名称用“S”表示,例如“CPU ST40”,大写的字母“S”是“Stardardt”的缩写,表示标准型;字母“T”是“Transistor”的缩写,表示该产品为直流供电/晶体管输出型。

晶体管输出型,DC24V 供电,响应速度快(断开到接通最长 1.0 μs,接通到断开最长 3.0 μs,可输出高速脉冲控制步进或伺服系统),负载电流(0.5A)和电压(DC 20.4～28.8 V)小,无触点寿命长,带负载能力弱。

Smart 系列 PLC CPU 模块的 I/O 点数有 20 点、30 点、40 点、60 点四种类型。例如“CPU CT40”中的数字“40”表示其 I/O 点数总和为 40 个,输入与输出点的个数按 3∶2 分配,即该模块有 24 个输入点、16 个输出点。S7－200 SMART CPU CT40 实物外形如图 7－25 所示。

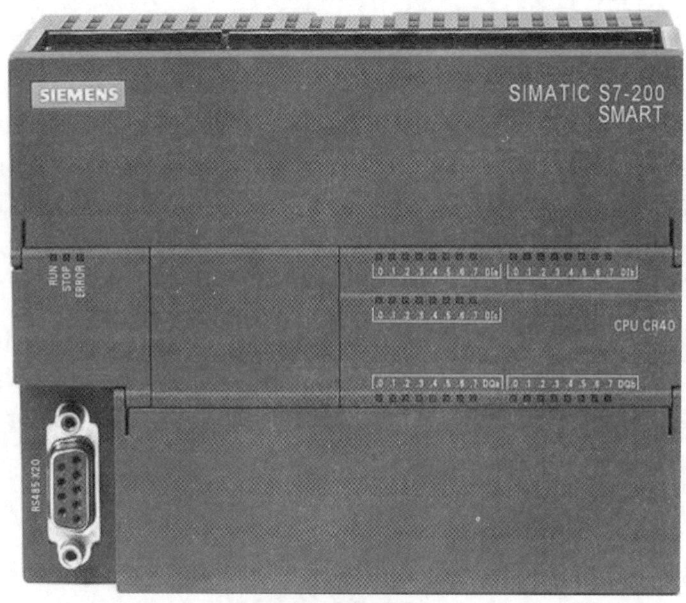

图 7－25　S7－200 SMART CPU CT40 实物外形

S7－200 SMART PLC 详细型号分类与重要参数见表 7－8,具体输入输出点数见表 7－9。

表 7－8　S7－200 SMART CPU 型号分类及重要参数

CPU 型号	CR40	CR60	SR20	SR30	SR40	SR60	ST20	ST30	ST40	ST60
高速计数	4 路 100 kHz		6 路 200 kHz							
高速脉冲输出	0 路						2 路 100 kHz	3 路 100 kHz		
通信端口数量	2		2～4							
扩展模块数量	0		6							
最大开关量	40	60	216	226	236	256	216	226	236	256
最大模拟量	0		49							

表7-9 S7-200 SMART CPU输入输出点数

CPU型号	SR20/ST20	SR30/ST30	SR40/ST40	SR60/ST60	CR40	CR60
集成的数字I/O点数	12输入 8输出	18输入 12输出	24输入 16输出	36输入 24输出	24输入 16输出	36输入 24输出
最大数字量I/O点数	108输入 104输出	114输入 108输出	120输入 112输出	132输入 120输出	24输入 16输出	36输入 24输出
最大模拟量I/O点数	49输入AI 25输出AQ	49输入AI 25输出AQ	49输入AI 25输出AQ	49输入AI 25输出AQ	/	/
可扩展模块数	最多6块				0块	

7.4.2 S7-200 SMART的硬件系统

S7-200 SMART PLC属于小型PLC。一个最基本的S7-200 SMART PLC系统通常是由基本单元(CPU模块)、个人计算机、STEP-Micro/WIN SMART编程软件以及通信网络设备构成。需要进行系统扩展时,系统组成中还包括信号板、数字量/模拟量扩展模块以及人机界面(HMI)等。

1. 基本单元

基本单元又称为主机单元或CPU模块。基本单元由CPU、存储器、集成电源和基本输入输出点组成,是PLC的主要部分。基本单元可以单独完成一定的控制任务。S7-200 SMART CPU模块外形如图7-26所示。

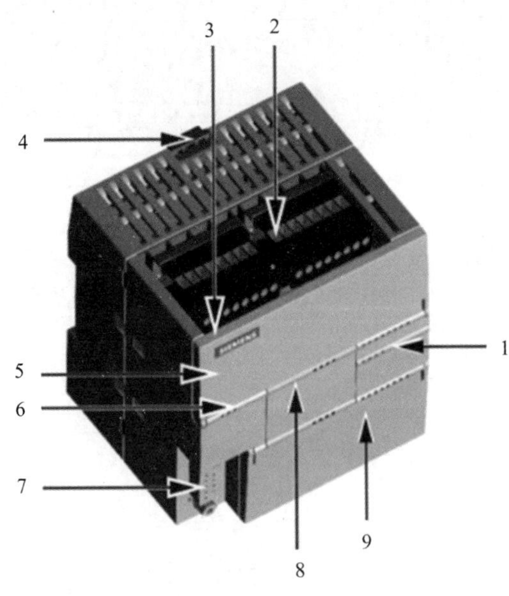

图7-26 S7-200 SMART CPU模块外形

1—I/O的LED; 2—端子连接器; 3—以太网通信端口; 4—用于在标准(DIN)导轨上安装的夹片;
5—以太网状态LED(保护盖下方):LINK,RX/TX; 6—状态LED:RUN、STOP和ERROR;
7—RS485通信端口; 8—可选信号板(权限标准型); 9—存储卡读卡器(保护盖下方)(仅限标准型)

以太网通信接口用于程序下载，与触摸屏、计算机和其他西门子 PLC 通信。以太网通信指示灯显示以太网的通信状态，有 LINK 和 RX/TX 两种状态。

运行状态指示灯显示 PLC 的工作状态，有运行、停止和报错三种状态。PLC 处于停止状态时，不执行程序，可进行程序的编写、上传和下载；PLC 处于运行状态时，执行用户程序也可对程序进行编辑与下载；PLC 处于报错状态时，表示系统故障，PLC 停止运行。

RS－485 通信接口用于串口通信，如自由口通信、USS 通信和 Modbus 通信等，可通过该接口与仪表、触摸屏、变频器、扫描仪等进行通信，但不能用于下载程序。

信号板可扩展通信端口、数字量输入/输出、模拟量输入/输出及电池板，同时不占用电控柜空间。

扩展模块接口用于连接扩展模块，采用插针式连接，使得模块连接更加紧密。

数字量输入/输出接线端子用于信号采集和输出，均可拆卸，其接线端子的状态由数字量输入/输出指示灯显示。

Micro SD 卡插槽支持通用 Micro SD 卡，支持格式化 PLC、PLC 固件更新和程序移植。

2. 编程设备

PLC 目前广泛采用个人计算机作为编程设备，但需配置西门子提供的专用编程软件。S7－200 SMART PLC 的编程软件是 STEP 7－Micro/WIN SMART，该软件系统在 Windows 平台上运行；支持语句表、梯形图、功能块图这 3 种编程语言。PLC 通过以太网口连接计算机编程，只需网线连接，不需要其他编程电缆。

3. 人机界面

人机界面（Human Machine Interface，HMI）是操作人员与控制系统之间进行对话和相互作用的专用设备，是操作人员与机器之间架起的一座桥梁，HMI 可以在恶劣的工业环境中长时间连续运行，是 PLC 的最佳搭档。HMI 除了能代替和节省大量的 I/O 点外，操作员可以通过 HMI 来控制现场的被控对象、完成各种各样的参数设定、画面显示和数据处理任务。从而使得工业控制变得更加舒适和友好。

目前，S7－200 SMART 支持的 HMI 主要有 TD400C 文本显示器、Smart 700 IE 触摸屏和 Smart 1000 IE 触摸屏。TD400C 是文本显示设备，使用文本显示向导可以对 CPU 进行编程，还可查看、监视、更改与应用有关的过程变量。触摸屏是 HMI 的发展方向，用户可以在触摸屏的屏幕上生成满足自己要求的触摸式按键。画面上的按钮和指示灯可以取代相应的硬件元件，使用触摸屏可以减少 PLC 实际需要的 I/O 点，降低系统成本，提高设备的性能和附加价值。

4. 扩展模块

若 CPU 的 I/O 点数不够用或需要进行特殊功能控制，就要进行系统扩展。系统扩展包括 I/O 点数的扩展和功能的扩展。S7－200 SMART PLC 的扩展模块分为 EM 扩展模块和 SB 信号板成两大类。EM 扩展模是用来扩展 CPU 的 I/O 点数的模块，它连接在 CPU 的右侧，按照类型可以分为数字量扩展模块、模拟量扩展模块、温度采集模块和通信模块。SB 信号板安装在标准型 CPU 的正面插槽里，用来扩展少量的 I/O 点、通信接口和电池接口板。

数字量扩展模块有数字量输入模块、数字量输出模块和数字量输入/输出模块三种。数字量输入/输出模块在一块模块上既有数字量输入点又有数字量输出点，这种模块也称为组合模块。数字量输入/输出模块可使 I/O 配置更加灵活。

模拟量扩展模块有模拟量输入模块、模拟量输出模块和模拟量输入/输出模块。PLC模拟量I/O模块的主要任务就是实现A/D转换(模拟量输入)和D/A转换(模拟量输出)。在工业控制系统中,PLC的输入信号中如压力、位移、温度和速度等信号通常是模拟量,某些执行机构如变频器和电动调节阀等需要模拟量信号以驱动,由于PLC的CPU只能处理数字量,因此应用PLC控制时,来自工业现场的模拟量信号首先在PLC中用A/D转换器将它们转换成数字量信号,经光耦合器进入PLC内部电路;在输入采样时送入模拟量输入映像寄存器;执行用户程序后,PLC输出的数字量信号存放在模拟量输出映像寄存器内,在输出刷新阶段由内部电路送至光耦合器的输入端,再进入D/A转换器,转换后的直流模拟量信号经运算放大器放大后驱动输出。

7.4.3 S7-200 SMART PLC的编址

S7-200 SMART PLC对于数字量存储区,数据存储位完整的地址包括存储器类型标识符、数据长度(字节B、字W、双字DW)、字节地址和位地址,字节地址与位地址之间用地址分隔符"·"分开。8个连续的位组成1个字节(Byte),2个连续的字节构成1个字(Word),2个连续的字构成1个双字(Double Word,DW)。

S7-200 SMART PLC的位地址、字节地址、字地址、双字地址说明如下:

(1)位地址编址。位地址=存储区名+字节地址×位地址,如图7-27所示。

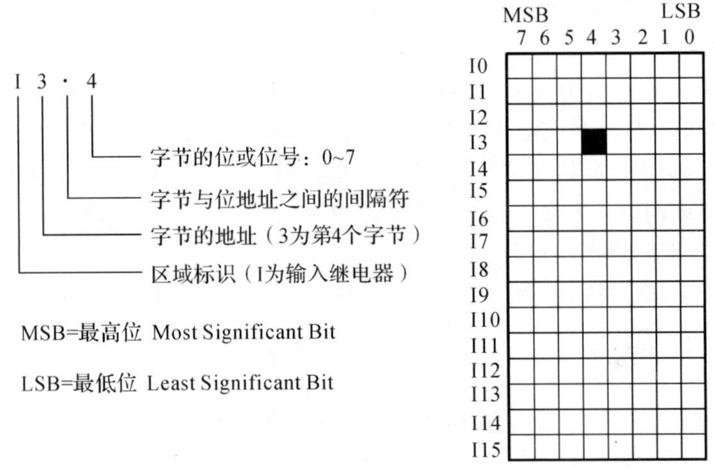

图7-27 位地址编址

(2)字节、字、双字编址。字节、字、双字编址=存储区名+字长+首字地址,分别如图7-28～图7-30所示。字节地址编址时其数据长度B可以省略,但如果数据长度是字W或双字DW时不可省。

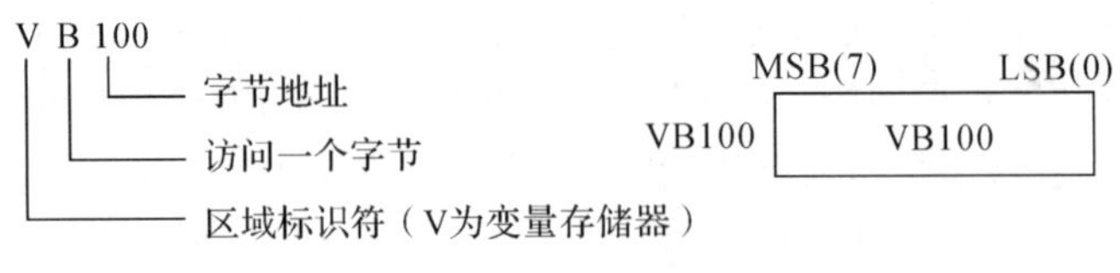

图7-28 字节地址编址

VW100 表示数据长度是字 W，是由两个字节 VB100 和 VB101 组成的字。

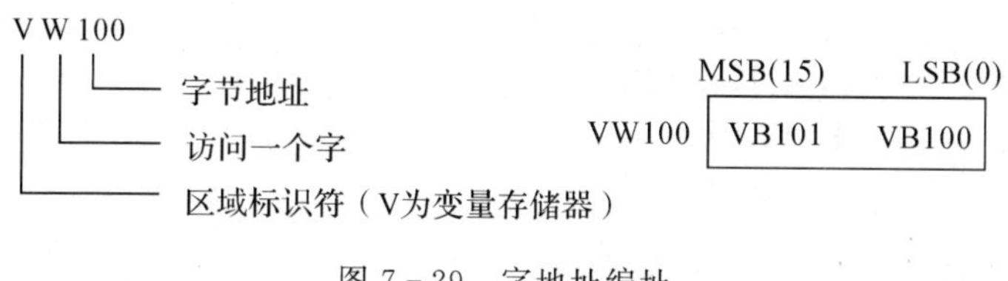

图 7-29　字地址编址

VD100 表示表示数据长度是双字 DW，是由四个字节 VB100、VB101、VB102 和 VB103 组成的双字。

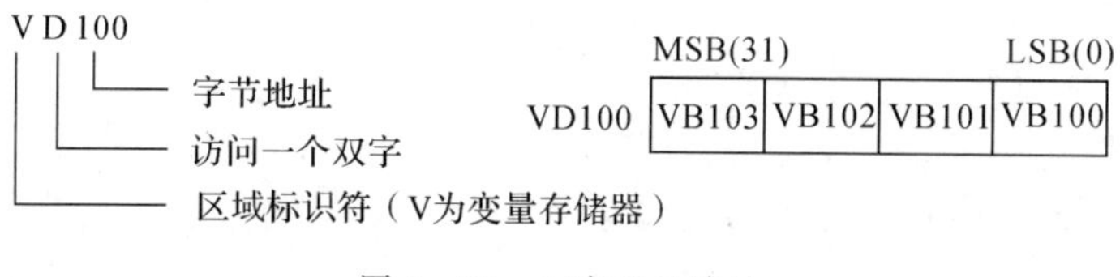

图 7-30　双字地址编址

对于模拟量存储区，编址是以字长为单位，按字单位来读写。模拟输入存储区只能进行读操作，模拟输出存储区只能进行写操作，每个模拟输入输出区都是一个模拟端口。模拟端口的地址由标志符（AI/AQ）、数据长度标志（W）以及字节地址（从 0 开始的偶数）组成。如 AIW6、AQW2。

寻址方式是指程序执行时 CPU 如何找到指令操作数存放地址的方式。SMART 系列 PLC 将数据信息存放于不同的存储器单元，每个单元都有确定的地址。根据对存储器数据信息访问方式的不同，寻址方式可以分为直接寻址和间接寻址。

直接寻址就是明确指出存储单元的地址，程序中指令直接指定要访问的存储单元的区域、长度和位置来查找单元。常用的寻址方式有位寻址、字节寻址、字寻址和双字寻址。直接寻址是 PLC 用户程序使用最多、最普遍的方式，可以按位、字节、字和双字方式对 I、Q、S、V、M、SM、L 等存储区进行存取操作。

间接寻址就是指令中给出的地址是存放数据的地址，按照这一地址找到的存储单元中的数据才是所需要的操作数，相当于间接地取得数据。SMART 以变量存储区（V）局部变量存储器（L）或累加器（AC）的内容值为地址进行间接寻址。可间接寻址的存储区有 I、Q、V、M、S、T（仅当前值）和 C（仅当前值）。对独立的位值或模拟量值不能进行间接寻址。用间接寻址方式存取数据时遵循建立指针、使用指针来存取数据（间接存取）和修改指针的步骤。

7.4.4　S7-200 SMART PLC 的存储区

按照上述编址方式，PLC 的每一个编程元件就有了自己的唯一的编号。PLC 工作时，CPU 就可以根据程序提供的地址，唯一识别数据存储空间中的每一存储单元以获取操作数，对 I、Q、S、V、M、L 等存储区进行读取操作。

1. 输入继电器（I）

输入继电器即输入映像寄存器，是 PLC 为输入信号状态开辟的一个存储区。CPU 对所有输入点进行采样，并将采样值存储在输入映像寄存器(I)中。可以按位地址、字节、字或双字格式存取。

按“位”方式：I0.0～ I31.7，共256点；

按“字节”方式：IB0～ IB31，共32个字节；

按“字”方式：IW0～ IW30，共16个字；

按“双字”方式：ID0～ ID28，共8个双字。

2. 输出继电器(Q)

输出继电器即输出映像寄存器，是PLC为输出端信号状态开辟的一个存储区。CPU将所有输出映像寄存器的数据传送给输出模块，再由后者驱动外部负载。可以按位地址、字节、字或双字格式存取。

按“位”方式：Q0.0～ Q31.7，共256点；

按“字节”方式：QB0～QB31，共32个字节；

按“字”方式：QW0～ QW30，共16个字；

按“双字”方式：QD0～ QD28，共8个双字。

3. 模拟量输入存储区(AI)

模拟量输入映象区是PLC为模拟量输入端信号开辟的一个存储区。将测得的模拟量(如温度、压力等)转换成1个字长(2个字节)的数字量，模拟量输入映像寄存器用标识符(AI)、数据长度(W)及字节的起始地址表示，起始字节地址都为偶数，地址编号如AIW0、AIW4。从AIW0～AIW110，共有56个字，总共允许有16路模拟量输入。CPU是不能直接处理输入模拟量的，要经过模拟量标准化，转换为标准信号，再经A/D转换后，送入CPU进行处理。模拟量输入值为只读数据。

4. 模拟量输出存储区(AO)

模拟量输出映象区是PLC为模拟量输出端信号开辟的一个存储区。将1个字长(2个字节，16位)的数字量按比例转换为电流或电压。模拟量输出映像寄存器用标识符(AQ)、数据长度(W)及字节的起始地址表示，起始字节地址都为偶数，地址编号如AQW0、AQW4。从AQW0～AQW110，共有56个字，总共允许有16路模拟量输出。CPU是不能直接处理输出模拟量的，要经过D/A转换后，执行标准化，转换成标准模拟信号，再去驱动执行机构。

5. 变量存储区(Variable memory，V)

变量存储器用来存放用户数据或程序在运行过程中的中间变量。在编程时，变量存储区V和标志存储区M没有明显的界限，可以用变量存储区来存放逻辑运算的中间结果。两者都可用位、字节、字或者双字的方式进行访问，其区别在于变量存储区(V)比标志存储区(M)要大很多。地址编号如V1.7、VB0、VB2 、VD8。

6. 位存储区(M)

位存储区类似于中间继电器，用来存储中间状态或其他控制信息。M区对应着数据存储区的一个存储单元，可按位、字节、字或双字来存取M区数据。

按“位”方式：M0.0～ M31.7，共256点；

按“字节”方式：MB0～MB31，共32个字节；

按“字”方式：MW0～ MW30，共 16 个字；

按“双字”方式：MD0～ MD28，共 8 个双字。

7. 定时器(T)

S7－200 SMART PLC 有三种类型定时器：接通延时定时器(TON)、断开延时定时器(TOF)和保持型接通延时定时器(TONR)。定时器存储区按字读取时，是 16 位有符号整数，表示定时器当前的累积时间；按位读取时，按照当前值和设定值的比较结果置位或者复位。定时器的有效地址范围为 T0～T255，共 256 个。

8. 计数器(C)

S7－200 SMART PLC 有三种类型计数器：增计数器(CTU)、减计数器(CTD)和增减计数器(CTUD)。计数器存储区按字读取时，是 16 位有符号整数，表示计数器当前的累计数个数；按位读取时，按照当前值和设定值的比较结果置位或者复位。计数器存储器的有效地址范围为 C0～C255，共 256 个。

9. 高速计数器(High speed counter，HC)

高速计数器用来累计比 CPU 的扫描速度更快的事件，计数过程与扫描周期无关，用于存储高速计数器的当前计数值，其当前值和设定值为 32 位有符号整数，双字长，当前值为只读数据。

10. 累加器(Accumulator，AC)

累加器是一种特殊的存储单元，也是一种暂存器，用来存储计算所产生的中间结果。如果没有像累加器这样的暂存器，那么在每次计算(加法、乘法、移位等)后就必须把结果写回至内存，然后再读出来，然而存取主内存的速度比累加器更缓慢。S7－200 SMART CPU 提供 4 个 32 位的累加器，地址编号为 AC0、AC1、AC2、AC3。根据不同的指令，可以按字节、字和双字访问。

11. 特殊存储器(Special memory，SM)

特殊存储区 SM 位提供了在 CPU 与用户程序之间的传递信息的一种方法，可以使用这些位来选择和控制 CPU 的某些特殊功能，利于编程。例如，SM0.0 一直为 ON，SM0.1 仅在 CPU 运行的第一个扫描周期为 ON，SM0.4 和 SM0.5 分别为 1min 和 1s 的时钟脉冲。特殊存储区 SM 可按位、字节、字或者双字的方式进行访问，如 SM0.0、SMB3.0、SMW92、SMD38。

12. 局部存储区(Local memory，L)

局部存储器区是为局部变量数据建立的一个存储区，用 L 表示，相当于辅助继电器。局部变量是指在程序中只在特定过程或函数中可以访问的变量。局部存储器和变量存储器很相似，主要区别是变量存储器是全局有效的，而局部存储器是局部有效的。全局是指同一个存储器可以被任何程序存取(例如，主程序、子程序或中断程序)。局部变量在不同程序中可以重复定义。局部变量的编址或寻址方式与全局变量类似，S7－200 SMART CPU 有 64 个字节的局部存储器，其中 60 个可以用作暂时存储器或者给子程序传递参数，系统保留最后 4 个字节。存储区的数据可以用位、字节、字、双字 4 种方式来存取。

按“位”方式：L0.0～L63.7，共有 512 点；

按 字节”方式：LB0～LB63，共有 64 个字节；

按“字”方式：LW0～LW62，共有 32 个字；

按“双字”方式:LD0～LD60,共有16个双字。

13. 顺序控制继电器存储区(Sequence Control Relay)

顺序控制继电器就是根据顺序控制的特点和要求设计的。顺序控制继电器区是为顺序控制继电器的数据而建立的一个存储区,用S表示。在顺序控制过程中,用于组织步进过程的控制。可以按位、字节、字、双字四种方式来存取,如S1.7、SB0、SW2、SD8。

7.5 PLC基本指令

PLC基本指令又称基本逻辑处理指令,是程序中使用最多的指令,也是所有品牌PLC必须具备的指令。基本逻辑处理指令主要包括触点的与、或、非运算指令,功能块的与、或操作指令,堆栈指令,置位/复位指令,空操作,结束指令,定时器/计数器等。

7.5.1 逻辑取和线圈驱动指令

逻辑取指令和线圈驱动指令是使用频率最高的指令,分别用于触点逻辑运算的开始及线圈输出驱动,其功能见表7-10,应用示例如图7-31所示。逻辑取指令也称为装载指令(Load),分为取指令、取反指令。可用软元件为输入继电器、输出继电器、辅助继电器、定时器、计数器等。

表7-10 逻辑取与线圈驱动指令及功能表

指令名称	功能说明	FX3U	S7-200 SMART
取	逻辑运算开始,用于与输入母线相连的常开触点	LD	LD
取反	逻辑取反运算开始,用于与输入母线相连的常闭触点	LDI	LDN
输出	驱动线圈,不能用于输入继电器	OUT	=

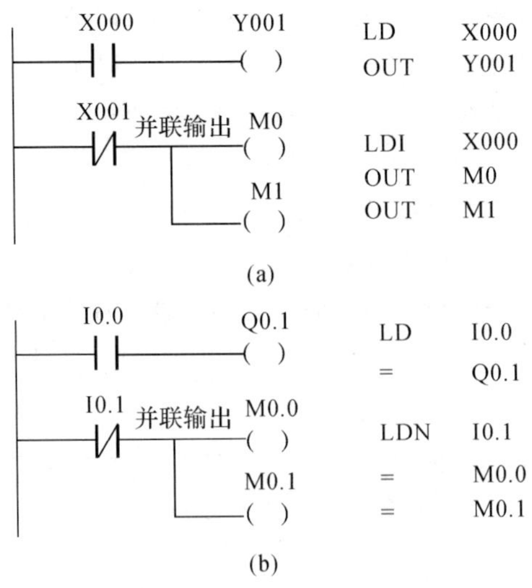

图7-31 取指令、输出指令应用示例

(a)FX3U PLC取指令、输出指令; (b)S7-200 SMART PLC取指令、输出指令

7.5.2　逻辑与指令

梯形图中触点的串联表示逻辑与运算。当单个常开触点与左边的触点或逻辑块串联连接时，使用逻辑与指令。单个串联触点的个数没有限制，可多次重复使用，其功能见表 7－11，应用示例如图 7－32 所示。逻辑与分为与指令、与非指令。与指令、与非指令的可用软元件为输入继电器、输出继电器、辅助继电器、定时器、计数器等。

表 7－11　逻辑与指令及功能表

指令名称	功能说明	FX3U	S7－200 SMART
与	单个常开触点串联	AND	A
与非	单个常闭触点串联	ANI	AN

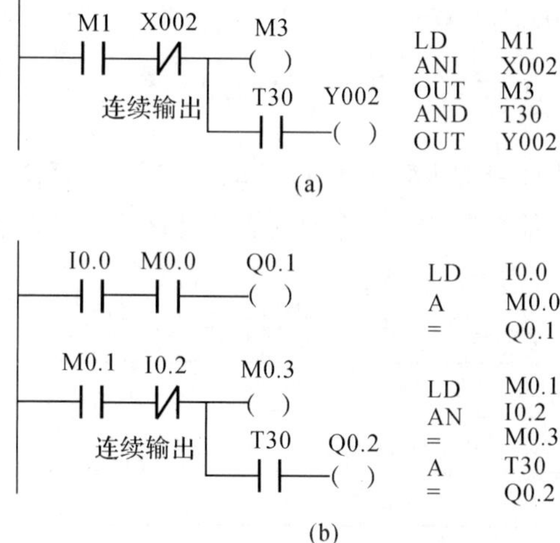

图 7－32　与指令应用示例

(a)FX3U PLC 与指令；(b)S7－200 SMART PLC 与指令

7.5.3　逻辑或指令

梯形图中触点的并联表示逻辑或运算。当单个常开触点与上面的触点或逻辑块并联连接时，使用逻辑或指令。单个并联触点的个数没有限制，可多次重复使用，其功能见表 7－12，应用示例如图 7－33 所示。逻辑或分为或指令、或非指令。或指令、或非指令的可用软元件为输入继电器、输出继电器、辅助继电器、定时器、计数器等。

表 7－12　逻辑或指令及功能表

指令名称	功能说明	FX3U	S7－200 SMART
或	单个常开触点并联	OR	O
或非	单个常闭触点并联	ORI	ON

X000 M0 Y001
M1
M2

```
LD   X000
OR   M1
ORI  M2
AND  M0
OUT  Y001
```

(a)

I0.0 M0.0 Q0.1
M0.1
M0.2

```
LD   I0.0
O    M0.1
ON   M0.2
A    M0.0
=    Q0.1
```

(b)

图 7－33　或指令应用示例

(a)FX3U PLC 或指令；（b)S7－200 SMART PLC 或指令

7.5.4　块或、块与指令

两个或两个以上触点串联形成串联逻辑块(串联支路)。串联支路与它上面的支路并联时，要用块或指令。串联支路或单个触点与它上面的支路并联形成并联逻辑块，并联逻辑块与它左边的梯形图串联时，要用块与指令。块或、块与指令功能见表 7－13，应用示例如图 7－34 所示。

表 7－13　逻辑或指令及功能表

指令名称	功能说明	FX3U	S7－200 SMART
块或	逻辑块并联连接	ORB	ALD
块与	逻辑块串联连接	ANB	OLD

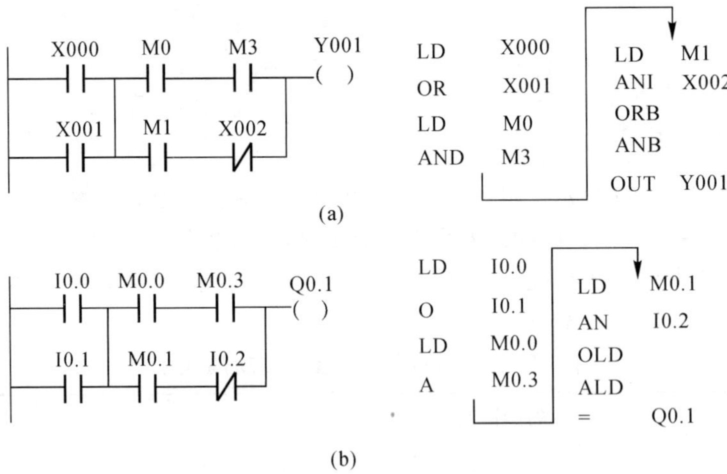

图 7－34　块或、块与指令应用示例

(a)FX3U PLC 块或、块与指令；（b)S7－200 SMART PLC 块或、块与指令

梯形图中，逻辑块的每一个分支是独立程序段，每一个分支的开始触点必须使用逻辑取或取反指令，常开触点使用取指令、常闭触点使用取反指令。每完成一次串联逻辑块与上面梯形图并联时要写上块或指令。每完成一次并联逻辑块与左边梯形图串联时要写上块与指令。块或指令、块与指令只是用于说明梯形图中逻辑块的连接关系，没有操作数。

7.5.5　置位、复位指令

置位、复位指令是一种输出指令，最主要的特点是具有记忆和保持功能，其功能是对操作元件进行强制操作。置位是把操作元件强制置“1”，即 ON；复位是把操作元件强制置“0”，即 OFF。强制操作与操作元件的过去状态无关。置位、复位指令指令可以互换次序使用，但由于 PLC 采用扫描工作方式，因此写在后面的指令具有优先权。置位、复位指令功能见表 7－14，可用编程元件为输出继电器、辅助继电器、定时器、计数器等。

表 7－14　置位、复位指令及功能表

指令名称	功能说明	FX3U	S7－200 SMART
置位	使操作元件变为 ON 或 1 状态，保持通电	SET	S
复位	使操作元件变为 OFF 或 0 状态，保持断电	RST	R

S7－200 SMATR 系列 PLC 的置位、复位指令可用于将指定的位地址的 N 个连续的位地址置位(变为 ON)或复位(变为 OFF)，N= 1～255。其置位、复位指令语句表格式见表 7－15，应用示例如图 7－35 所示。

表 7－15　S7－200 SMART 置位指令和复位指令功能表

指令	LAD	STL	功能
置位指令	bit —(S) N	S bit，N	从 bit 位地址开始的连续 N 个元件置 1 并保持
复位指令	bit —(R) N	R bit，N	从 bit 位地址开始的连续 N 个元件清零并保持

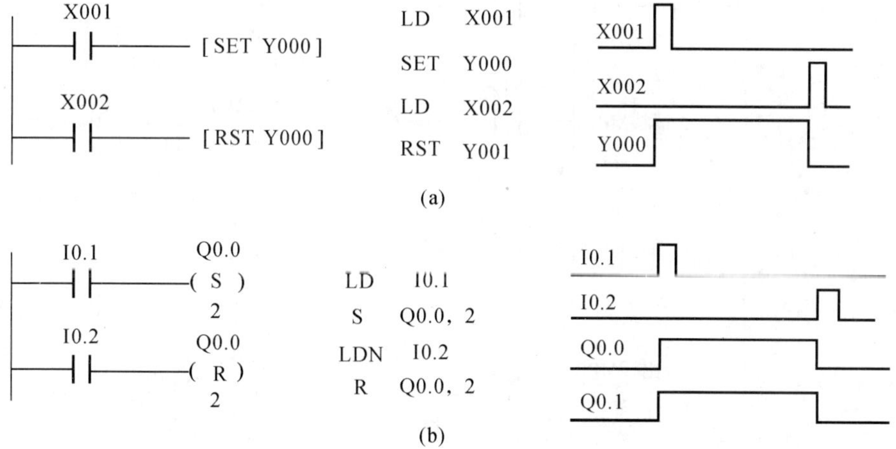

图 7－35　置位、复位指令应用示例

(a)FX3U 系列 PLC 置位、复位指令；(b)S7－200 SMART 系列 PLC 置位、复位指令

如图 7－35(a)梯形图所示,若输入 X001 为 1 时,在 SET 指令作用下,输出 Y000 强制为 1,此时若使 X001 为 0,Y000 仍然保持为 1;只有当输入 X002 为 1 时,输出 Y000 强制为 0,此时若使 X002 为 0,Y000 仍然保持 0;若 X001 和 X002 同时为 1,则 Y000 肯定处于复位状态而为 0。

在图 7－35(b)梯形图所示,若 I0.1 为 1 时,在 SET 指令作用下,输出 Q0.0 和 Q0.1 强制为 1,并保持 1,只有当输入 I0.2 为 1 时,输出 Q0.0 和 Q0.1 强制为 0,并保持 0;若 I0.1 和 I0.2 同时为 1,则 Q0.0、Q0.1 肯定处于复位状态都为 0。

在程序中置位指令与复位指令常常是成对出现,这是因为如果用置位指令进行置位操作,往往会采用复位指令解除置位指令的置位。

用复位指令对定时器、计数器复位时,定时器、计数器的当前值被清零。定时器、计数器的复位有其特殊性,具体情况可参考定时器、计数器的相关部分。

7.5.6 逻辑堆栈操作指令

PLC 的逻辑堆栈是一种存储器,是一组用来存储程序中间运算结果、并可取出数据的寄存器。用于栈寄存器操作的指令有进栈、读栈和出栈三条指令(见表 7－16),这三条栈指令用于分支输出,可将分支连接点先存储,以用于连接后面的输出线圈,应用示例如图 7－36 和图 7－37 所示。

表 7－16 堆栈指令及功能表

指令名称	功能说明	FX3U	S7－200 SMART
进栈	将运算结果或数据压入栈寄存器	MPS	LPS(Logic Push)
读栈	将栈的第一层内容读出来	MRD	LRD(Logic Read)
出栈	将栈的第一层内容弹出来	MPP	LPP(Logic Pop)

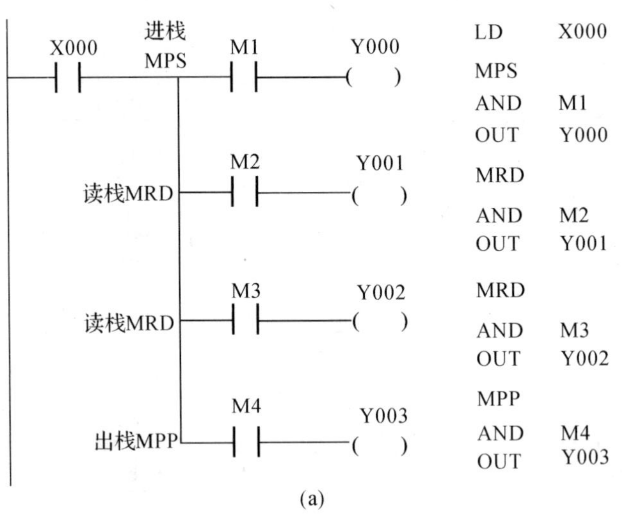

(a)

图 7－36 分支电路与逻辑堆栈指令

(a)FX3U PLC 堆栈指令

进栈LPS
读栈LRD
读栈LRD
出栈LPP
I0.0
M0.1
Q0.0
M0.2
Q0.1
M0.3
Q0.2
M0.4
Q0.3

```
LD    M0.0
LPS
A     M0.1
=     Q0.0
LRD
A     M0.2
=     Q0.1
LRD
A     M0.3
=     Q0.2
LPP
A     M0.4
=     Q0.3
```

(b)

续图 7－36　分支电路与逻辑堆栈指令

(b)FX3U 堆栈指令应用示例

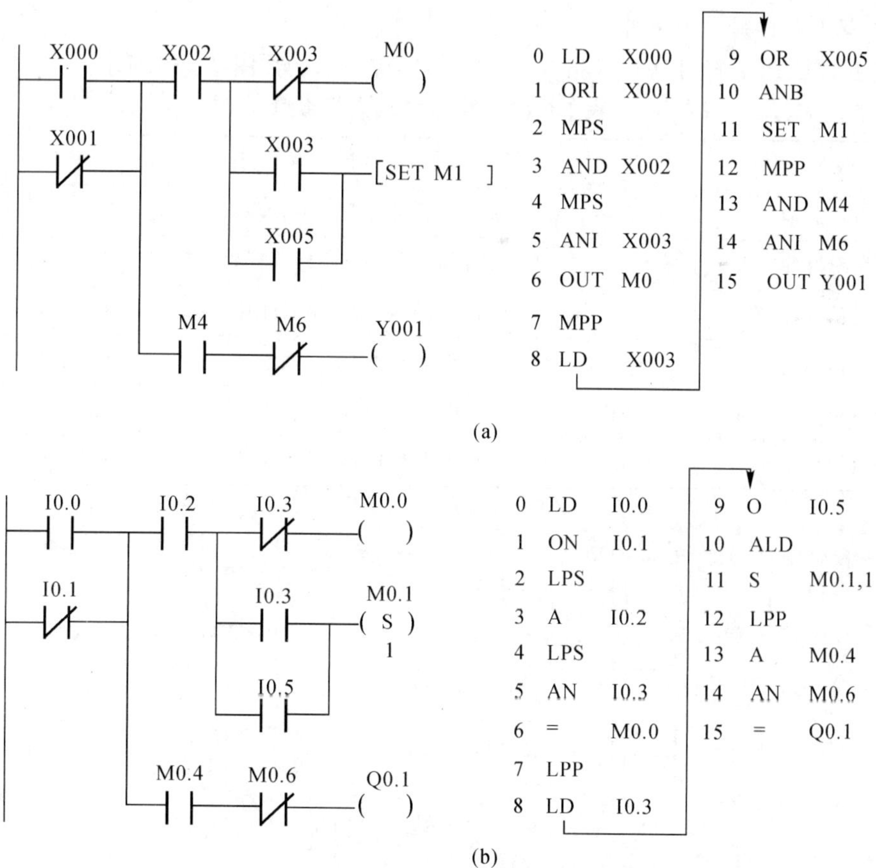

图 7－37　双重分支电路与逻辑堆栈指令

(a)S7－200 SMART 堆栈指令应用示例；(b)FX3U 堆栈指令应用示例

堆栈(Stack)的特点是"先进后出"。每一次进行入栈操作,新值放入栈顶,栈底值丢失;每一次进行出栈操作,栈顶值弹出,栈底值补进随机数。逻辑堆栈指令主要用于多重输出(或分支输出)编程,且只用于语句表程序。使用语句表编程时,必须由用户写入进栈、读栈和出栈指令,这三条指令均无操作数。使用梯形图或功能块图编程时,软件编辑器会自动插入相关的指令处理堆栈操作。

进栈操作是将现时的运算结果压入堆栈的第1层。每一次进行入栈操作,指令复制栈顶(即第1层)值并将其压入堆栈的第2层,堆栈中原来的数据依次向下一层推移,栈最底层的值被推出并丢失。读栈操作是将堆栈的第1层内容读出来,栈内数据不发生移动。出栈操作是将栈顶值读出,同时将该数据弹出并从栈中消失,栈各层的数据依次上移,第2层的数据成为新的栈顶值。

编程时,每一条进栈指令必须有一条对应的出栈指令,中间的支路使用读栈指令,处理最后一条支路时必须使用出栈指令,即进栈与出栈两条指令必须成对使用,它们之间可以使用读栈指令。在一块独立的梯级中进栈和出栈指令连续使用的次数,S7-200 SMART PLC最多32次,FX3U PLC最多11次。

7.5.7 脉冲指令

1. 三菱FX3U脉冲触点指令

三菱FX3U PLC脉冲触点式指令见表7-17,应用示例如图7-38所示。

表7-17 脉冲式触点指令表

指令名称	STL	功能	操作元件
取上升沿脉冲	LDP	取上升沿脉冲逻辑运算开始	X、Y、M、S、T、C
取下降沿脉冲	LDF	取下降沿脉冲逻辑运算开始	X、Y、M、S、T、C
与上升沿脉冲	ANP	上升沿脉冲逻辑串联连接	X、Y、M、S、T、C
与下降沿脉冲	ANF	下降沿脉冲逻辑串联连接	X、Y、M、S、T、C
或上升沿脉冲	ORP	上升沿脉冲逻辑并联连接	X、Y、M、S、T、C
或下降沿脉冲	ORF	下降沿脉冲逻辑并联连接	X、Y、M、S、T、C

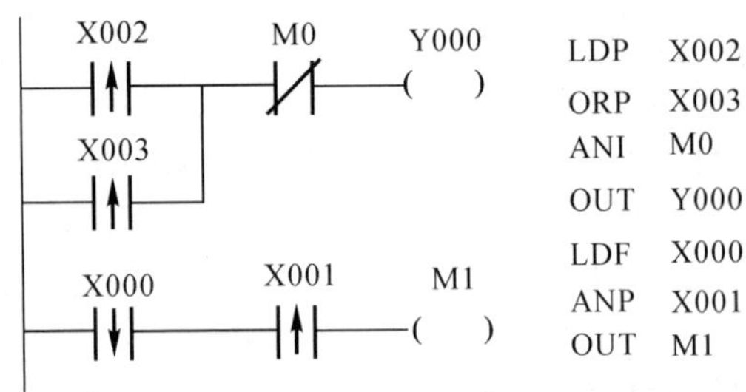

图7-38 三菱FX3U PLC触点脉冲指令的使用

LDP、ANP、ORP指令用作上升沿检测的触点指令,触点的中间有一个向上的箭头,对应的触点仅在指定位元件的上升沿时(由OFF变为ON)接通一个扫描周期。

LDF、ANF、ORF 指令用作下降沿检测的触点指令，触点的中间有一个向下的箭头，对应的触点仅在指定位元件的下降沿时(由 ON 变为 OFF)接通一个扫描周期。

例如，X002 的上升沿或 X003 的上升沿出现时，Y000 仅在一个扫描周期内为 ON。

2. 西门子 S7－200 SMART PLC 边沿脉冲指令

边沿脉冲指令分为上升沿脉冲指令 EU(Edge Up)和下降沿脉冲指令 EU(Edge Down)。其指令说明见表 7－18。

表 7－18　边沿脉冲指令表

指令名称	LAD	STL	功能	说明
上升沿脉冲	┤P├	EU	在上升沿产生脉冲	无操作数
下降沿脉冲	┤N├	ED	在下降沿产生脉冲	

上升沿脉冲指令 EU 对其之前的逻辑运算结果的上升沿产生一个宽度为一个扫描周期的脉冲，如图 7－39 中的 M0.0 所示。下降沿脉冲指令 ED 对其之前的逻辑运算结果的下降沿产生一个宽度为一个扫描周期的脉冲，如图 7－39 中的 M0.1 所示。脉冲指令常用于启动及关断条件的判定以及配合功能指令完成一些逻辑控制任务。

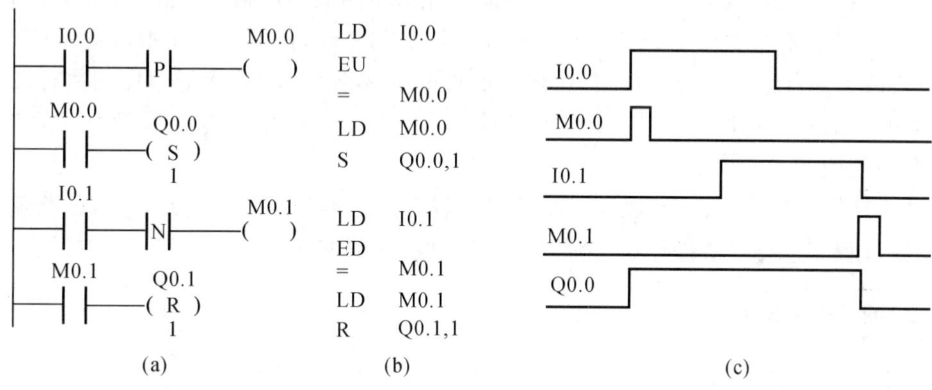

图 7－39　西门子 S7－200 SMART PLC 边沿脉冲指令的使用

(a)梯形图；(b)语句表；(c)时序图

7.5.8　取反指令

取反指令的功能(见表 7－19)是将复杂逻辑运算结果取反，为用户使用反逻辑提供方便。取反指令无操作元件，程序步为一步。由于可用其他形式实现取反指令的功能，所以该指令很少被使用。

表 7－19　取反、空操作、结束指令及功能表

指令名称	功能说明	FX3U	S7－200 SMART
取反	运算结果取反	INV	NOT
空操作	无动作	NOP	NOP
结束	程序结束	END	/

如图 7 - 40 所示，在 FX3U 系列 PLC 中，INV 指令用一条 45°的短斜线来表示，它将使该指令之前的运算结果取反，如之前的运算结果为 0，使用取反指令后运算结果为 1；如之前的运算结果为 1，使用取反指令后运算结果为 0。图 7 - 40 所示中 X001 为 ON，则 Y001 为 OFF；反之若 X001 为 OFF，则 Y001 为 ON。

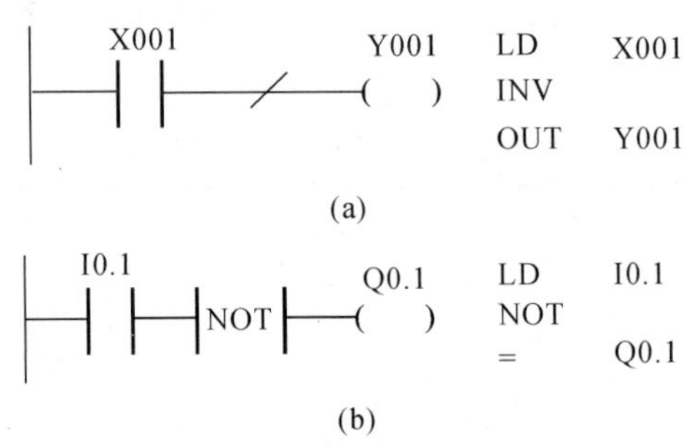

图 7 - 40　取反操作指令应用示例

(a)FX3U PLC 取反指令；（b)S7 - 200 SMART PLC 取反指令

7.5.9　空操作指令

空操作指令 NOP(No Operation)，其功能是让该步序或当前指令不起作用(见表 7 - 19)。使用空操作 NOP 指令主要是为了方便对程序的检查和修改，预先在程序中设置一些 NOP 指令，在修改或增加其他指令时，可使程序地址的更改量减小，NOP 指令对程序的执行和运算结果没有影响。另外通过增加 NOP 指令可以延长扫描周期。NOP 指令在程序中不予表示。

指令使用说明：

(1)NOP 指令的使用，会使原梯形图程序所表示的逻辑关系发生重大变化，须慎重使用。

(2)执行程序进行全清操作后，全部指令都变成 NOP 指令。

7.5.10　结束指令

西门子 PLC 无结束指令。

FX 系列 PLC 程序输入完毕，必须写入 END 指令，否则程序不运行。在表示程序结束时，则在程序最后必须写入 END 指令。若在某段程序的某个中间处加入 END 指令(见图 7 - 41)，则以后的程序步就不再执行，直接进行输出处理。在程序调试过程中，通常采用 END 指令可将程序划分为若干段，方便对各段程序动作的检查。

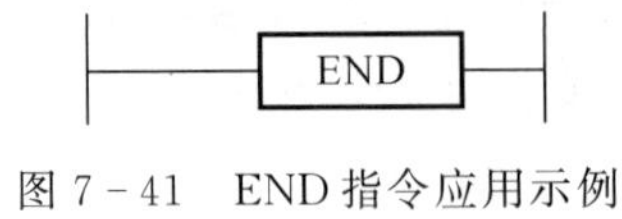

图 7 - 41　END 指令应用示例

7.6　定时器与计数器

定时器和计数器是 PLC 中特别常用的编程元件，本节分别对三菱 FX3U、西门子 S7 - 200 SMART PLC 的定时器和计数器的功能进行说明，对定时器、计数器的学习引入时序图分析方法。

7.6.1　脉冲信号与时序图

1. 脉冲信号

在数字电子系统中，所有传送的信号均为开关量，即只有两种状态的电信号，这种电信号称作脉冲信号，它是所有数字电路中的基本信号。一个标准的脉冲信号如图 7-42 所示。

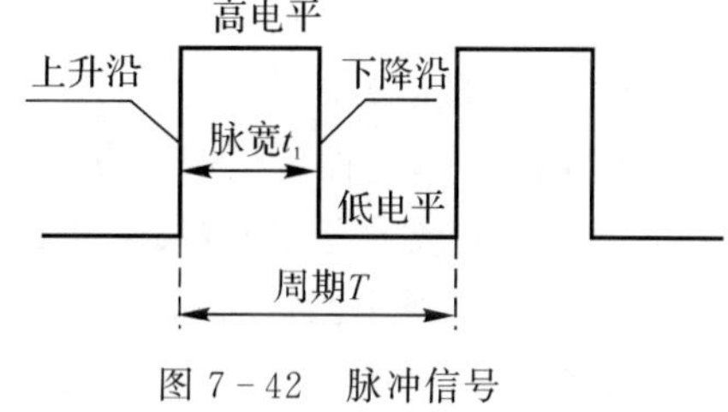

图 7-42　脉冲信号

脉冲信号各部分名称说明如下：

高电平、低电平：把电压高的信号称为高电平，电压低的信号称为低电平。在实际电路中，高电平是多少伏，低电平是多少伏，没有严格的规定。例如在 TTL 电路中，高电平为 3 V 左右，低电平为 0.5 V 左右；在 CMOS 电路中，高电平为 3～18 V 或者 7～15 V，低电平为 0 V。

上升沿、下降沿：也称为前沿、后沿。脉冲信号由低电压跳变至高电压的脉冲信号边沿称为上升沿或前沿；脉冲信号由高电压跳变至低电压的脉冲信号边沿称为下降沿或后沿。

脉宽：脉冲信号的宽度，即脉冲信号持续的时间 t_1。

频率 f：在一秒钟内脉冲信号周期变化的次数。频率 $f=1/T$，周期越小，频率越高。

占空比：指脉冲宽度 t_1 与周期 T 的比例百分比，即 $t_1/T\times100\%$。占空比的含义是脉冲所占据周期的空间，占空比越大，表示脉冲宽度 t_1 越接近周期 T，也表示脉冲信号的平均值越大。

正逻辑、负逻辑：脉冲信号只有两种状态，高电平和低电平，与数字电路的两种逻辑状态“1”和“0”相对应。将高电平用“1”表示还是用“0”表示，可因人而设。若设定高电平为“1”，低电平为“0”，则为正逻辑；若设定高电平为“0”，低电平为“1”，则为负逻辑。在一般情况下，没有加以特殊说明，均采用正逻辑。

2. 时序图

所谓时序图，顾名思义就是将对象的动作按照时间先后依次顺序表示出来的一种图。具体到数字电子技术上，就是按照时间顺序画出各个输入、输出脉冲信号的波形图。在数字电路中，可以用时序图直观的反映出输出与相应输入之间的逻辑关系，因此时序图也称为逻辑控制时序图。例如对于逻辑函数 $F=A+B$，表示这种两输入、单输出的或逻辑关系的时序图如图 7-43 所示。

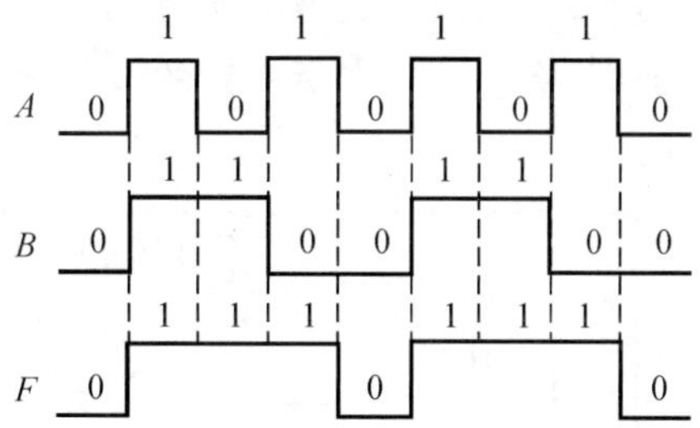

图 7-43　$F=A+B$ 逻辑关系时序图

在 PLC 开关量控制系统中，每一个输出都是一个或多个输入逻辑运算的结果，使用时序图可以将这种逻辑运算关系直观简约的表达出来。在时序图上，每一时刻各个信号之间的对应关系、每个信号的上升沿或下降沿所发生的信号变化都可以直观表达出来。

对于PLC的初学者，学会用时序图进行逻辑关系分析、根据工程实际情况所画出的时序图设计应用程序，对加深理解PLC的基本知识十分重要。

7.6.2 定时器

1. 定时器的结构与工作原理

在PLC中，编程元件定时器T相当于继电器控制系统中的时间继电器，但是它的功能是由电子电路完成的。定时器是PLC中最常用的软元件之一。

PLC内部通用型定时器电路结构原理图如图7-44所示。由图可知，定时器内部有一个设定值寄存器(用于存放定时器的设定值)、计数器(对时钟脉冲进行计数，用于存放定时器的当前值)和比较器，其工作原理如下所述。

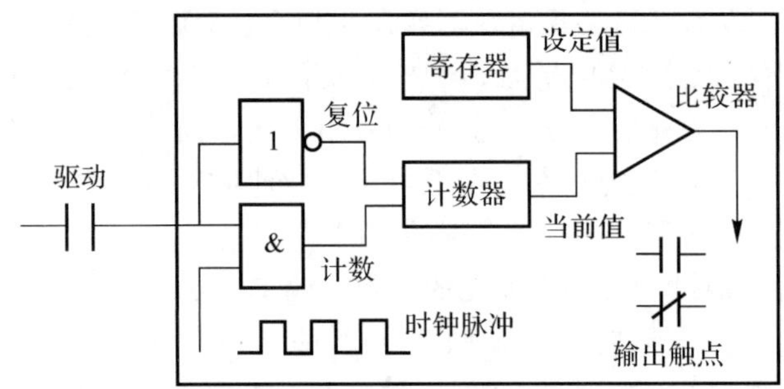

图7-44 通用型定时器结构原理图

当外部驱动信号为1(ON)时，与门打开，时钟脉冲进入计数器输入端，同时，驱动信号经过非门关闭计数器复位端，计数器当前值与设定值进行比较，在当前值等于设定值时，比较器输出一个信号，使该定时器的常开、常闭触点的内部元件映像寄存器状态发生变化，即定时器的输出触点动作，常开闭合，常闭断开。

当驱动信号为0(OFF)时，与门禁止时钟脉冲输入，非门则向计数器发出复位信号，计数器当前值复位为0，同时，定时器的输出触点也同时复位，常开断开，常闭闭合。

积算保持型定时器结构原理图如图7-45所示。积算型定时器仅在非门单独设置了复位信号输入。通用型定时器中的复位信号是由驱动信号产生的，在积算型定时器中，当驱动信号断开时，仅停止计数，因为没有复位信号，故计数器当前值未被复位，仍然保留，待到下一次驱动信号再次成立时，计数器的当前值会在上一次所保留的数值上累积，当累加到设定值时，比较器才输出信号，使定时器输出触点动作。

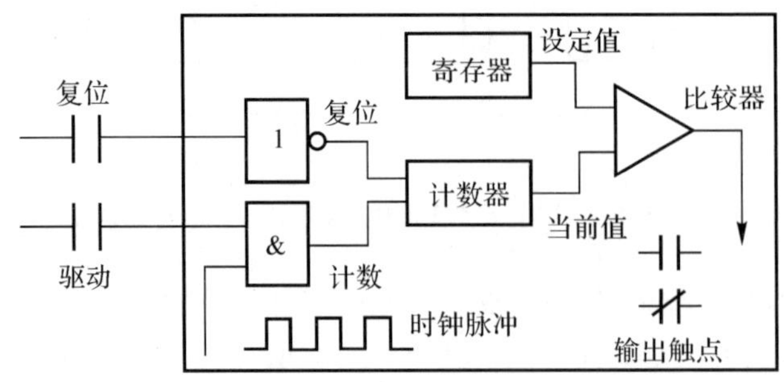

图7-45 积算型定时器结构原理图

2. 定时器的使用

使用定时器时需知道以下几个基本概念：

(1)定时器编号。定时器的编号用定时器的名称和它的常数编号，这个常数最大值为 255，如 T40 表示编号为 40 的定时器。定时器的编号是按照十进制来编址的，编号同时也表示了定时器的时钟脉冲周期 T，即计时时间单位。

(2)定时精度/分辨率。定时器是通过时钟脉冲计数来进行时间设定的。时钟脉冲的周期反应了定时器的定时精度，是定时器的定时单位。在西门子 PLC 中也叫作定时器的分辨率。三菱 FX3U、S7－200 SMART PLC 定时器的定时精度均有三个等级，分别为：1 ms、10 ms、100 ms。三菱 PLC、西门子 PLC，定时器的定时精度均可通过其编号来进行确定。

(3)定时时间 t。

定时器的定时时间＝设定值×定时精度

例如定时器设定值为 SV＝20，定时单位为 100 ms，则

实际定时时间为 $t=20\times100\ \text{ms}=2\ 000\ \text{ms}$

(4)定时器的设定值。通过设定定时器的设定值，就可以设定定时器的时间。

定时器的设定值可直接用十进制常数 K 指定，常数 K 为 16 位有符号整数(INT)，其范围为 1～32 767。直接设定常数 K，简洁明了，一看就知道定时时间是多少。其缺点是如果定时时间不确定，需要改变设定值常数 K 时，则必须修改程序才能完成。若某些对象或系统的定时时间需要根据控制条件变化，进行动态控制时就不能满足随时修改的要求，这时就需要对设定值进行简接设定。

定时器的设定值的间接设定是指把设定值指定为一个数据存储单元，该数据存储单元所存储的二进制数值则为定时器的设定值。那么只要改变数据存储单元的存储内容就可改变定时器的设定值。间接指定也可用变址方式指定，这时设定值由变址寄存器中的数据内容确定。

在实际工程中，定时器的设定值还可通过 PLC 的外部设备(如触摸屏，通过人机对话)来修改间接设定的寄存器的值。

(5)定时器的当前值。当前值是存储定时器当前所累计的时间，它存放在定时器的当前值寄存器中，其数据类型为 16 位有符号数。最大计数值为 32 767。

(6)定时器的位

当定时器当前值大于或等于设定值时，定时器的触点动作，即定时器的位状态立即变化(置位或复位)。

3. FX3U 系列 PLC 内部定时器

三菱 FX3U PLC 的内部定时器分为通用型定时器和积算型定时器。

(1)通用型定时器 T0～T511。通用型定时器也叫作非积算型定时器或常规定时器。根据计数时钟脉冲不同分为 100 ms 定时器、10 ms 定时器和 1 ms 定时器，其区别分别由定时器编号来决定，见表 7－20。

表 7－20　FX3U 系列 PLC 通用型定时器

时钟脉冲	定时器编号	定时值范围	定时时间
100 ms	T0～T199，共 200 点	1～32 767	0.1～32 76.7 s
10 ms	T200～T245，共 46 点		0.01～327.67 s
1 ms	T256～T511，共 256 点		0.001～32.767 s

通用型的定时器的启动和复位都是由驱动信号决定，当驱动信号接通为 ON 时，定时器被启动开始定时，定时时间到，定时器输出常开触点为 ON；当驱动信号断开常开触点为 OFF 时，定时器复位。

通用型定时器工作原理如图 7-46 所示。当驱动输入 X002 为 ON 时，定时器 T20 的当前值计数器对 100 ms 时钟脉冲进行累积计数，当计数值与设定值 K60 相等时，定时器的输出触点 T20 变为 ON，即输出线圈 Y001 是在驱动输入 6 s(60×0.1 s=6 s)时动作。驱动输入 X002 为 OFF 时，定时器 T20 复位，输出触点 T20 也复位。定时器的复位是指定时器的当前值重新等于 0，定时器的输出为 OFF。

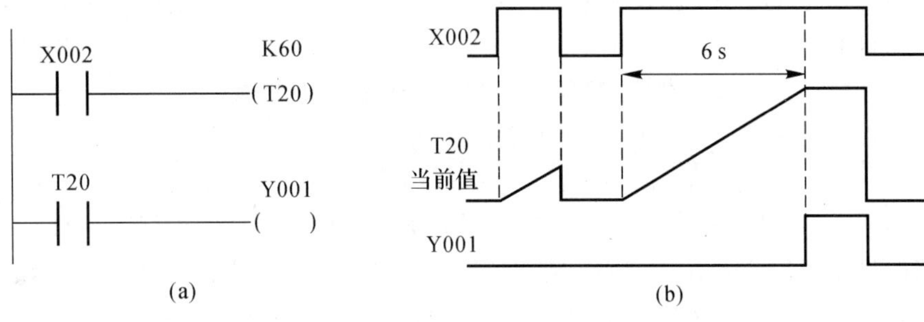

图 7-46　通用型定时器

(a)梯形图；（b)时序图

(2)积算型定时器。积算型定时器也称为累加型定时器、断电保持型定时器。与通用型定时器的区别在于，在定时过程中，如果外部驱动条件不成立或停电引起计时停止时，积算型定时器能够保持计时当前值，等外部驱动条件成立或复电后，计时会在原计时基础上继续进行，当累加时间达到设定值时，定时器触点动作。

积算型定时器根据计数时钟脉冲不同，分为 100 ms 定时器和 1 ms 定时器，其区别分别由定时器编号来决定，见表 7-21。

表 7-21　FX3U 系列 PLC 积算型定时器

时钟脉冲	定时器编址	定时值取值范围	定时时间
100 ms	T250～T255，共 6 点	1～32 767	0.1～32 76.7 s
1 ms	T246～T249，共 4 点		0.001～32.767 s

积算型定时器在定时器的工作条件失去或 PLC 失电时，便停止计时，但当前值寄存器的内容及触点状态均可保持。由于积算型定时器的当前值寄存器及触点都有记忆功能，因此其复位时必须在程序中加入专门的复位指令 RST。

积算定时器的工作原理如图 7-47 所示。当驱动输入 X001 为 ON 时，定时器 T251 的当前值计数器对 100 ms 时钟脉冲进行累积计数，当计数值与设定值 K60 相等时，定时器的输出触点 T251 变为 ON。在定时过程中，若在定时时间 2 s(计数 20 个)时输入 X001 变为 OFF，则定时器当前计数值(20)保持不变，在输入 X001 再次变为 ON 时，计数继续进行(继续定时 4 s)，其累积时间达到 6 s(60×0.1 s=6 s)时输出线圈 Y001 动作。复位输入 X002 为 ON 时，定时器 T251 复位，定时器的输出为 OFF，输出线圈 Y001 为 OFF。

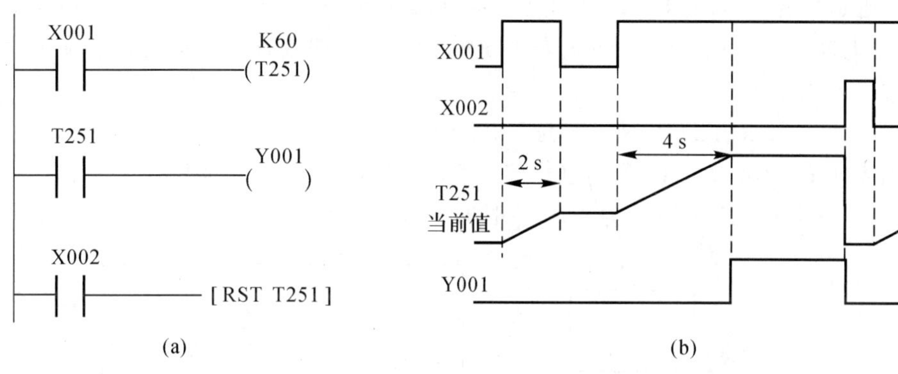

图 7－47　积算定时器工作原理

(a)梯形图；（b)时序图

4．S7－200 SMART PLC 内部定时器

S7－200 SMART PLC 为用户提供了 3 种类型定时器：接通延时定时器（TON）、断开延时定时器（TOF）和保持型接通延时定时器（TONR）。S7－200 SMART PLC 定时器共有 256 个，定时器编号范围为 T0～T255。定时器编号一旦确定后，其对应的分辨率也就随之确定。定时器的地址和分辨率见表 7－22。

表 7－22　S7－200 SMART PLC 定时器

类型	分辨率	定时器编址	定时值取值范围	定时时间
TON/TOF	1 ms	T32、T96	1～32 767	0.001～32.767
	10 ms	T33～T36、T97～T100		0.01～327.67
	100 ms	T37～T63、T101～T255		0.1～3 276.7
TONR	1 ms	T0、T64	1～32 767	0.001～32.767
	10 ms	T1～T4、T65～T68		0.01～327.67
	100 ms	T5～T31、T69～T95		0.1～3 276.7

接通延时型（TON）、断开延时型（TOF）和保持型接通型（TONR）三种定时器指令的 LAD 和 STL 格式见表 7－23。

表 7－23　定时器指令的 LAD 和 STL 形式

格式	接通延时定时器	保持型接通延时定时器	断开延时定时器
LAD	T??? IN TON ????－PT ???ms	T??? IN TONR ????－PT ???ms	T??? IN TOF ????－PT ???ms
STL	TON　T???,PT	TONR　T???,PT	TOF　T???,PT

说明：功能框上的“T???”表示定时器的编号，LAD 格式中的“????”表示定时器的预设值（PT，Present Time)，功能框内右下角“??? ms”表示定时器的分辨率。

(1)接通延时定时器(TON)。接通延时定时器(On-Delay Timer,TON)模拟通电延时型物理时间继电器功能,用于单一时间间隔的定时。上电初期或首次扫描时,TON定时器位为OFF,当前值为0。

在如图7-48所示的TON梯形图程序中,当输入条件I0.1为1时,定时器位为OFF,当前值从0开始计时;在当前值达到预设值时,定时器位被置位为ON,当前值仍继续计数,一直到最大值32 767。一旦输入条件I0.1为0时,定时器立即自动复位,定时器位为OFF,当前值为0。

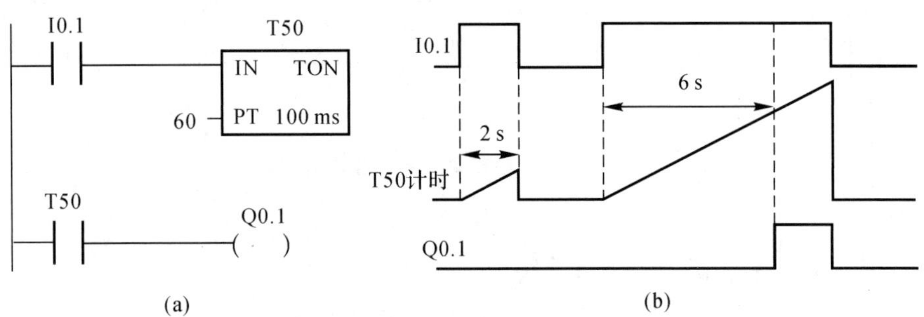

图7-48 接通延时定时器

(a)梯形图; (b)时序图

(2)保持型接通延时定时器(TONR)。保持型接通延时定时器(Retentive On-Delay Timer,TONR)具有记忆功能,用于多个时间间隔的累计定时。上电初期或首次扫描时,定时器位为掉电前的状态,当前值保持在掉电前的值。TONR定时器对当前值和位状态具有记忆功能,因此只能用复位指令R对其进行复位操作。TONR复位后,定时器位为OFF,当前值为0。

在如图7-49所示的TONR梯形图程序中,当输入I0.1为1时,定时器位为OFF,当前值从上次保持值开始继续计时;当输入I0.1变为0时,定时器当前值保持不变,定时器的位不变;当输入I0.1再次为1时,定时器当前值从原保持值开始再往上累计时间,继续计时,当累计当前值达到预设值时,定时器位为ON,定时器计数一直到最大值32 767。输入I0.2为定时器T5的复位条件,当I0.2为1时,定时器T5复位,其位由1变为0。

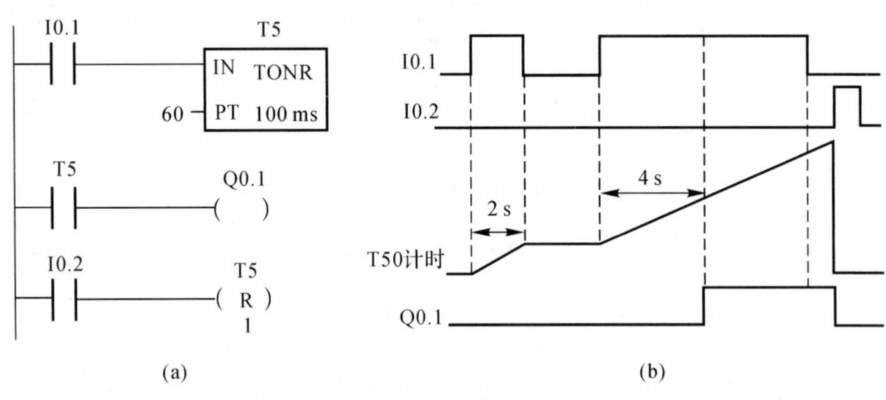

图7-49 积算定时器

(a)梯形图; (b)时序图

(3)断开延时定时器(TOF)。断开延时定时器(Off-Delay Timer,TOF)模拟断电延时型物理时间继电器功能,用于允许输入端(IN)断开后的单一时间间隔计时。上电初期或首次扫描时描时，定时器位为 OFF，当前值为 0。

在如图 7-50 所示的 TOF 梯形图程序中，当输入 I0.1 接通时，定时器位立即变为 ON，并把当前值设为 0；当输入 I0.1 由 1 到 0 时，定时器开始定时，当前值从 0 开始增大；在当前值达到预设值时，定时器位由 ON 为 OFF；当前值等于预设值时，停止计时，当前值保持不变。直到输入端再次由 0 变为 1 时，TOF 复位，这时 TOF 的位为 ON，当前值为 0。如果输入端再从 ON 变为 OFF，则 TOF 可实现再次启动。

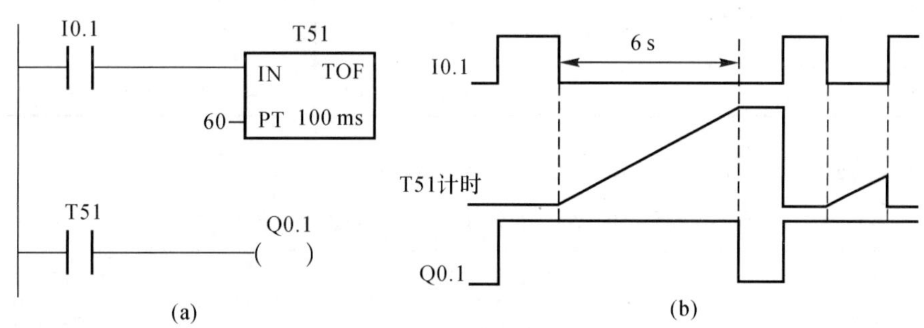

图 7-50　断开延时定时器

(a)梯形图；(b)时序图

S7-200 SMART PLC 应用定时器指令时还应注意：

(1)接通延时定时器 TON 和断开延时定时 TOF 不能使用同一个定时器号。

(2)在第一个扫描周期，所有的定时器位被清零。使用复位指令对定时器复位后，定时器的位为 OFF，定时器当前值为 0。

(3)不同分辨率的定时器，它们当前值的刷新周期是不同的。

7.6.3　计数器

1. 计数器的使用

计数器在程序中用作计数控制，在实际应用中用来对产品进行计数或完成复杂的逻辑控制任务。计数器的使用和定时器的使用基本相似，编程时需要输入计数设定值，计数器累计它的脉冲输入信号的上升沿个数。当计数值达到设定值时，计数器发生动作，以便完成计数控制任务。

使用计数器时需知道以下几个基本概念：

(1)计数器编号。计数器的编号用计数器的名称和它的常数编号，这个常数的取值范围为 0～255，即 C***，如 C90 表示编号为 90 的计数器。

(2)计数器的设定值。使用计数器时必须给出它的设定值，设定值的数据类型为 16 位有符号整数(INT)，其常数范围为 1～32 767。设定值 PV 操作数还可以用数据存储器、变址寄存器中的数据进行设定。

(3)计数器的当前值。计数器的当前值是累计计数脉冲的个数，其值存储在计数器当前值寄存器中，用 16 位有符号数，最大数值为 32 767。

(4)计数器的位。计数器的位是一个开关量，表示计数器是否发生状态的变化。当计数器的当前值大于或等于设定值时，计数器的触点动作，计数器的位被置 1。

计数器的当前值和计数器的位是计数器所包含的两个变量信息。

2. FX3U 系列 PLC 内部计数器

三菱 FX3U PLC 计数器是在执行扫描操作时对内部编程元件 X、Y、M、S、T、C 的信号进行计数，其接通和断开的时间长于 PLC 的扫描周期。计数器分为 16 位加计数器和 32 位加/减计数器两种，其编号见表 7-24。

表 7-24 FX3U 系列 PLC 内部计数器

类型	一般用	断电保持用(电池保持)
16 位加计数器	C0～C99，100 点	C100～C199，100 点
32 位加/减计数	C200～C219，20 点	C220～C234，15 点

16 位加计数器和 32 位加/减计数器的特点见表 7-25。

表 7-25 FX3U 系列 PLC 内部计数器的特点

项目	16 位加计数器	32 位加/减计数
计数方向	增计数	加减计数可切换使用
设定值	1～32 767	−2 147 483 648～+2 147 483 647
设定值的指定	常数 K 或数据寄存器	同左，但数据寄存器需要成对(2 个)
当前值的变化	计数值到后不变化	计数值到后，仍然变化(环形计数)
输出触点	计数值到后保持动作	加计数时保持，减计数时复位
复位动作	执行 RST 指令时，计数器的当前值为 0，输出触点也复位	
当前值寄存器	16 位	32 位

(1)16 位加计数器。16 位加计数器又叫作 16 位增量计数器，它有两种类型，即通用型 C0～C99 共 100 点；断电保持型 C100～C199 共 100 点，其设定值 K 在 1～32 767 之间。

加计数器工作原理如图 7-51 所示。X001 为计数输入条件，在脉冲计数 X001 工作状态由 OFF 变为 ON(上升沿)时，计数器计一个数，当前值加 1；当计数值达到 5 个时，计数器 C25 的输出触点接通，由计数器 C25 控制的输出线圈 Y001 为 ON。之后无论输入 X001 状态如何，计数器的当前值都保持不变，输出 Y001 一直为 ON。当复位输入 X000 接通，计数器复位，当前值变为 0，输出触点 C25 断开，输出线圈 Y001 为 OFF。

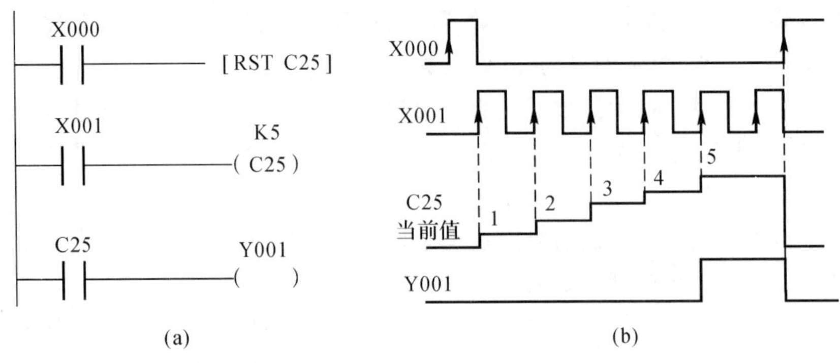

图 7-51 16 位加计数器的动作过程

(a)梯形图；(b)时序图

断电保持型计数器具有记忆功能，即在电源中断时，计数器停止计数，并保持计数当前值不变，电源再次接通后，计数器在当前值的基础上继续计数。计数器在计数条件和复位条件同时满足时，复位条件优先。断电保持型计数器其他特性和通用型计数器相同。

计数器脉冲信号的频率不能过高，如果在一个扫描周期内输入的脉冲信号多过 1 个时，其余脉冲信号则不会被计数器进行计数，这样会产生计数不准确问题，因此，对计数器输入脉冲的频率是有一定要求的。一般要求脉冲信号的周期大于 2 倍的扫描周期，实际上这已经能满足大部分实际工程的需要。

(2)32 位双向计数器。32 位双向计数器是加/减计数器，既可以设置为加计数又可以设置为减计数的计数器。应用中双向计数器可以由 0 开始增 1 环形计数到预设值，也可以由 0 开始减 1 环形计数到预设值。计数值的设定范围为－2 147 483 648～＋2 147 483 647。FX3U 系列 PLC32 位双向加/减计数器一共 35 个，分为通用型和断电保持型两种类型。

通用型计数器 C200～C219，共 20 点，作加计数或减计数时计数方向由特殊辅助继电器 M8200～M8219 设定。计数器的设定值可以直接用常数 K 或间接用数据寄存器 D 的内容作为设定置，间接设定时，要用元件号连在一起的 2 个数据寄存器，因为 2 个数据寄存器组成 32 位，例如 C200　D0；预设值存放在 D1、D0 两个寄存器中，且 D1 为高位，D0 为低位。

断电保持型计数器 C220～C234，共 15 点。其计数方向(加计数或减计数)由特殊辅助继电器 M8220～M8234 设定。工作过程与通用型 32 位加/减双向计数器相同，不同之处在于断电保持型 32 位加/减双向计数器的断电时均能保持当前值和触点状态。

32 位双向计数器可用辅助继电器 M82** 来设定是加计数器还是减计数器，每一个 32 位加减计数器都配有一个特殊辅助继电器来切换加减计数方向，例如 C200 的计数由 M8200 设定，C210 的计数由 M8210 设定等等。当 M82**（** 表示 00～34 之间的数)为 ON 时，对应的计数器 C2** 按减计数方式计数；当 M82**（** 表示 00～34 之间的数)为 OFF 时，对应的计数器 C2** 按加计数方式计数。

双向计数器的预设值可以为正值也可以为负值，在双向计数过程中，只要当前值等于预设值时，其触点就动作一次。在加计数方式下，当前值到达其预设值时，则其常开触点闭合(ON)；在减计数方式下，当前值到达其预设值时，其常开触点断开(OFF)。无论是在加计数方式还是减计数方式下，若复位指令 RST 有效，则双向计数器复位，当前值复归为 0，其常开触点断开。

当预设值为正值时，当前值会在加计数方式和减计数方式下分别等于预设值，在这两种情况下，计数器的触点都会动作。如图 7－52 所示，双向计数器 C200 的预设值为 K3。由时序图可以看出，在加计数方向下，开始计数后，当前值等于预设值时，C200 常开触点闭合。当计数到 K5 时，改变计数方向，当前值从 K5 以减计数方式变化，变化至 K3 时，其 C200 常开触点断开，恢复原态。注意这个 C200 常开触点复位并不是 RST 指令所致，而是计数过程中发生的，应用的时候要特别注意。

同样，当预设值为负值时，当前值也会在加计数方式和减计数方式下分别等于预设值，在这两种情况下，计数器的触点都会动作。如图 7－53 所示，双向计数器 C200 在减计数方式下等于 K－3 时，其触点动作，恢复原态(OFF)，见图中 a 点；C200 在加计数方式下等于 K－3 时，触点闭合(ON)，见图中 b 点。图中 a 点是在减计数方式等于 K－3，因为 C200 触点在此时就处于原态(OFF)中，所以 Y001 仍然维持原态。

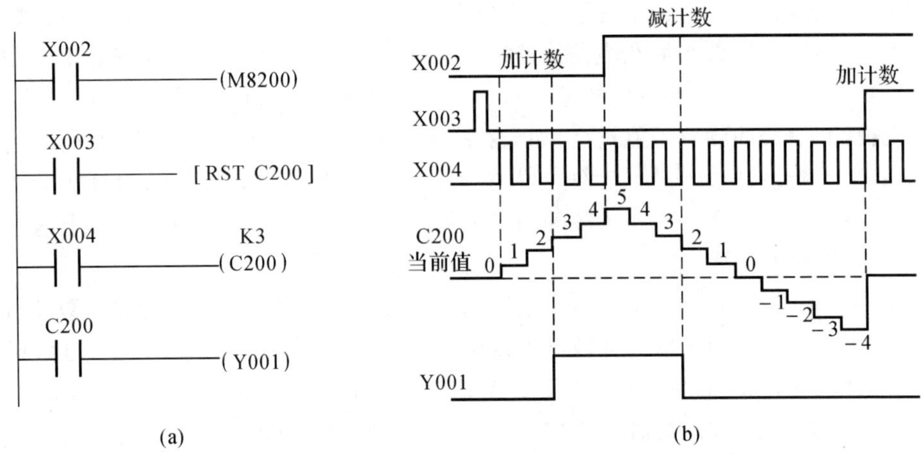

图 7-52　32 位双向计数器的动作过程(预设值为正值)
(a)梯形图；(b)时序图

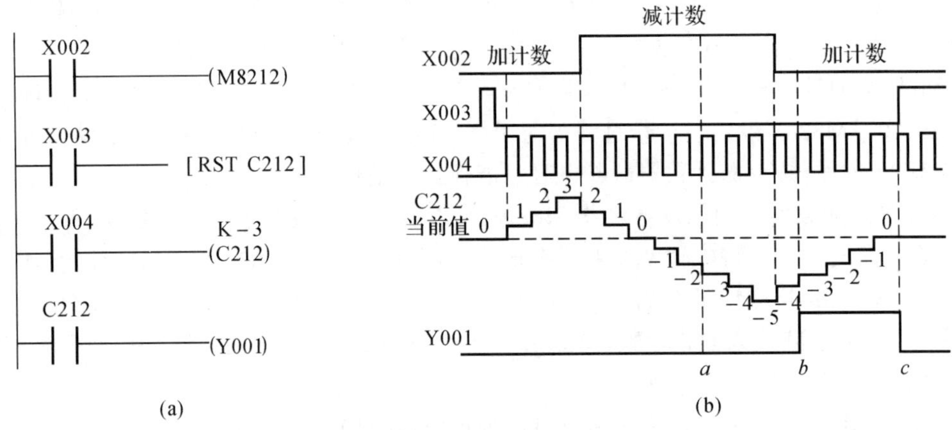

图 7-53　32 位加减计数器的动作过程(预设值为负值)
(a)梯形图；(b)时序图

32 位加/减双向计数器是循环计数，是一个环形计数器。如果计数器的当前值在最大值 +2 147 483 647 起再进行加计数，则当前值就成为最小值 −2 147 483 648。同样从最小值 −2 147 483 648 起进行减计数，当前值就成为最大值 +2 147 483 647(这种动作称为循环计数)，如图 7-54 所示。

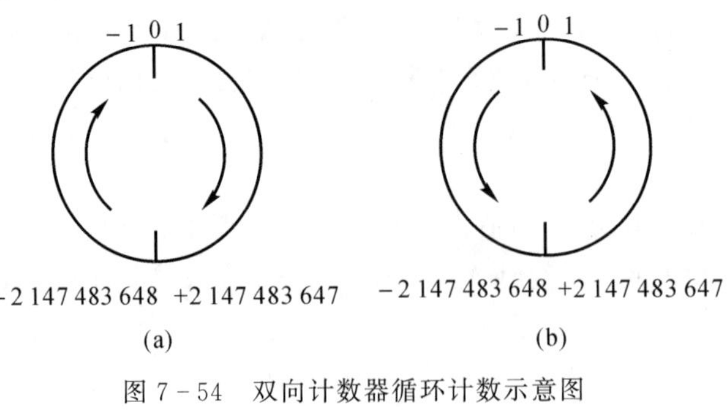

图 7-54　双向计数器循环计数示意图
(a)加计数；(b)减计数

3. S7－200SMART PLC 内部计数器

S7－200 SMART PLC 有三种计数器：加计数器（CTU）、减计数器（CTD）、加减计数器（CTUD），共有 256 个，其编号范围为 C0～255。计数器的 LAD 和 STL 格式见表 7－26。

表 7－26　计数器指令的 LAD 和 STL 形式

格式	加计数器	减计数器	加减计数器
LAD	Cxxx CU R ?－PV	Cxxx CD CTD LD ?－PV	Cxxx CU CTUD CD R ?－PV
STL	CTU　Cxxx,PV	CTD　Cxxx,PV	CTUD　Cxxx,PV

说明：功能框上的 Cxxx 中的“xxx”表示计数器的编号，LAD 格式中的“?”表示计数器的预设值。

（1）加计数器（Count Up,CTU）。加计数器首次扫描时，计数器位为 OFF，当前值为 0。在计数脉冲输入端（CU）的每个上升沿，计数器计数 1 次，当前值增加一个单位。当前值达到预设值（PV）时，计数器的位为 ON，当前值可继续计数到 32767 后停止计数。在复位输入端（R）有效或对计数器执行复位指令时，计数器自动复位，当前值为 0，计数器位为 OFF，如图 7－55 所示。

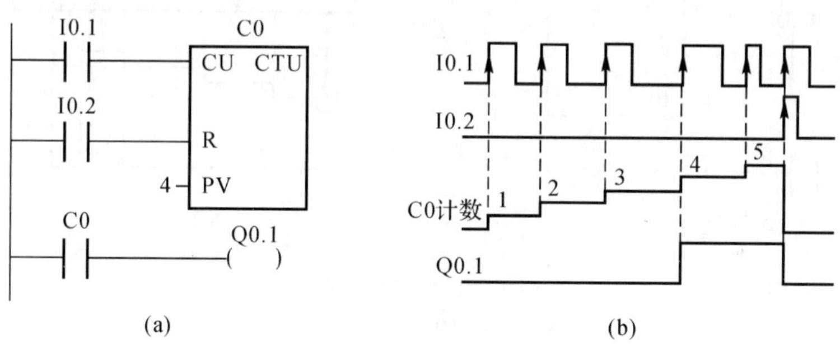

图 7－55　加计数器

(a)梯形图；(b)时序图

（2）减计数器（Count Down,CTD）。减计数器首次扫描时，计数器位为 OFF，当前值等于预设值 PT。对计数脉冲输入端（CD）的每个上升沿，计数器计数 1 次，当前值减少一个单位；当前值减小到 0，停止计数，计数器的位为 ON。在复位输入端（LD）接通或对计数器执行复位指令时，计数器自动复位，计数器位为 OFF，当前值为设定值 PV，如图 7－56 所示。

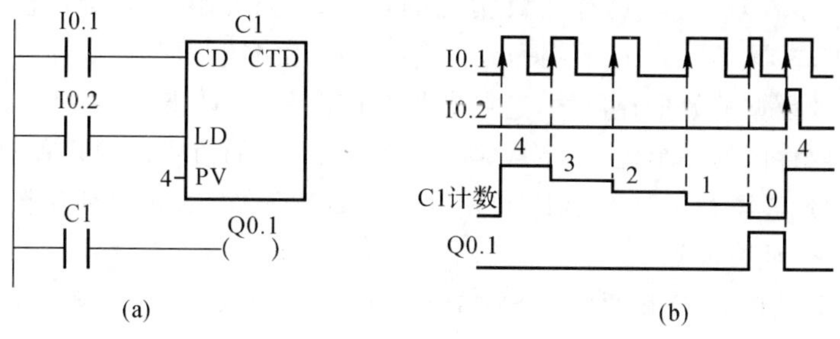

图 7－56　减计数器

(a)梯形图；(b)时序图

(3)加减计数器(Count Down,CTD)。加减计数器有两个计数脉冲输入端,一个复位输入端(R)。CU输入端用于加计数,CD输入端用于减计数。首次扫描时,计数器位为OFF,当前值等于0,如图7-57所示。

在CU输入端的每个脉冲信号的上升沿,计数器的当前值加1;在CD输入端的每个脉冲信号的上升沿,计数器当前值减1;当前值大于等于预设值PV时,计数器位被置为ON,否则为OFF。若复位输入端(R)有效或使用复位指令对计数器执行复位操作后,计数器自动复位,计数器位为OFF,当前值为0。

加减计数器当前值计数到最大值32 767后,下一个CU输入端上升沿将使当前值跳变为最小值(-32 768);同样,当前值达到最小值-32 768后,下一个CD端输入的上升沿将使当前值跳变为最大值32 767。

使用计数器时应注意,CTU、CTD、CTUD的每个计数器只有一个16bit的当前值寄存器地址。在同一个程序中,同一个计数器号不能重复使用,更不可分配给几个不同类型的计数器。

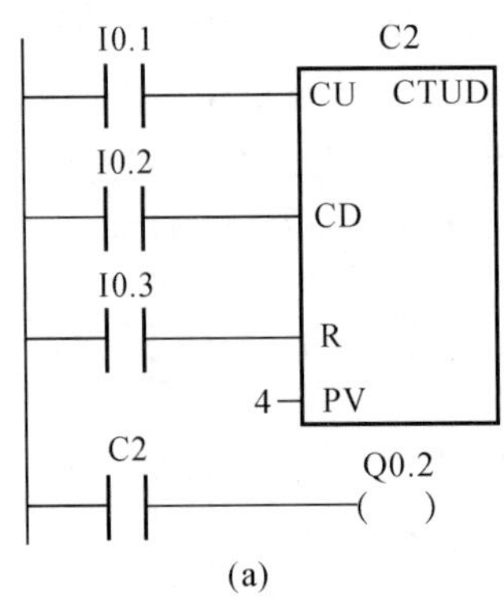

(a)

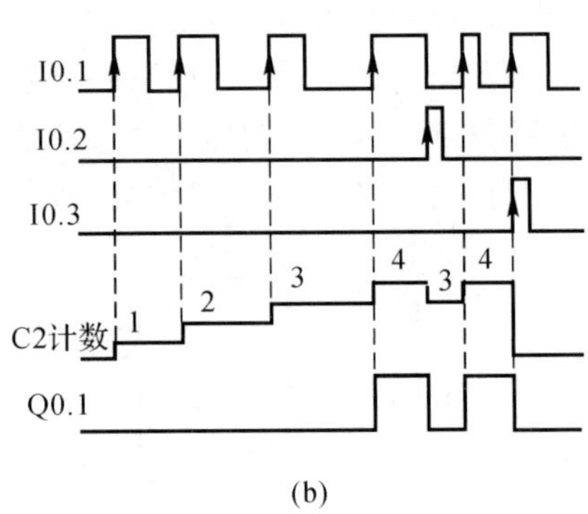

(b)

图7-57 加减计数器

(a)梯形图; (b)时序图

本章小结

应用PLC,需要掌握其基本的编程基础知识。本章对PLC的编程语言、编程规则、常用的编程元件、基本的编程指令都进行了介绍说明。

梯形图编程语言继承了传统的继电器控制系统中使用的框架结构、逻辑运算方式和输入输出形式,使得程序直观易读,具有形象实用的特点,因此应用得最为广泛。目前它已成为PLC程序设计的基本语言。PLC的编程元件,俗称为“软继电器”或“软元件”,其实质是PLC内部用于存储各种数据的数据存储区,这些数据存储区是PLC指令的操作对象。编程元件在物理本质上只是内存区的一个位、字节或字。这些字节、字的值或位的状态即代表这些器件的状态。全面、系统地弄清楚某种型号PLC所使用的编程元件,对正确使用该PLC,编写好的、高质量的PLC程序至关重要。

本章对三菱FX3U PLC和西门子S7-200 SMART PLC产品的硬件系统及寻址方式分别进行了介绍。对三菱PLC和西门子PLC常用的编程元件输入继电器、输出继电器、辅助继电器、定时器、计数器的功能和使用进行了说明。本章对这两种厂家不同、应用较为广泛的

PLC 的常用的基本指令，采用对比的方式进行了讲解，对它们基本的逻辑指令如逻辑取、线圈驱动、逻辑与、逻辑或、堆栈、置位/复位、脉冲等指令的功能给出了梯形图示例，部分指令功能还采用波形图进行说明，以使读者能够对 PLC 的基本编程元件功能、基本编程指令的功能有一个较为全面的认识。

习题与思考题

一、选择题

1. 下列哪些器件不能接入 PLC 的输入端口（　　）。

A. 按钮　　B. 接近开关　　C. 数码管　　D. 编码器

2. 下列哪些器件可以接入 PLC 的输出端口（　　）。

A. 继电器　　B. 电磁阀　　C. 灯泡　　D. 电动机

3. 下面哪些器件可以接 PLC 的扩展端口（　　）。

A. 扩展模块　　B. 变频器　　C. 温控仪　　D. 定位开关

4. 一个伺服电机可以通过下面哪个 PLC 的端口与 PLC 连接（　　）。

A. 输入端口　　B. 输出端口　　C. 通信端口　　D. 扩展端口

5. 一个变频器可以通过下面哪个 PLC 的端口与 PLC 连接（　　）。

A. 输入端口　　B. 输出端口　　C. 通信端口　　D. 扩展端口

6. 二极管处于截止状态时，是因为（　　）。

A. 加了正向电压　　B. 加了反向电压

C. 加正向电压≤0.3V　　D. 没有电流流过

7. 三极管处于导通状态时，是因为（　　）。

A. 三极管工作在饱和区　　B. 三极管工作在截止区

C. C 极－E 极间电压为 0.3V　　D. C 极－E 极间电压为电源电压

8. 光电耦合器是由（　　）两种电子器件组成的一体。

A. 二极管＋三极管　　B. 二极管＋光敏三极管

C. 发光二极管＋三极管　　D. 发光二极管＋光敏三极管

9. FX3U 系列 PLC 是三菱电机第几代小型 PLC（　　）。

A. 第 2 代　　B. 第 3 代　　C. 第 4 代　　D. 第 5 代

10. FX3U 系列 PLC 是兼容 FX2N 系列 PLC 吗？（　　）

A. 部分兼容　　B. 不兼容

C. 全部兼容　　D. 完全不一样

11. 基本单元 FX3U－32MT/ES 的 I/O 端子数和输出方式分别是（　　）。

A. 32 点，继电器输出　　B. 32 点，晶体管输出

C. 16 点，继电器输出　　D. 16 点，晶体管输出

12. 某人预采购一台 FX3U PLC，要求输入 20 点，输出 12 点，能够提供高速脉冲输出和使用交流电源，应选择（　　）。

A. FX3U－32MT/ES　　B. FX3U－32MR/ES

C. FX3U－48MT/ES　　D. FX3U－48MR/ES

13. 图 7－58 中 PLC 应采用(　　)接地方式。

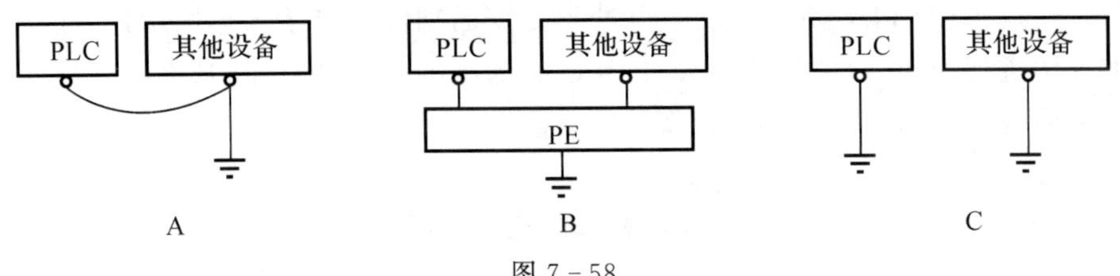

图 7－58

14. FX3U PLC 的 I/O 端口编址是按照(　　)分配的。

A. 十进制　　B. 二进制　　C. 八进制　　D. 十六进制

15. 图 7－59 中 PLC 基本单元与扩展模块连接，FX2N－8EX 输入端口编址是(　　)。

A. X044～X051　　B. X050～X057　　C. X060～X067　　D. X070～X077

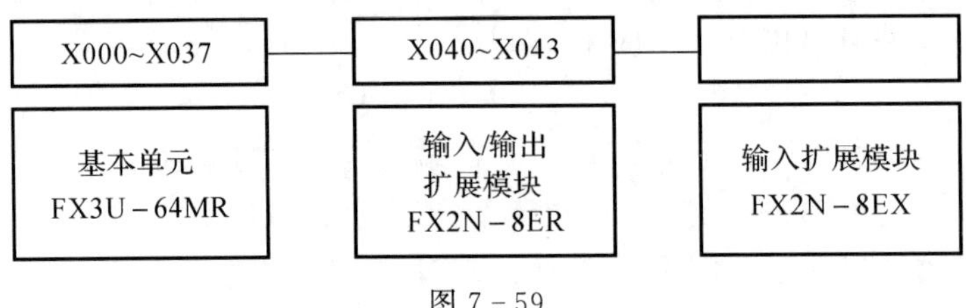

图 7－59

16. FX3U PLC 基本单元的“S/S”端子为(　　)。

A. 输入端子公共端　　B. 输出端子公共端

C. 空端子　　D. 内置电源 0V 端

17. 图 7－60 为 FX3U PLC 的输入端子连接，这种连接时(　　)。

A. 源型输入　　B. 漏型输入

C. A、B 两种输入都是　　D. A、B 两种输入都不是

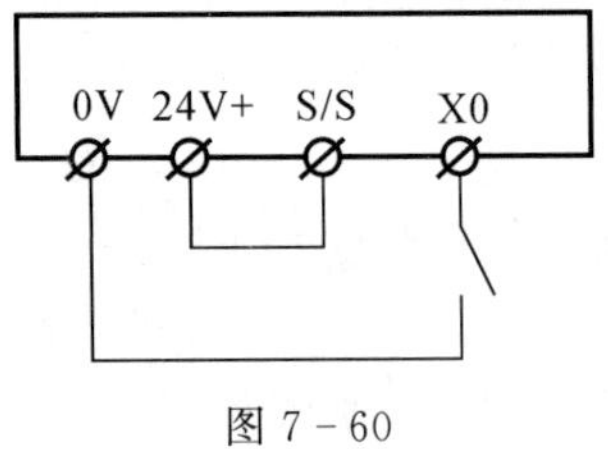

图 7－60

18. 基本单元 FX3U－64MT/ES 的输出方式、公共端标注和公共端接电源极性是(　　)。

A. 源型，COM，正极　　B. 漏型，COM，负极

C. 源型，V，负极　　D. 漏型，V，负极

19. 基本单元 FX3U－32MT/ESS 的输出方式、公共端标注和公共端接电源极性是(　　)。

A. 源型，V，正极　　B. 漏型，V，负极

C. 源型，COM，负极　　D. 漏型，COM，正极

20. FX3U PLC 扩展选件中的基本单元、扩展单元和特殊单元的共同特点是(　　)。

A. 占用 I/O 点数　　B. 能独立进行控制

C. 通过数据线连接　　　　D. 含内置电源

21. FX3U PLC 组成系统的 I/O 点数最多是(　　)。

A. 256　　B. 248　　C. 384　　D. 224

22. FX3U PLC 基本单元和扩展单元(模块)的 I/O 点最多是(　　)。

A. 224　　B. 248　　C. 256　　D. 384

23. 下面选件计入 I/O 点数的是(　　)。

A. 扩展单元　　B. 功能扩展板　　C. 特殊功能块　　D. 特殊适配器

24. FX3U PLC 的基本单元最多能扩展几台特殊功能模块(　　)。

A. 6 台　　B. 7 台　　C. 8 台　　D. 9 台

25. 内置 DC 5V 电源主要是对(　　)供电。

A. X 端口　　B. 特殊功能模块　　C. 特殊适配器　　D. Y 端口

26. 内置 DC 24V 电源主要是对(　　)供电。

A. X 端口　　　　B. 扩展单元

C. 扩展模块输入端口　　　　D. Y 端口

27. 当 PLC 处于 STOP 模式时,面板上的指示灯(　　)。

A. POWER 灯亮　　　　B. ERROR 灯亮

C. RUN 灯亮　　　　D. 以上灯都不亮

28. 如果基本单元上“BATT”灯亮,则表示(　　)。

A. 外部接线不正确　　　　B. 程序有错

C. PLC 处于 STOP 模式　　　　D. 电池电压下降

29. 如果基本单元上“ERROR”灯闪烁,则表示(　　)。

A. 程序语法错误　　　　B. 看门狗定时器错

C. 程序错误　　　　D. PLC 硬件损坏

30. 更换电池的时间时(　　)。

A. BATT 灯亮后一个月　　　　B. 一旦发现 BATT 灯亮

C. PLC 使用了 4 年后　　　　D. 电池电压低于 3 V

31. 更换电池必须在(　　)内完成。

A. 50 s　　B. 10 s　　C. 20 s　　D. 60 s

32. 脉冲信号的上升沿是指(　　)。

A. 高电压　　　　B. 低电压

C. 低电压跳变到高电压　　　　D. 高电压跳变到低电压

33. 某脉冲信号的周期若为 0.25 ms,则它的频率是(　　)。

A. 4 000 Hz　　B. 400 Hz　　C. 40 Hz　　D. 4 Hz

34. 某脉冲信号的高电平宽度为 0.15 s,低电平宽度为 0.85 s,则该脉冲信号的占空比为(　　)。

A. 85%　　B. 15%　　C. 17.6%　　D. 82.4%

35. 在数字技术中,时序图是指(　　)。

A. 输入/输出信号的波形图

B. 输出信号与输入信号按时间顺序的波形对应图

C. 输入信号之间按时间顺序的波形对应图

D. 输出信号之间按时间顺序的波形对应图

36. 时序图能反映输出信号与输入信号之间的逻辑关系吗？（　　）

A. 能　　B. 不能　　C. 有时能，有时不能

37. 在脉冲信号中，高电平/低电平的电压是指（　　）。

A. 15 V/0 V　　B. 3 V/0.5 V

C. 24 V/3 V　　D. 由具体的电路确定

38. PLC 的基本指令系统包括（　　）。

A. 基本指令　　B. 步进顺序控制指令

C. 汇编指令　　D. 功能指令

39. 指令的执行时间是指 CPU（　　）。

A. 执行一条指令的时间

B. 执行一行梯形图的时间

C. 汇编指令执行一步指令的时间

40. 定时器 T 和计数器 C 的特点是（　　）。

A. 触点是一个位元件　　B. 线圈是一个字元件

C. 设定值是字元件　　D. 当前值是位元件

41. 在 PLC 中，堆栈是一个（　　）。

A. 输入信号存储区　　B. 特定数据存储区

C. 中间计算结果存储区　　D. 输出信号所存区

42. 在梯形图中，驱动条件是指（　　）。

A. 常开触点　　B. 常闭触点

C. 触点的逻辑关系组合　　D. 以上都不是

43. 在梯形图中，驱动输出是指（　　）。

A. 位元件线圈　　B. 定时器当前值

C. 指令　　D. 计数器线圈

44. 梯形图中步序编址的含义是（　　）。

A. 梯级程序步的容量　　B. 梯级程序步的编址首址

C. 梯级的顺序编址　　D. 梯形图的程序转移地址

45. 图 7－61 所示的梯形图程序没有错误的梯形图是（　　）。

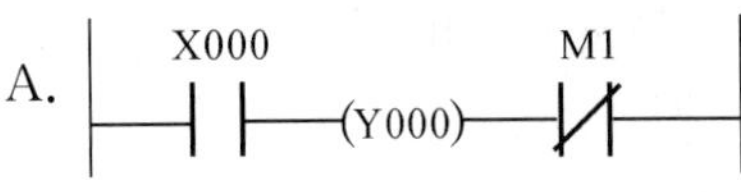

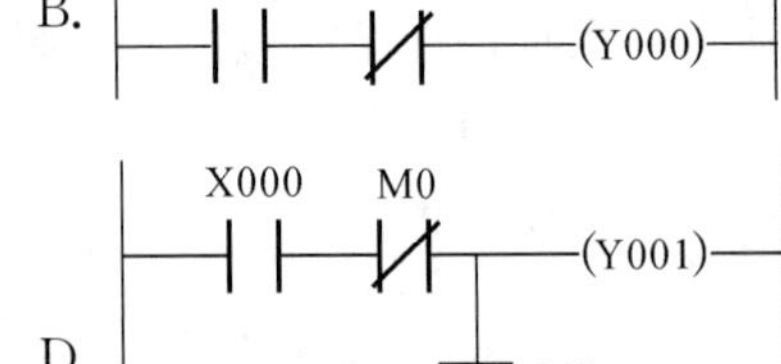

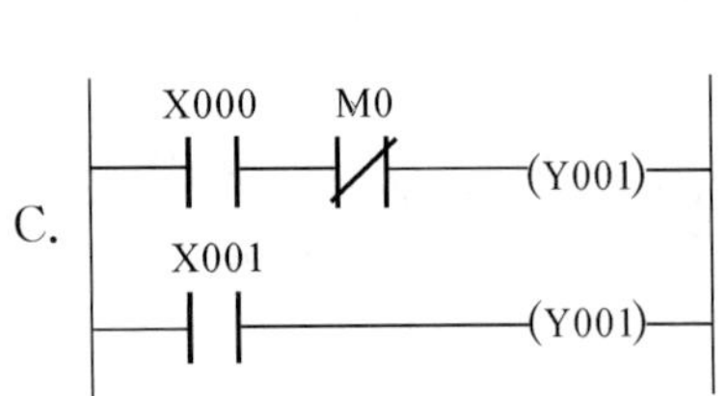

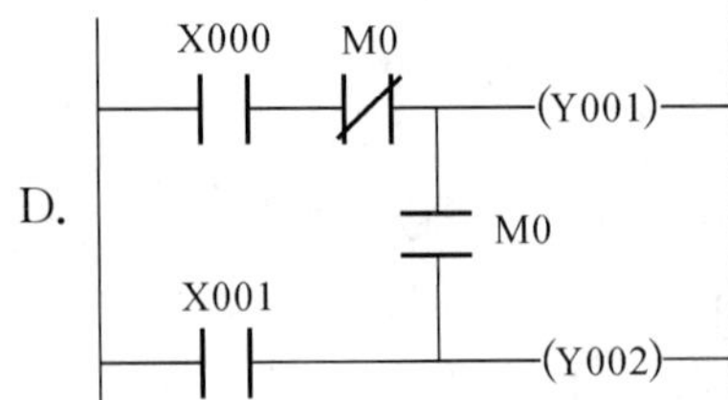

图 7－61

46. PLC 在执行梯形图程序时，其执行方式是(　　)。

A. 线圈和其触点同时动作

B. 线圈动作后，其触点同时动作

C. 线圈动作后，其触点按扫描方式顺序动作

D. 线圈动作后，仅在其后的触点顺序动作

47. 具有逻辑“与”的功能梯形图是图 7－62 中的(　　)。

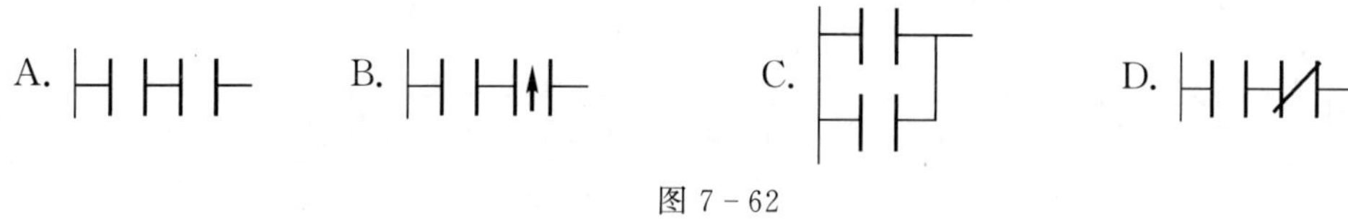

图 7－62

48. 具有逻辑“或”功能的梯形图是图 7－63 中的(　　)。

图 7－63

49. 图 7－64 所示 Y0 的逻辑关系表达是(　　)。

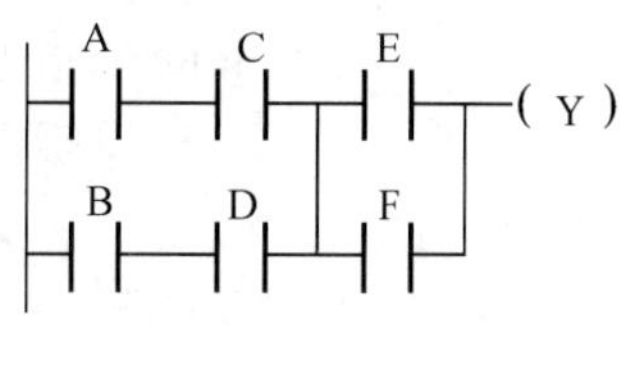

图 7－64

A. Y＝AC＋BD＋EF

B. Y＝(AC＋BD)(E＋F)

C. Y＝ACE＋BDF

D. Y＝(A＋B)(C＋D)(E＋F)

50. 下面梯形图 7－65 中，具有自锁功能的是(　　)。

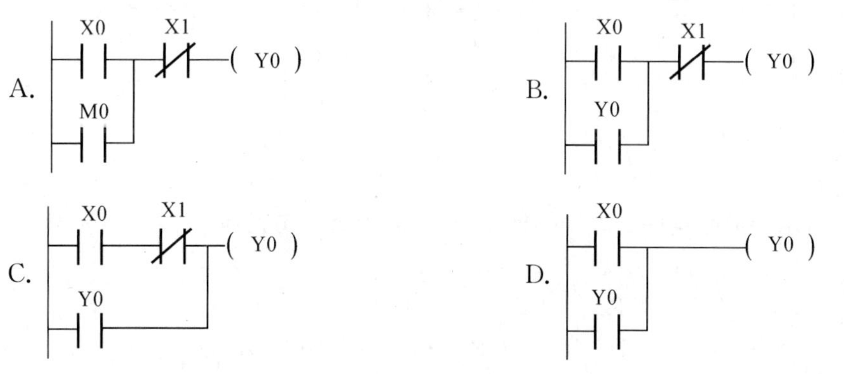

图 7－65

51. 下面梯形图 7 - 66 中，具有互锁功能的是(　　)。

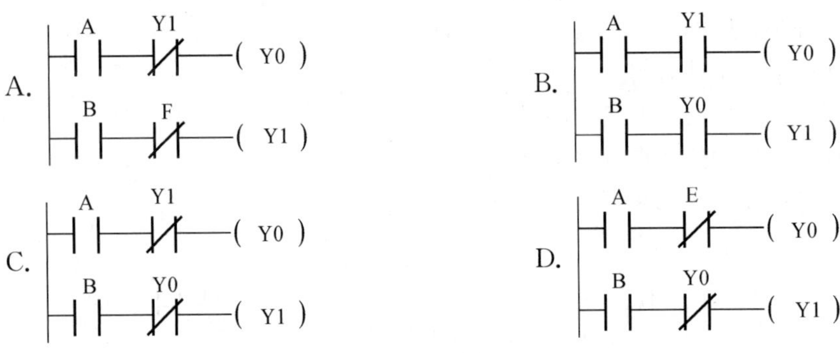

图 7 - 66

52. 图 7 - 67 所示，当 X0 接通又断开后，Y0 的状态是(　　)。

A. OFF　　B. ON　　C. 先 ON 后 OFF　　D. 先 OFF 后 ON

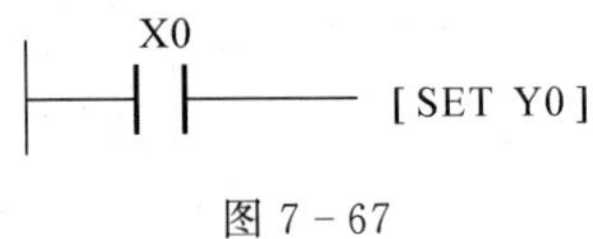

图 7 - 67

53. 当定时器 T10　K100 在计时中执行 RST　T10 指令后，则(　　)。

A. T0 触点复位　　B. T0 停止计时

C. T0 当前值清零　　D. 计时不停，到设定值后清零

54. 在 PLC 程序中，如果有 SET、RST 指令，则(　　)。

A. 成对出现　　B. RST 指令可多于 SET 指令

C. 不成对出现　　D. SET 指令可多于 RST 指令

55. 下面为空操作指令的是(　　)。

A. NOP　　B. ANB　　C. INV　　D. MPP

56. 图 7 - 68 所示梯形图程序中的虚线框所标为(　　)。

A. 串联电路块　　B. 并联电路块　　C. 都不是　　D. 既有串联也有并联

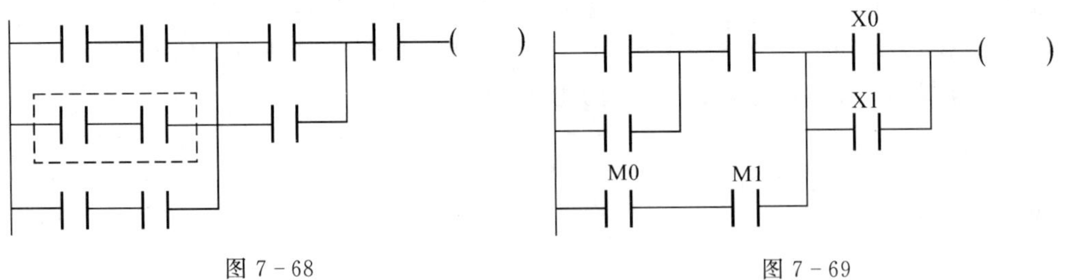

图 7 - 68　　图 7 - 69

57. 图 7 - 69 所示梯形图程序中，M0、M1、X0、X1 的指令语句表程序是(　　)。

A. LD　M0；　AND　M1；　LD　X0；　OR　X1

B. LD　M0；　AND　M1；　ORB；　LD　X0；　OR　X1；　ANB

C. LD　M0；　AND　M1；　LD　X0；　OR　X1；　ANB；　ORB

D. LD　M0；　AND　M1；　LD　X0；　OR　X1；　ORB；　ANB

58. 图 7－70 所示梯形图程序，在所标分支点 a 处应使用指令（　　）。

A. MPS　　B. MRD　　C. MPP　　D. 不使用任何指令

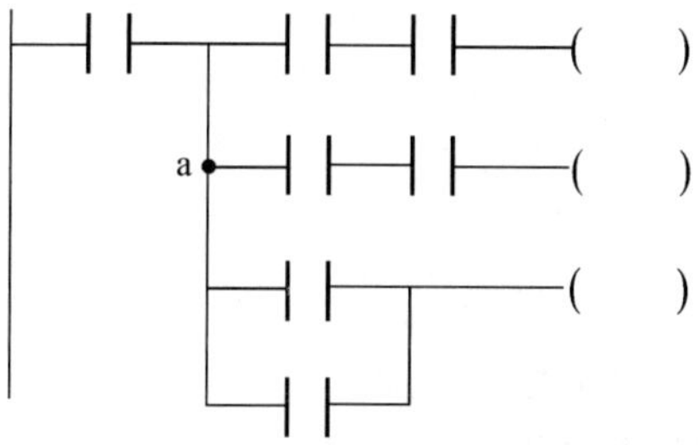

图 7－70

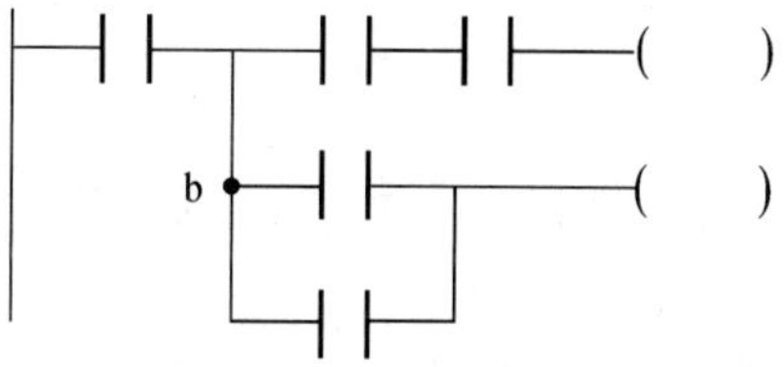

图 7－71

59. 图 7－71 所示梯形图程序，在所标分支点 b 处应使用指令（　　）。

A. MPS　　B. MRD　　C. MPP　　D. 不使用任何指令

60. FX3U PLC 中特殊辅助继电器 M8004 是（　　）。

A. 10 ms 时钟脉冲　　B. 100 ms 时钟脉冲

C. 1 ms 时钟脉冲　　D. 1 min 时钟脉冲

61. FX3U PLC 中特殊辅助继电器 M8003 的动作是（　　）。

A. 开机后，仅接通一个扫描周期　　B. 开机后，一直接通

C. 开机后，一直断开　　D. 开机后，仅断开一个扫描周期

62. FX3U PLC 中特殊辅助继电器 M8034 被驱动后（　　）。

A. 输出 Y 的触点 OFF，PLC 停止运行　　B. 输出 Y 的触点 OFF，PLC 仍在运行

C. 刷新 I/O 映像区，不刷新输出锁存区　　D. 刷新 I/O 映像区，刷新输出锁存区

63. 一个定时器的触点动作是（　　）。

A. 瞬时动作　　B. 常开触点延时动作

C. 常闭触点延时动作　　D. 常开、常闭触点延时动作

64. 定时器和计数器是一个特殊软元件，它是（　　）。

A. 位元件　　B. 字元件

C. 位元件和字元件　　D. 都不是

65. 定时器 T35　K100 的定时时间值是（　　）。

A. 100 ms　　B. 10 ms　　C. 10 s　　D. 1 s

66. 定时器 T256　K200 的定时时间值是（　　）。

A. 0.2 ms　　B. 20 ms　　C. 0.2 s　　D. 2 s

67. 定时器 T28　K150 的定时器当前值可以是（　　）。

A. K100　　B. K200　　C. K150　　D. K300

68. 当驱动条件断开时，定时器马上复位的是（　　）。

A. T247　　B. T253　　C. T280　　D. T249

69. 使定时器 T248 K150 复位的条件是（　　）。

A. 断电　　B. 把 K0 送到当前值，当前值变为 0

C. 执行 RST 指令　　D. 断开驱动条件

70. 梯形图程序如图7-72所示,Y0闪烁的周期是(　　)。

A. 0.1 s　　B. 0.01 s　　C. 1 s　　D. 0.5 s

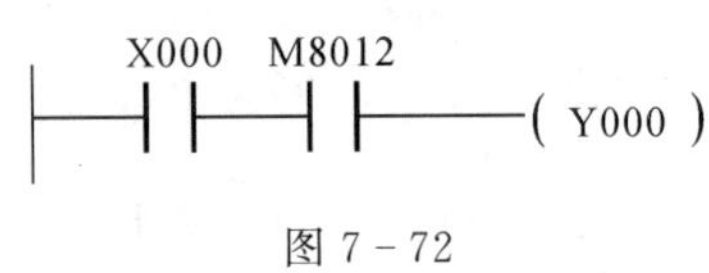

图7-72

71. 梯形图程序如图7-73所示,当X0闭合时,Y0的状态是(　　)。

A. 周期为1 s闪烁　　B. 周期为2 s闪烁

C. 周期为0.5 s闪烁　　D. 不闪烁

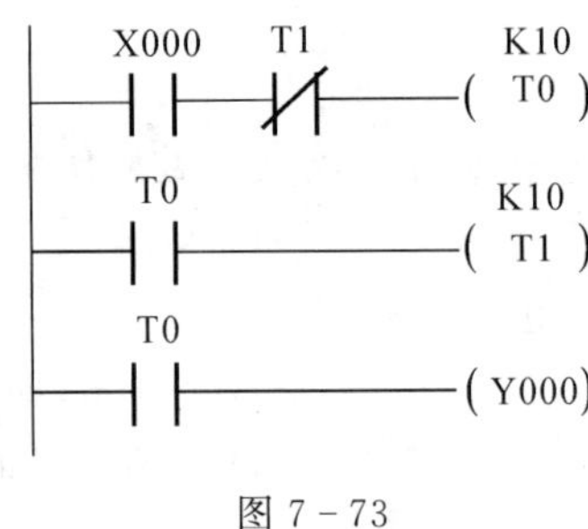

图7-73

72. 在梯形图程序中C10表示(　　)。

A. 线圈　　B. 当前值　　C. 触点　　D. 编址

73. 计数器C35的复位方式有(　　)。

A. RST指令　　B. 断开驱动条件　　C. 使当前值为0　　D. 断开电源

74. 计数器C125计数到K100时突然断电,再上电后,计数器的当前值是(　　)。

A. K0　　B. K99　　C. K100　　D. 不确定

75. 计数器C215为加计数时,相应特殊辅助继电器为(　　)。

A. M8015为ON　　B. M8015为OFF

C. M8215为ON　　D. M8215为OFF

76. 当计数器计数脉冲个数等于预置计数值时,当前值不再变化的计数器有(　　)。

A. C85　　B. C210　　C. C190　　D. C225

77. 计数器C218　K50,当计数脉冲K89减计数至K50时,其相应触点动作是(　　)。

A. 常开触点闭合　　B. 常开触点断开

C. 常闭触点断开　　D. 常闭触点闭合

二、简答题

1. 什么是"位"?什么是"字"?

2. 数位、字节、字和双字分别代表多少位二进制数?

3. 电气设备一般有哪几种接地方式?对PLC来说,哪种方式最好?不宜采用哪种方式?

4. 数制的三要素是什么?

5. 三菱PLC是如何表示二进制、十进制、十六进制数的?H5A2、B1010110、K5420各是什么进制数?

6. 什么是堆栈？它的作用是什么？它的存储特点是什么？

7. 梯形图和继电控制电气原理图有哪些相似之处？

8. 在图形符号表示上，梯形图和继电控制电气控制原理图有什么不同？哪个图形的表示简单？

9. 在继电器控制原理图中，是根据什么来判断负载是否得电或失电的？在梯形图中，是根据什么来判断线圈是否被驱动的？

10. 说明继电器控制原理图的并行工作过程和梯形图的串行工作过程。

11. S7－200 SMART 系列 PLC 主机中有哪些主要编程元件？各编程元件的编址方式是什么？

12. S7－200 SMART 系列 PLC 的主机 SR□主要有哪些型号？各型号的 I/O 点数、扩展方式、通信/编程口是如何配置的？

13. S7－200 SMART 系列 PLC 的扩展模块有哪些？

14. S7－200 SMART 系列 PLC 的寻址方式有哪些？

15. FX3U－PLC 基本单元型号为 FX3U－48MT/ES，则它有多少个 I/O 点？其中 I 点多少？O 点多少？其输出方式是哪种类型？PLC 使用何种电源？其输入端口使用何种电源？

16. 某工程师根据控制需要想采购一个符合下面条件的 FX3U PLC，考虑应买哪种型号的 FX3U 基本单元？条件如下：

(1)需要输入点数 30 点，输出 6 点；

(2)用做定位控制，能够输出高速脉冲；

(3)使用 AC22V 作为基本单元的电源。

17. 扩展单元和扩展模块有什么区别？

18. 当 PLC 基本单元的 I/O 点数不够用时，应通过什么方法来扩充？

19. PLC 的接入电源分交流电源(AC)和直流电源(DC)两种，这两种接入端子在 PLC 上标志是什么？

20. 试说明 FX3U 系列 PLC 基本单元上，下面的标志的含义“·”“S/S”“24V”“0V”。

21. FX3U 系列 PLC 的输出端子排列与输入端子排列有什么不同？为什么？

22. 特殊功能单元和特殊功能模块有什么区别？

23. 如果 PLC 的基本单元程序内存不够用时，应增加哪种扩展元件？

24. 说明什么是上升沿、下降沿、占空比、正逻辑、负逻辑。

25. PLC 指令系统是由哪些类型的指令组成的？

26. 一条指令是由哪些部分组成的？它们各完成什么样的功能？

27. PLC 的寻址方式有几种？试进行说明。

28. 什么叫作脉冲边沿操作？它有哪两种操作方式？试画出图 7－74 梯形图的时序图。

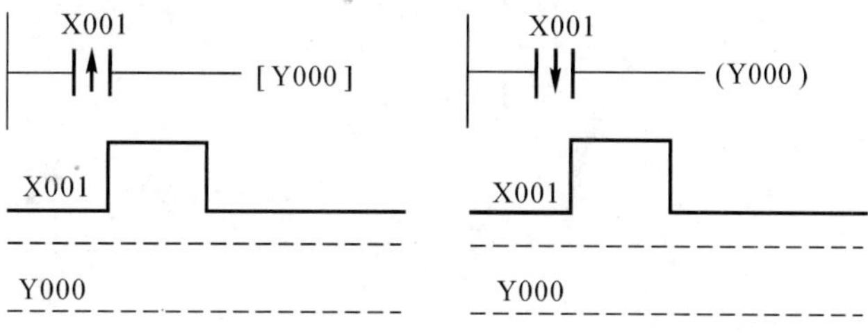

图 7－74

29. M8002是一个怎样的特殊辅助继电器？图7－75所示的梯形图程序中Y0能够保持输出吗？为什么？

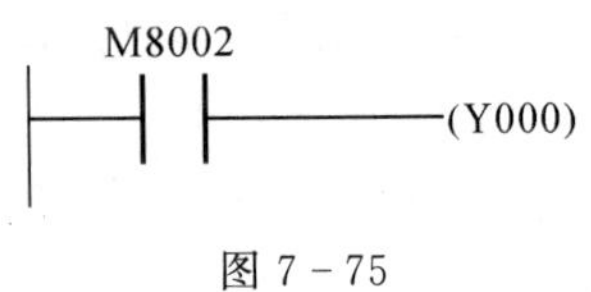

图7－75

30. 脉冲边沿指令常用于什么场合？

31. 梯形图程序中，什么是电路块？什么是串联电路块？什么是并联电路块？

32. 指出图7－76梯形图中，哪些是串联电路块？哪些是并联电路块？试写出指令语句表程序。

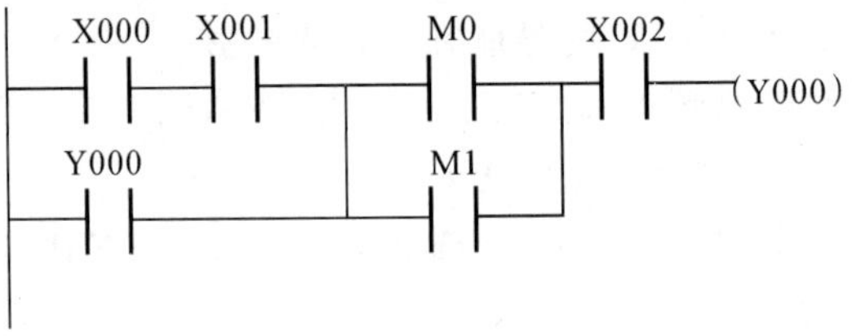

图7－76

33. 堆栈指令是为解决什么程序编写问题而提出的？在编写梯形图时，需要输入堆栈指令吗？

34. 堆栈指令有几个？各用在什么地方？试在图7－77所示的梯形图程序中适当位置写上堆栈指令？

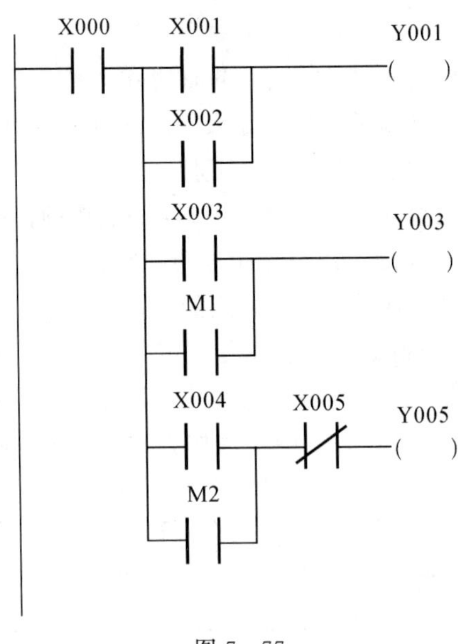

图7－77

35. 试写出图7－78所示的梯形图的指令语句表程序。

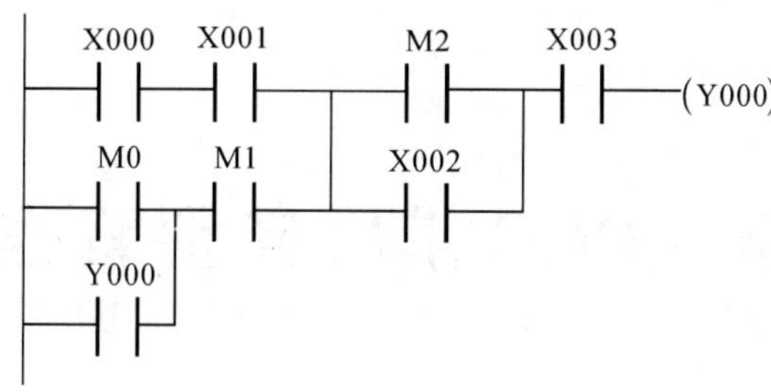

图 7-78

36. 定时器的基本参数是哪几个？试分别说明这些参数的含义。

37. 五个定时器表示如下，说明它们各自的设定定时时间。

(1)T150　K25；

(2)T220　K50；

(3)T248　K300；

(4)T254　K30；

(5)T256　K200。

38. 设计一个定时控制程序，要求定时器在断电后又上电时，定时时间能在原来计时的时间上继续进行，现有 T244、T254、T264 三个定时器，应选择哪个定时器？为什么？

39. 分别说明定时器 T180　K150 和 T252　K200 的复位方式。

第 8 章　PLC 常用典型编程环节

应用 PLC 的基本指令，就可以实现一些简单的逻辑控制。复杂的应用程序可由典型的编程环节有机组合而成。学习并掌握一些实用的典型控制程序，可以更好地理解并掌握 PLC 的基本指令，提高阅读程序的水平。

8.1　启保停程序

任何设备总有使其工作（启动）或停止工作（停止）的问题，启动和停止是最基本和最简单的控制。启保停控制程序是最基本、最常用的控制程序，所有的逻辑驱动条件都可以看成是启保停控制程序的扩展。对于任何一个品牌的 PLC 而言，启保停控制程序是一个通用的程序。

启保停控制程序分停止优先和启动优先两种类型。普通的启保停控制程序均为停止优先，对停止优先程序而言，若同时按下启动和停止按钮，则停止优先，这种控制方式经常用于紧急停止的场合，为了确保安全，电机的起、停控制通常会选用停止优先程序，如图 8－1 所示。对于启动优先程序而言，若同时按下启动和停止按钮，则启动优先，如消防水泵的启动，需要选用启动优先的控制程序，如图 8－2 所示。启保停梯形图程序中的输出常开触点与输出线圈组成自锁回路实现启动自保持。

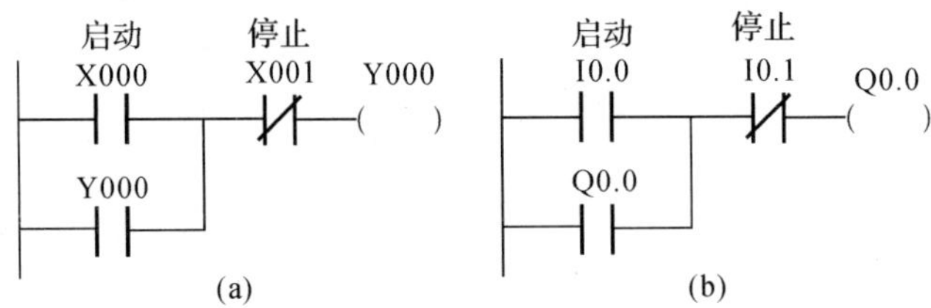

图 8－1　停止优先启停控制程序

(a)三菱 FX3U PLC；　(b)西门子 S7－200 SMART PLC

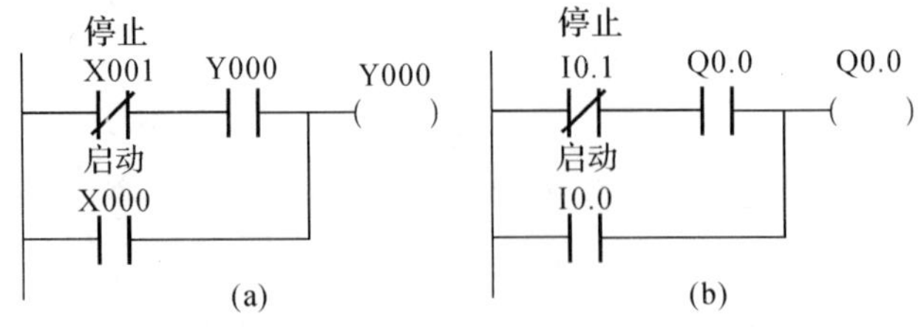

图 8－2　启动优先启停控制程序

(a)三菱 FX3U PLC；　(b)西门子 S7－200 SMART PLC

启保停控制程序也可采用置位、复位指令来实现起、停控制。若同时按下启动和停止按钮，则复位优先，如图 8-3 所示。

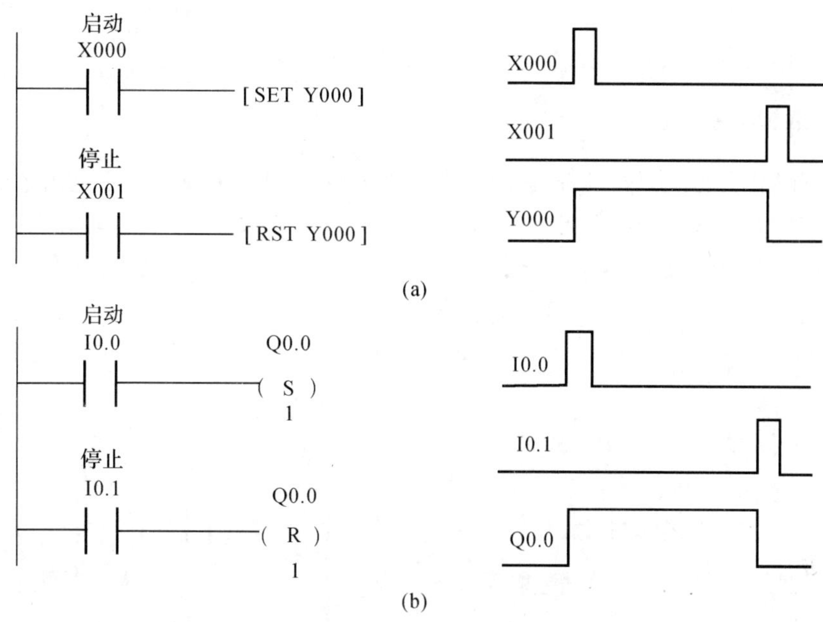

图 8-3　用复位指令实现启停控制程序
(a)三菱 FX3U PLC；(b)西门子 S7-200 SMART PLC

8.2　异地控制程序

实际工程中，对同一台机电设备常需要在两个不同的地方如现场和控制室都能进行控制。如图 8-4 所示，为异地控制梯形图程序。启动 1、停止 1 及启动 2、停止 2 可布置在不同的位置，因而可用它在不同地点对同一设备进行起停控制。

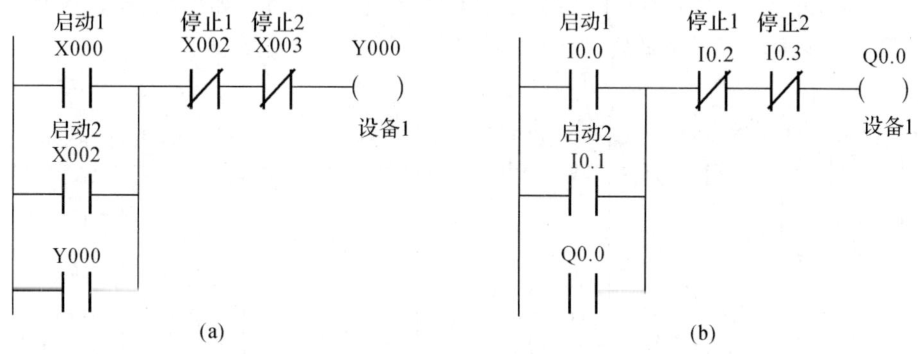

图 8-4　异地控制程序
(a)三菱 FX3U PLC；(b)西门子 S7-200 SMART PLC

如果要实现对三地启停控制，在如图 8-4 所示的梯形图程序中，只需要将新启动 3 与启动 1、启动 2 并联，将停止 3 与停止 1、停止 2 串联即可。更多场地控制，依此类推。

8.3 联锁、互锁程序

联锁和互锁是生产现场常见逻辑关系，应用得非常广泛。

8.3.1 联锁程序

以甲“工作”作为乙“工作”的前提条件，称甲对乙的联锁。实现的办法是用甲处工作状态作为乙“工作”的启动或工作的条件，如图 8－5 所示，其逻辑关系可保证，只有甲工作后，才可能产生动作乙，即乙被甲所联锁。

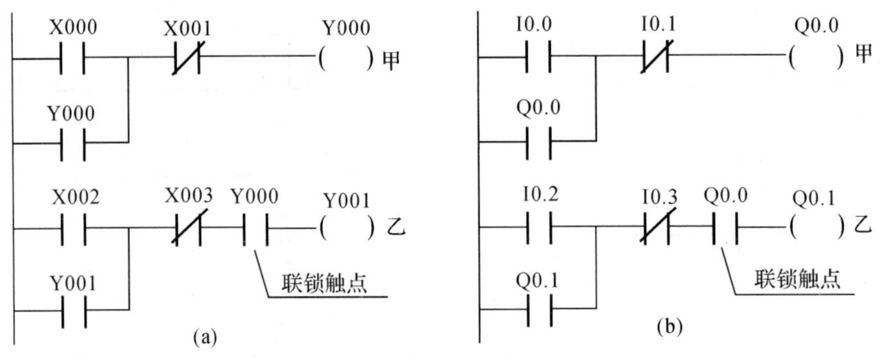

图 8－5　联锁程序

(a)三菱 FX3U PLC；　(b)西门子 S7－200 SMART PLC

8.3.2 互锁程序

互锁，即互相制约之意。在实际生产中，常有甲设备工作时，要求乙设备不能工作或者乙设备工作时要求甲设备不能工作，这种互相以对方不工作作为自身工作的前提条件，称之为互锁。实现的办法是，以对方的不工作作为自身的启动条件。例如，电动机正、反转控制中，当正(反)转接触器通电工作时，则反(正)转接触器必须断电不能工作，如果正、反转接触器同时通电工作，就会发生主电源短路事故，如图 8－6 所示。

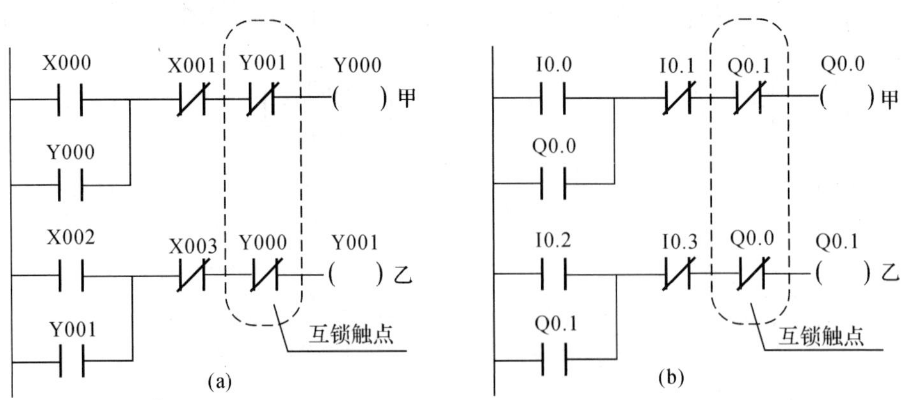

图 8－6　互锁程序

(a)三菱 FX3U PLC；　(b)西门子 S7－200 SMART PLC

8.4　单按钮启停控制程序

一般情况下，通常是使用启动、停止两个按钮对电动机实现启停控制。但是系统中如果有多台电动机都需要启停操作控制时，就会占用 PLC 的很多输入端子。为了节省输入点，这时就可通过软件编程，采用单按钮来实现启停操作控制。

实现单按钮启停控制的方法很多，如图 8－7 所示的梯形图程序就是其中的一种。该梯形图程序简单说明如下：

(1)系统只用一个按钮(X000/I0.0)。

(2)第一次按下按钮(X000/I0.0)时，Y000/Q0.0 有输出，第二次按下时，Y000/Q0.0 无输出，第三次按下时，Y000/Q0.0 又有输出，如此反复。

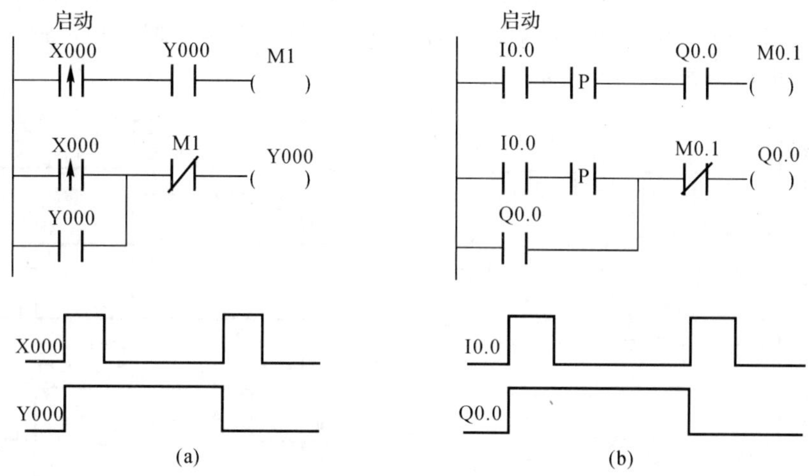

图 8－7　单按钮启停控制程序及时序图

(a)三菱 FX3U PLC；　(b)西门子 S7－200 SMART PLC

8.5　延时断开程序

8.5.1　瞬时接通/延时断开

瞬时接通/延时断开控制，要求在输入信号有效时，立即输出，而在输入信号(X000/I0.0) OFF 时，输出信号(Y000/Q0.0)延时一段时间才 OFF。梯形图程序及时序图如图 8－8 所示。

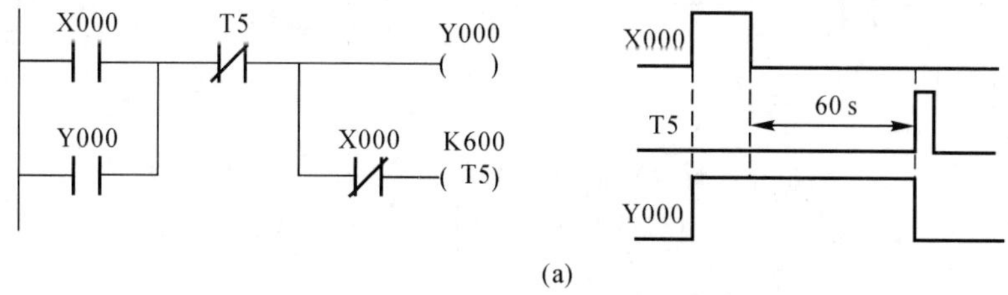

(a)

图 8－8　瞬时接通/延时断开梯形图程序及时序图

(a)三菱 FX3U PLC

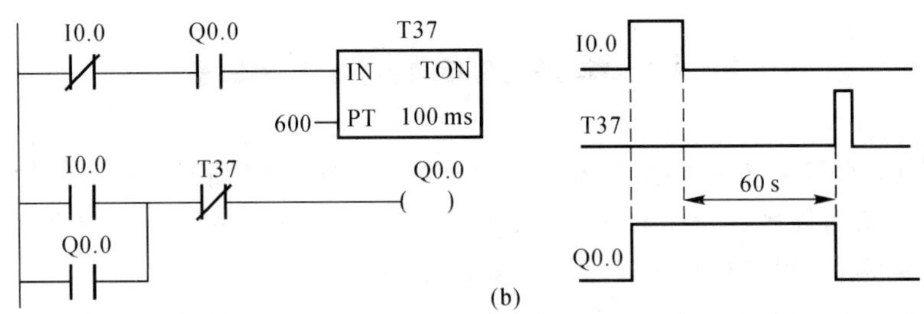

续图 8-8 瞬时接通/延时断开梯形图程序及时序图

(b)西门子 S7-200 SMART PLC

8.5.2 延时接通/延时断开

延时接通/延时断开控制,要求在输入信号有效时,输出信号须延时一段时间才能为 ON;而在输入信号(X000/I0.0)断开时,输出信号(Y000/Q0.0)也应延时一段时间才变为 OFF。梯形图程序及时序图如图 8-9 所示。

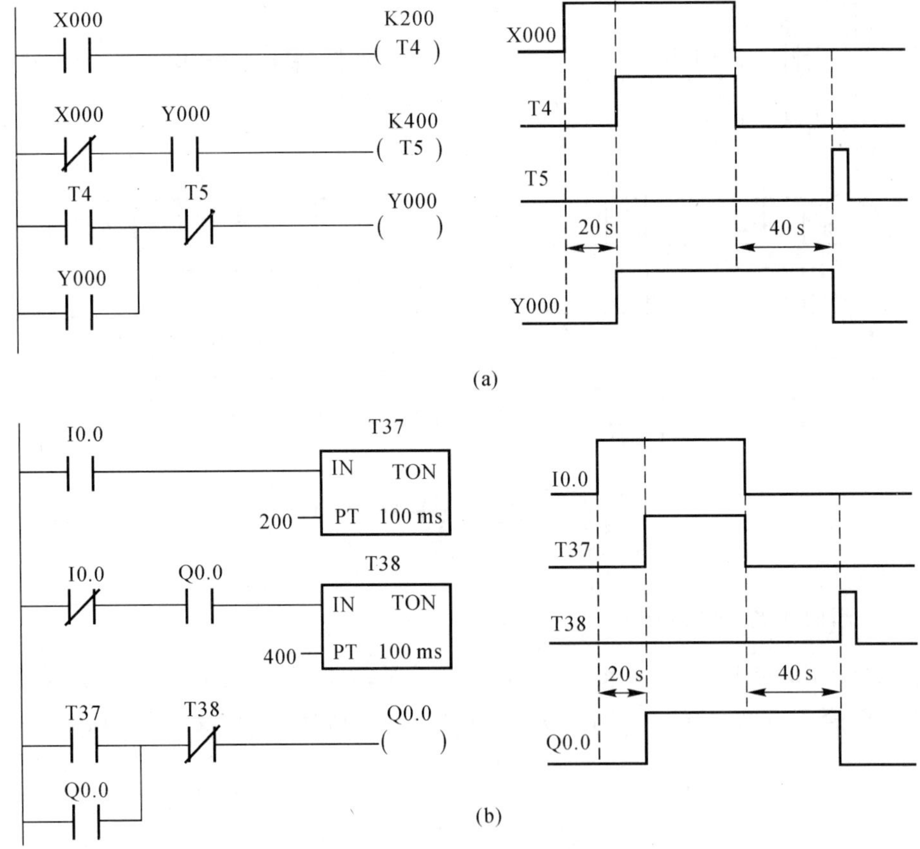

图 8-9 瞬时接通/延时断开梯形图程序及时序图

(a)三菱 FX3U PLC; (b)西门子 S7-200 SMART PLC

与瞬时接通/延时断开梯形图程序相比,该程序多加了一个定时器,以用于输入延时。定时器 T4/T37 延时 20 s,作为输出 Y000/Q0.0 的启动条件;定时器 T5/T38 延时 40 s,作为输出 Y000/Q0.0 的关断条件。两个定时器配合使用,实现延时接通/延时断开功能。

8.6　闪烁程序

闪烁程序如图 8-10 所示。在图 8-10(a)所示的梯形图程序中,当拨动开关将 X000 接通,定时器 T0 延时 2 s 后 Y000 接通,同时定时器 T1 开始延时,T1 延时 3 s 后,定时器 T0 复位,Y000 断开,定时器 T0 又开始延时,这一过程周期性地重复。Y000 为 OFF 和 ON 的时间分别等于 T0 和 T1 的设定值,Y000 输出一系列脉冲信号,其周期为 5 s,脉宽为 3 s。

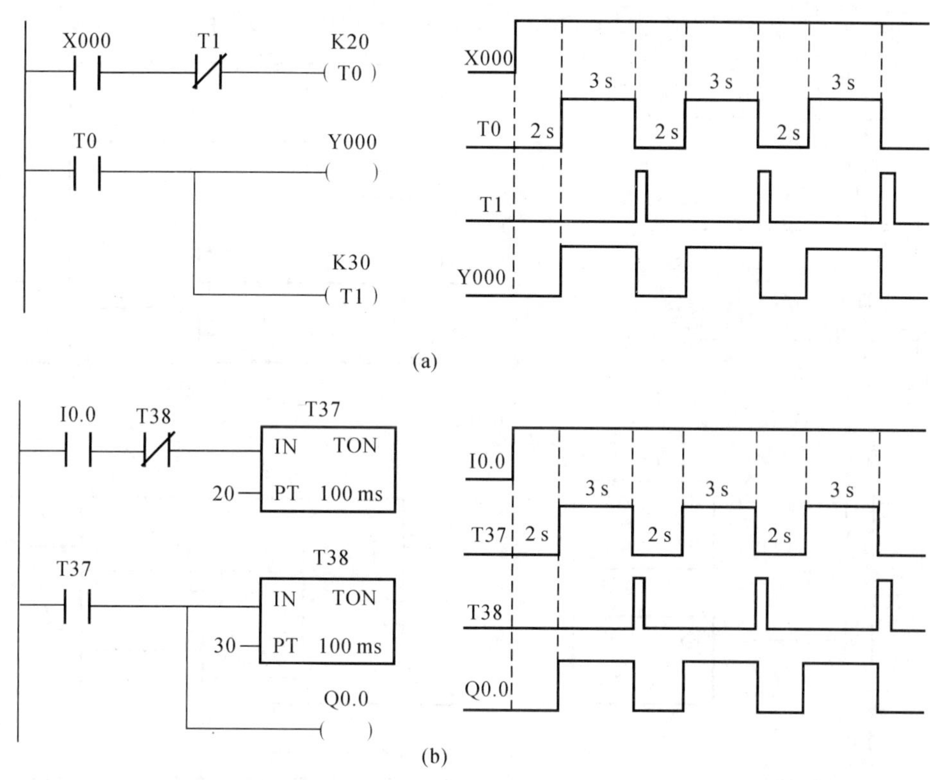

图 8-10　闪烁梯形图程序及时序图

(a)三菱 FX3U PLC;　(b)西门子 S7-200 SMART PLC

在图 8-10(b)所示的梯形图程序中当 I0.0 常开触点接通时,T37 以 100 ms 为基准开始计时 2 s,到达 2 s 后 T37 常开触点闭合此时 T38 开始计时,Q0.0 有输出,当 T38 到达 3 s 计时值时,T38 常闭触点断开,T37 失电,T37 常开触点断开,Q0.0 没有输出,周而复始的动作,形成闪烁电路。

8.7　长延时程序

无论是三菱 FX 系列 PLC 还是西门子 S7-200 SMART 系列 PLC,单个定时器最长定时时间是 32 767×0.1 s=3 276.7 s,不到一小时(1 h=3 600 s),但在一些实际应用中,往往需要几个小时甚至几天或者更长时间的定时控制,这样仅用一个定时器就不能完成控制任务。

当需要延时时间较长的定时器时，有以下几种方法可以参考。

8.7.1 定时器级联使用

定时器的级联是指用上一个定时器的输出作为下一个定时器的输入条件。图 8－11 是两个定时器级联程序段的梯形图，总定时时间为两个定时时间之和。

当输入条件 X000/I0.0 为 ON 时，定时器 T5/T37 满足工作条件开始延时；T5/T37 延时 1 800 s 时间到，定时器 T5/T37 位为 ON；此时定时器 T6/T38 工作条件满足，开始延时；T6/T38 延时 1 800 s 时间到，定时器 T6/T38 位为 ON，线圈 Y000/Q0.0 输出为 ON。可见在输入条件满足时，需经过 1 800 s＋1 800 s＝3 600 s 时长，即 1 h，输出才会动作。

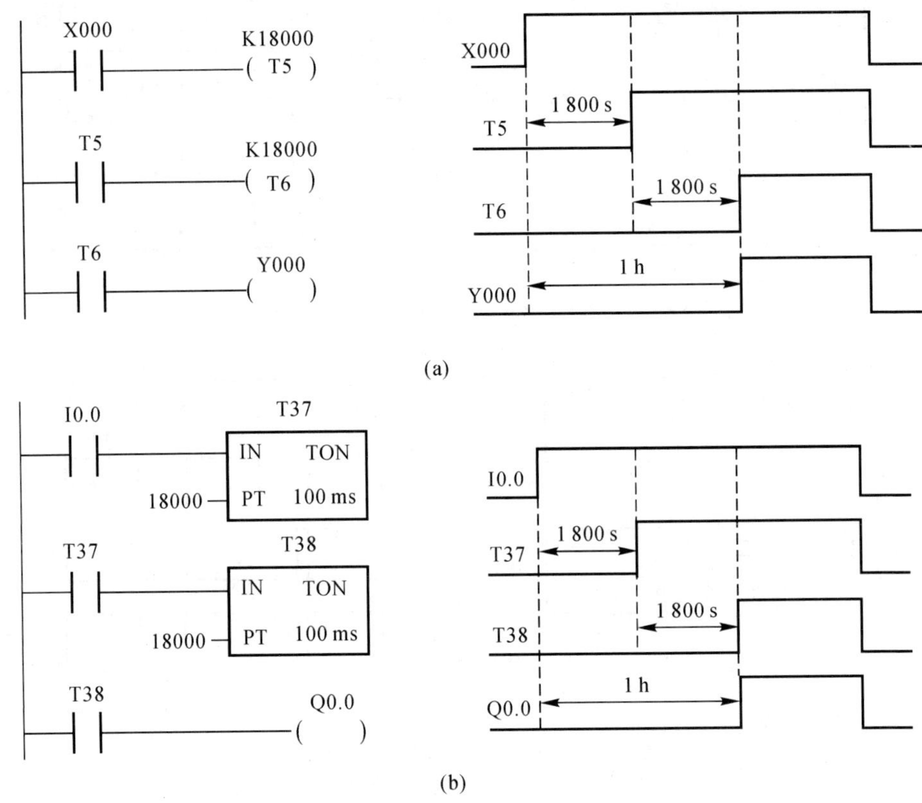

图 8－11 使用两个定时器的长延时程序

(a)三菱 FX3U 梯形图与时序图；(b)西门子 S7－200 SMART 梯形图与时序图

8.7.2 时钟脉冲与计数器组合使用

1. 三菱 FX 系列 PLC 特殊辅助继电器说明

(1)只能利用其触头的特殊辅助继电器。线圈由 PLC 内部程序自动驱动，用户可利用其触头。例如：

M8000 为运行监控辅助继电器，PLC 运行时 M8000 一直为 ON；

M8002 为初始脉冲辅助继电器，仅在运行开始瞬间接通一个扫描周期，常用 M8002 常开触点来使断电保持功能的元件初始化复位给它们置初始值。

M8011～M8014 分别为 10 ms、100 ms、1 s、1 min 的时钟脉冲特殊辅助继电器。

(2)可驱动线圈型特殊辅助继电器。由用户程序驱动其线圈，使 PLC 执行特定的操作，用户并不使用它们的触点，如：

M8030 为锂电池电压指示特殊辅助继电器，当锂电池电压跌落时，M8030 动作，指示灯亮，提醒 PLC 维修人员赶快更换锂电池。

M8033 为 PLC 停止时输出保持特殊辅助继电器。

M8034 为禁止输出特殊辅助继电器。

M8039 为定时扫描特殊辅助继电器。

2. S7 - 200 SMART PLC 特殊辅助继电器

特殊辅助继电器提供了大量的状态信息和控制功能，用来在 CPU 和用户程序之间交换信息。S7 - 200 SMART PLC 常用的特殊辅助继电器见表 8 - 1。

表 8 - 1　S7 - 200 SMART PLC 常见的特殊辅助继电器

SM 位	功能描述
SM0.0	始终为 ON
SM0.1	仅在第一个扫描周期时为 ON，可以用于初始化
SM0.2	保持性数据丢失时 ON 一个扫描周期
SM0.3	上电进入 RUN 模式时，该位在一个扫描周期为 ON
SM0.4	提供 ON/OFF 各 30 s，周期为 1 min 的时钟脉冲
SM0.5	提供 ON/OFF 各 0.5 s，周期为 1 s 的时钟脉冲
SM0.6	扫描周期脉冲，一个周期为 ON，下一个周期为 OFF，可以用作扫描计数器的输入
SM0.7	如果系统时间在上电时丢失，该位在一个扫描周期为 ON
SM1.0	零标志位，某些指令的运算结果为 0 时，该位为 ON
SM1.1	错误标志，某些指令的执行结果溢出或数值非法时，该位为 ON
SM1.2	负数标志，数学运算的结果为负时，该位为 ON
SM1.3	试图除以 0 时，该位为 ON
SM1.4	执行添表指令 ATT 超出表的范围时，该位为 ON
SM1.5	LIFO 或 FIFO 指令试图从空表读取数据时，该位为 ON
SM1.6	试图将非 BCD 数值转换成二进制数值时，该位为 ON
SM1.7	非法的 ASCII 数值不能被转换为十六进制数值时，该位为 ON

利用时钟脉冲与计数器组合实现延时控制的梯形图程序如图 8 - 12 所示。启动 X000/I0.0 位为 ON 后，M001/M0.1 自保持位为 ON，其常开触点 M000/M0.1 为 ON；在特殊辅助继电器 M8014/SM0.4 作用下，计数器 C0 每隔 1 min 计 1 个数，计满 30 个数，延时 30 min(1 min×30＝30 min)。计数器 C0 位为 ON，其常开触点 C0 为 ON，输出 Y000/Q0.0 位为 ON。停止 X001/I0.1 为 ON 时，计数器复位。

计数器 C0 的外部复位条件为 X002/I0.2。

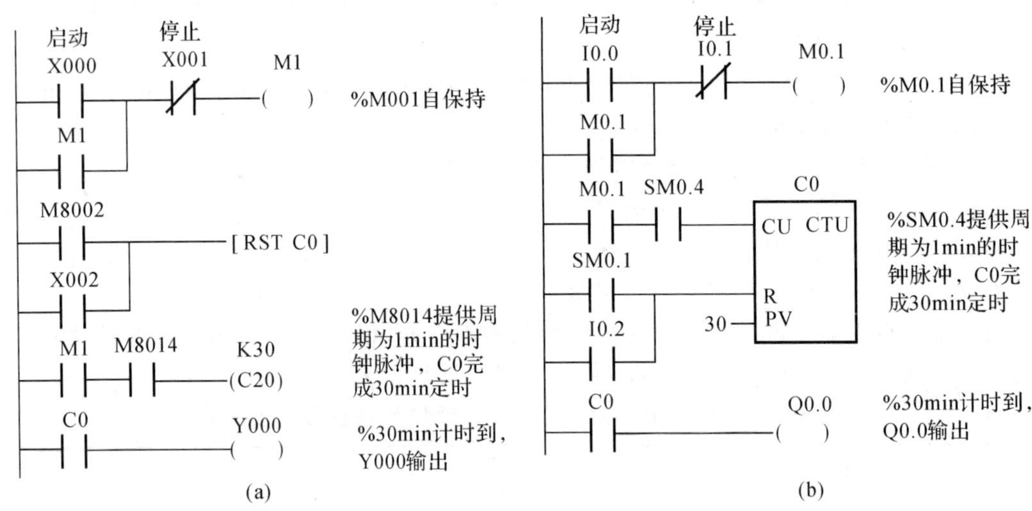

图 8－12　时钟脉冲与计数器组合的延时程序

(a)三菱 FX3U 梯形图；（b)西门子 S7－200 SMART 梯形图

8.7.3　定时器与计数器组合使用

使用定时器与计数器级联程序段的梯形图如图 8－13 所示。总定时时间为计数器的计数值与定时器的定时值的乘积。

程序分析说明如下：

1. 定时器 T37 与计数器 C21 组合使用

在图 8－13 或图 8－14 中，当输入 X000/I0.0 为 ON 时，定时器 T37 满足工作条件，开始延时；T37 延时 60 s 时间到，定时器 T37 位为 ON，其常开触点 T37 由 OFF 变为 ON，计数器 C21 计第一个数；常闭触点 T37 为 OFF，定时器 T37 复位；定时器 T37 复位后，其常开触点 T37 为 OFF，常闭触点为 ON；由于输入 X000/I0.0 仍然为 ON，于是定时器又开始第二次 60 s 的延时，第二次经过 60 s 时，定时器 T37 位再次为 ON，其常开触点 T37 又由 OFF 变为 ON，计数器 C21 便计入第二个数。如此循环，直至计数器 C21 计满 60 个数，计数器 C21 位为 ON，此时计数器 C21 与定时器 T37 配合使用，完成 1 h 定时。

可见当输入条件 X000/I0.0 为 ON 时，计数器 C21 是每隔 60 s 计一个数，总共计满设定值 60 个脉冲数，实现了 60s×60＝3 600 s 的延时输出。这种用定时器与计数器组合实现长延时控制的梯形图程序中，定时器的作用就是产生一个连续的周期性时钟脉冲。这个连续的周期性时钟脉冲也可以采用特殊辅助继电器来代替。

2. 计数器 C21 与计数器 C22 级联使用

计数器的级联是指用一个计数器的输出作为另一个计数器的计数输入，计数器级联时，其总的计数值等于各个计数器计数值的乘积。利用计数器的级联组合可以实现更长时间的延时控制。

在如图 8－13 所示的梯形图程序中，计数器 C21、C22、C23 为级联方式。当计数器 C21 第一次完成 60 个计数任务时，计数器 C21 位为 ON，其常开触点 C21 由 OFF 变为 ON 时，计数器 C22 计一个数；计数器 C21 复位条件常开触点 C21 由 OFF 变为 ON，计数器 C21 复位。在输入条件 X000/I0.0 持续为 ON 的情况下，计数器 C21 完成第二次计数任务后，计数器 C22 计第二个数，如此循环，可见计数器 C22 与 C21 级联使用，实际可完成 60×10＝600 个计数任务，即计数器 C22 是每隔 1h 完成 1 个计数，共计 10 个数，完成了 10 h 的定时。

3. 计数器 C23 与定时器 T37 组合使用

计数器 C22 完成 10 个计数任务，计数器 C22 位为 ON，其常开触点 C22 也为 ON；在输入条件 X000/I0.0 保持为 ON 的条件下，定时器 T37 每完成一次定时任务，其常开触点 T37 变为 ON，此时，计数器 C23 完成一个计数；定时器 T37 每完成一次定时任务后，在其常闭触点 T37 作用下，自动复位，如此循环，可使得计数器 C23 每隔 60s 完成一次计数，直到完成 30 个计数。

综上所述，计数器 C23 在完成 30 个计数后，计数器 C23 位变为 ON，其常开触点 C23 为 ON，输出 Y000/Q0.0 为 ON。从输入条件 X000/10.0 为 ON，开始延时，延时时间为

$$(100\ \text{ms}\times 600)\times 60\times 10+(100\ \text{ms}\times 600)\times 30=10\ \text{h}30\ \text{min}$$

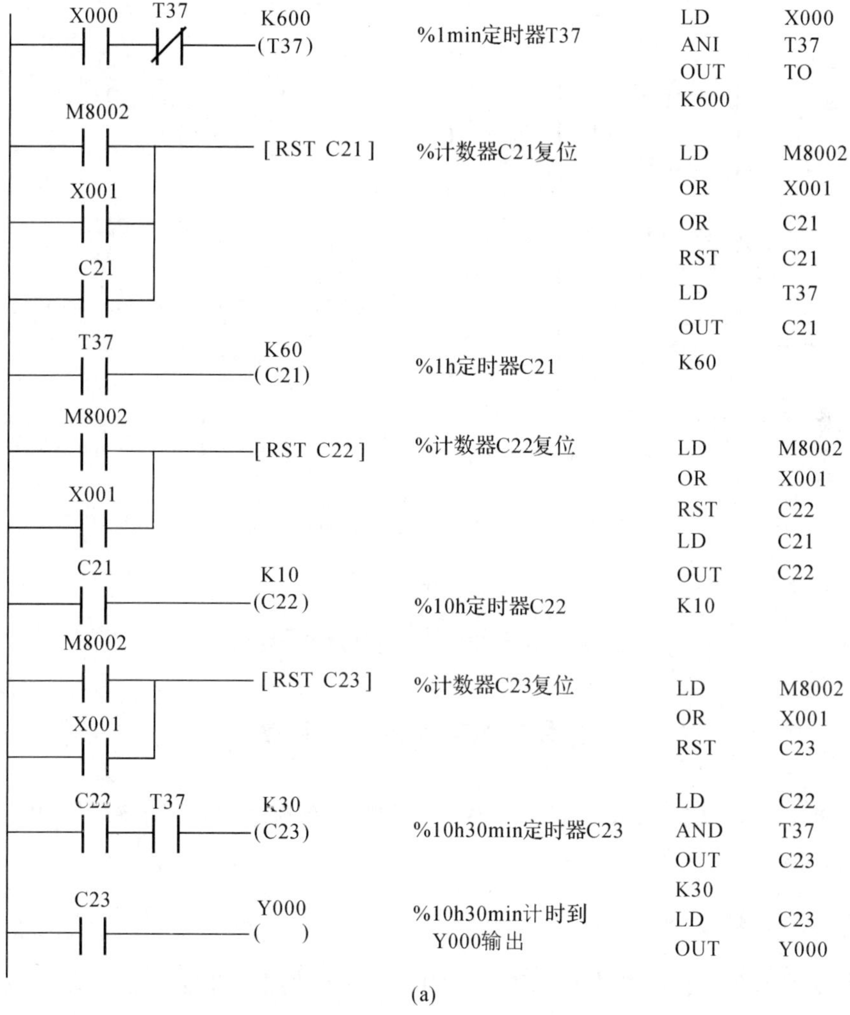

图 8－13　定时器与计数器组合使用

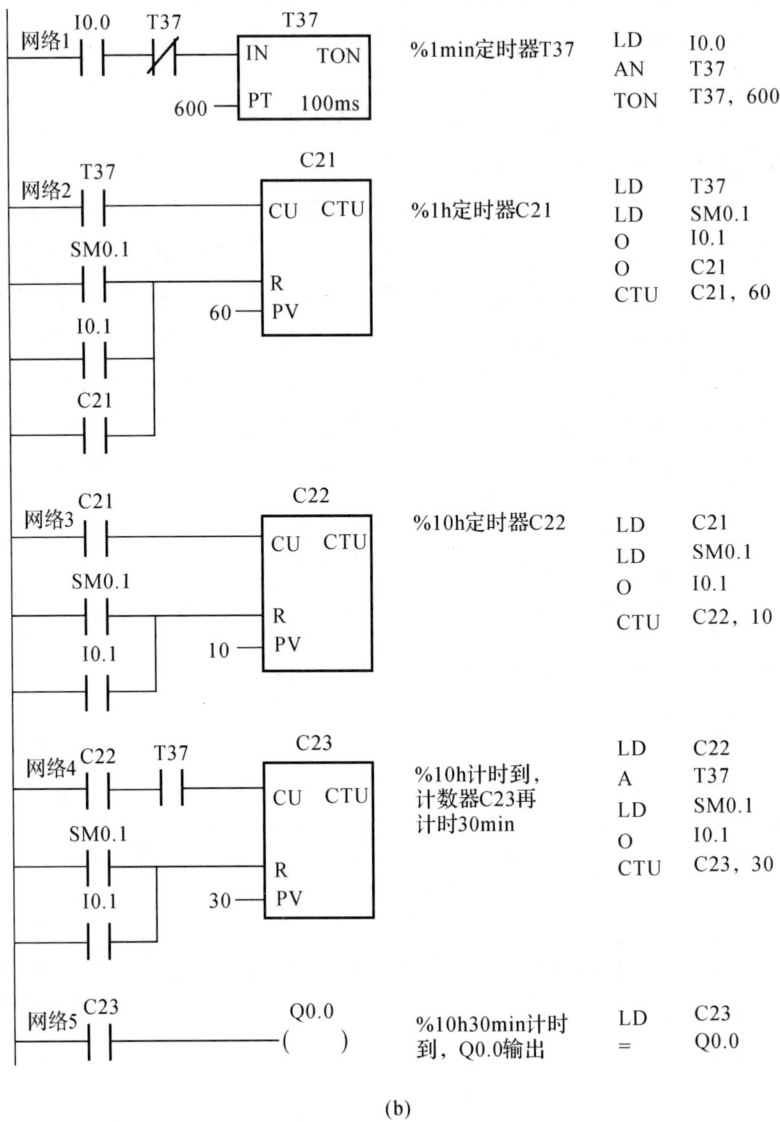

(b)

续图 8-13　定时器与计数器组合使用

8.8　顺序控制程序

在生产实际中,逻辑开关量控制系统绝大部分都涉及顺序控制。下面介绍几种常用的顺序控制梯形图程序。

8.8.1　定时顺序控制

顺序控制是常见的控制方式,在实际工程中,一般会使用定时器来完成多个设备之间的顺序启动过程。图 8-14 为三台设备依次顺序启动,同时停止工作的梯形图控制程序。设备 1(Y000/Q0.0)启动工作后,延时 10 s 设备 2(Y001/Q0.1)开始工作;设备 2 启动工作后,延时

15 s 设备 3(Y002/Q0.2)开始工作;三台设备可分别停止工作,在系统停止操作下,同时停止工作。

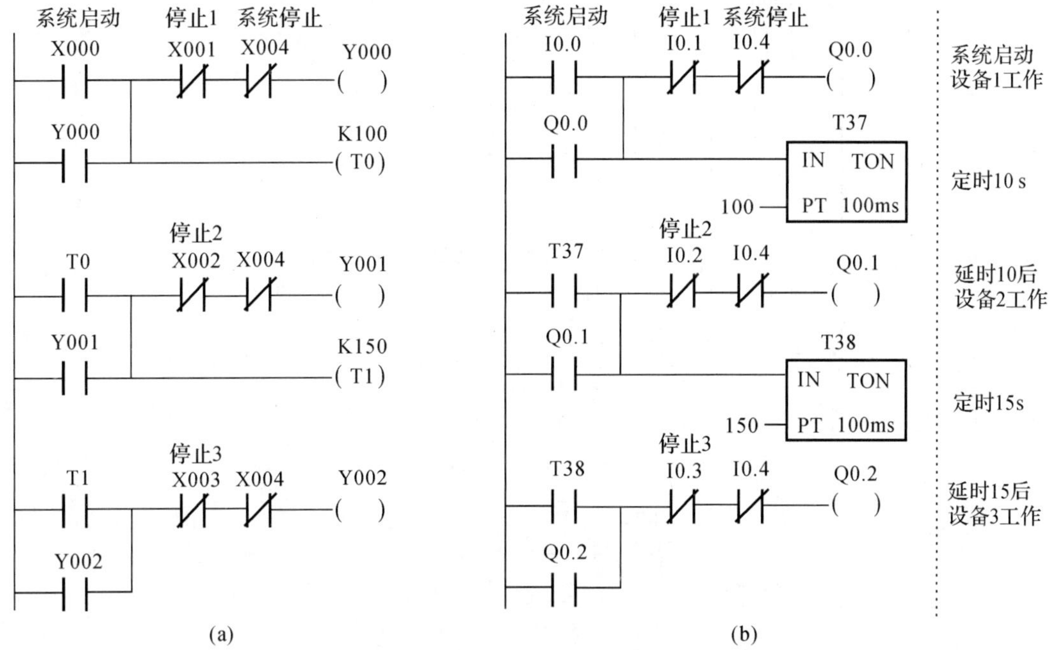

图 8-14　顺序启动程序

(a)三菱 FX3U PLC;　(b)西门子 S7-200 SMART PLC

8.8.2　单周期顺序控制

一个生产线上的多个工序顺序完成后,就结束工作,这就是单周期工作,又叫作半自动工作。在单周期工作中,常常是用一个开关量信号作为一个输出动作的结束和下一个输出动作的开始,最后一个开关量既是最后一个动作的结束信号,也是单周期工作的结束信号。图 8-15 为单周期控制梯形图程序。图 8-16 中 X002、X003、X004、X005 分别为输出 Y000、Y001、Y002、Y003 动作结束开关信号。在 Y000 的驱动条件中,串入了 Y001、Y002、Y003 的常闭触点,目的是在一个周期的顺序工作没有完成时,不允许再次启动 Y000。

这种动作顺序控制也可以插入定时器或计数控制,这时开关量信号和定时器及计数器触点信号都可以为下一个输出的启动信号和上一个输出的结束信号。

单周期控制梯形图程序分析如下:

按下系统启动按钮时,X000 为 ON,输出 Y000 为 ON,并自保持,动作 0 开始;这里把 Y001、Y002、Y003(动作 1、动作 2、动作 3)的常闭触点串入,目的是一旦进入工作,而又未完成所有动作,则不允许“动作 0 ”再次被启动。

在 PLC 检测到动作 0 完成后,即 X002 为 ON,则动作 1 开始,输出 Y001 为 ON,并自保持;同时使动作 0(Y000 为 OFF)结束,与动作 0 有关的动作将停止。

动作 1 完成,将启动动作 2,直到动作 3 完成,则顺序回到原状态。

可见,此程序实现的是单周期顺序控制即半自动控制。

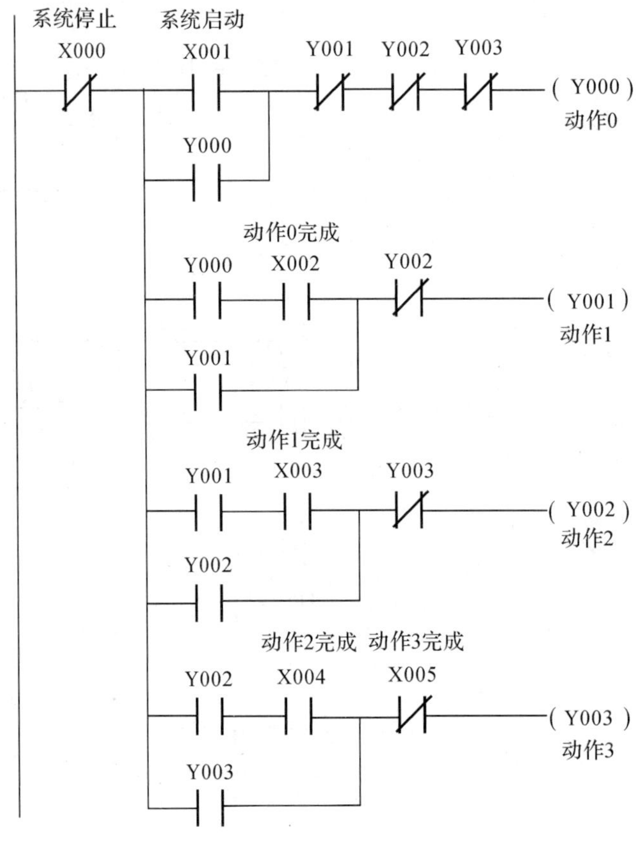

图 8－15　单周期顺序控制程序

参照图 8－16,读者可自行设计出应用 S7－200 SMART PLC 基本指令编写的单周期顺序控制梯形图,此处不再赘述。

8.9　故障报警程序

故障报警程序是 PLC 工业控制程序中一个非常重要的组成部分,工业控制系统中的故障是多种多样的,有些在程序设计时已分析考虑到,而有些直到故障出现才知道还有这样的故障。最常用的报警方式是限位报警,这种报警方式是当被控量超过所规定的范围时,通过机械、气动、液动和电子电路带动一个机械开关或电磁继电器,并通过它的触点动作去完成报警处理功能及报警信号的输出。

在控制系统中,故障报警是必须设计的环节,标准的故障报警是声、光报警,声是警笛,光是警灯。除故障报警外,还有一种预警程序也会经常碰到,即设备在启动前或停止前发出声光报警信号,表明设备即将启动或停止。其目的是警告人们退出相关的场所,进入安全地带。报警停止后才直接启动或停止设备。下面以三菱 FX 系列 PLC 为例说明报警程序,读者可根据此例,自行练习如何应用 S7－200 SMART PLC 基本指令编写故障报警程序。

8.9.1　故障报警

故障报警程序按照故障点多少分为单故障报警程序和多故障报警程序两种。关于警笛和警灯的处理方式则根据要求设计相应的程序。

1. 单故障报警程序

单故障报警程序设计要求如下：

(1)发生故障后，声、光一齐报警。

(2)声光报警后，在故障未排除时，可以停止声、光报警，如警笛停止，警灯变常亮或熄灭。

(3)每次使用前，可以对报警器材进行检测，看是否能正常工作。

单故障报警程序如图 8－16 所示。在图 8－16 中，T0、T1 组成了占空比 50％、周期为 2 s 的闪烁电路，用于警灯闪烁报警。M0 为暂停标志。程序比较简单，读者可自行分析。故障信号 X0 必须在发生故障时一直为 ON，故障解除后为 OFF。

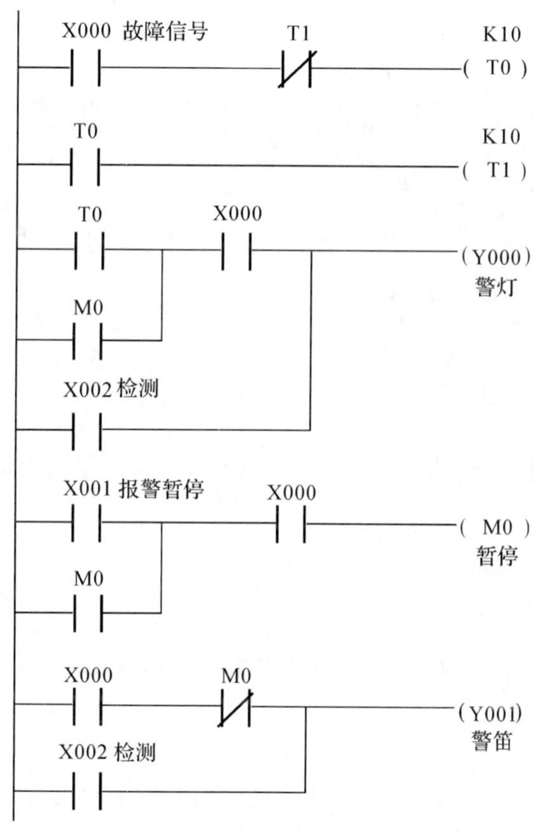

图 8－16　单故障报警梯形图程序

2. 多故障报警程序

多点故障时，每点故障均应有相应警灯显示。而警笛则合用一个，图 8－17 是一个两点故障的报警程序。仔细分析一下梯形图程序，可以看出，警灯 1 和警灯 2 的梯形图逻辑关系是一样的，只是 I/O 端口不一样，因此按照此方法也可设计出 3 个点、4 个点甚至更多点故障的报警程序。

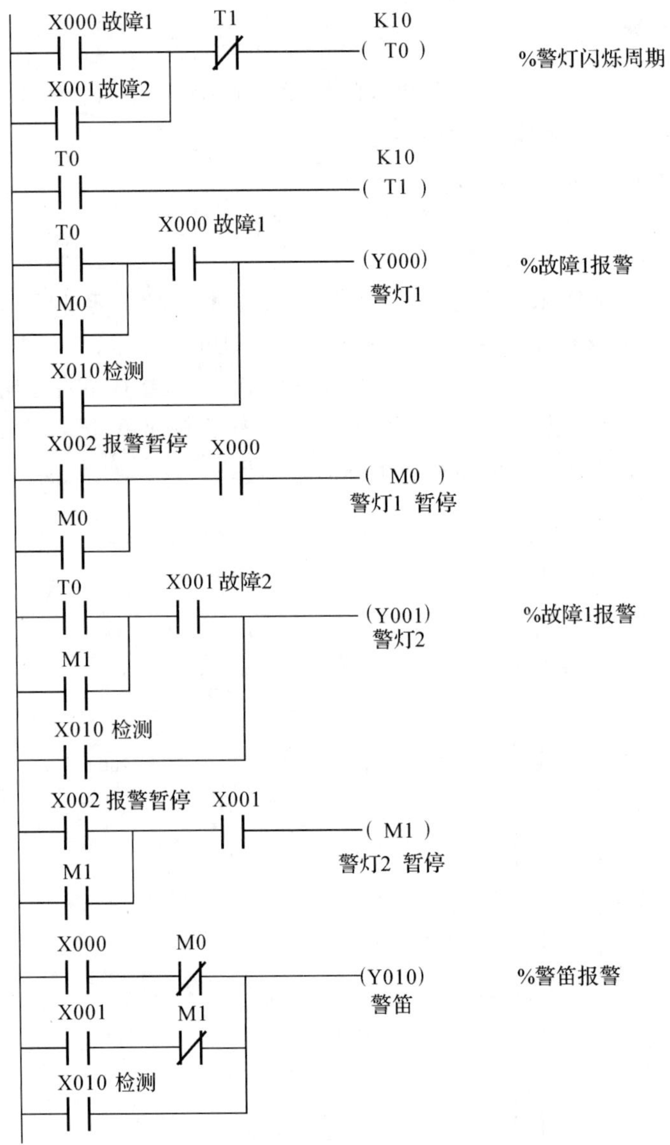

图 8－17　两点故障报警梯形图程序

8.9.2　设备预警

设备预警也有不同的控制要求，有的要求定时预警，有的要求随机预警。现分别举例说明。

1. 延时预警

延时预警程序设计要求：按下启动按钮后，程序先自动报警一定时间，在此时间内，警灯、警笛均要求输出，达到时间后，启动设备运行，并停止警灯、警笛输出。图 8－18 为延时预警梯形图程序。这个程序的本质是先启动一个输出，经过设定时间延迟后，再启动另一个输出运行。可以很方便地根据这个原理把它移植到电动机 Y－△降压启动或自耦变压器降压启动控制中。

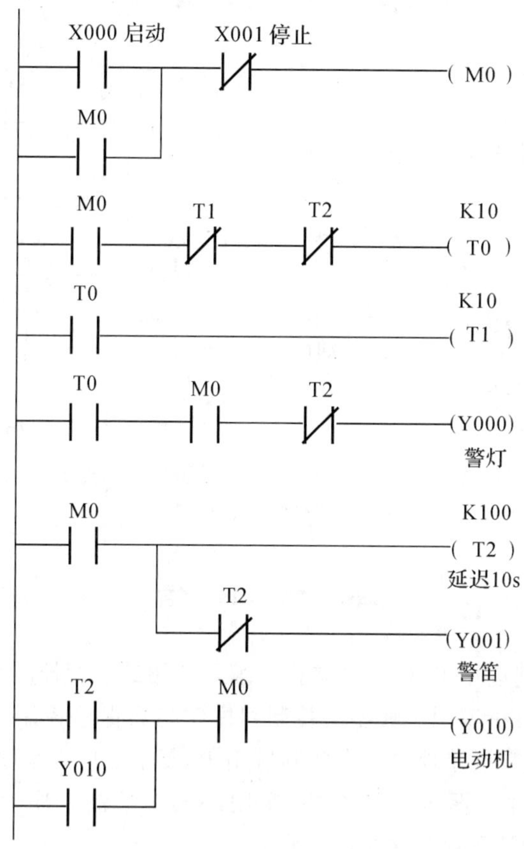

图 8－18　延时预警梯形图程序

2. 随机预警

随机预警程序设计要求：按下启动按钮后，开始预警，松开启动按钮，预警结束，设备开始运行。预警时间由操作者控制。这种方式更加安全和人性化。

图 8－19 为随机预警梯形图程序。图 8－19 中用了 1 s 时钟 M8013 代替定时器闪烁电路，程序简洁易懂。在 X0 松开后，其下降沿启动 Y010，正好满足控制要求。

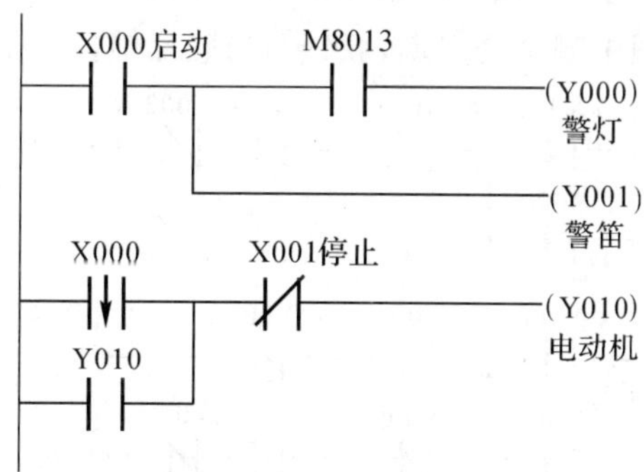

图 8－19　随机预警梯形图程序

这个程序的缺点是停止时没有预警，如果希望停止时也能预警，梯形图程序如图 8－20 所示。图 8－20(a)为两个按钮控制的启动、停止预警程序，图 8－21(b)为用单按钮控制的启动停止预警程序。

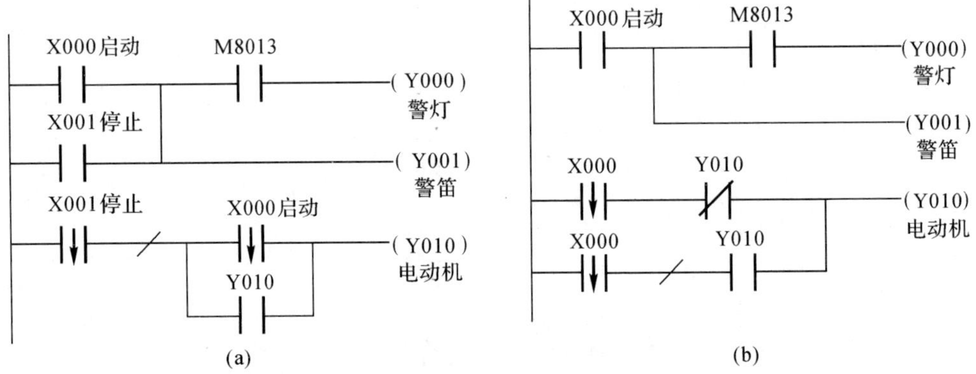

图 8－20　随机启动、停止预警梯形图程序

(a)两个按钮控制；(b)单按钮控制

本章小结

本章主要讲述了如何应用 PLC 的基本指令编写常用的典型控制程序环节，并对这些典型程序的控制功能进行了分析说明。典型的控制程序常指启保停控制、互锁控制、异地控制、顺序控制、延时控制以及故障报警程序。在实际应用中，复杂的应用程序可由典型的编程环节有机组合而成。因此学习并掌握这些基本的、实用的典型控制程序，可以更好地理解并掌握 PLC 的基本指令，提高阅读程序的水平。

本章中对典型控制程序的讲解，大部分同时给出了使用三菱基本指令和西门子基本指令编写的梯形图程序，以使读者能够对这两个厂家 PLC 的基本指令应用有一个较为清晰的认识，同时提高初学者对典型控制程序所实现的控制功能的分析能力。

习题与思考题

1. 说明梯形图程序中点动、联锁、自锁、互锁等功能的含义。
2. 指出图 8－21 梯形图中哪个是点动、联锁、自锁、互锁。

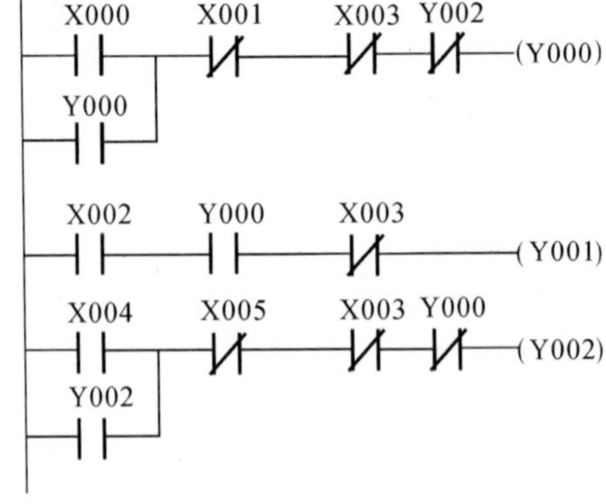

图 8－21

3. 有一台循环泵，要求在机房和控制室都能控制该循环泵的启停，试编写该循环泵的控制梯形图程序。

4. 用按钮控制两台水泵。控制要求：两台水泵可以分别独立启停，也可以同时对两台水泵进行启动和停止，试编制两台水泵的梯形图程序。

5. 图 8-22 所示为两种互锁方式，试分析它们之间的差别（提示：X0、X1 分别独立操作时的区别，X0、X1 同时接通时的区别）。

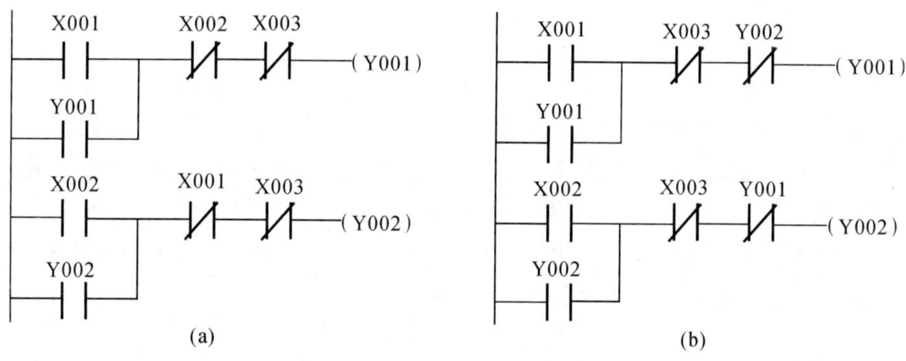

图 8-22

6. 图 8-23 所示为一段定时器应用梯形图程序，试回答以下问题：

(1)在 X0 接通后，延迟多长时间 Y000 才驱动？

(2)在 X0 接通后，延迟多长时间 Y001 才驱动？

(3)程序中哪个是定时器线圈表示？哪个是定时器当前值表示？哪个是其触点表示？

(4)如何才能使定时器复位？复位后，定时器的哪些地方发生了变化？是如何变化的？

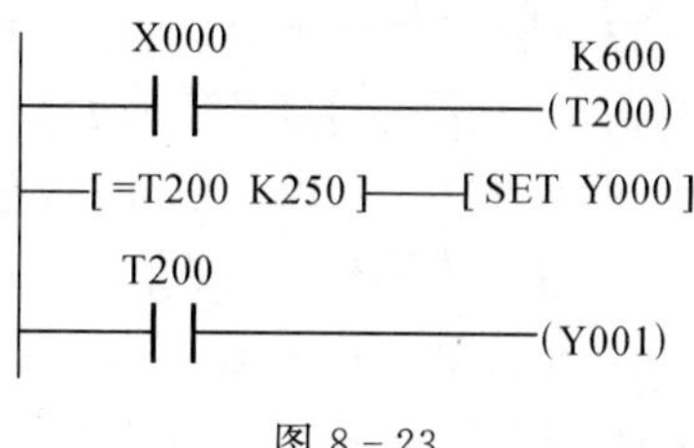

图 8-23

第 9 章 PLC 控制系统的设计与应用实例

进行 PLC 控制系统的总体设计是进行 PLC 应用至关重要的一步。PLC 控制系统的设计工作中，主要包括根据被控对象要求确定 PLC 控制系统类型与 PLC 机型、根据控制要求编写用户程序和联机调试三个部分。对实际工程而言，设计 PLC 控制系统，不仅要在最大限度满足被控对象控制要求的前提下，力求使控制系统简单、经济、安全可靠，而且在选择 PLC 机型时，为了今后生产的发展和工艺的改进，应当留有余地。

9.1 PLC 控制系统的设计概述

9.1.1 PLC 控制系统的设计内容

PLC 控制系统的设计内容包括硬件设计和软件设计两大部分。

PLC 控制系统的硬件设计是指对 PLC 及外围线路的设计、电气线路的设计和抗干扰措施的设计等。选定 PLC 的机型和分配 I/O 点后，硬件设计的主要内容就是电气控制系统的原理图的设计，电气控制元器件的选择和控制柜的设计。电气控制系统的原理图包括主电路和控制电路。控制电路中包括 PLC 的 I/O 接线和自动、手动部分的详细连接等。电器元件的选择主要是根据控制要求选择按钮、开关、传感器、保护电器、接触器、指示灯、电磁阀等。

PLC 控制系统的软件设计是指对控制系统的初始化程序、主程序、子程序、中断程序、故障应急措施和辅助程序的设计，小型开关量控制一般只有主程序。在设计 PLC 控制程序时，首先应根据总体要求和控制系统的具体情况，确定程序的基本结构，画出控制流程图或功能流程图，简单的系统可以用经验法设计，复杂的系统一般用顺序控制设计法设计。

9.1.2 PLC 控制系统的设计步骤

设计一个 PLC 控制系统时，要全面考虑的因素很多，无论控制系统的规模有多大，其设计步骤一般如图 9－1 所示。

1．分析被控对象，明确被控对象的控制要求

设计 PLC 控制系统时，首先必须深入了解被控对象的工艺过程、工作特点。在明确对象控制要求的基础上，根据控制任务和控制目标，划分控制的各个阶段，归纳各个阶段的特点和各阶段之间的转换条件，画出控制流程图或功能流程图。

2．选择合适的 PLC 机型

明确了对象的控制要求和系统的控制任务后，下来就需要对 PLC 系统进行硬件配置，即

选择合适的 PLC 机型。选择 PLC 机型时，主要考虑下面几点：

(1)功能的选择。对于小型的 PLC 主要考虑 I/O 扩展模块、A/D 与 D/A 模块以及指令功能(如中断、PID 等)。

(2)I/O 点数的确定。统计被控制系统的开关量、模拟量的 I/O 点数，并考虑以后的扩充(一般加上 10%～20%的备用量)，从而选择 PLC 的 I/O 点数和输出类型。

(3)内存的估算。用户程序所需的内存容量主要与系统的 I/O 点数、控制要求、程序结构长短等因素有关。一般可按下式估算：

存储容量＝开关量输入点数×10＋开关量输出点数×8＋模拟通道数×100＋定时器/计数器数量×2＋通信接口个数×300＋备用量

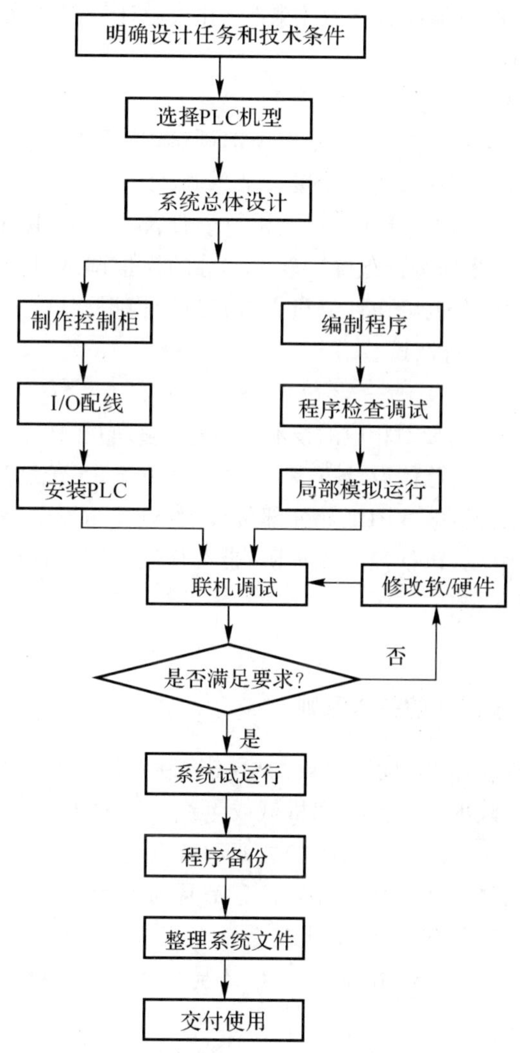

图 9－1　PLC 控制系统设计步骤流程图

3. I/O 地址分配

分配 PLC 的 I/O 点，编写 I/O 分配表或画出 I/O 端子的接线图。I/O 信号在 PLC 接线端子上的地址分配是进行 PLC 控制系统设计的基础，只有 I/O 地址分配以后才能进行 PLC

程序设计和绘制电气接线图、装配图，完成 PLC 系统的外围接线等工作。

PLC 程序的设计，可与控制柜或操作台的设计和现场施工同时进行。I/O 地址分配表中一般包括 I/O 点的名称、代码和地址。

4. 程序设计

对于较复杂的控制系统，根据生产工艺要求，一般情况下应对控制任务和控制过程进行分解，使其成为独立或相对独立的部分，并画出系统的控制流程图或功能流程图，然后设计出梯形图。

为了方便调试和维修，通常需要在程序设计阶段编写程序说明书和注释表等辅助文件。对程序要进行模拟调试和修改，直到满足控制要求为止。

5. 控制柜或操作台的设计和现场施工

设计控制柜及操作台的电器布置图及安装接线图；设计控制系统各部分的电气互锁图；根据图纸进行现场接线，并检查。

6. 应用系统整体调试

如果控制系统由几个部分组成，则应先作局部调试，然后再进行整体调试；如果控制程序的步序较多，则可先进行分段调试，然后连接起来总调。

具体讲，系统调试分为模拟调试和联机调试。硬件部分的模拟可在断开主电路的情况下进行，主要试一试手动控制部分是否正确。软件部分的模拟调试可借助于模拟开关和 PLC 输出端的输出指示灯进行。现在也可在计算机上直接进行模拟调试。联机调试即就是把编制好的程序下载到现场 PLC 中进行调试。

7. 编制技术文件

完成 PLC 控制系统设计后，要对相应的技术资料进行整理并归档。编制的技术文件应包括：

(1)系统的设计方案，包括总体设计方案、分项设计方案、系统结构等。

(2)系统电器元件明细表、电气图纸如外部接线图、电器布置图等。

(3)软件系统结构和组成，包括控制流程图、带有详细注释的梯形图程序和说明、有关软件中各变量的名称、地址等。

(4)系统使用说明书。

9.1.3 PLC 控制系统设计的基本原则

PLC 控制系统就是以 PLC 为核心组成的电气控制系统，PLC 控制系统设计的总体原则是：根据控制任务，在最大限度地满足生产机械或生产工艺对电气控制要求的前提下，具有运行稳定、安全可靠、经济实用、操作简单、维护方便等特点。

任何一个电气控制系统所要完成的控制任务都是为了满足被控对象(生产控制设备、自动化生产线、生产工艺过程等)的各项指标，提高劳动生产效率，保证产品质量，减轻劳动强度和危害程度，提升自动化水平。因此，在设计 PLC 控制系统时，应遵循以下基本原则。

1. 满足系统控制要求

PLC 控制系统设计必须确保能实现对象的全部动作，满足对象的各项技术要求。

为此，在进行系统设计前，设计人员须明确控制任务和控制系统应有的功能，在进行设计前应深入现场进行调查研究，收集资料，与生产一线的设计人员和实际操作人员密切配合，如明确被控对象的机械、气动、液压的组成和工作原理，熟悉生产工艺流程等，充分了解设备或机械需要实现的动作和应具备的功能、以及各种执行元件的性能和参数等，共同拟定电气方案，以便协同解决在设计过程中出现的各种问题。

2. 确保控制系统安全可靠

电气控制系统的可靠性就是生命线,无法安全、可靠工作的电气控制系统是不能投入生产运行的。尤其是在以提高产品数量和质量,保证生产安全为目标的应用场合,必须将可靠性放在首位,确保控制系统能够长期安全、稳定、可靠地工作。

以系统的安全性来说,就包括确保操作人员人身安全和设备安全这两个方面,所以系统的设计必须符合各种相关安全标准,在设计中充分考虑各种安全防护措施,比如安全电路、安全防护等。对于涉及人身安全的部件,必须在电气控制系统设计时进行严格的动作"互锁"等诸如此类的情况,比如电机的正、反转接触器等,应进行动作的"互锁",这些互锁不能仅仅在 PLC 用户程序中进行,还必须在强电控制线路中得到保证,防止发生危及设备安全的事故。

3. 力求控制系统简单

在能够满足控制系统的各种控制要求、确保系统安全性和可靠性,不影响系统控制功能、不失先进性的前提下,应力求控制系统结构简单、实用,做到使用方便和维护容易。

简化系统结构不仅仅是降低生产制造成本的需要,也是提高系统可靠性的重要措施。简化系统包括简化操作、简化线路、简化程序等几个方面。

简化操作,为操作者提供友好的界面,尽可能为操作、使用提供便利,或者尽可能减少不必要的控制按钮等操作元件等,使系统控制线路的设计尽可能简单,尽可能减少控制器件与连线。简单实用的控制线路不仅仅可以降低生产制造成本,更重要的是它可以提高系统工作的安全可靠性,方便用户使用和日后维修。尽量简化 PLC 用户程序,使用的指令越简洁越好,要杜绝人为地使程序复杂化、为他人理解程序增加困难的现象。采用梯形图编程时,尽可能减少不必要的辅助继电器、触点的使用数量。过多的辅助继电器、触点不仅影响程序的执行速度,延长循环扫描时间,而且会给程序的检查、阅读带来麻烦。

4. 适应发展的需要

由于技术的不断发展,控制系统的要求也将会不断地提高,如生产规模扩大、生产工艺改进、控制任务增加等,因此设计时要适当考虑到今后控制系统发展和完善的需要。这就要求在选择 PLC、I/O 模块、I/O 点数和内存容量时,要适当留有裕量,以满足今后生产的发展和工艺的改进。

9.1.4 PLC 控制系统的类型

以 PLC 为核心的自动控制系统如图 9-2 所示。PLC 接受来自主控台上的主令信号和现场检测元件传送过来的各种检测信号;各种输入信号被读取到 PLC 内部后,执行用户程序,产生相应的输出驱动各种执行器,对被控对象进行实时控制,从而实现整个生产过程的自动化。按照系统规模,应用 PLC 可以构成单机控制系统、集中控制系统、远程 I/O 控制系统和分布式控制系统。

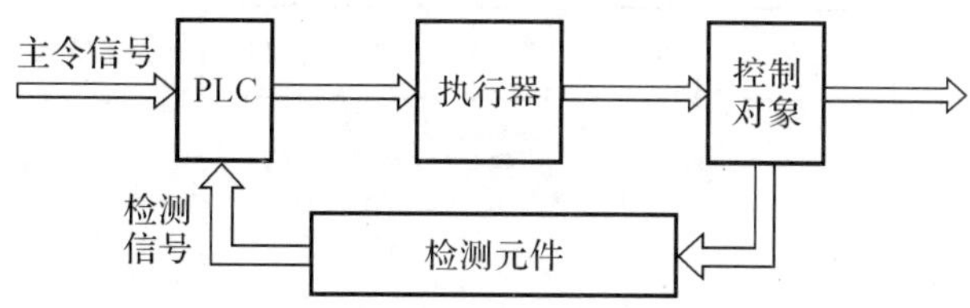

图 9-2　PLC 自动控制系统原理方框图

1. 单机控制系统

PLC 单机控制系统如图 9-3 所示，即由一台 PLC 控制 1 台设备或 1 条简易生产流水线。单机控制系统构成简单，所需要的 I/O 点数较少，存储容量小，一般不需要与其他 PLC 或计算机进行通信。但是，当选择 PLC 型号时，无论目前是否有通信联网要求，以及 I/O 点数是否满足当下要求，都应考虑将来系统升级时，可能需进行 I/O 扩展并通信联网，因此应选用具有通信功能可进行 I/O 扩展的 PLC，以适应将来系统功能扩展的需求。

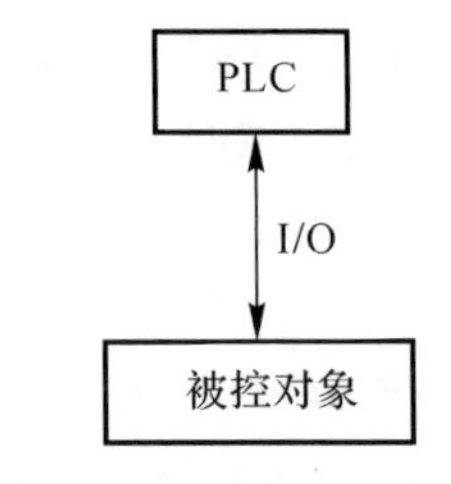

图 9-3　单机控制系统

2. 集中控制系统

PLC 集中控制系统如图 9-4 所示，可以看出，集中控制系统是由一台 PLC 控制多台设备或数条生产线。集中控制系统的特点是多个被控对象的位置比较接近，并且相互之间的动作有一定的联系，每个被控对象与 PLC 指定的 I/O 相连。由于采用一台 PLC 控制，因此，各个被控对象之间的数据、状态不需要另外的通信线路。

集中控制系统的最大缺点是，如果某个被控对象的控制程序需要改变或者 PLC 出现故障，则整个系统都要停止工作。对于大型的集中控制系统，通常采用冗余系统克服这些缺点，这时要取 PLC 的 I/O 点数和存储器容量有较大的容量。

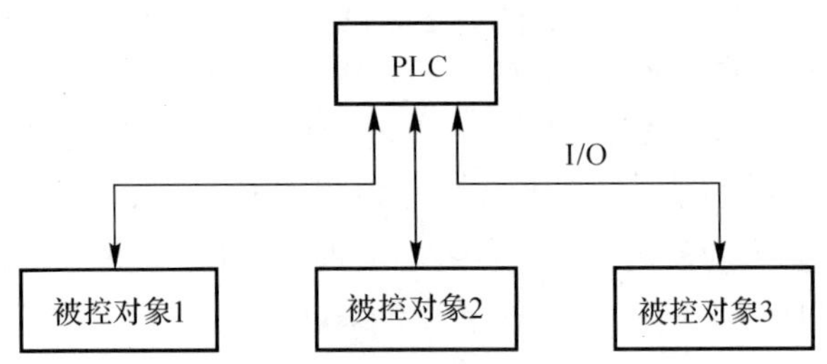

图 9-4　集中控制系统

3. 远程 I/O 控制系统

远程 I/O 控制系统是指 I/O 模块不是与 PLC 放在一起，而是放在被控对象附近。远程 I/O 通道与 PLC 之间通过同轴电缆连接传递信息。同轴电缆的长度要根据系统的需要选用。远程 I/O 控制系统的构成如图 9-5 所示，其中使用 3 个远程 I/O 通道和 1 个本地 I/O 通道。

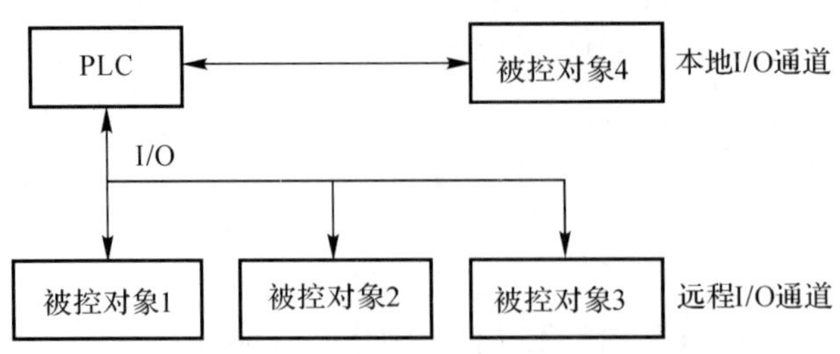

图 9-5　远程 I/O 控制系统

4. 分布式控制系统

当控制系统复杂、控制对象较多时，通常采用分布式控制系统，如图 9-6 所示。在分布式控制系统中，系统的各个被控对象分布在一个较大的区域内，相互之间的距离较远，并且被控对象之间经常需要进行数据和信息的交换，因此每个被控对象由 1 台具有通信功能的 PLC 控制；每台 PLC 可以通过数据通信总线与上位机通信，也可以通过数据通信线与其他 PLC 交换信息；系统的上位机可以采用 PLC，也可以采用工控机。在管理层，上位机通常是微型计算机，上位机可完成对下位机的监控和数据信息共享，同时对系统所测数据完成存储、处理输入与输出、以图形或表格形式对现场进行动态模拟显示、分析限值或报警信息，驱动打印机实时打印各种图表等工作。

分布式控制系统最大的优点是“集中管理，分散控制”，当某个被控对象或 PLC 出现故障时，不会影响其他 PLC。

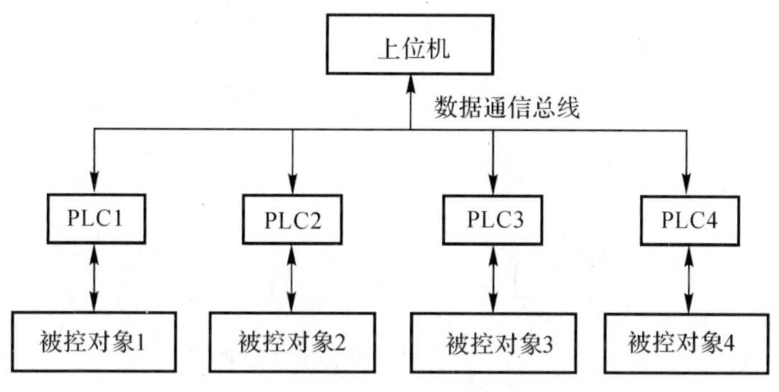

图 9－6　分布式控制系统

9.2　电动机的正、反转控制

生产中许多机械设备往往要求运动部件能向正、反两个方向运动，如机床工作台的前进与后退；起重机的上升与下降，搅拌机的顺时针方向搅拌和逆时针方向搅拌等，这些生产机械要求电动机均能实现正、反转控制。根据正、反转控制电路图及其原理分析，要实现电动机的正、反转，只要将接至电动机三相电源进线中的任意两相对调接线，即可达到反转的目的。电动机正反转控制中为防止正、反转切换时可能出现的相间短路，需加入互锁控制。

与传统的继电器控制相比，三相异步电动机采用 PLC 控制具有控制速度快、可靠性高、灵活性强等优点，非常实用。

9.2.1　系统硬件设计

1. 主电路设计

电动机采用 AC380V、50Hz 三相四线制供电，三相异步电动机正、反转运行电气控制原理如图 9－7 所示。

电动机正、反转运行主电路由自动开关 Q2、接触器 KM1 和 KM2、热继电器 FR 及电动机组成。其中自动开关 Q2 作为电源隔离开关，热继电器 FR 作为过载保护，中间继电器 CR1 的动合触点控制接触器 KM1 的线圈通电、断电，接触器 KM1 的主触头控制电动机的正转。中间继电器 CR2 的动合触点控制接触器 KM2 的线圈通电、断电，接触器 KM2 的主触头控制电动机反转运行。

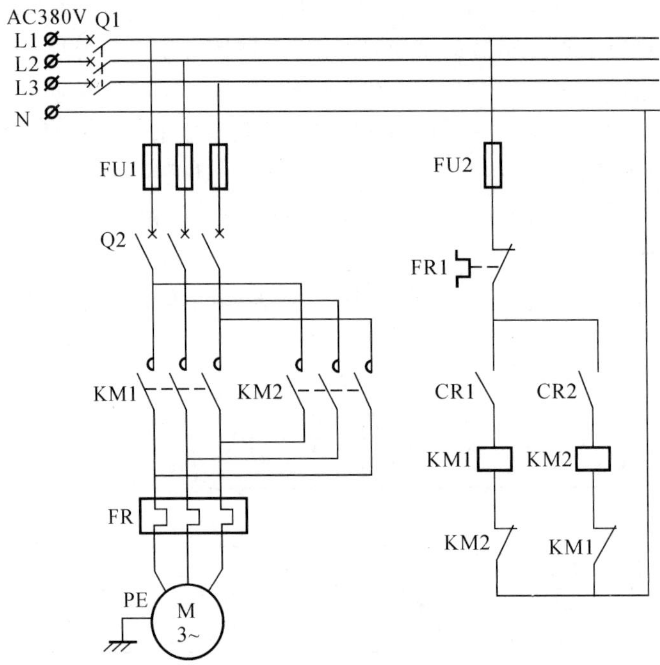

图 9-7　电动机正反转电气原理图

2. PLC 选型及 I/O 地址分配

通过对电动机正、反转控制要求的分析，一般而言一台电动机正、反转控制系统，有 6 点输入，5 点输出，选用基本单元 FX3U-32MT/DS 作为控制器。基本单元 FX3U-32MT/DS 电源是直流供电，输入是 DC24V 的漏型和源型通用的输入，输出是晶体管输出，I/O 端子为 16 入/16 出。FX3U 的 PLC 直流电源由 POWER Unit 设备提供，POWER Unit 输入是 AC220V，输出是 DC24V。控制系统中，启动按钮选用绿色，停止按钮选用红色，正转运行灯为绿色，反转运行指示灯为红色。

电动机正反转 PLC 控制系统的 I/O 地址分配见表 9-1。

表 9-1　电动机正反转 I/O 地址分配表

输入	设备名称	设备代号	输出	设备名称	设备代号
X000	正转启动按钮	SB1	Y000	正转运行控制	CR1
X001	反转启动按钮	SB2	Y001	反转运行控制	CR2
X002	停止按钮	SB3	Y004	正转运行指示灯	HL1
X003	复位按钮	SB4	Y005	反转运行指示灯	HL2
X004	急停按钮	E-stop	Y006	故障指示灯	HL3
X005	热保护	FR			

3. I/O 端子接线原理图

采用 AC220V 电源供电，并且通过直流电源 POWER Unit 将 AC220V 电源转换为 DC24V 的直流电源供给 PLC 用电，自动开关 Q3 作为电源隔离短路保护开关。根据系统 I/O 分配表，系统 PLC 基本单元 FX3U-32MT/DS 的 I/O 端子接线如图 9-8 所示。

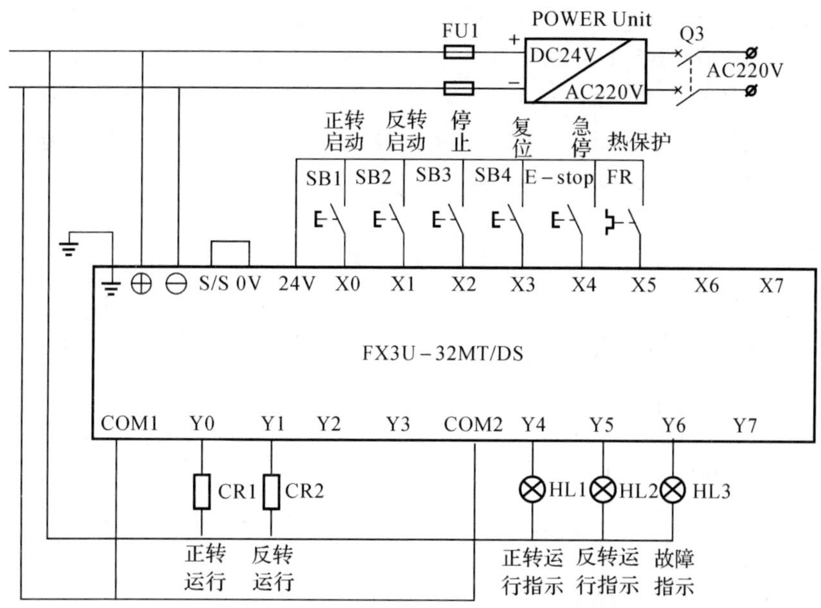

图 9－8　电动机正、反转 I/O 端子接线图

9.2.2　梯形图程序设计

电动机正、反转梯形图程序设计说明如下。

1. 电动机正转运行

电动机正转接触器 KM1 由正转按钮 SB1 控制。正转时，SB1 按下后，由于串接在此网络 0 回路中的反转运行 KM2、热继电器 FR1、停止按钮 SB3 和急停按钮 E－stop 均为常闭触点，所以中间继电器的线圈 CR1 将会通电，其触点使主回路中的接触器线圈 KM1 通电，程序中通过 Y000 的常开触点进行了自保持，电动机正转运行，同时正转指示灯亮，即程序中的 Y004 通电，驱动 HL1 点亮，电动机正转运行的控制程序如图 9－9 所示。

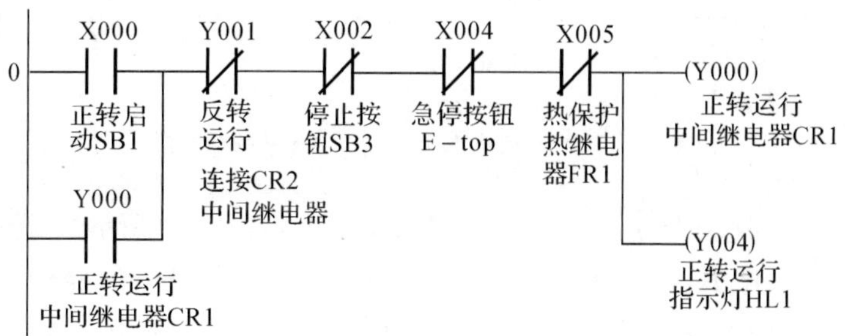

图 9－9　电动机正转运行控制程序

2. 电动机 M 反转运行

电动机反转的控制思路与电动机正转的控制思路相同，只是接触器 KM2 动作后，调换了两根电源线 U、W 相(改变电源相序)，从而达到反转目的。

接触器 KM1 和 KM2 的主触点不允许同时闭合，否则会造成两相电源短路。为了保证一个接触器通电动作时，另一个接触器不能通电动作，以避免电源的相间短路，就在正转控制程序中串接了反转接触器 Y001 的常闭触点，而在反转控制程序中串接了正转接触器 Y000 的常闭触点。当接触器 KM1 通电动作时,串接在反转控制电路中的 KM2 的常闭触点断开,切断了反转控制电路,保证了 KM1 主触头闭合时,KM2 的主触头不能闭合。同样,当接触器 KM2 通电动作时,KM2 的常闭触点断开,切断正转控制电路,可靠地避免了两相电源短路事故的发生。这种在一个接触器通电动作时,通过其常闭触点使另一个接触器不能通电动作实现了互锁,电动机反转控制程序如图 9-10 所示。

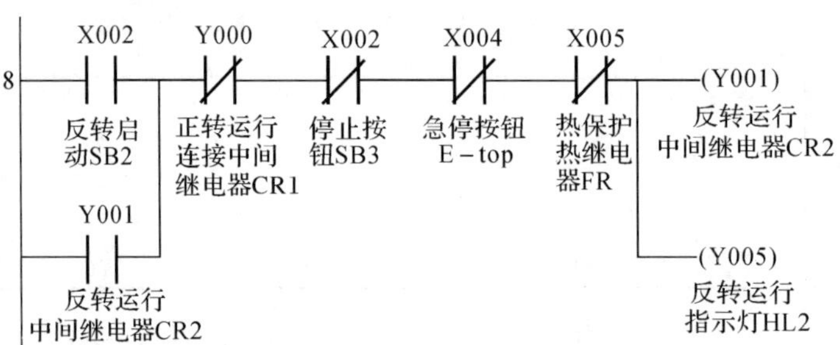

图 9-10 电动机反转控制程序

3. 电动机故障指示及故障复位

如图 9-11 所示,当电动机过载或发生故障被按下急停按钮时,故障指示灯 HL3 亮,以提示工作人员及时进行相应检修维护。过载排除或其他故障排除后,故障指示灯 HL3 灭。

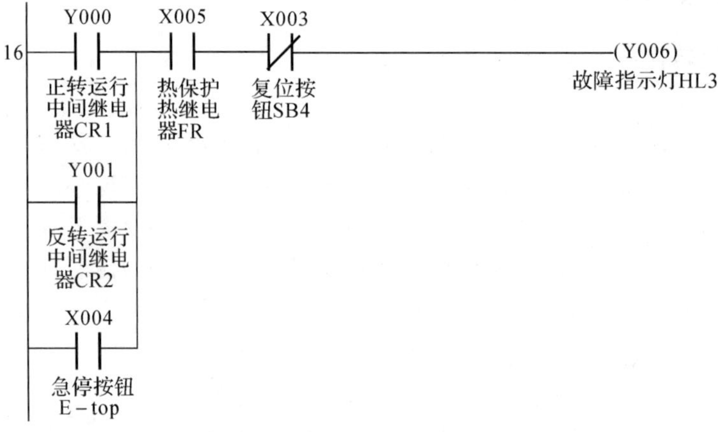

图 9-11 电动机故障指示及复位控制程序

在电动机发生故障时,如果工程上还需要报警,读者可参考 8.9 节所示的报警程序,进行编写。

补充说明:在梯形图中,每一梯级左母线左侧的数字表示该梯级的程序步编址首地址。程序步是三菱 FX 系列 PLC 用来描述其用户程序存储容量的一个术语。每一个步占用一个字(WORD)或 2 个字节(B)。一条基本指令占用 1 步(或 2 步、3 步)。步的编址是从 0 地址开始,到 END 结束。用户程序的程序步不能超过 PLC 用户程序容量程序步。

图 9-9 中,第 1 个梯级数字为 0,表示该梯级程序占用程序步编号从 0 开始;第 2 个梯级数字为 8,表示该梯级程序占用程序步编号从 8 开始;由此推算出第一个梯级程序占用 8 步存储容量,其他依此类推。在 FX 系列 PLC 梯形图控制程序中,堆栈指令程序步为 1,定时器指令程序步为 3。

步序编址在编程软件上是自动计算并显示的,不需要用户计算输入。

9.3　电动机的反接制动控制

在生产过程中，经常需要采取一些措施使电动机尽快停转，或者从某高速降到某低速运转，或者限制位能性负载在某一转速下稳定运转，这就是电动机的制动问题。反接制动是电动机的一种制动方式，它通过反接电源相序，使电机产生起阻滞作用的反转矩以便制动电机。

反接制动的实质是使电动机欲反转而制动，因此当电动机的转速接近零时，应立即切断反接转制动电源，否则电动机会反转。实际控制中采用速度继电器来自动切除制动电源。

反接制动制动力强，制动迅速，控制电路简单，设备投资少，但制动准确性差，制动过程中冲击力强烈，易损坏传动部件，并且制动能量消耗大，不宜经常制动。因此适用于 10 kW 以下小容量的电动机制动，要求迅速、系统惯性不大，不经常启动与制动的设备，如铣床、镗床、中型车床等主轴的制动控制。

9.3.1　系统硬件设计

1. 主电路设计

电动机采用 AC380V，50Hz 三相四线制供电，电动机正反转运行主电路由自动开关 Q2、接触器 KM1 和 KM2、热继电器 FR1 及电动机 M 组成。其中自动开关 Q2 作为电源隔离开关，热继电器 FR1 作为过载保护，中间继电器 CR1 的动合触点控制接触器 KM1 的线圈通电、断电，接触器 KM1 的主触点控制电动机 M 的正转，中间继电器 CR2 的动合触点控制接触器 KM2 的线圈通电、断电，接触器 KM2 的主触点控制电动机 M 反转运行。

反接制动按速度原则实现控制，采用的是速度继电器 SV1 与电动机 M1 同轴相连，主回路反转中串入制动电阻 R，为防止反转时接触器 KM2 闭合时正转接触器 KM1 仍然吸合，导致相间短路，因此在两接触器线圈控制回路中加入电气互锁，反接制动原理图如图 9－12 所示。

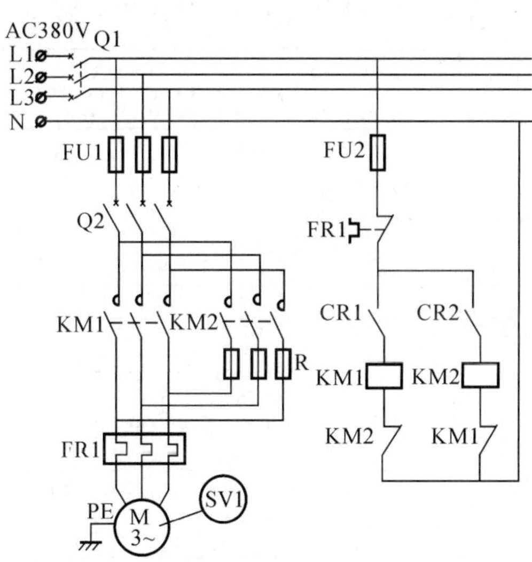

图 9－12　电动机反接制动电气原理图

2. PLC 选型及 I/O 地址分配

通过对电动机反接制动控制要求的分析，本例反接制动系统有 8 点输入和 7 点输出，I/O 地址分配见表 9－2。

表 9－2　电动机反接制动 I/O 地址分配表

基本单元　FX3U－16MR/ES(－A)					
输入	设备名称	设备代号	输出	设备名称	设备代号
X000	系统启动按钮	SB1	Y000	系统运行指示灯	HL1
X001	系统停止按钮	SB2	Y001	系统停止指示灯	HL2
X002	M 启动按钮	SB3	Y002	M 正转运行	CR1
X003	M 停止按钮	SB4			
扩展单元　FX2N－32ER－ES/UL					
输入	设备名称	设备代号	输出	设备名称	设备代号
X010	复位按钮	SB5	Y010	M 运行指示	HL3
X011	急停按钮	E－stop	Y011	M 停止指示灯	HL4
X012	M 热保护	FR1	Y012	故障指示灯	HL5
X013	速度继电器	SV1	Y014	M 反接制动	CR2

3. I/O 端子接线原理图

系统基本单元选用 FX3U－16MR/ES(－A)，扩展单元选配 FX2N－32ER/UL。采用 AC220V 电源供电，自动开关 Q3 作为电源隔离开关。FX3U 扩展系统 I/O 端子接线如图 9－13 所示。

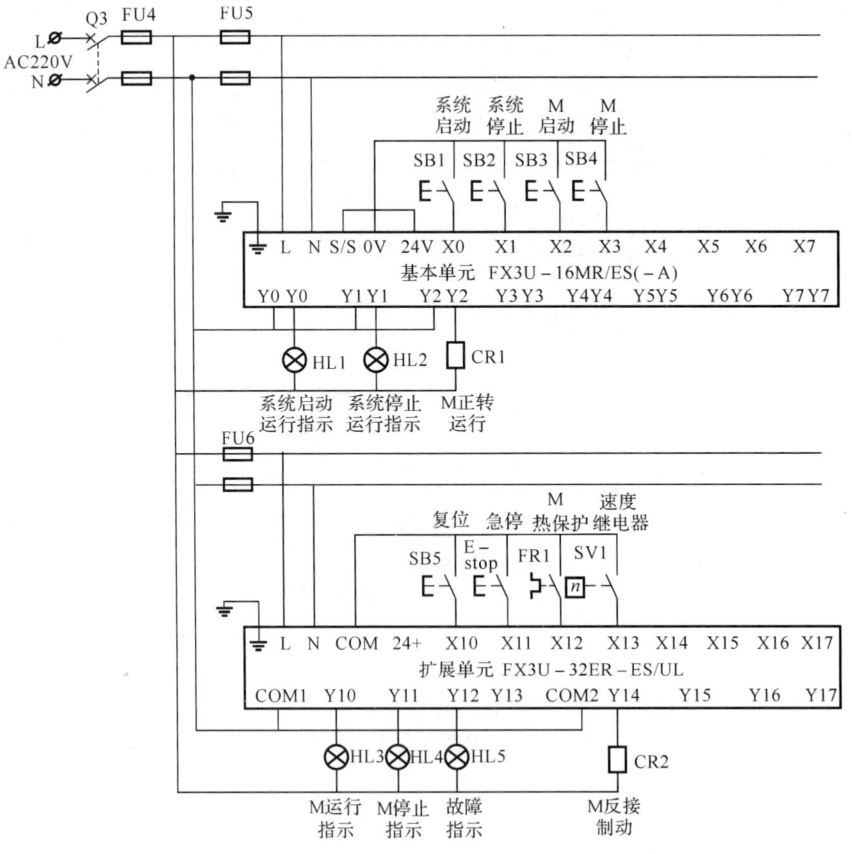

图 9－13　电动机正、反转 PLC 控制系统 I/O 端子接线图

9.3.2　梯形图程序设计

电动机反接制动梯形图程序设计说明如下。

1. 系统启动标志

按下启动按钮 SB1，启动系统标志位 M1，M1 是内部继电器，其常开触点在闭合时接通系统运行指示灯 HL1，M1 的常闭触点控制系统停止指示灯 HL2 的点亮和熄灭。系统启动标志部分的梯形图程序如图 9－14 所示。

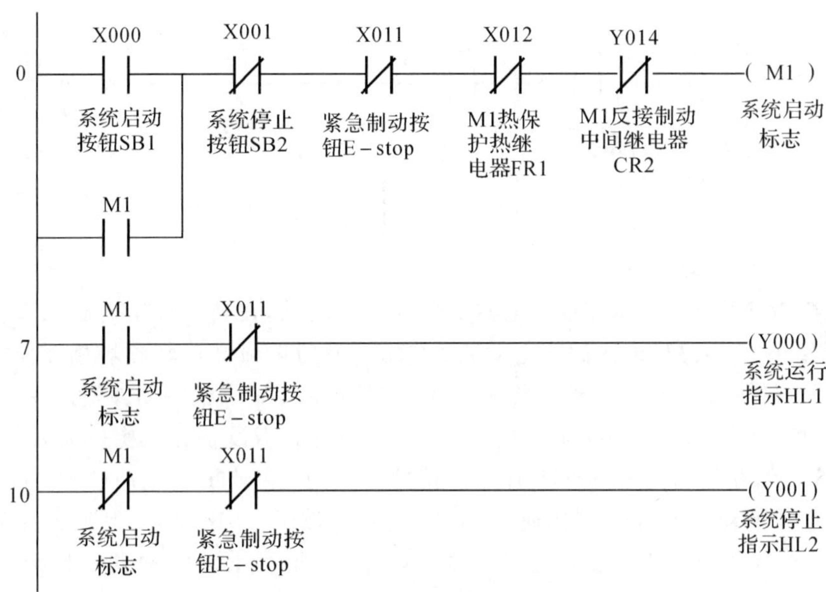

图 9－14　电动机运行启动控制程序

2. 电动机的控制

在按下电动机 M 启动按钮 SB3 后，中间继电器 CR1 线圈通电，其常开触点闭合使接触器 KM1 的线圈通电，电动机 M 启动运行。电动机 M 的控制程序如图 9－15 所示。

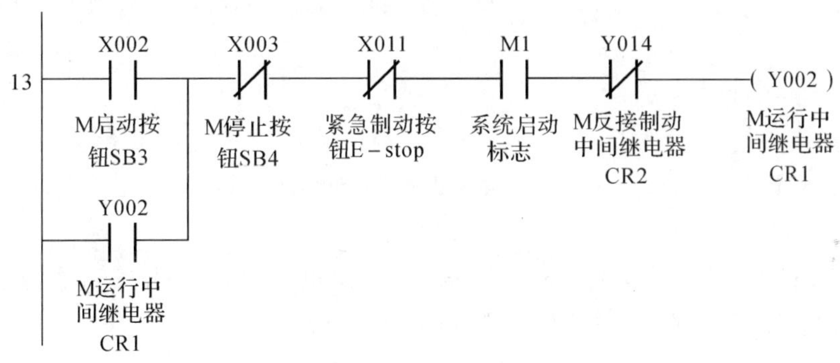

图 9－15　电动机 M1 控制程序

3. 电动机 M 的运行指示

电动机 M 的动合触点控制电动机 M 的运行指示灯 HL3，梯形图程序编写如图 9－16 所示。

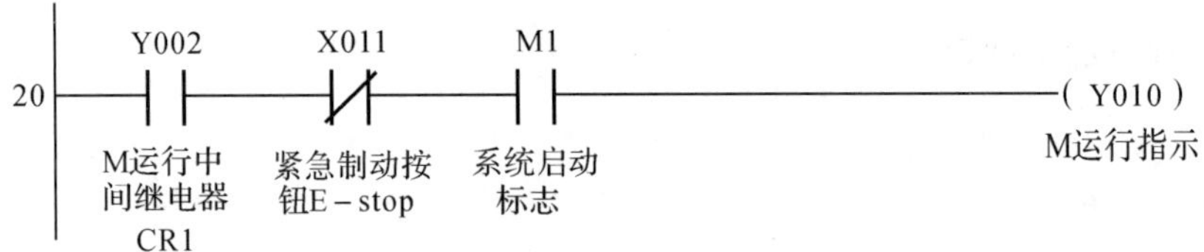

图 9-16　电动机运行指示控制程序

4. 电动机 M 的停止运行

电动机 M 的动断触点控制电动机 M 的停止指示灯 HL4，梯形图程序编写如图 9-17 所示。

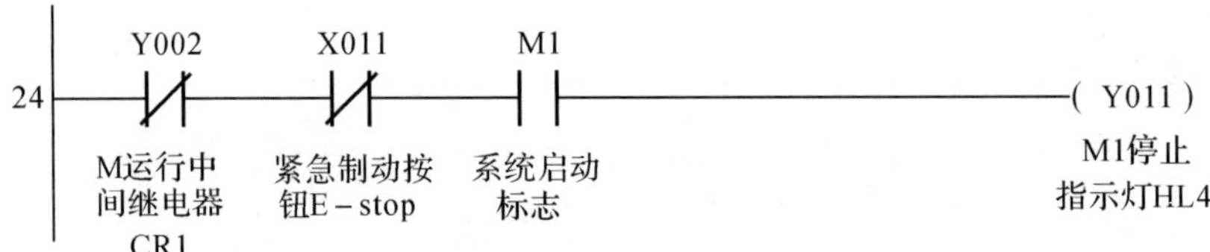

图 9-17　电动机停止指示控制程序

5. 电动机反接制动控制

在电动机 M 正转运行后，速度继电器的转子随之转动，在转子周围的磁隙中将会产生一个旋转磁场，绕组切割磁场产生感应电动势和电流。感应电流与旋转磁场相互作用所产生的转矩，使定子向转子转动方向偏转。当偏转到一定角度时，定子柄触动弹簧片后，速度继电器 SV1 的动合触头闭合，即 PLC 的输入端子 X013 闭合。而当设备完成生产需要停止时，按下停止按钮 SB4 后，在电动机 M 控制程序中串接的 SB4 的动断点断开电动机 M 的正转运行，在反接制动程序中的动合点 SB4 则接通，使 PLC 的输出端子 Y014 通电，其所连接的中间继电器 CR2 接通，CR2 的动合点闭合接通接触器 KM2 的线圈，使电动机 M 进入反接制动状态，在电动机 M 的速度下降后，闭合的 SV1 的动合点断开，此时退出反接制动状态。另外，CR2 在电动机 M 的控制程序中的动断点也断开，完成的程序如图 9-18 所示。

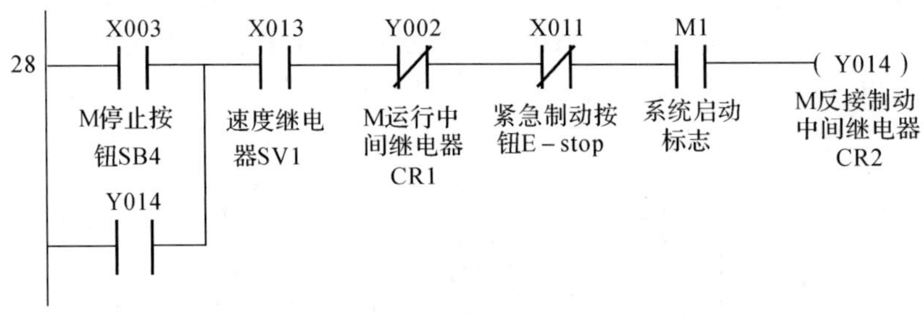

图 9-18　电动机反接制动控制程序

6. 电动机 M 故障指示

电动机 M 过载运行时，串接在 M 主回路中的热继电器 FR1 动作，FR1 的动合点接通，使连接的故障指示灯 HL5 点亮，程序的实现如图 9-19 所示。

图 9-19　电动机故障指示控制程序

9.4　水压自动控制系统

9.4.1　系统控制要求

某供水系统,共设置三台水泵:1 号水泵为主泵,其功率最大;2 号泵和 3 号泵为辅助泵。要求 3 台水泵能够根据水网管线的压力自动运行与投切。具体要求如下:

(1)当水网管线压力低于压力下限值时,1 号泵首先投入运行,运行一段时间后,若管网水压力仍低时,2 号辅助泵投入运行;2 号辅助泵运行一段时间,管网水压力如果仍低,系统将启动 3 号辅助运行。

(2)当系统压力达到上限时,停止 1 号泵运行,运行一段时间后,如果压力还在上限,系统将停止 2 号水泵运行;若管网水压力如果仍高,系统将停止 3 号泵。

(3)水泵电机需进行热保护。

(4)能对水泵电机的运行进行指示。

(5)系统能够对水压高和水压低进行指示。

9.4.2　系统硬件设计

1. 主电路设计

主电路以自动开关 Q1 作为电源隔离开关。3 台水泵的电动机分别用 M1、M2、M3 表示,三台电动机均采用 AC380V、50Hz 三相四线制电源供电。热继电器 FR 作为过载保护。中间继电器 CR1 的动合触点控制接触器 KM1 的线圈通电、断电。同理,CR2 控制接触器 KM2,CR3 控制接触器 KM3。

接触器 KM1、KM2、KM3 的线圈电压选用 AC220V,所以控制电路选用 AC220V 的电源,水泵电动机控制原理图如图 9－20 所示。

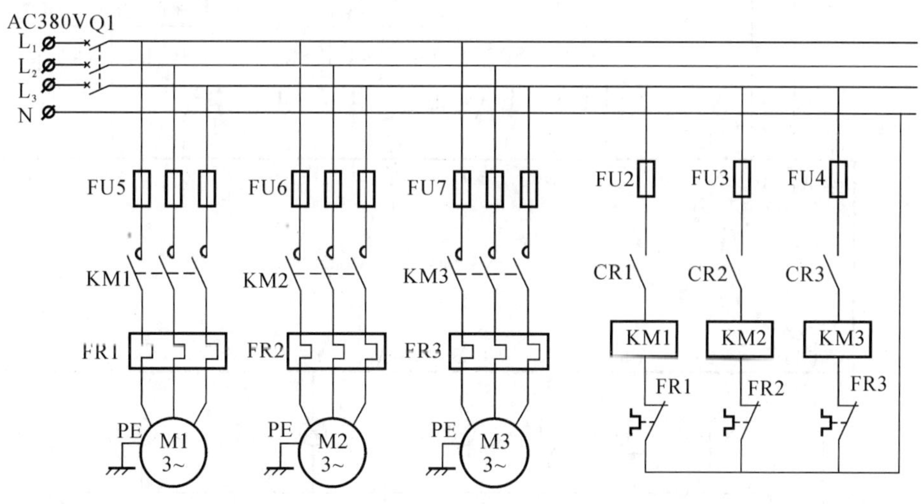

图 9－20　主电路原理图

2. PLC 选型及 I/O 地址分配

通过对系统控制要求分析,该水压自动控制系统需要 8 个输入点,8 个输出点。考虑到系统升级及今后的发展要求，选用三菱 PLC 基本单元 FX3U－32MR/DS 作为控制器。

基本单元 FX3U－32MR/DS 电源是直流供电，输入是 DC24V 的漏型和源型通用的输入，输出是继电器输出，I/O 端子为 16 入/16 出。FX3U 的 PLC 直流电源由 POWER Unit 设备提供，POWER Unit 输入是 AC220V，输出是 DC24V。系统 I/O 地址分配见表 9－3。

表 9－3　I/O 分配表

输入	设备名称	设备代号	输出	设备名称	设备代号
X000	系统启动按钮	SB1	Y000	M1 中间继电器	CR1
X001	系统停止按钮	SB2	Y001	M2 中间继电器	CR2
X002	急停按钮	E－Stop	Y002	M3 中间继电器	CR3
X003	M1 过热保护	FR1	Y003	M1 运行指示灯	HL3
X004	M2 过热保护	FR2	Y004	M2 运行指示灯	HL4
X005	M3 过热保护	FR3	Y005	M3 运行指示灯	HL5
X006	低压开关	YK1	Y006	水压低指示灯	HL1
X007	高压开关	YK2	Y007	水压高指示灯	HL2

3. I/O 端子接线原理图

PLC 控制回路以自动开关 Q2 作为电源隔离开关。根据系统 I/O 分配表，系统 PLC 基本单元 FX3U－32MR/DS 的 I/O 端子接线如图 9－21 所示。

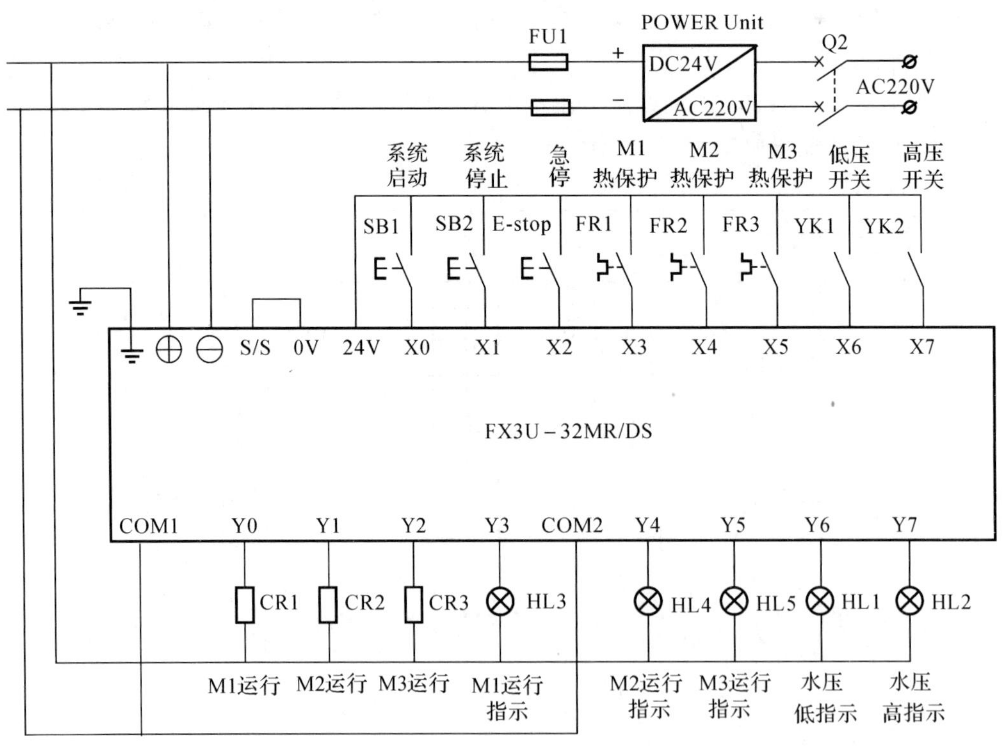

图 9－21　I/O 端子接线图

9.4.3　梯形图程序设计

根据系统控制要求，为保证所设计的梯形图程序具有较好的可读性，并符合梯形图设计规则，应用到的内部继电器及定时器资源见表 9－4。

表 9－4　水压控制系统内部继电器及定时器

内部继电器	备注	定时器	备注
M101	M1 启动标志 1	T0	启动延时 30 s
M102	M2 启动标志 2	T4	关闭延时 60 s
M103	M3 启动标志 3		
M104	M1 停止标志 1		
M105	M2 停止标志 2		
M106	M3 停止标志 3		
M107	系统启动标志		

梯形图分段说明如下。

1. *启动标志的程序编制*

启动标志程序如图 9－22 所示。当水网管线的压力达到压力下限时，低压开关 YK1 的动合触点闭合，梯形图程序中压力下限信号的 YK1 的常开触点闭合，经定时器 T0 常开触点，定时器 T0 开始定时。T0 在此供水项目中设置的延时是 30 s，在实际的工程项目中，读者可根据项目中电动机大小和系统要求对启动延时设定时间进行调整。

如果在此时间内，YK1 的压力下限信号消失，1# 水泵仍将处于等待启动状态，如果经过 30 s 的延时后，压力下限信号 YK1 仍然接通，则定时器 T0 位变为 ON，此时 1# 水泵具备启动条件，2# 与 3# 水泵不具备启动条件，电动机 M1 启动标志通电输出。

2#、3# 启动过程与 1 号泵的启动过程类似。

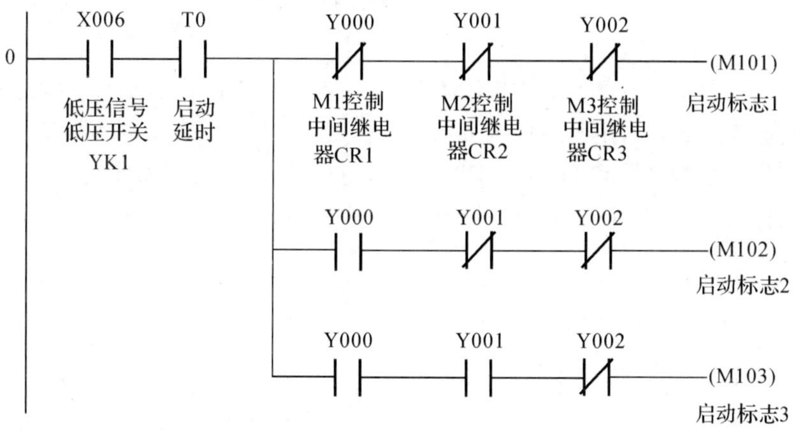

图 9－22　启动标志控制程序

2. *启动延时定时器的应用*

使用定时器设置电动机启动延时，在本系统中选用定时器 T0，T0 的时基是 100 ms，设定值是 K300，这样就可以完成 30 s(300×100 ms=30 s)的定时任务。

定时器 T0 线圈的工作条件中串接的 T0 常闭触点，具有实现 T0 自清零/复位作用，每一个水泵的启动，都经过了 T0 的延时处理，这种定时触点和启/停信号及输出控制集中处理的方法，使程序思路清晰，层次分明，启动延时控制程序如图 9-23 所示。

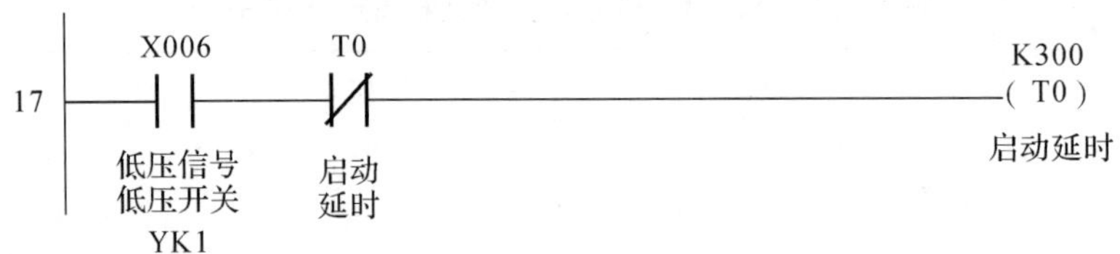

图 9-23　启动延时控制程序

3. 停止标志位的程序编制

当水网管线的压力达到上限时，高压开关 YK2 动合触点闭合，压力上限信号 YK2 常开触点接通，经过延时处理，会按照 1#、2#、3# 泵的停机顺序进行自动停机控制。在图 9-24 所示的停止标志位的程序中，将 1#、2#、3# 泵的停止条件激活，作为停机信号。

当压力高并持续时间超过 60 s 时，顺序停止 1#、2#、3# 泵。

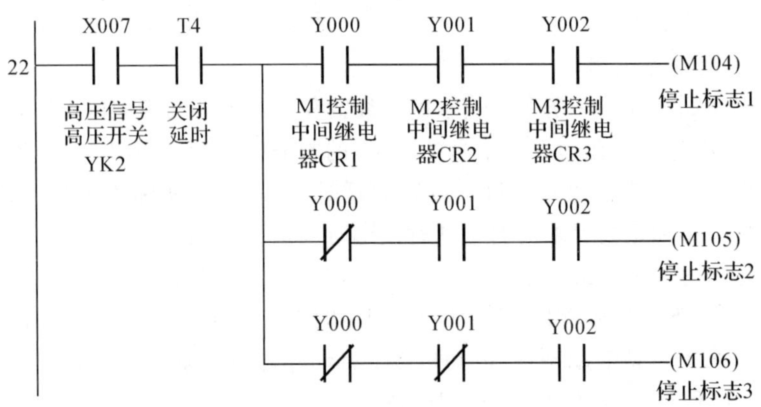

图 9-24　停止标志控制程序

4. 关闭延时定时器的应用

与三台水泵的启动条件类似，使用定时器 T4 设置电动机停止的延时。定时器 T4 的时基是 100 ms，设定值是 K600，定时时间为 60 s(600×100 ms=60 s)。定时器 T4 的工作条件是串接的输入高压信号常开触点和 T4 常闭触点，这里的 T4 常闭触点实现了自清零/复位作用，每一个水泵的停机，都经过了 T4 的延时处理。关闭延时控制程序如图 9-25 所示。

图 9-25　关闭延时控制程序

5. 系统启动标志

程序中使用了复位优先的启保停功能块，来决定什么条件下设置启动条件，在按下启动按钮 SB1 后，就启动了条件置位，而急停按钮 E－Stop 动作由 1 变 0(急停使用的动断点)，或者停止按钮 SB2 被按下(接通为 1)将复位启动条件，程序如图 9－26 所示。

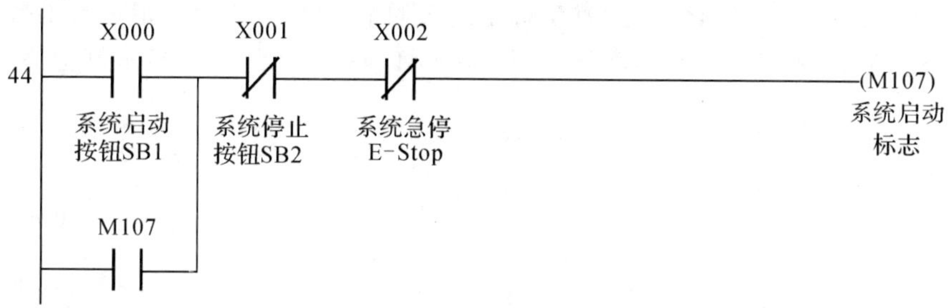

图 9－26　系统启动标志程序

6. 电动机 M1、M2、M3 的控制

如果启动条件具备，并且电动机 M1 启动标志为 1，电动机 M1 停止位为 0，则电动机 M1 运行，程序如图 9－27 所示。

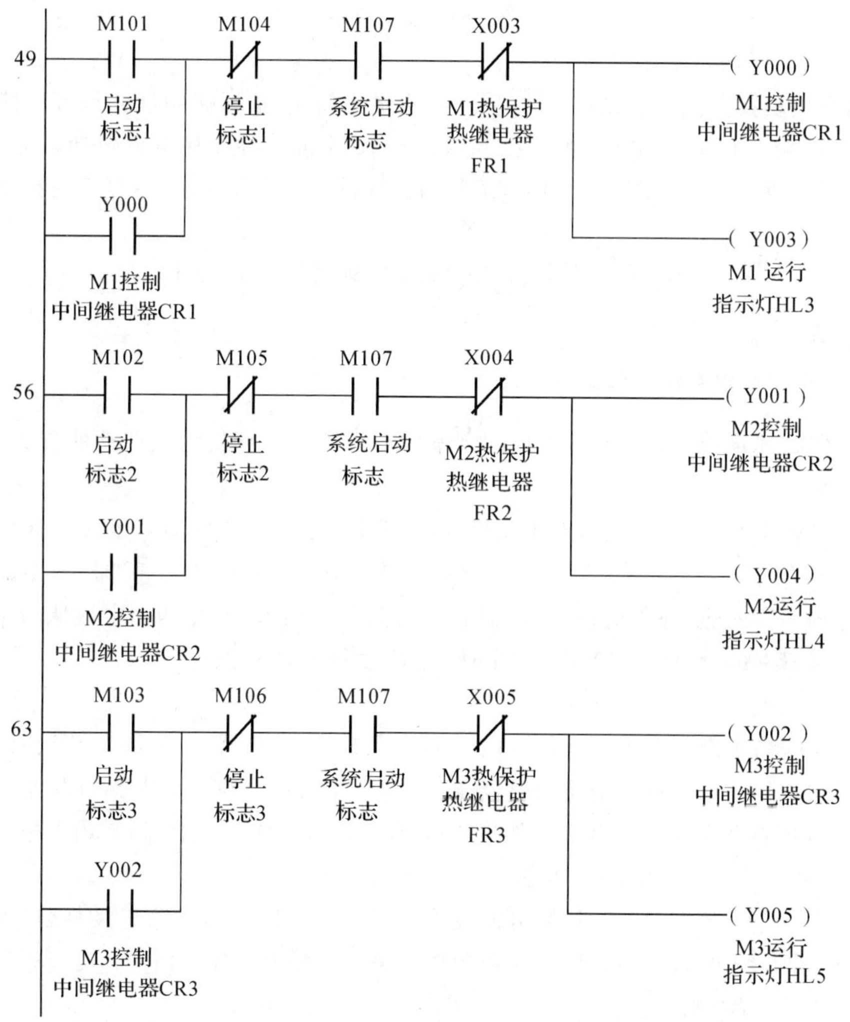

图 9－27　电动机 M1、M2、M3 的启停控制及运行指示程序

7. 水压失常指示灯程序的编制

当压力低时，YK1 的动合触点闭合，使 Y021 端子连接的指示灯 HL2 点亮指示水压低；当压力高时，YK2 的动合触点闭合，使 Y001 端子连接的指示灯 HL1 点亮指示水压高；当压力达到正常水平时，YK1 和 YK2 的动合触点复位，指示灯熄灭。水压失常指示灯程序如图 9－28 所示。

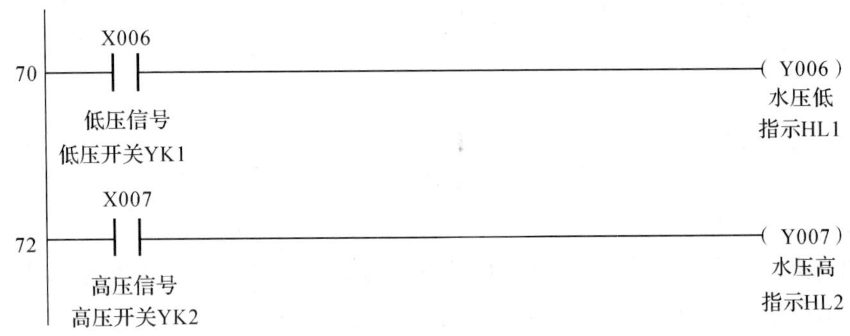

图 9－28　水压失常指示灯程序

8. 三台水泵的切换方式

3 台水泵的切换方式为最先启动的运行泵，也最先停止，这样做的好处是可以使 3 台泵的运行时间尽量相同，保证 3 台水泵的磨损基本一致，更全面的控制还可以包括泵的完好信号，还可以在程序中累计各台泵的运行时间，运行时间短的优先启动，完成更复杂的控制。

9.5　PLC 在空调机组中应用

9.5.1　空调机组系统工作过程

空调机组是建筑物内局部空气处理的大型成套设备。空调机组按照功能分为制冷、空气处理两大部分。

制冷部分是机组的冷源，主要由压缩机、冷凝器、膨胀阀和蒸发器等组成。其功能是在夏季对送入室内的空气进行冷却，并除去空气中过多的水分，从而对空气进行降温、除湿处理。为了调节室内所需的热、湿负荷，将蒸发器制冷管路分为两条，利用两个电磁阀 YV1 和 YV2 分别控制两条管路的通断。当 YV1 打开时，蒸发面积为总面积的 1/3；当 YV2 打开时则为 2/3，因此可以改变冷却量及除湿强度。

空气处理设备由新风采集口、回风口、空气过滤器、电加热器、电加湿器及风机等组成，其主要任务是将新风与回风按一定比例混合经过滤器过滤后，处理成所需要的温度及湿度送入空调房间。电加热器为 3 组电阻式加热器，安装在送风管道中；电加湿器是用电极直接加热水产生蒸气，用喷管喷入空气中进行加湿。

空调机组的电气控制部分常用继电器线路实现，由于触点多，线路连接复杂，因此故障率高，维护工作量大。同时因固定接线，使控制功能灵活性较差。如改用 PLC 实现其控制，则可以提高可靠性，增强控制功能，并可用一台 PLC 控制多台机组。

下面以 4.3 节中所述的恒温、恒湿空调机组为例，完成其相应的 PLC 控制系统的设计。

9.5.2　夏季空调机组的控制要求

以夏季为例，说明空调机组的控制要求。

夏季室外空气温度较高、湿度较大，为满足室内环境对温度、湿度的要求，需要对空调机组的制冷量进行调节，通过对进入室内的空气(称送风)进行降温、除湿处理。

具体要求如下：

(1)控制电磁阀 YV1、YV2 的工作数量，改变蒸发器的制冷投入面积，从而改变送风相对湿度。

(2)为了在控制湿度时保持送风温度基本不变，可用一组电加热器 RH1 作为精加热(又称冷加热)装置。

(3)电加热器与风机应联锁，即先启动风机后才能启动电加热器以保证安全。

9.5.3　系统硬件设计

1. 主电路设计

空调机组主电路如图 9-29 所示，机组中的风机、压缩机、电加热器、电加湿器均采用 AC380V、50 Hz 三相四线制电源供电。主电路中 QK 为电源隔离短路保护开关，风机、压缩机的电动机分别用 M1、M2 表示。热继电器 FR 作为过载保护。

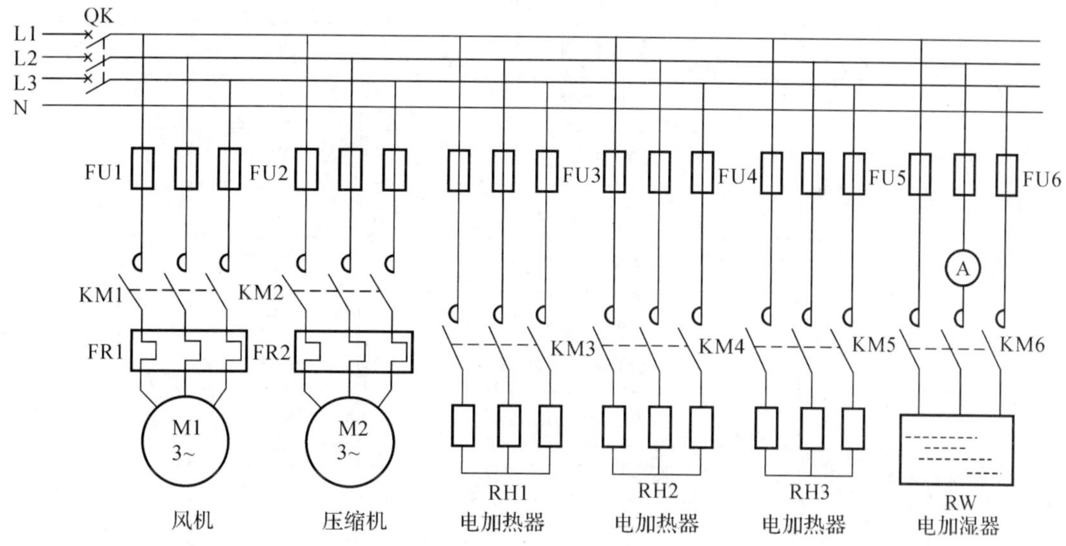

图 9-29　主电路原理图

2. PLC 选型及 I/O 地址分配

根据上述控制要求，当采用 PLC 对单台空调机组进行控制时，现场输入信号主要为一些开关、选择开关及保护触点，共需要 16 个。PLC 的输出信号全都为开关量，分别控制主电路中的接触器 KM1～KM8 及声、光报警，因此输出点数为 10 个。本系统选择 S7-200 SMART 系列 PLC 作为控制器，基本单元选择标准型 CPUCR40。基本单元 CPUCR40 为 AC220V 供电，继电器输出，有 24 个输入点，16 个输出点，用户存储器为 24KB，用户数据存储器为 16KB。

标准型的CPU有一个以太网端口，一个RS－485端口，可以用可选的RS232/485信号板扩展一个串行端口。

空调机组PLC控制系统的I/O地址分配见表9－5。

表9－5 空调机组系统I/O地址分配表

	序号	名称	代号	地址
输入信号	1	风机运行启动按钮	SBl	I0.0
	2	压缩机运行启动按钮	SB2	I0.1
	3	加热器RH1自动选择开关	S3	I0.2
	4	加热器RH1手动选择开关	S3	I0.3
	5	加热器RH2自动选择开关	S4	I0.4
	6	加热器RH2手动选择开关	S4	I0.5
	7	加热器RH3自动选择开关	S5	I0.6
	8	加热器RH3手动选择开关	S5	I0.7
	9	投入电磁阀YV1	SA	I1.0
	10	投入电磁阀YV2	SA	I1.1
	11	湿度控制开关	S6	I1.2
	12	温度接点信号	T	I1.3
	13	湿度接点信号	TW	I1.4
	14	压缩机压力接点信号	SP	I1.5
	15	风机过载保护	FR1	I1.6
	16	压缩机过载保护	FR2	I1.7
输出信号	1	风机电机接触器	KM1	Q0.0
	2	压缩机电机接触器	KM2	Q0.1
	3	加热器RH1接触器	KM3	Q0.2
	4	加热器RH2接触器	KM4	Q0.3
	5	加热器RH3接触器	KM5	Q0.4
	6	加湿器RW接触器	KM6	Q0.5
	7	电磁阀YV1接触器	KM7	Q0.6
	8	电磁阀YV2接触器	KM8	Q0.7
	9	报警指示灯	HL	Q1.0
	10	报警蜂鸣器	HZ	Q1.1

3. I/O 端子接线原理图

空调机组 PLC 控制系统 I/O 端子接线如图 9－30 所示。接触器 KM1～KM8 的线圈选用 AC220V 供电，控制电路选用 AC220V 的电源，报警指示灯 HL、报警蜂鸣器 HZ 采用 DC24V 供电。

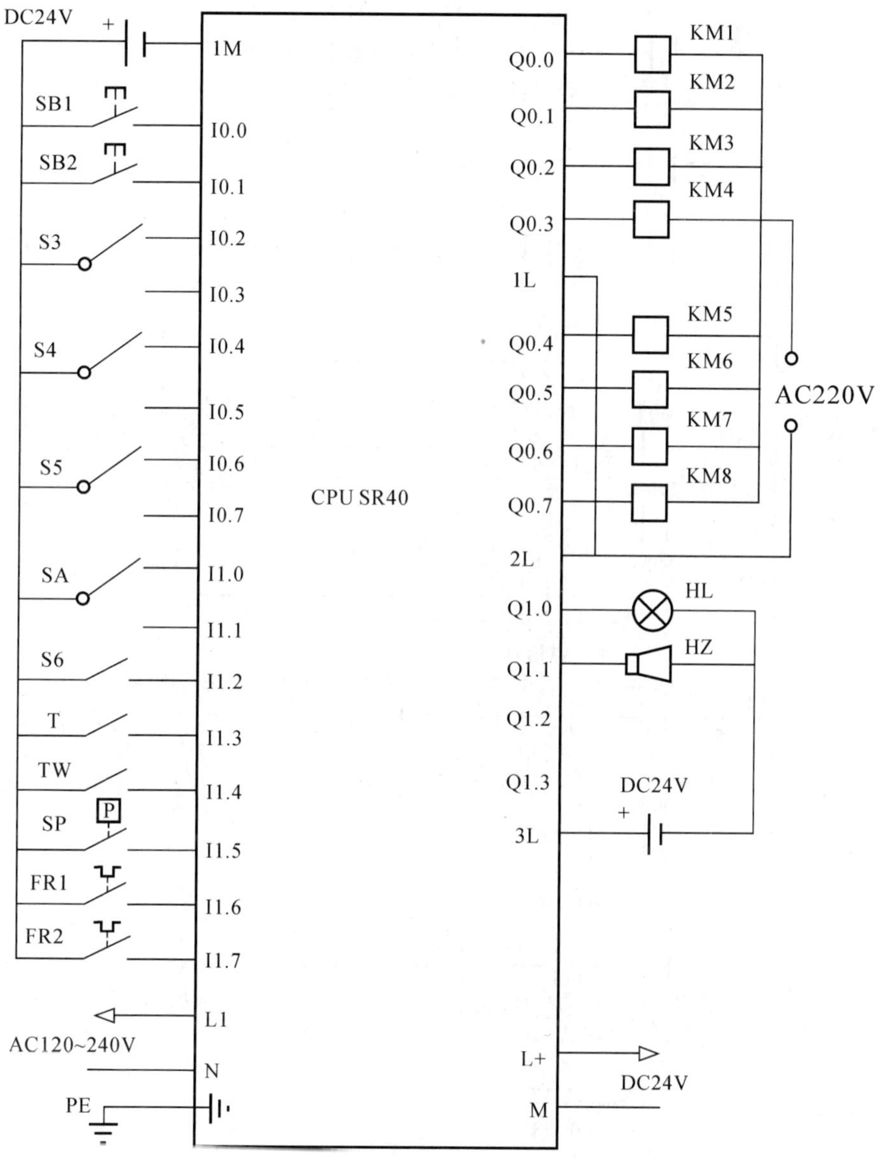

图 9－30　I/O 端子接线图

9.5.4　梯形图程序设计

当按下风机运行启动按钮 SB1 时，Q0.0 通电，启动送风机；同时 Q0.0 常开触点为系统开始工作做准备。以后 PLC 的工作情况分析与继电接触器控制电路相同。

空调机组的 PLC 控制系统梯形图程序如图 9－31 所示。

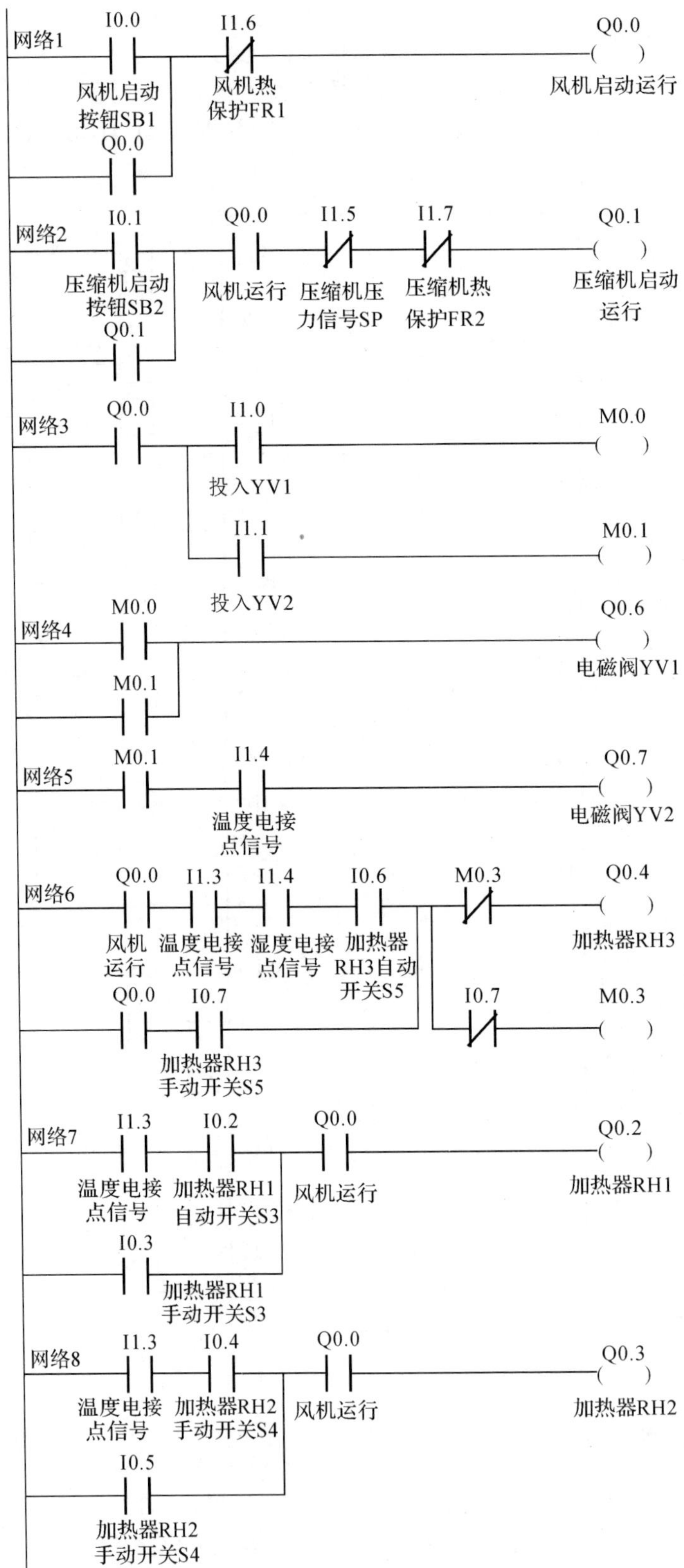

图 9－31　空调机组 PLC 控制系统梯形图程序

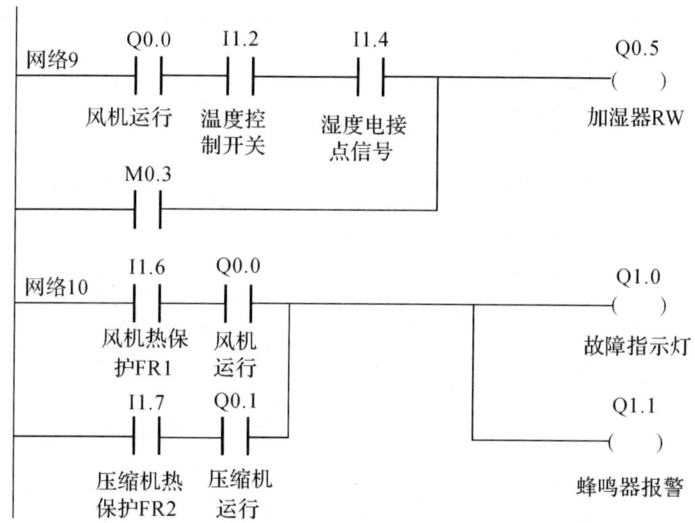

续图 9－31　空调机组 PLC 控制系统梯形图程序

9.6　PLC 在水箱供水系统控制中的应用

9.6.1　系统控制要求

某高层建筑住宅屋顶上设有高 4.2 m 的生活水箱，由设在地下设备层中的 2 台水泵为其供水。水泵电动机功率为 33 kW，额定电压为 380 V。水箱正常水位变化 3.5 m，由安装在水箱内的上、下液位开关 SU 和 SD 分别对水箱的上限和下限水位进行控制。

对水泵电机的控制要求如下：

为了减小启动时的启动电流，2 台电机均采用 Y－△型降压启动，降压启动至全压运行的转换时间为 t_1，并且 2 台电机均设有过载保护。

设手动/自动方式转换开关 SA，在手动方式工作时，可由操作者分别启动每台水泵，水泵之间不进行联动；在自动方式下工作时，由上、下液位开关对水泵的起、停自动控制，且启动时要联动。

2 台电机在正常情况下要求一开一备，当运行中任一台机组出现故障时，备用机组应立即投入运行。为了防止备用泵长期闲置锈蚀，要求备用机组可在操作台上用按钮任意切换。

在控制台上应有 2 台水泵的备用状态，运行，故障，上等信号指示。

9.6.2　系统硬件设计

1. 主电路设计

2 台水泵电机均采用 Y－△型启动方式，主电路控制线路如图 9－32 所示。图中 M1、M2 为水泵电动机，每台电动机用 3 个接触器分别控制电源、Y 型启动和△型运行。各电机均设有过载保护 FR1 和 FR2。为了反映各机组工作是否正常，在每台水泵的压力出口处设置压力继电器 SP1 和 SP2，将其常开触点输入 PLC 中。

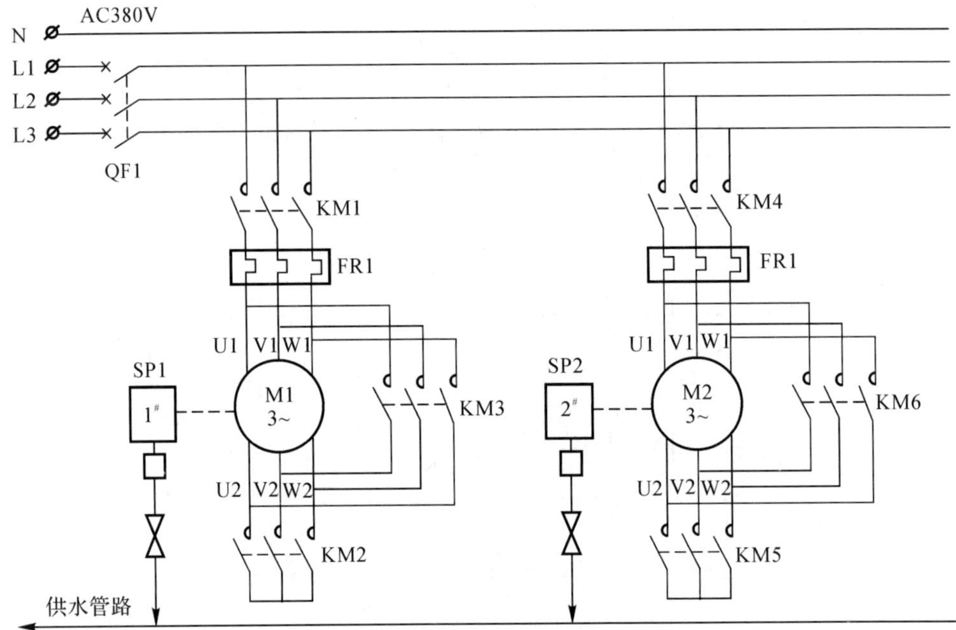

图 9－32　水箱供水系统控制主电路原理图

2. PLC 选型及 I/O 地址分配

根据上述控制要求，可统计出现场输入信号共 14 个，输出信号共 12 个，本系统选择 S7－200 SMART 的 CPU CR40 作为控制器，CPU CR40 有 24 点输入，16 点输出，因此在本系统使用尚有余量，可供备用。系统 I/O 分配见表 9－6。

表 9－6　I/O 地址分配表

	序号	名称	代号	地址
输入信号	1	1# 机组备用按钮	SB1	I0.0
	2	2# 机组备用按钮	SB2	I0.1
	3	1# 机组手动启动按钮	SB3	I0.2
	4	2# 机组手动启动按钮	SB4	I0.3
	5	1# 机组停止按钮	SB5	I0.4
	6	2# 机组停止按钮	SB6	I0.5
	7	选择开关 SA 手动	SA0	I0.6
	8	选择开关 SA 自动	SA0	I0.7
	9	水位上限触点	SU	I1.0
	10	水位下限触点	SD	I1.1
	11	1# 水泵压力继电器	SP1	I1.2
	12	2# 水泵压力继电器	SP2	I1.3
	13	1# 电机热保护触点	FR1	I1.4
	14	2# 电机热保护触点	FR2	I1.5

续 表

	序号	名称	代号	地址
输出信号	1	1# 电机电源接触器	KM1	Q0.0
	2	1# 电机 Y 接触器	KM2	Q0.1
	3	1# 电机△接触器	KM3	Q0.2
	4	2# 电机电源接触器	KM4	Q0.3
	5	2# 电机 Y 接触器	KM5	Q0.4
	6	2# 电机△接触器	KM6	Q0.5
	7	1# 泵备用指示	HL1	Q1.0
	8	2# 泵备用指示	HL2	Q1.1
	9	水位上限报警	HL3	Q1.2
	10	水位下限报警	HL4	Q1.3
	11	1# 机组故障指示	HL5	Q1.4
	12	2# 机组故障指示	HL6	Q1.5

3. I/O 端子接线原理图

PLC 接线图只要根据表 9 - 6 的 I/O 分配关系和 CPU SR40 的端子排列位置进行相应的接线即可。图 9 - 33 是所设计的 PLC 系统外部接线图。

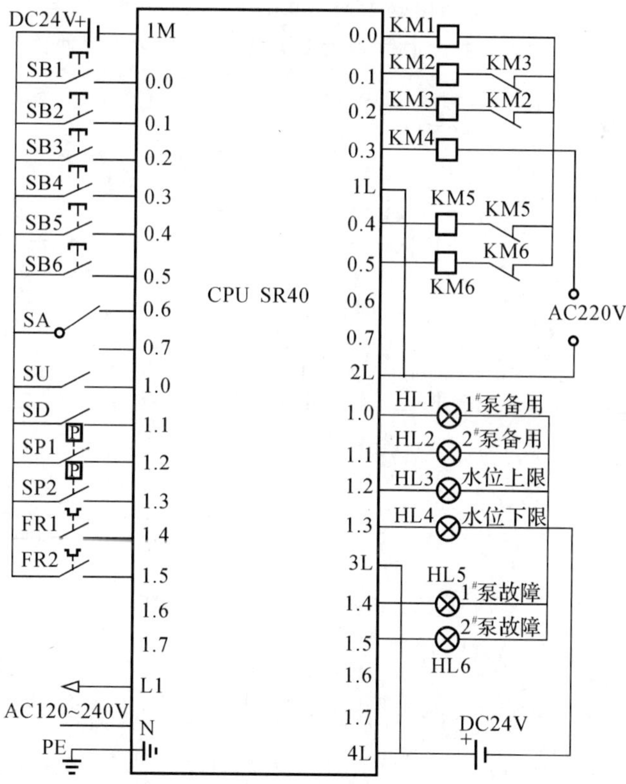

图 9 - 33　水箱供水系统 I/O 端子接线图

图9-33中各接触器采用220 V电源,信号指示部分采用24 V直流电源。需要说明的有两点:一是输入PLC的开关量信号可以为常开,也可以为常闭,但相应的梯形图中有关软触点的状态应随之变化,本例采用常开形式输入PLC;二是在编制I/O分配表和绘制PLC接线图时,应事先通过PLC手册或实物了解外部端子的位置及编号。

9.6.3 梯形图程序设计

1. 水箱上、下液位指示

水箱水位的上、下限程序设计如图9-34所示。安装在水箱内的上、下液位开关SU/SD均为常开型,与输入点I1.0/I1.1相对应。若水位达到到上限时,电接点SU闭合,则常开触点I1.0闭合,在其上升沿产生一个扫描周期的脉冲信号M0.0,该脉冲使输出继电器Q1.2位为ON,水位上限指示灯HL3亮,报警提示,并使水泵停止工作。若水位下降到下限位置时,电接点SD断开,则常开触点I1.1断开,故用下降沿指令ED指令,在SD断开时产生脉冲信号M0.1,从而使输继电器Q1.3位为ON,水位下限指示亮报警。上、下液位状态由脉冲信号M0.0和M0.1互相复位。

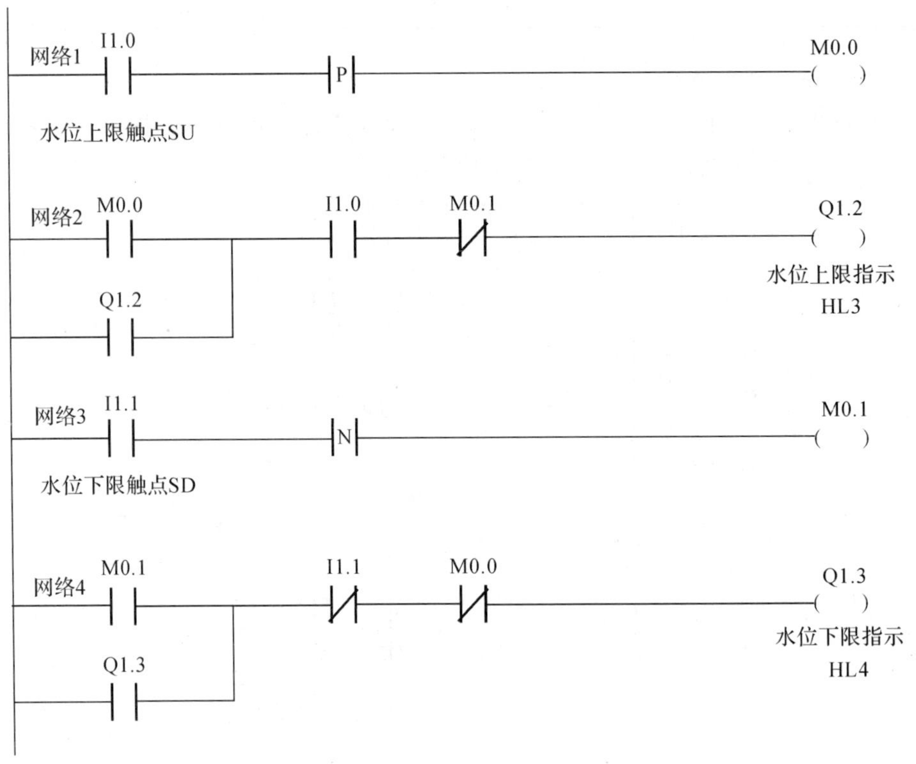

图9-34 水箱水位上下限指示程序

2. 机组的自动启动方式

机组选择在"自动"工作方式下时,常开触点I0.7位为ON,当水位下降到下限位时,下限报警Q1.3位为ON,于是在Q1.3下降沿产生微分脉冲M0.4。M0.4就是用来使2# 机组首先启动的信号,具体启动过程在下面叙述。程序设计如图9-35所示。

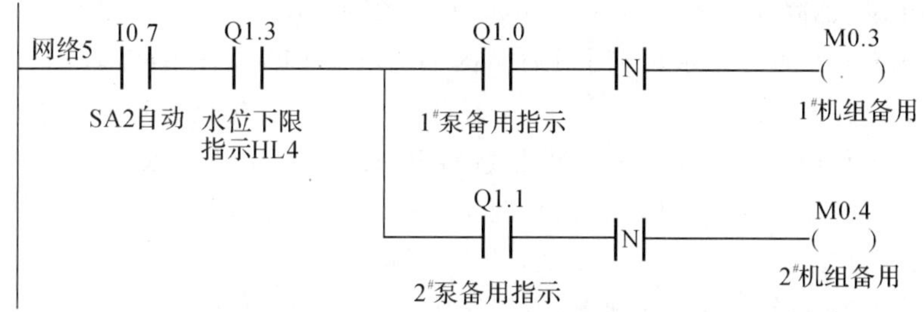

图 9 - 35　机组自动启动程序

3. 机组的启动与联动

每台水泵电机启动时接触器的动作顺序为电源接触器→Y 型连接接触器→△型连接接触器。输出继电器 Q0.0、Q0.1、Q0.2 分别控制 1# 机组电机的电源接触器 KM1、Y 型接触器 KM2 和△型接触器 KM3。输出继电器 Q0.3、Q0.4、Q0.5 分别控制 2# 电机的电源接触器 KM4、Y 型接触器 KM5 和△型接触器 KM6。定时器 T50、T51 分别控制每台电机 Y -△转换时间 t，转换时间设定为 10 s。

(1)1# 机组 Y -△降压启动。程序设计如图 9 - 36 所示。在“自动”方式下，选择 2# 机组备用，1# 机组投入工作时。当水位到下限时，内部继电器 M0.4 在下降沿时刻位变为 ON，于是有如下过程：

M0.4 常开触点为 ON → Q0.0 为 ON(接触器 KM1 通电，电源引入)，

→ Q0.1 为 ON(接触器 KM2 通电，Y 型连接)，

→ 定时器 T50 启动延时，延时 10 s 后，T50 位为 ON，

→ Q0.2 为 ON(接触器 KM3 通电，△型连接)，Q0.1 为 OFF，

→ 1# 电机 Y -△降压启动完成。

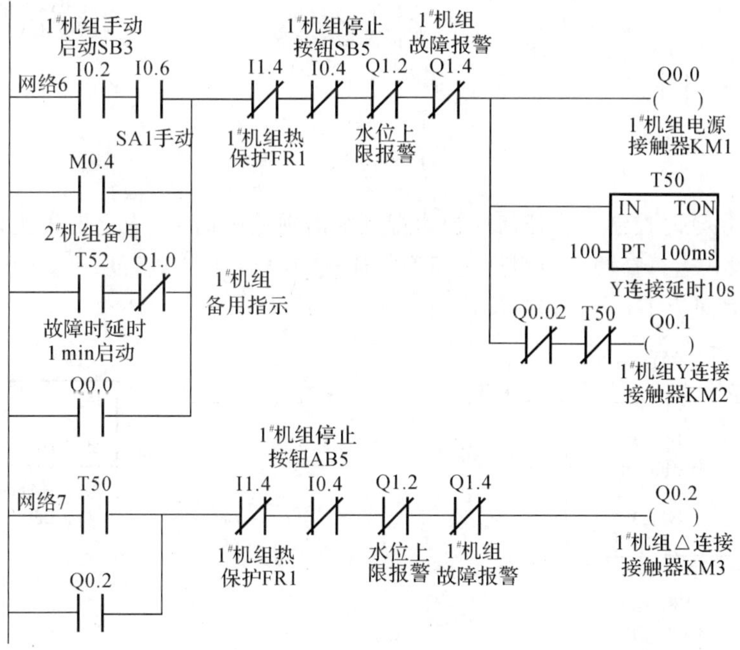

图 9 - 36　1# 机组启动程序

(2)1# 机组 Y-△降压启动。程序设计如图 9-37 所示。在"自动"方式下，选择 1# 机组备用，2# 机组投入工作时。当水位到下限时，内部继电器 M0.3 在下降沿时刻位变为 ON，于是有如下过程：

M3 常开触点为 ON → Q0.3 为 ON(接触器 KM4 通电，电源引入)，

→ Q0.4 为 ON(接触器 KM5 通电，Y 型连接)，

→ 定时器 T51 启动延时，延时 10s 到，T51 位为 ON，

→ Q0.5 为 ON(接触器 KM6 通电，△型连接)，Q0.4 为 OFF，

→ 2# 电机 Y-△降压启动完成。

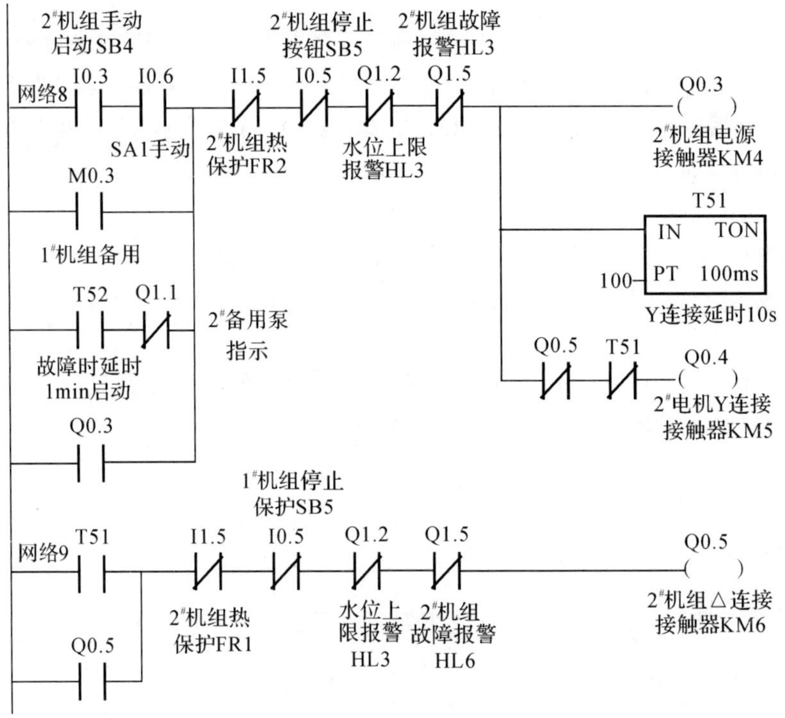

图 9-37 2# 机组启动程序

(3)机组切换延时控制。当任何一台运行机组出现故障时，应当立即停止该机运行，并使备用机组自动投入运行。两台机组进行切换时通过定时器 T52 进行联动，实现自动切换。定时器 T52 设定时间为 1 min。程序设计如图 9-38 所示。

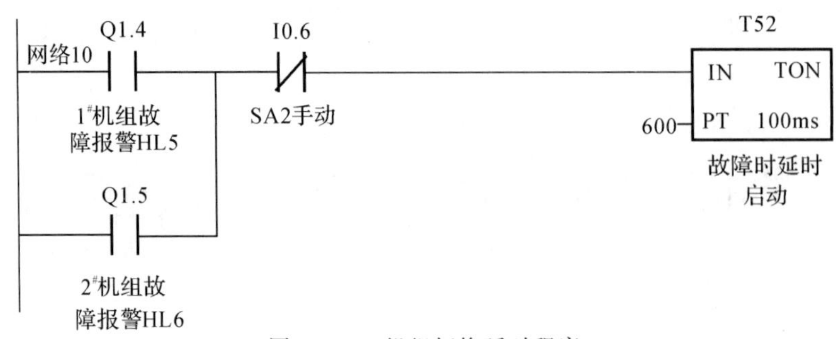

图 9-38 机组切换延时程序

4. 机组备用选择

控制台上的 2 个备用选择按钮 SB1 和 SB2 分别与梯形图输入点 I0.0 和 I0.1 相对应。按下任一个备用按钮时，可以选择 1# 和 2# 中的任一台水泵作备用，备用机组可用上述按钮任意切换。程序设计如图 9－39 所示。

设选择 2# 机组备用，按下 SB2，则常开触点 I0.1 位为 ON，输出继电器 Q1.1 位为 ON，控制台 2# 备用指示灯亮。同时 Q1.1 的软触点在梯形图内部起控制作用。若将备用机组改为 1# 机组，则需按下按钮 SB1，则常开触点 I0.0 位为 ON，输出继电器 Q1.0 位为 ON，给出1# 机组备用指示，同时 Q1.0 常闭触点使 Q1.1 位变为 OFF，清除 2# 电动机以前的备用记忆。

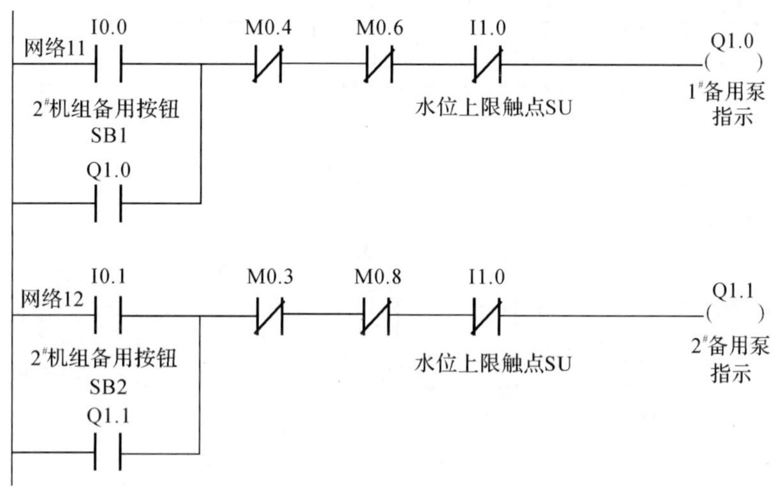

图 9－39　机组备用选择程序

5. 机组的故障检测

水泵机组可能出现的故障很多，为了尽量全面而又简单地表示故障的发生，可以把出现以下两种情况之一确定为出现故障的条件：

(1)某水泵在进入正常运行后，若出水压力仍然很低。例如将装设在该水泵出水管处的压力继电器 SP_i($i=1,2$)的动作压力整定为电机 Y 型启动时的压力。如果进入△型运行后，管路压力仍不能使该继电器动作，则说明存在各种机械或电气故障，使水泵不能正常工作。因此应视为故障出现。

(2)水泵电机在运行中过载。装设于电机主电路的热继电器可以反映出由于电机长期超负荷工作或由于缺相引起的过载现象。这时压力继电器不一定动作，但属不正常状态，因此也应视为故障。

将上述两种情况相“或”，即可得到任何一台电动机的故障条件。1#、2# 水泵机组的故障状态在梯形图中分别用输出继电器 Q1.4 和 Q1.5 表示，则梯形图中对应的故障逻辑表达式为

$$Q1.4=Q0.0\cdot Q0.2\cdot \overline{I1.2}+I1.4$$

$$Q1.5=Q0.3\cdot Q0.5\cdot \overline{I1.3}+I1.5$$

上式中 I1.2、I1.3 是与 2 台机组压力继电器 SP1、SP2 相对应的输入继电器，当出水压力正常时，常开触点 I1.2、I1.3 闭合；当出水压力不正常时，常闭触点 I1.2、I1.3 断开。I1.4、I1.5 是与机组热继电器相对应的输入继电器，当电机发生过载或缺相时，会因过热而使 I1.4、I1.5 的

常开触点闭合、常闭触点断开。

例如1#机组进入正常运行后，Q0.0位为ON，Q0.2位为ON。这时若该机组供水压力仍然太低，则压力继电器SP1常开触点断开，其常闭触点I1.2位为ON，因此1#机组故障标志Q1.4位为ON。在梯形图中，输出继电器Q1.4位为ON后，一方面输出灯光或声音报警信号；另一方面其常开触点使Q0.0和Q0.2断开，这样就切断了1#电动机的电源和△型连接状态，从而使其停止工作。2#机组故障时的处理过程与1#机组相同。程序设计如图9-40所示。

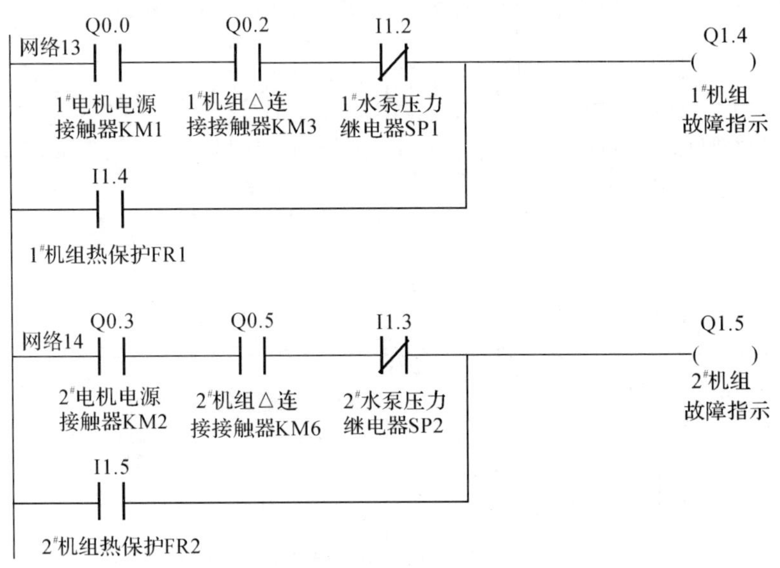

图9-40　机组故障指示程序

6. 故障情况下备用机组的自动投入

当运行机组出现故障时，备用机组应投入运行，这时应首先解除备用状态，然后才能完成备用机组的投入过程。

(1)备用过程的解除。梯形图中的内部辅助继电器M0.5、M0.7分别为当2#、1#机组备用情况下解除备用的条件，从它们的逻辑组合关系可以清楚地看出，任一台备用机组要解除备用状态，条件就是另外一台机组出现故障，例如，若1#机组出现故障时，则输出继电器Q1.4位为ON，Q1.4常开触点闭合，使内部继电器M0.5位为ON。将M0.5用上升沿检测指令EU转换为脉冲信号M0.6，则M0.6可以使2#机组的备用状态Q1.1复位，解除了2#机组的备用状态。

(2)备用机组自动投入。设“自动”工作方式下，选择2#机组备用。由前面分析可知，由于2#机组备用，则Q1.1位为ON，其常开触点闭合，2#机组不会启动运行。如果此时1#机组故障，则2#机组解除备用，并应当投入工作。程序设计如图9-41所示。

若1#机组在运行时出现故障，则Q1.4位为ON，发出声、光报警，并使Q0.0、Q0.2位为OFF，同时通过辅助继电器M0.5产生脉冲信号，使M0.6位为ON，M0.6常闭触点断开，从而使输出继电器Q1.0位为OFF，解除了1#机组备用状态。但此时2#机组尚未启动，经过定时器T52启动延时，1 min延时到，T52常开触点闭合，这样2#机组运行正常，即备用机组实现了自动投入。

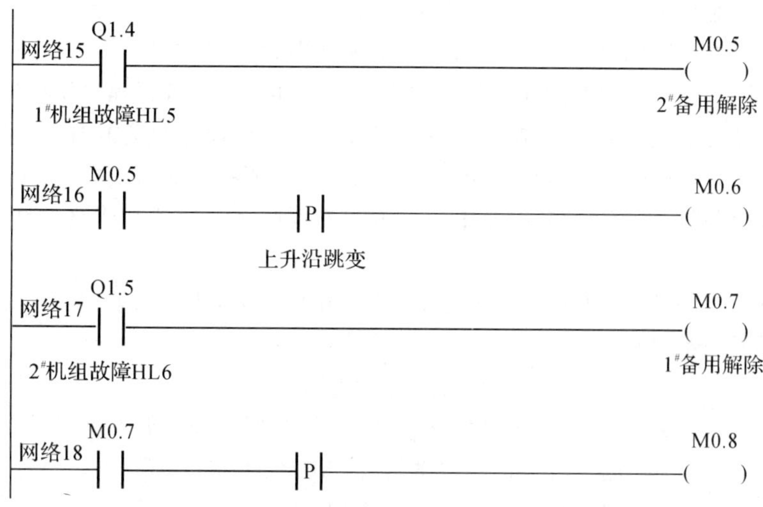

图 9-41　故障下备用机组自动投入程序

7. 手动控制

手动/自动转换开关 SA 是一个用动触点完成两种工况切换的开关，因此，当开关置于"手动"位置时，I0.6 位为 ON，同时必有自动 I0.7 为 OFF，即手动方式建立，自动方式自然解除，这时每台电机是通过手动按钮(对应输入点 I0.2、I0.3)完成启动任务。根据控制要求，这种工作方式不进行联动，因此用手动状态 I0.6 常闭触点复位 T2，即解除了各台电机的联动关系。用手动启动按钮(对应输入点 I0.2、I0.3)和手动停止按钮(对应输入点 I0.4，I0.5)可以分别对 1#、2# 机组单独进行控制，具体过程请自行分析。

本章小结

PLC 控制系统的总体设计是进行 PLC 应用至关重要的一步。了解 PLC 控制系统的设计步骤和内容是初学者学习 PLC 的一项必要工作。

本章在讲述 PLC 控制系统设计内容、设计步骤和基本原则的基础上，介绍了 PLC 控制系统的类型，并通过基本的工业应用实例，如电动机的控制、水泵的控制，对 PLC 控制系统的主要设计工作内容进行了讲解。通过给出相应 PLC 控制系统主电路的设计和梯形图设计，使读者能够对 PLC 控制系统设计中的难点重点部分有一个基本的认识。讲述的实例中电动机的控制以三菱 FX3U PLC 为例进行了说明，而空调机组和水箱供水系统的控制则以 S7-200 SMART PLC 为例进行了说明。在实例中，对梯形图设计采用了较为详细的注解，以使读者能够对 PLC 的应用有一个较为清晰的认知，从而加深对 PLC 编程基础知识的认知。

习题与思考题

1. 在 PLC 控制系统设计中最为重要的原则是什么？
2. PLC 控制系统的设计可以分为哪几个阶段？系统规划包括哪些主要内容？

3．控制系统要求可以采用哪几种方式进行描述？各适用于什么场合？

4．PLC控制系统有哪些基本类型？各适用于什么场合？

5．从技术的角度选择PLC型号应重点考虑哪些因素？

6．工程应用设计中常用的程序设计方法有哪些？如何用来进行程序设计？

7．为什么要高度重视PLC控制系统的硬件设计？硬件设计的基本内容有哪些？

8．控制系统对电源总开关有何要求？主回路应采取哪些保护措施？

9．PLC控制系统的AC220V控制电路一般包括哪些部分？控制回路设计的基本要求是什么？

10．请设计一个程序完成对锅炉鼓风机和引风机的控制，要求如下：

(1)开机前首先启动引风机，10s后自动启动鼓风机；

(2)停止时，立即关断鼓风机，经20s后自动关断引风机。

11.用PLC对两台电动机M1和M2进行控制，控制要求分别如下：

(1)启动：M1、M2同时运行；停止：M2先停止，M1才能停。

(2)启动：M1先运行，M2才能运行；停止：M2先停止，M1才能停止。

(3)启动：M1先运行，5 min后，M2跟着运行；停止：M1和M2同时停止。

附　　录

附录 1　常用低压电器

附表 1－1　常用低压电器产品型号类组代号表

代号	名称	A	B	C	D	G	H	J	K	L	M	P	Q	R	S	T	U	W	X	Y	Z
H	刀开关和转换开关				刀开关		封闭式负荷开关		开启式负荷开关					熔断器式刀开关	刀形转换开关					其他	组合开关
R	熔断器			插入式熔断器			汇流排式熔断器			螺旋式熔断器	封闭管式熔断器				快速熔断器	有填料管式熔断器			限流	其他	
D	自动开关										灭弧				快速			框架式	限流	其他	塑料外壳式
K	控制器					鼓形						平面				凸轮				其他	
C	接触器					高压接触器		交流接触器				中频接触器					通用接触器			其他	直流接触器
Q	启动器	按钮式		磁力				减压							手动		油浸		星三角	其他	综合
J	控制继电器									电流继电器				热继电器	时间继电器	通用继电器		温度继电器		其他	中间继电器
L	主令电器	按钮						接近开关	主令控制器						主令开关	足踏开关	旋钮	万能转换开关	行程开关	其他	
Z	电阻器		板形元件	冲片元件	铁烙铝带型元件	管形元件									烧结元件	铸铁元件			电阻器	其他	

续表

代号	名称	A	B	C	D	G	H	J	K	L	M	P	Q	R	S	T	U	W	X	Y	Z
B	变阻器			旋臂式						励磁		频敏	启动		石墨	启动调速	油浸调速	液体启动	滑线式	其他	
T	调整器				电压																
M	电磁铁					阀用							牵引					起重		液压	制动
A	其他		触电保护器	插销	灯具					电铃											

附表1-2　加注通用派生字母对照表

派生字母	代表意义
A,B,C,D,…	机构设计稍有改进或变化
C	插入式
J	交流、防溅式
Z	直流、自动复位、防震、重任务、正向
W	无灭弧装置、无极性
N	可逆、逆向
S	有锁住机构、手动复位、防水式、三相、三个电源、双线圈
P	电磁复位、防滴式、单相、两个电源、电压的
K	开启式
H	保护式、带缓冲装置
M	密封式、灭磁、母线式
Q	防尘式、手车式
L	电流的
F	高返回、带分励脱扣
T	按(湿热带)临时措施制造
TH	湿热带
TA	干热带

附表 1-3　常用电器的电气符号

名称	图形符号	名称	图形符号
三相鼠笼式电动机	M 3~	三相变压器 Y/△连接	Y △
三相绕线式电动机	M 3~	电磁铁	
串励直流电动机	M	按钮开关动合触点	
并励直流电动机	M	按钮开关动断触点	
他励直流电动机	M	液位开关	
电抗器		过电流继电器线圈	I>
缓吸继电器线圈(通电延时)		过电压继电器线圈	U>
缓吸继电器线圈(断电延时)		欠电流继电器	I<
接触器 一般继电器线圈		欠电压继电器	U<
接触器主触点		一般继电器动合触点	
接触器辅助动合触点		一般继电器动断触点	

续表

名称	图形符号	名称	图形符号
接触器辅助动断触点	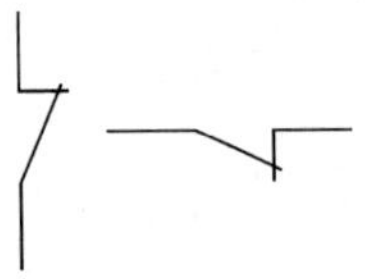	热继电器常开触点	
热继电器热元件	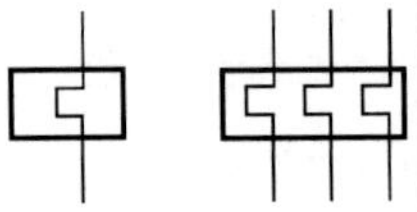	热继电器常闭触点	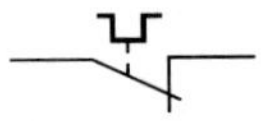
熔断器	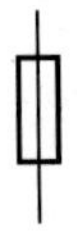	延时闭合动合触点	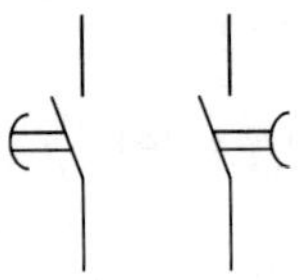
行程开关常开触点	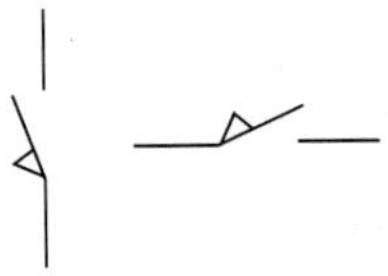	延时断开动断触点	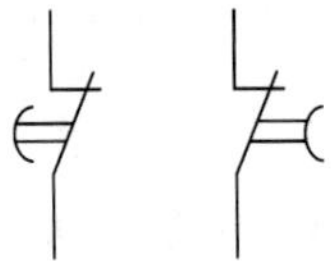
行程开关常闭触点	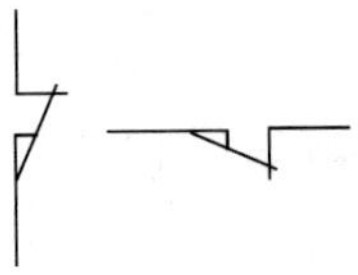	延时断开动和触点	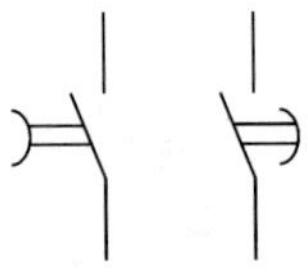
低压断路器	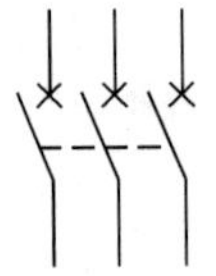	延时断开动断触点	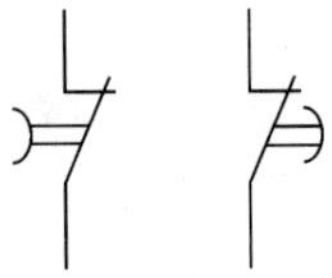
插头和插座	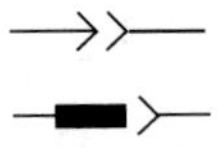	闸刀开关	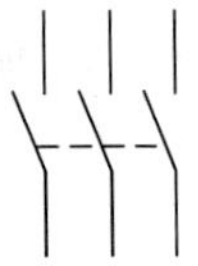

附录2　常用低压电器技术数据

附表2-1　CJ10(10-50)、CJ20(10-630)系列交流接触器主要技术数据

型号	触点额定工作电压/V	主触点额定电流/A	辅助触点额定电流/A	三相异步电动的最大功率/kW			吸引线圈额定电压/V
				220V	380V	660V	
CJ10-10	500及以下	10	5	2.2	4		36、110 127、220 380
CJ10-20		20	5	5.5	10		
CJ10-40		40	5	11	20		
CJ10-60		60	5	17	30		
CJ10-100		100	5	30	50		
CJ10-150		150	5	43	75		
CJ20-10	660及以下	10	6	2.2	4	4	36、127 220、380
CJ20-16		16	6	4.5	7.5	11	
CJ20-25		25	6	5.5	11	22	
CJ20-40		40	6	11	22	35	
CJ20-63		63	6	18	30	50	
CJ20-100		100	6	28	50	85	
CJ20-160		160	6	48	85		
CJ20-250		250	6	80	132	220	
CJ20-400		400	6	115	200		
CJ20-630		630	6	175	300	350	

附表2-2　JZ7、JZ8系列中间继电器的技术数据

型号	线圈参数			触点参数				动作时间/s	操作频率/(次·h^{-1})
	额定电压/V		消耗功率	触点数		最大断开容量			
	交流	直流		常开	常闭	阻性负载	感性负载		
JZ7-22	12、24、36 48、110、127、220、380、420 440、500		12V·A	2	2	AC 380 V/5 A DC 220 V/1 A	$\cos\varphi=0.4$ $I/R=5$msAC 380 V/5 A 500 V/3.5 A DC 220 V/0.5 A		1200
JZ7-41				4	1				
JZ7-42				4	2				
JZ7-44				4	4				
JZ7-53				5	3				
JZ7-62				6	2				
JZ7-80				8	0				

续表

型号	线圈参数			触点参数				动作时间/s	操作频率/(次·h^{-1})
	额定电压/V		消耗功率	触点数		最大断开容量			
	交流	直流		常开	常闭	阻性负载	感性负载		
JZ8 - 62 J/□ Z/□	110、127 220、380	12 24 48 110 220	AC 10 V·A DC 7.5 W	6	2			0.05	2000
JZ8 - 62 J/□ Z/□				4	4				
JZ8 - 62 J/□ Z/□				2	6				

附表 2－3　JS11 系列时间继电器技术数据

型号	吸引线圈电压/V	触点额定电压/V	触点额定电流/A	延时触点数				瞬时动作触点数		延时范围
				通电延时		断电延时				
				常开	常闭	常开	常闭	常开	常闭	
JS11 - 11 JS11 - 11B	110 127 220 380	380	5	3	2	3	2	1	1	0.4～8 s
JS11 - 21 JS11 - 21B										2～40 s
JS11 - 31 JS11 - 31B										10～240 s
JS11 - 41 JS11 - 41B										1～20 min
JS11 - 51 JS11 - 51B										5～120 min
JS11 - 61 JS11 - 61B										0.5～12 h
JS11 - 71 JS11 - 71B										3～72 h
JS11 - 12 JS11 - 12B										0.4～8 s
JS11 - 22 JS11 - 22B										2～40 s
JS11 - 32 JS11 - 32B										10～240 s
JS11 - 42 JS11 - 42B										1～20 min
JS11 - 52 JS11 - 52B										5～120 min
JS11 - 62 JS11 - 62B										0.5～12 h
JS11 - 72 JS11 - 72B										3～72 h

附表 2－4　常用自动开关主要技术数据及系列号

类别	型号	额定电流/A	过电流脱扣器额定电流范围/A	极限开断能力 电压/V	极限开断能力 交流电流周期分量有效值 I/kA	极限开断能力 cosφ	备注
塑料外壳式	DZ5	20	0.15～20 复式电磁式	380	1.2	≥0.7	
			0.15～20 热脱扣式		1.3 倍脱扣器额定电流		
			无脱扣式		0.2		
		50	10～50		2.5		
	DZ10	100	15～20	380	7	≥0.5	
			25～40		9		
			50～100		12		
		250	100～250		30		
		600	200～600		50		
	DZ12	60	6～60	120	5	0.5～0.6	
				120/240			
				240/415	3	0.75～0.8	
	DZ15	40	10～40	380	2.5	0.7	
	DZ15L						
柜架式	DW5	400	100～400	380	10/20	0.35	
		600	100～600		12.5/25		
	DW10	200	60～200	380	10	≥0.4	
		400	100～400		15		
		600	500～600		15		
		1 000	400～1 000		20		
		1 500	1 500		20		
		2 500	1 000～2 500		30		
		4 000	2 000～4 000		40		

附录 3　常用元器件文字符号

附表 3-1　常用元器件文字符号

元器件种类	元器件名称	基本文字符号	
		单字母	双字母
变换器	扬声器	B	
	测速发电机	B	BR
电容器	电容器	C	
保护元件	熔断器	F	FU
	过电流继电器		FA
	过电压继电器		FV
	热继电器		FR
信号器件	指示灯	H	HL
其他器件	照明灯	E	EL
电力电路开关器件	断路器	Q	QF
	电动机保护开关		QM
	隔离开关		QS
	闸刀开关		QS
测量设备	电流表	P	PA
	电压表		PV
	电度表		PJ
电阻器	电阻器	R	RP
	电位器		
控制电路开关器件	选择开关	S	SA
	按钮		SB
	压力传感器		SP
操作器件	电磁铁	Y	YA
	电磁制动器		YB
	电磁阀		YV
接触器	接触器	K	KM
继电器	时间继电器		KT
	中间继电器		KA
	速度继电器		KS
	电压继电器		KV
	电流继电器		KI

续 表

元器件种类	元器件名称	基本文字符号	
		单字母	双字母
电抗器	电抗器	L	
电动机	可作发电机用	M	MG
	力矩电动机		MT
变压器	电流互感器	T	TA
	电压互感器		TV
	控制变压器		TC
	电力变压器		TM
电子管 晶体管	二极管	V	VE VC
	晶体管		
	晶闸管		
	电子管		
	控制电路电源		
	整流器		
端子	端子头	X	XP
插头	插头		XS
插座	插座		XT

附录 4　部分建筑电气、水暖、通风工程图形符号

附表 4-1　线型

图形符号	说明	图形符号	说明
	粗实线		细虚线
	中实线		细点画线
	细实线		细双点画线
	粗虚线		折断线
	细虚线		波浪线

附表 4-2　管道工程图形符号

图形符号	说明	图形符号	说明
	泵,用于一张图只有一种泵		管道泵
	离心水泵		热交换器
	真空泵		水-水热交换器
	手摇泵		暖风机
	定量泵		温度计
	磁水泵	L	水流指示器
	过滤器		压力表
	水锤消除器		浮球液位器
M	搅拌器		流量计
	散热器		转子流量计
	自动记录压力表		自动记录流量计

附表 4－3　风管及部件图形符号

图形符号	说明	图形符号	说明
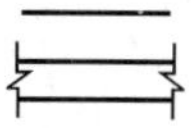	风管		送风管
	排风管	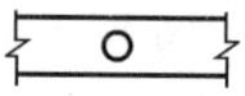	风管测定孔
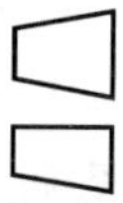	异径管	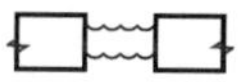	柔性接头 中间部分也适用于软风管
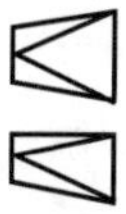	异型管	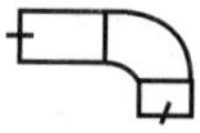	弯头
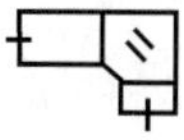	带导流片弯头	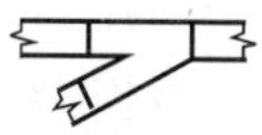	圆形三通
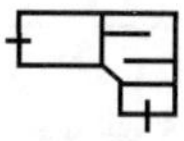	消声弯头	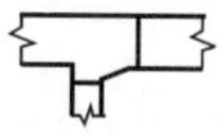	矩形三通
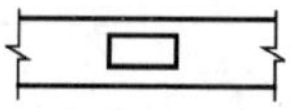	风管检查孔		伞形风帽
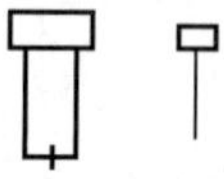	筒形风帽		百叶窗
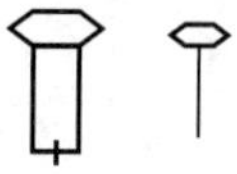	锥形风帽	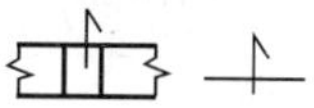	插板阀 也适用于斜插板
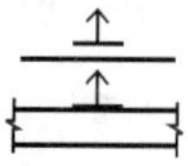	送风口	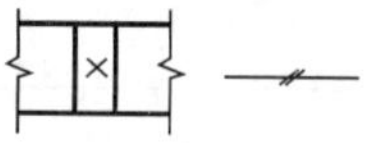	蝶阀
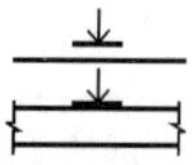	回风口	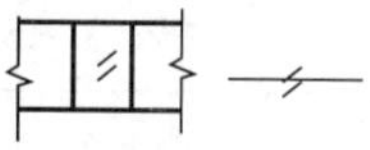	对开式多叶调节阀
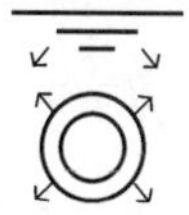	圆形散流器	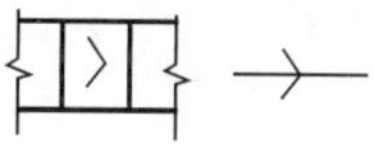	光圈式启动调节阀
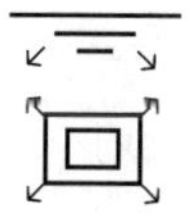	方形散流器	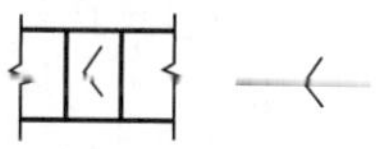	风管止回阀
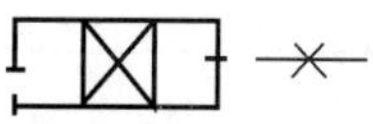	防火阀	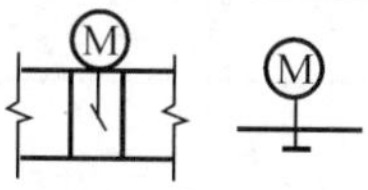 M　M	电动对开多叶调节阀
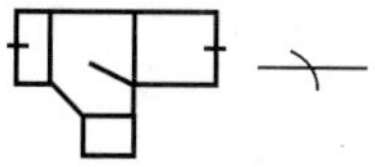	三通调节阀		

附表 4－4　通风空调设备图形符号

图形符号	说明	图形符号	说明
	通用空调设备:左图适用于带传动部分的设备,右图适用于不带传动部分的设备	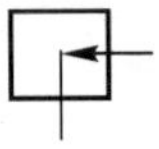	加湿器
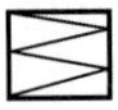	空气过滤器		电加热器
	消声器	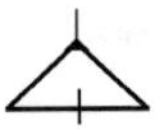	减震器
	空气加热器	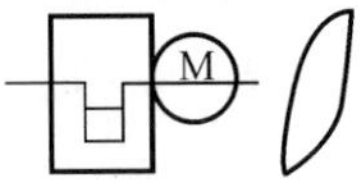	离心式通风机
	空气冷却器	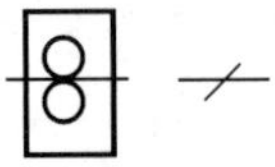	轴流式通风机
	风机盘管	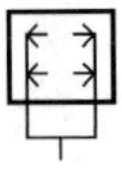	喷嘴及喷雾排管
	风机 流向:自三角形的底边至顶点	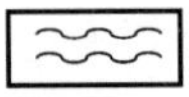	挡水板
	压缩机		喷雾式滤水器

附表 4－5　阀门图形符号

图形符号	说明	图形符号	说明
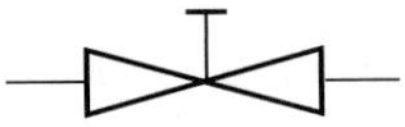	安全阀		膨胀阀
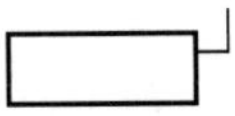	散热防风门	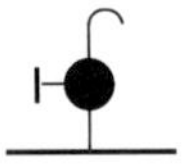	手动排气阀
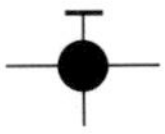	散热器三通阀		

附录5　SWOPC－FXGP/WIN－C编程软件的使用方法

附录5.1　编程软件的主要功能

SWOPC－FXGP/WIN－C是专为FX系列PLC设计的编程软件，其界面和帮助文件均已汉化，它占用的存储空间少，安装后约2MB，功能较强。

(1)用梯形图、指令表来创建PLC的程序，可以给编程元件和程序块加上注释，程序可以存盘或打印。

(2)通过计算机的串行口和价格便宜的编程电缆，将用户程序下载到PLC，可以读出未设置口令的PLC用户程序，或检查计算机和PLC中的用户程序是否相同。

(3)实现各种监控和测试功能，例如梯形图监控、强制ON/OFF、改变T、C、D等的当前值。

与手持式编程器相比，编程软件的功能强大、使用方便，编程电缆的价格比手持式编程器要便宜得多，建议优先选用编程软件。

附录5.2　梯形图程序的生成与编辑

1. 一般性操作

安装好软件后，在桌面上自动生成FXGP/WIN－C图标，用鼠标双击该图标，可以打开编程软件。执行菜单命令“文件→新建”，可以创建一个新的用户程序。

按住鼠标左键并拖动鼠标，可以在梯形图内选中同一块电路里的若干个元件，被选中的元件被蓝色的矩形覆盖。使用工具条中的图标或“编辑”菜单中的命令，可以实现被选中的元件的剪切、复制和粘贴操作。用〈Delete〉(删除)键可以将选中的元件删除。执行菜单命令“编辑→撤销键入”可以取消刚刚执行的命令或输入的数据，回到原来的状态。

使用“编辑”菜单中的“行删除”和“行插入”命令可以删除一行或插入一行。

菜单命令“标签设置”和“跳向标签”是为跳到光标指定的电路块的起始步序号设置的。执行菜单命令“查找→标签设置”，光标所在处的电路块的起始步序号被记录下来，最多可以设置5个步序号。执行菜单命令“查找→跳向标签”时，将跳至选择的标签设置处。

2. 放置元件

使用“视图”菜单中的命令“功能键”和“功能图”，可以选择是否显示窗口底部的触点、线圈等元件的图标(附图5－1)或浮动的元件图标框。

将光标(深蓝色矩形)放在预放置元件的位置，用鼠标点击要放置的元件的图标，将弹出“输入元件”窗口，在文本框中输入元件号T5(T的地址号按有效数字输入即可)，定时器和计数器的元件号(T5)和设定值(K100)用空格键隔开(附图5－2)。还可以直接输入应用指令的指令助记符和指令中的参数，助记符和参数之间、参数和参数之间用空格分隔开，例如输入应用指令“DMOVP D10 D12”，表示在输入信号的上升沿，将D10和D11中的32位数据传送到

D12 和 D13 中去。点击附图 5－2 中的【参照】按钮，弹出“元件说明”窗口（附图 5－3）。“元件范围限制”文本框中显示出各类元件的元件号范围，选中其中某一类元件的方位后，“元件名称”文本框中将显示程序中已有的元件名称。

放置梯形图中的垂直线时，垂直线从矩形光标左侧中点开始往下画。用“|DEL”按钮删除垂直线时，要删除的垂直线的上端应在矩形光标左侧中点。

用鼠标左键双击某个已存在的触点、线圈或应用指令，再弹出的“输入元件”对话框中，可以修改其元件号或参数。

用鼠标选中左侧母线的左边要设标号的地方，按计算机键盘的〈P〉键，再弹出的对话框中送标号值，点击【确认】按钮完成操作。

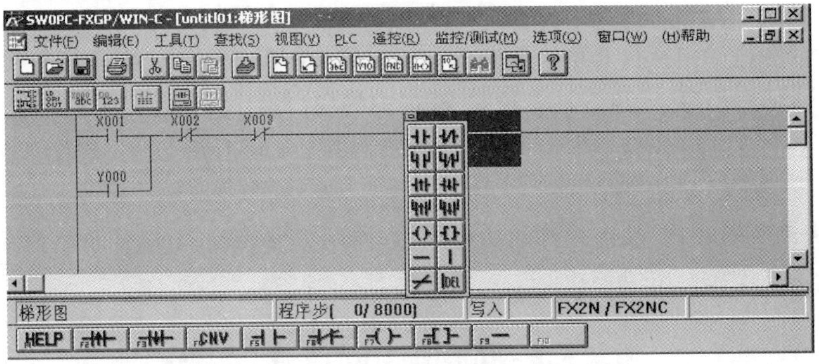

附图 5－1　梯形图编辑画面

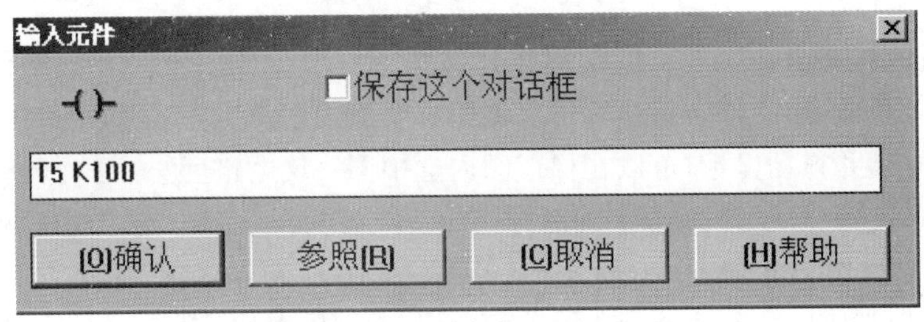

附图 5－2　输入元件对话框

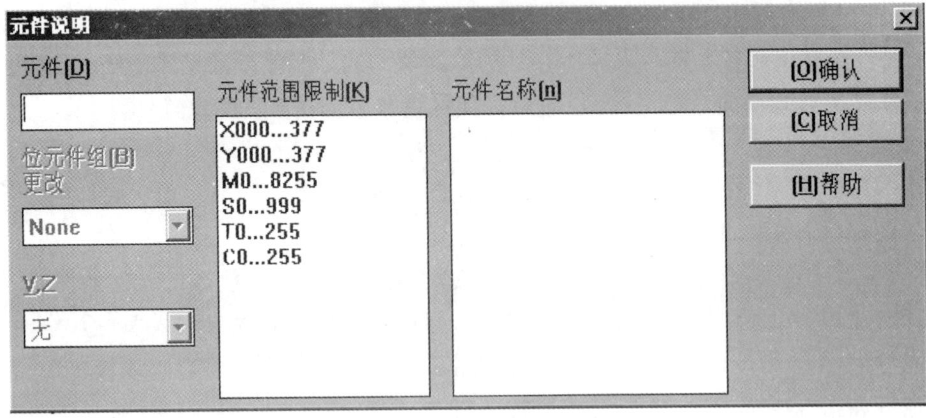

附图 5－3　元件说明对话框

放置用方括号表示的应用指令或输出指令时，点击附图 5-2 中的参照按钮，将弹出附图 5-4 所示的“指令表”窗口，在“指令”栏输入指令助记符，在“元件”栏中输入该指令的参数。点击“指令”文本框右侧的参照按钮，将弹出附图 5-5 所示的“指令参照”窗口，可以用“指令类型”和右边的“指令”列表框选择指令，选中的指令将在左边的“指令”文本框中出现，点击确认按钮后该指令将出现在附图 5-4 中的“指令”栏中。

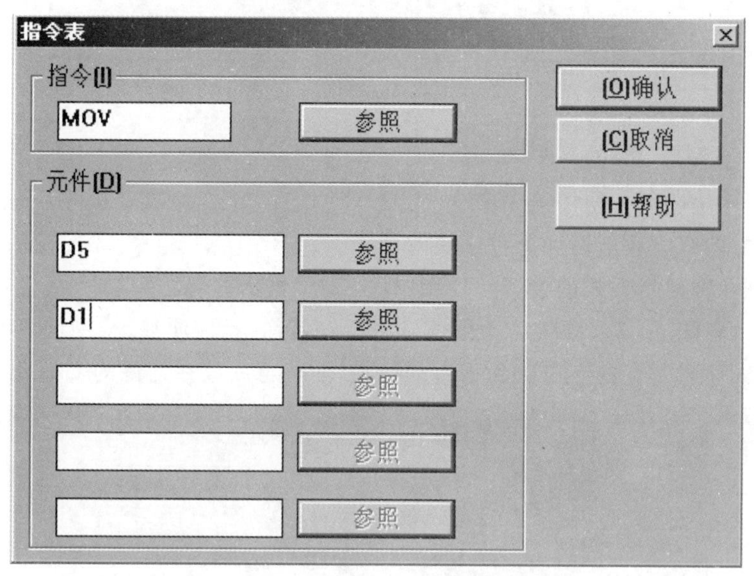

附图 5-4　指令表对话框

点击附图 5-5 中的“双字节指令”和“脉冲指令”前的多选框，可以选择相应的应用指令为双字节指令或脉冲执行的指令。

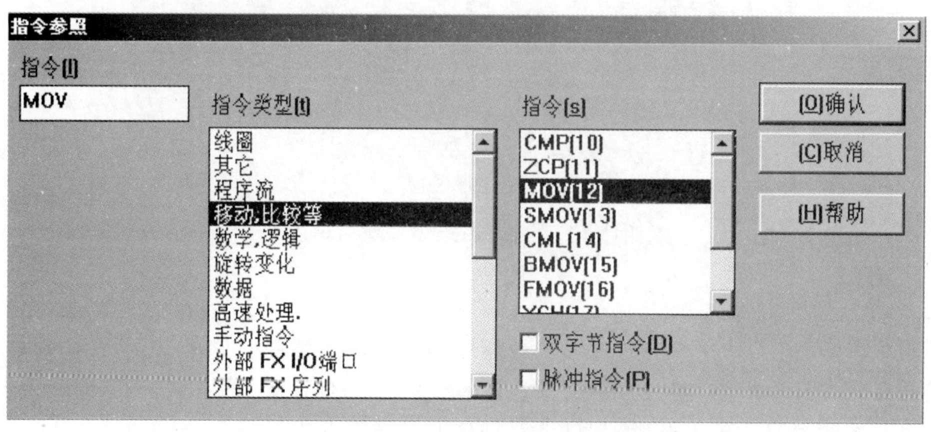

附图 5-5　指令参照对话框

3. 注释

(1)设置元件名。使用菜单命令“编辑→元件名”，可以设置光标选中的元件的名称，例如“PB1”，元件名只能使用数字和字符，一般由汉语拼音或英语的缩写和数字组成。

(2)设置元件注释。使用菜单命令“编辑→元件注释”，可以给光标选中的元件加上注释，例如“启动按钮”(附图 5-6),注释可以使用多行汉字。

附图 5-6　输入元件注释对话框

(3)添加程序块注释。使用菜单命令“工具→转换”后,用“编辑→程序块注释”菜单命令,可以在光标指定的程序块上面加上程序块的注释。

(4)梯形图注释显示方式的设置。使用“视图”→“显示注释”菜单命令,将弹出“梯形图注释设置”对话框(附图 5-7),可以选择是否显示元件名称、元件注释、线圈注释和程序块注释、元件注释和线圈注释每行的字符数和所占的行数,注释可以放在元件的上面或下面。

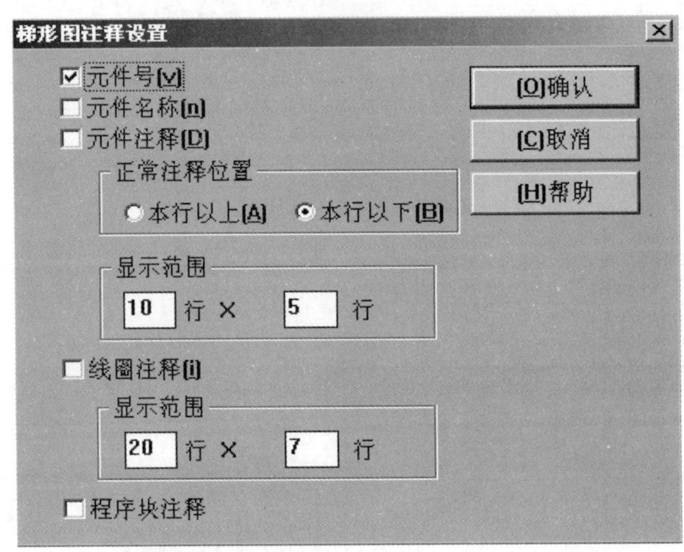

附图 5-7　梯形图注释设置对话框

4. 程序的转换和清除

使用菜单命令“工具→转换”,可以检查程序是否有语法错误。如果没有错误,梯形图被转换格式并存放在计算机内,同时图中的灰色区域变白。若有错误,将显示“梯形图错误”。如果在未完成转换的情况下关闭梯形图窗口,新创建的梯形图并未被保存。

菜单命令“工具→全部清除”可以清除编程软件中当前所有的用户程序。

5. 程序的检查

执行菜单命令“选项→程序检查”,在弹出的对话框(附图 5-8)中,可以选择检查的项目。语法检查主要检查命令代码及命令的格式是否正确,电路检查用来检查梯形图电路中的缺陷,双线圈检查用于显示同一编程元件被重复用于某些输出指令的情况,可以设置被检查的指令。

同一编程元件的线圈(对应于 OUT 指令)在梯形图中一般只允许出现一次。但是在不同时工作的 STL 电路块中,或在跳步条件相反的跳步区中,同一编程元件的线圈可以分别出现一次。对同一元件一般允许多次使用附图 5－8 中除 OUT 指令之外的其他输出类指令。

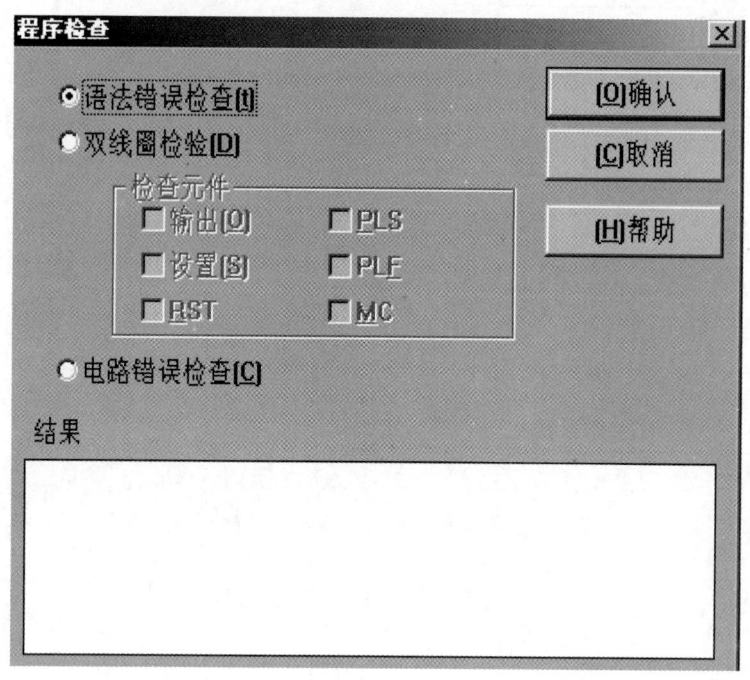

附图 5－8　程序检查对话框

6. 查找功能

使用"查找"菜单中的命令"到顶"和"到底",可以将光标移至程序的开始处或结束处。使用"元件名查找""元件查找""指令查找"和"触点/线圈查找"命令,可以查找到指令所在的电路块。利用对话框中的单选框"向上/向下/全部"。可以选择查找的区域。使用"查找"菜单中的命令可以跳到指定的程序步、改变元件的地址、改变触点的类型和交换元件的地址,还可以设置标签和跳到标签设置处。

7. 视图命令

可以在"视图"菜单中选择显示梯形图、指令表、SFC(顺序功能图)或注释图。执行菜单命令"视图→注释视图→元件注释/元件名称"后,在对话框中选择要显示的元件号,将显示该元件及相邻元件的注释和元件名称。

用菜单命令"视图→注释视图"还可以显示程序块注释视图和线圈注释视图,在弹出的窗口中可以设置需要显示的起始步序号。执行菜单命令"视图→寄存器",弹出如附图 5－9 所示的对话框。选择显示格式为"列表"时,可以用多种数据格式中的一种显示所有数据寄存器中的数据。选择显示格式为"行"时,在一行中同时显示同一数据局存器分别用十进制、十六进制、码和二进制制表示的值。

执行菜单命令"视图→显示比例"可以改变梯形图的显示比例。

使用"视图"菜单,还可以查看"触点/线圈列表",已用元件列表和 TC 设置表。

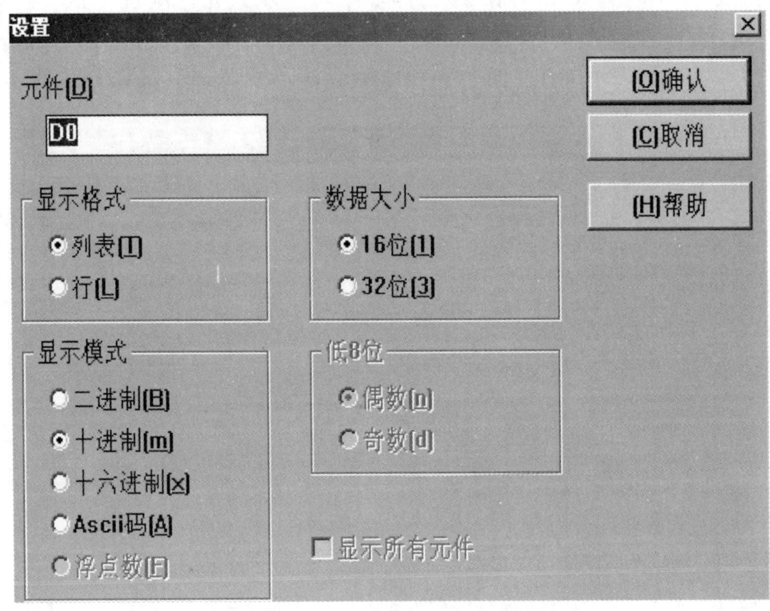

附图 5-9　寄存器显示对话框

附录 5.3　指令表的生成与编辑

使用菜单命令“视图→指令表”，进入指令表编辑状态，可以逐行输入指令。

指定了操作的步序号范围之后，在“视图”菜单中用菜单命令“NOP 覆盖写入”“NOP 插入”和“NOP 删除”，可以在指令表程序中作相应的操作。

使用“工具→指令”菜单命令，在弹出的“指令表”对话框中(附图 5-4)将显示光标所在行的指令，按指令后面的【参照】按钮，出现指令参照对话框(附图 5-5)，可以帮助使用者选择指令。

点击附图 5-4 中指令和参数右面的【参照】按钮，将出现“元件说明”对话框(附图 5-3)，显示元件的范围和所选元件类型中已存在的元件的名称。

附录 5.4　PLC 的在线操作

对 PLC 进行操作之前，首先应使用编程通信转换接口电缆 SC-09 连接好计算机的 RS-232C 接口和 PLC 的 RS-422 编程器接口，并设置好计算机的通信端口参数。

1. 端口设置

执行菜单命令“PLC→端口设置”，可以选择计算机与 PLC 通信的 RS-232C 串行口(COM1～COM4)和传输速率(9 600 b/s 或 19 200 b/s)。

2. 文件传送

菜单命令“PLC→传送→读入”将 PLC 中的程序传送到计算机中，执行完成读入功能后，计算机中的顺控程序被读入的程序替代，最好用一个新生成的程序来存放读入的程序。PLC 的实际型号与编程软件中设置的型号必须一致。传送中的“读”“写”是相对于计算机而言的。

菜单命令“PLC→传送→写出”将计算机中的程序发送到 PLC 中，执行写出功能时，PLC

上的开关应在“STOP”位置，如果使用了 RAM 或 EEPROM 存储器卡，其写保护开关处于关断状态。在弹出的窗口中选择“范围设置”(附图 5-10)，可以减少写出的时间。

菜单命令“PLC→传送→校验”用来比较计算机和 PLC 中的顺控程序是否相同。如果二者不符合，将显示于 PLC 不相符的指令的步序号。选中某一步序号，可以显示计算机和 PLC 中该步序号的指令。

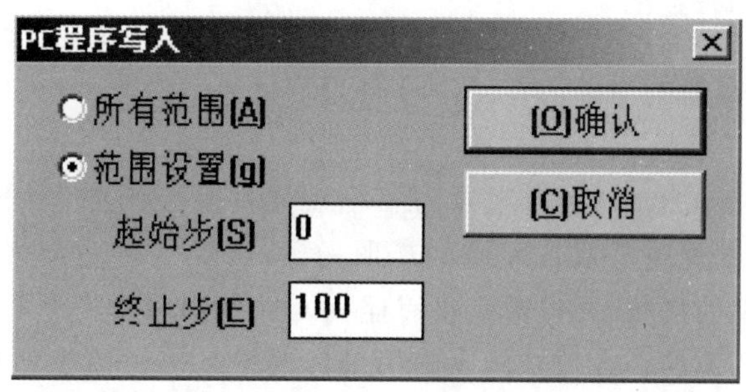

附图 5-10　程序写出对话框

3. 寄存器数据传送

寄存器数据传送的操作与文件传送的操作类似，用来将 PLC 中的寄存器数据读入计算机、将已创建的寄存器数据成批传送到 PLC，或比较计算机与 PLC 中的寄存器数据。

4. 存储器清除

执行菜单命令“PLC→存储器”清除，在弹出的窗口中可以选择：

(1)“PLC 存储空间”：清除后顺控程序全为 NOP 指令，参数被设置为默认值。

(2)“数据元件存储空间”：将数据文件缓冲区中的数据清零。

(3)“位元件存储空间”：将位元件 X、Y、M、S、T 和 C 复位为 OFF 状态。

点击【确认】按钮执行清除操作，特殊数据存储器的数据不会被清除。

5. PLC 的串口设置

计算机的和 PLC 间使用 RS 通信指令和 RS-232C 通信适配器进行通信时，通信参数用特殊数据寄存器 D8120 来设置，执行菜单命令“PLC→串口设置(D8120)”时，在“串口设置(D8120)”对话框中设置与通信有关的参数。执行此命令时设置的参数将传送到 PLC 的 D8120 中去。

6. PLC 口令修改与删除

(1)设置新口令。执行菜单命令“PLC→口令修改与删除”时，在弹出的“PLC 设置”对话框的“新口令”文本框中输入新口令，点击【确认】按钮或按〈Enter〉键完成操作。设置口令后，在执行传送操作之前必须先输入正确的口令。

(2)修改口令。在“旧口令”文本框中输入原有的口令，在“新口令”文本框中输入新的口令，点击确认【确认】按钮或按〈Enter〉键，就口令被新口令代替。

(3)清除口令。在“旧口令”文本框中输入原有的口令，在新口令文本框中输入 8 个空格，点击确认【确认】按钮或按键〈Enter〉后，口令被清零。执行菜单命令“PLC→PLC 存储器清除”后，口令也被清除。

7. 遥控运行/停止

执行菜单命令“PLC→遥控运行/停止”，在弹出的窗口中选择“运行”或“停止”，点击【确认】按钮后可以改变 PLC 的运行模式。

8. PLC 诊断

执行“PLC→PLC 诊断”菜单命令，将显示于计算机相连的 PLC 的状况，给出出错信息、扫描周期的当前值、最大值和最小值，以及 PLC 的 RUN/STOP 运行状态。

附录 5.5　监控与测试功能

在梯形图方式执行菜单命令“监视/测试→开始监控”后，用绿色表示触点或线圈接通，定时器、计数器和数据寄存器的当前值在元件号的上面显示。

1. 元件监控

执行菜单命令“监视/测试→元件监视”后，出现元件监控画面(附图 5－11)，图中的方块表示常开触点闭合、线圈通电。双击左侧的矩形光标，出现“设置元件”对话框(附图 5－12)，输入元件号和连续监视的点数(元件数)，可以监视元件号相邻的若干个元件，可以选择显示的数据是 16 位的还是 32 位的。在监控画面中用鼠标选中某一被监控元件后，按〈DEL〉键可以将它删除，停止对它的监控。使用菜单命令“视图→显示元件设置”，可以改变元件监控时的显示的数据位数和显示格式(例如十进制/十六进制)。

附图 5－11　元件监控画面

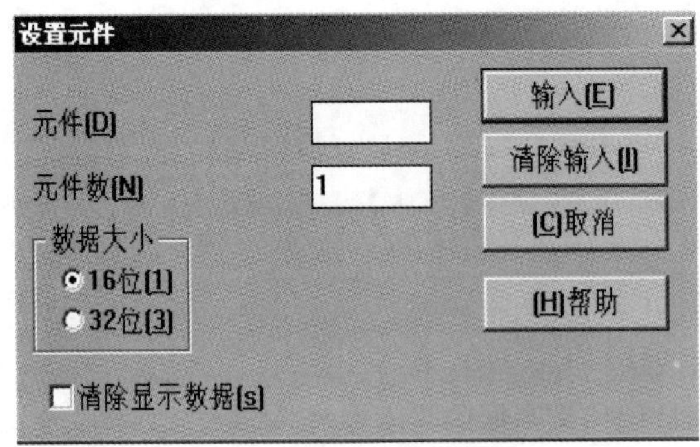

附图 5－12　设置元件对话框图

2. 强制 ON/OFF

执行菜单命令“监视/测试→强制 ON/OFF”对话框(附图 5－13)的“元件”栏内输入元件号，选中“设置”(应为置位 SET)后点击【确认】按钮，该元件被置位为 ON。选中“重新设置”

(应为复位 RESET)后点击【确认】按钮，该元件被复位为。点【取消】按钮后关闭强制对话框。

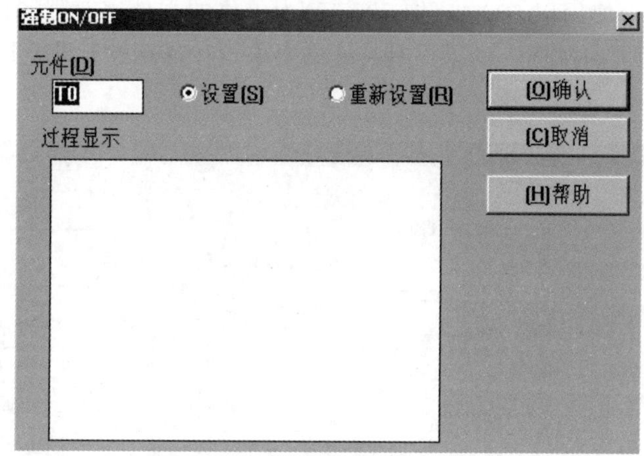

附图 5 - 13　强制 ON/OFF 对话框

3．强制 Y 输出

菜单命令"监控/测试→强制 Y 输出"与"监控/测试→强制 ON/OFF"的使用方法相同，在弹出的窗口中，ON 和 OFF 取代了附图 5 - 13 中的"设置"和"重新设置"。

4．改变当前值

执行菜单命令"监视/测试→改变当前值"后，在弹出的对话框中输入元件号和新的当前值，点击【确认】按钮后新的值送入 PLC。

5．改变计数器或定时器的设定值

该功能仅在监控梯形图时有效，如果光标所在位置为计数器或定时器的线圈，执行菜单命令"监控/测试→改变设置值"后，在弹出的对话框中将显示出计数器或定时器的元件号和原有的设定值，输入新的设定值，点击【确认】按钮后送入 PLC。用同样的方法可以改变 D、V 或 Z 的当前值。

附录 5.6　编程软件与的 PLC 参数设置

"选项"菜单主要用于参数设置，包括口令设置、PLC 型号设置、串口参数设置，元件范围设置和字体的设置等。使用"注释移动"命令可以将程序中的注释复制到注释文件中。菜单命令"打印文件题头"用来设置打印时标题中的信息。

在执行菜单命令"选项→模式设置"弹出的对话框(附图 5 - 14)中，可以设置将某个输入点(图中为 X0)作为外界的 RUN 开关来使用。

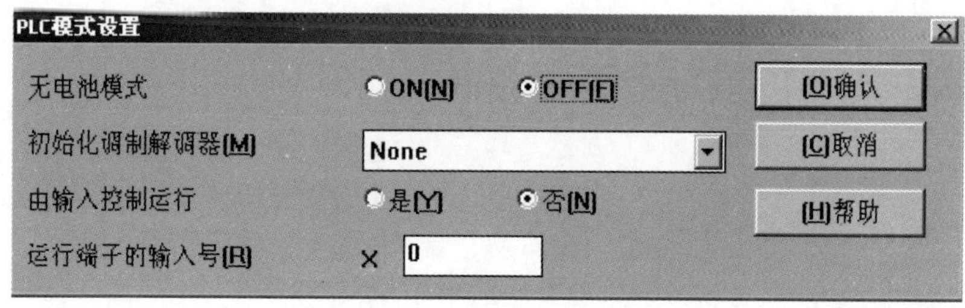

附图 5 - 14　PLC 模式设置对话框

执行菜单命令“选项→参数设置”弹出的对话框(附图 5-15)中,可以设置实际使用的存储器的容量,设置是否使用以 500 步(即 500 字)为单位的文件寄存器和注释区,以及有所存(断电保持)功能的元件的范围。如果没有特殊的要求,点击【缺省】(即默认)按钮后,可以使用默认的设置值。

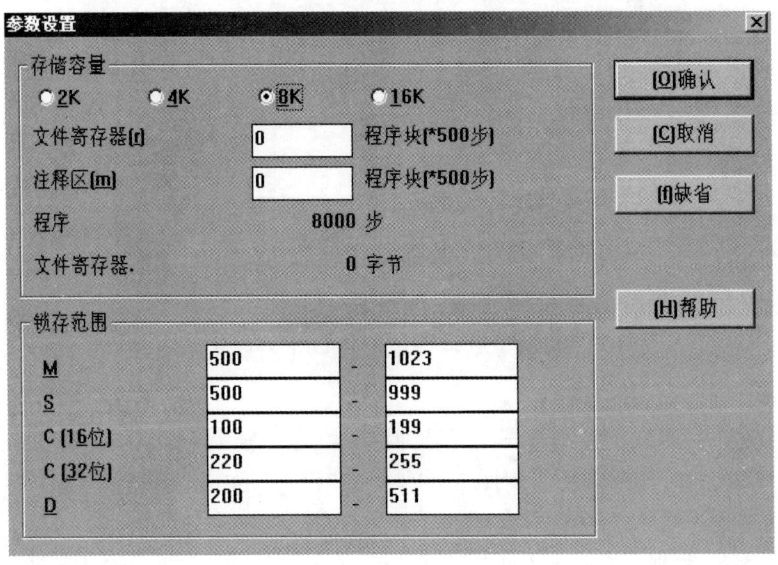

附图 5-15　参数设置对话框

附录 6　THPLC－C 网络型实验装置介绍

附录 6.1　概述

THPLC－C 网络型可编程控制实验装置是专为各院校开设的可编程序控制器课程配套设计的，它包含上位机软件、可编程逻辑控制器、编程软件、编程器、实验板于一体，具有数字技术和网络通信的功能。在本装置上，可直接进行 PLC 的基本指令练习及 11 个 PLC 实际应用的模拟实验，也可以将多台实验装置组成 PLC 网络，利用计算机软件进行演示。为高层次的设计开发实验提供良好的实验。

附录 6.2　操作、使用说明

1. 装置的启动、交流电源控制

(1) 接通电源之前，将三相异步电动机的 Y/△换接启动实验模块的开关置于“关”位置(开关往下扳)。因为一旦接通三相电，只要开关置于“开”位置(开关往上扳)，这一实验模块中的 U、V、W 端就已得电。

(2)装置后侧的四芯电源插头插入三相交流电源插座。

(3)开启“可编程控制器主机面板图”中的电源开关，电源指示灯亮。

(4)控制屏装有过压保护装置，对主机进行过压保护，电源电压超过了主机所能承受的范围，会自动报警并切断电源，使主机不会因承受过高的电源电压而导致损坏。

(5)设有电源总开关和漏电保护装置以确保操作和人身安全。

2. 实验连接及使用说明

(1)为了使主机的输入/输出接线柱和螺钉不因实验时频繁的装拆导致损坏，该装置设计时已将这些节点用固定连接线连到实验面板的固定插孔处。实验板上容易接错导致系统损坏的部分线路，以及一些对学生无技能要求的部分线路已经连好，其他线路则可采用本公司定制的锁紧叠插线进行连线。

(2)实验板上所配备的主机采用日本三菱的 FX2N－48MR 型可编程序控制器，FX 系列的 SC－09 编程通信转换接口电缆一根，安装有 SWOPC－FXGP/WIN－C 编程软件的计算机一台。

(3)编程时，将主机上的 PLC 的方式开关“Run”“Stop”置于“Stop”状态，即可将梯形图或程序写入主机。

(4)实验时，断开“看编程控制器主机面板图”中的电源开关，按实验要求接好外部连线。检查无误后，接通电源开关，将主机上的“Run”“Stop”置于“Run”状态，即可按要求进行试验。

(5)在进行“三相异步电动机的 Y/△换接启动控制”实验时，实验前务必将这一模块的开关置于“关”位置(开关往下扳)。连好实验接线后，才可将这一开关通电，请千万注意人身安全，在进行这一实验项目时，只要主机的输入 COM 端与实验模块中的 COM 端相连，主机输出端的 COM1、COM2、COM3、COM4 与实验模块中的 N 端相连即可。

附录 6.3　基本实验内容

本实验装置目前设有的实验项目包括：

(1)基本指令的编程练习。

(2)装配流水线控制的模拟。

(3)三相异步电机的 Y/△换接启动控制。

(4)LED 数码显示控制。

(5)五相异步电机控制的模拟。

(6)十字路口交通灯控制的模拟。

(7)天塔之光。

(8)水塔水位控制。

(9)液体混合装置控制的模拟。

(10)电梯控制系统的模拟。

(11)机械手动作的模拟。

(12)四节传送带的模拟。

参考文献

[1] 赵洪家.建筑电气控制[M].重庆:重庆大学出版社,2015.
[2] 邵正荣.建筑设备[M].2版.北京:北京理工大学出版社,2014.
[3] 何波.建筑电气控制技术[M].北京:机械工业出版社,2013.
[4] 郭福雁.建筑电气控制技术[M].哈尔滨:哈尔滨工程大学出版社,2014.
[5] 郭丙君.电气控制技术[M].上海:华东理工大学出版社,2018.
[6] 袁毅胥.电气控制及PLC技术[M].成都:电子科技大学出版社,2017.
[7] 陈文娟.电气控制与PLC[M].成都:电子科技大学出版社,2015.
[8] 顾菊平.建筑电气控制技术[M].3版.北京:机械工业出版社,2018.
[9] 温雯.建筑电气控制技术与PLC[M].北京:中国建筑工业出版社,2014.
[10] 任振辉.电气与PLC控制技术[M].北京:中国电力出版社,2014.
[11] 黄永红.电气控制与PLC应用技术[M].3版.北京:机械工业出版社,2019.
[12] 祁林,司文杰.智能建筑中的电气与控制系统设计研究[M].长春:吉林大学出版社,2019.
[13] 赵宏家.建筑电气控制[M].重庆:重庆大学出版社,2015.
[14] 赵杰.三菱FX/Q系列PLC工程实例详解[M].北京:人民邮电出版社,2019.
[15] 李金城.三菱FX3U PLC应用基础与编程入门[M].北京:电子工业出版社,2016.
[16] 陶飞.三菱FX3U系列PLC、变频器、触摸屏综合应用[M].北京:中国电力出版社,2016.
[17] 初航,李昊,王燕.零点起飞学三菱PLC[M].北京:清华大学出版社,2019.
[18] 阳胜峰.视频学工控三菱FX系列PLC[M].北京:中国电力出版社,2015.